Kronik

EZBERE YAŞAYANLAR
Vazgeçemediğimiz Alışkanlıklarımızın Kökenleri

—

EMRAH SAFA GÜRKAN

KRONİK KİTAP: 263
Popüler Bilim Dizisi: 3

YAYIN YÖNETMENİ
Adem Koçal

EDİTÖR
Tuğçe İnceoğlu

KAPAK TASARIMI
Kutan Ural

MİZANPAJ
Kronik Kitap

1. Baskı, Ocak 2022, İstanbul

ISBN
978-625-8431-13-1

KRONİK KİTAP
Şakayıklı Sk. N°8, Levent
İstanbul - 34330 - Türkiye
Telefon: (0212) 243 13 23
Faks: (0212) 243 13 28
kronik@kronikkitap.com

Kültür Bakanlığı Yayıncılık
Sertifika No: 49639

www.kronikkitap.com
kronikkitap

BASKI VE CİLT
Optimum Basım
Tevfikbey Mah. Dr. Ali Demir Cad. No: 51/1
34295 K. Çekmece / İstanbul
Telefon: (0212) 463 71 25
Matbaa Sertifika No: 41707

EZBERE YAŞAYANLAR

VAZGEÇEMEDİĞİMİZ ALIŞKANLIKLARIMIZIN KÖKENLERİ

EMRAH SAFA GÜRKAN

Kronik

PROF. DR. EMRAH SAFA GÜRKAN

Bilkent Üniversitesi Uluslararası İlişkiler Bölümü'nde lisans çalışmalarını tamamladıktan (2003) sonra, aynı üniversitede Halil İnalcık'ın danışmanlığında Batı Akdeniz'deki Osmanlı korsanlarını incelediği tez ile yüksek lisans diplomasını aldı (2006). Ardından Georgetown Üniversitesi Yeniçağ Avrupa Tarihi kürsüsünde Gábor Ágoston ile yazdığı "Espionage in the 16th century Mediterranean: Secret Diplomacy, Mediterranean Go-Betweens and the Ottoman-Habsburg Rivalry" başlıklı tez ile doktor oldu (2012).

Hâlen İstanbul 29 Mayıs Üniversitesi Siyaset Bilimi ve Uluslararası İlişkiler Bölümü'nde öğretim üyesi olan Gürkan, TÜBA Genç Akademi üyesidir. Yeniçağ Avrupa ve Akdeniz tarihi üzerine uzmanlaşan müverrih; istihbarat, korsanlık, kölelik, ihtida, Osmanlı-Avrupa ilişkileri ve serhad çalışmaları gibi konularda araştırma yapmaktadır. Omnibus, Pena ve Flu TV'de birçok tarih programı hazırlamanın yanı sıra, Ottoman History Podcast'in kurucu editörlüğünü yapmıştır.

Başlıca Eserleri:

Bunu Herkes Bilir: Tarihte Yanlış Sorulara Doğru Cevaplar (İstanbul: Kronik, 2020).

Sultanın Korsanları: Osmanlı Akdenizi'nde Gazâ, Yağma ve Esaret 1500-1700 (İstanbul: Kronik, 2017); Rusça terc. *Корсары султана: Священная война, религия, пиратство и рабство в османском Средиземноморье, 1500-1700 гг.*, çev. Oles Kulçınskıy (Москва: Эксмо, 2021).

Sultanın Casusları: 16. Yüzyılda İstihbarat, Sabotaj ve Rüşvet Ağları (İstanbul: Kronik, 2017); Macarca terc. *A Szultán Kémei: Oszmán hírszerzési módszerek és ügynökhálózatok a 16. Században*, çev. Pál Laura (Budapeşte: Gondolat Kiadó, 2020).

(Feridun Emecen ve Ali Akyıldız ile birlikte) - *Osmanlı İstanbulu: Uluslararası Osmanlı İstanbulu Sempozyumu Bildirileri* (İstanbul: 2014-2018), 6 cilt.

Ödülleri:

2018 Türkiye Bilimler Akademisi (TÜBA), *Üstün Başarılı Genç Bilim Adamı Ödülü* (GEBİP)

2018 14. Kadir Has Ödülleri, *Gelecek Vadeden Bilim İnsanı Ödülü*

2018 Türkiye Bilimler Akademisi (TÜBA), *Bilimsel Telif Eser Ödülü*, *Sultanın Casusları*

La si do, la si do
Yürürüm hayatı
Var olmaktır işim
Var olmak ağır iş
Başka iş istemem.

Ferhan Şensoy'a,
Ezberlerimizi bozduğu ve bir kuşağı seksenlerin
karanlığına mahkûm bırakmadığı için…

İÇİNDEKİLER

	KISALTMALAR	ix
	TEŞEKKÜR	xi
	GİRİŞ	1
I	NEDEN FARKLIYA TAHAMMÜL EDEMEYİZ?	15
II	NEDEN İNSANLARI KONUŞMALARINA GÖRE YARGILIYORUZ?	61
III	NEDEN DEDİKODU YAPARIZ?	103
IV	ERKEKLERLE KADINLAR NEDEN FARKLI MESLEKLER SEÇER?	145
V	NEDEN HÂLÂ ISMARLIYORUZ? YA DA HESAPSIZLIĞIN HESAPLILIĞI	207
VI	NEDEN BÜYÜ VE FALA İNANIRIZ?	253
VII	SONUÇ NİYETİNE: KENDİMİZİ GELİŞTİRMEK İÇİN NEYİ, NASIL OKUMALIYIZ?	289
	KAYNAKÇA	325

KISALTMALAR

Alm.	Almanca
Ar.	Arapça
bkz.	bakınız
çoğ.	çoğulu
Far.	Farsça
Fr.	Fransızca
Gr.	Grekçe
İng.	İngilizce
İsp.	İspanyolca
İt.	İtalyanca
karş.	karşılaştırınız
Lat.	Latince
MÖ	Milattan önce
Nap.	Napolice
ok.	okunuşu
Osm.	Osmanlıca
ör.	örnek
Sar.	Sardunyaca
Tür.	Türkçe
vd.	ve diğer
Ven.	Venedikçe
yak.	yaklaşık
yön.	yönetmen
yay. haz.	yayına hazırlayan

TEŞEKKÜR

Daha önceki kitaplarımın aksine bir *terra incognita* taramasını zorunlu kılan elinizdeki kitabı yazarken tükenmediysem bu, yeni sulara yelken açmakta her zaman mütereddit bir yazarı sürekli cesaretlendiren Bengü Üçüncü'nün sayesinde. Manipülatif bir manevi desteğin de ötesinde, Bengü ikinci, üçüncü, dördüncü ve altıncı bölümlerde ana çatının kurulmasında ve bazı altbaşlıkların içeriğinde değerli katkılar sundu. Ayrıca kitabın yazılmaya başlandığı bir buçuk yıl öncesinden itibaren metni defalarca okudu, kaynakların tespitinden resim ve bilgi kutucuklarının hazırlanmasına her aşamada yardımlarını esirgemedi. Beraber çalışması zor, fevri ve dediğim dedik bir yazara tahammül ettiği için kendisine şükran borçluyum.

Kitabın özellikle planlanma aşamasında benimle teşrik-i mesai yapan Eren Safi'ye, metnin dilini kontrol etmekle kalmayıp akıcılığı bozan yerlerin çıkartılmasında değerli tavsiyelerde bulunan Cengiz Yolcu ve Fatih Baha Aydın'a teşekkür ederim. Tüm hesapları altüst eden yorumlarını hep son dakikaya saklayan Cüneyt Dalgakıran ve Adem Koçal, beni konferanstan konferansa sürükleyen Yüksel Bağcı ve metin içinde birçok hata bulmayı başaran Tuğçe İnceoğlu başta tüm Kronik Kitap ailesine de müteşekkirim.

İlk başlarda hiç de gelecek vadetmeyen bu entelektüel yolculukta en başından beri arkamda duran ailem teşekkürlerin en büyüğünü hak ediyor hiç kuşkusuz. Yıllardır bir akademisyen eşi olmanın cefasını çeken eşim Elif'in özverisi olmadan bugünkü kariyerimi inşa etmem mümkün olmazdı; kendisine bitmek bilmeyen desteği için can-ı gönülden minnettarım. Egzotik bilgilerini sürekli kendisini kandırmak için kullanan bir babayla boğuşmak zorunda kalan canım prensesim kızım Zeynep Mehveş (d. 2012) ve ileride bana nazire yapmak için türkücü ya da Galatasaraylı olmasından korktuğum inatçı oğlum Uluç Emre'ye (d. 2015) babalarından feragat ettikleri için özür ve hayatıma neşe kattıkları için şükran borçluyum. Kayınbiraderim ve dostum Ergun'la kayınvalidem Işık Ertekin'e de hayatımı kolaylaştırdıkları için teşekkürlerimi sunarım.

Bugün olgulara farklı açılardan bakabiliyor, sürüye katılmamakta direnebiliyor, esir edici bir şık görünme merakı ile tahammülsüz bir frenzi arasında sıkışmadan ezber bozabiliyorsam bunu, bana ufak yaştan beri toplumun irfanına değil, kendi muhakememe güvenmeyi öğreten anneme borçluyum. Bir konu hakkında fikir sahibi olmak için vahiy beklemek yerine kütüphanenin yolunu tutmayı akıl edebilmemi de babama. Her ikisine de kendi evlatlarıma göstermeyi başardığımdan daha fazla bir ilgiyle beni büyüttükleri için medyun-ı şükranım.

İnsanlar üniversitede bilgi edinildiğini sanırlar, hocaların da öğrencilerine yol yordam öğrettiğini düşünürler. Oysa böyle bir eğitim en fazla vasat bir malumatfuruş üretebilir, gerçek bir entelektüel değil. İyi bir hoca, öğrencisine bilimsel metotlar çerçevesinde araştırma yapmayı öğretir. Halil İnalcık, Gábor Ágoston, Emilio Sola, James B. Collins, John R. McNeill, Feridun Emecen, Kemal Beydilli, Ali Akyıldız, Faruk Tabak, İsmail Erünsal ve Oktay Özel gibi isimler bana olaylara eleştirel bakmayı, metinleri tahlil etmeyi, olguları bağlamlar içinde değerlendirmeyi öğretmeseydi elinizdeki gibi cüretkâr bir projeyi hayata geçirmem kesinlikle mümkün olmazdı.

Son olarak artık gitgide az görüşsek de arkadaşlarım: Polat Safi, Erkan Kaderoğlu, Caner Can, Melis Süzer, Can Soyer, Kenan Yıldız, Nuray Urkaç, Talip Yiğit, Michelangelo Guida, Ela Okançay, Hamid Akın Ünver, Ekin Özbiçer, Cenk Erkan, Gizem ve Barış Özaydemir, Ediz Can, Burak Bakırcı, Berat Çelikoğlu,

Levent Kaya Ocakaçan, Görkem Ergün, Didem Şahin, Helen Hiçbezmez, Chris Gratien, Kahraman Şakul, Özgür Sezer, Onur Güneş, Yalın Alpay, Levent Yaşar, Gökhan Yücel, İlker Demir, Murat Önsoy, Mehmet Uğur Ekinci, Ali Gültekin, Serhan Güngör, Özgür Sezer, Ökkeş Kürşad Karacagil, Burak ve Mert Yavuz, Harun Yeni, Mesut Keklik, Nahide Işık Demirakın, Barın Kayaoğlu, Erdem Özkan, Gökhan Yücel, Harun Küçük, Esra Karayel, Yunus Uğur, Abdülhamit Kırmızı, Onur Yazıcıoğlu, Ozan Örmeci, Alphan Akgül, Yusuf Burak Gürses, Ali Kibar ve Ekrem Taha Başer.

ESG
Moda, İstanbul
21 Aralık 2021

GİRİŞ

"Düşünmenin külfetinden kaçmak için insanın başvurmayacağı yol yoktur."*
Joshua Reynolds

"*Dai diamanti non nasce niente*
Dal letame nascono i fior"
Fabrizio de André, *Via del Campo* (1967)

Şu herkesin kendini özel ve eşsiz hissettiği çağımızda psikologların ve reklamcıların bize öğrettiği bir şey varsa o da davranışlarımızın öngörülebilir olduğu. Yaptıklarımızı açıklamak için binlerce neden üretebilir ve diğer insanlardan çok farklı olduğumuzu düşünebiliriz ancak nedenlerin farklı olması eylemlerin aynı olduğu gerçeğini değiştirmiyor. Çoğu zaman benzer durumlarda benzer reaksiyonlar gösteriyoruz. Kaderimizi elimizde tuttuğumuzdan ne kadar emin olursak olalım, birçok alışkanlığımızdan vazgeçemiyoruz.

Kısacası, detaylarda ne kadar ayrışsak da, temelde birbirimize çok benziyoruz. "Özgünlük" ve "yeni"nin sürekli övüldüğü bir çağda bu size garip gelebilir ama tarihçileri pesimizme iten bir noktayı hatırlatmak isteriz: *Bir şeyin adını sık duyuyorsanız belki de kendisine rastlayamayacağınız içindir.* Hiç de öyle özgün ve inovatif bir dönemde yaşamadığımızı ilerleyen sayfalarda defalarca vurgulayacağız. Gene aynı sayfalarda göreceğiniz gibi, sorun

* *"There is no expedient to which a man will not resort to avoid the real labor of thinking."*

sadece birbirimize benzemek değil; bizden önceki nesillerden de o kadar farklı değiliz. Sanayi Devrimi'nden sonra hem doğaya hem de bedenimize hâkim olma yolunda önemli adımlar attığımızı düşünebiliriz ancak tüketim toplumunun modern insanının tarım toplumlarındaki öncellerinden ya da günümüz az gelişmiş toplumlarındaki çağdaşlarından pek farkı yok temel noktalarda. Teknolojinin tüm getirilerine rağmen çoğu zaman anneanne ve dedelerimizin tepkilerini veriyoruz. Ve bunu değişmediğimizin pek de farkında olmadan yapıyoruz. Âdeta ezbere yaşıyoruz.

İşte elinizdeki kitap, bir türlü vazgeçemediğimiz alışkanlıklarımızın tarihî arka planını irdeleyip sosyolojik, kültürel ve psikolojik kökenleri üzerine eğilerek belirli sorular etrafında bu ezbere yaşamayı mercek altına alıyor. Bizim gibi olmayanlara neden tahammül gösteremiyor, yabancıdan ve farklıdan neden korkuyoruz? İnsanları niçin konuşma tarzına göre yargılıyor, argo kullananlara ya da aksanlı konuşanlara yukarıdan bakıyoruz? Şu rasyonalite çağında neden hediye alıyoruz ve birbirimize bir şeyler ısmarlıyoruz? Niçin dedikodu yapmaktan ve insanları ayıplamaktan vazgeçemiyoruz? Son elli yılda toplumsal alanda görünürlükleri arttığı ve birçok haklar edindikleri halde kadınlar neden erkeklerden farklı meslekler tercih etmekte ısrar ediyor? Bunca bilimsel gelişmeye rağmen neden hâlâ fala ve büyüye inanıyoruz?

Yukarıdaki soruların cevaplarını ararken diyardan diyara koşup çağdan çağa savrulacağız. Bir sayfada bir hadım etme operasyonuna tanık olacağız, bir başkasında Çinli kadınların ayağını bağlayacağız. Bir bölümde Asur Kralı II. Aşurnasirpal'in bir ziyafetine katılacağız, bir diğerinde Evliya Çelebi ile kafa kafaya verip bizle yemek yemeyi reddeden Yahudilerden şüpheleneceğiz. Molla Kabız ve Jacobo Paleologos ile dinî tartışmalara girmediğimiz zamanlarda Arnavutluk dağlarında ve yanı başımızda Fabrizio de André, Sardinya'da kan davası peşinde koşacağız.

Yeri gelecek Avrupalılarla cadı yakacağız, yeri gelecek çanak yağmasında yeniçerilerle pilava hücum edeceğiz. Mançularla saç kontrolü yaptığımız da olacak, Tomás de Torquemada ile bir Engizisyon hücresinde Hz. İsa ile konuştuğumuz da. İspanyol gribine yakalanmış ufacık kızımızı iyileşsin diye boynuna kadar soğanın içine gömmekten sıkılırsak Roma'da Giordano Bruno'nun ateşini harlayacağız. Kim bilir, belki de Kaktüs'te mojito içmekten sıkılıp muktedirlere direnmek isteyeceğiz ve Malezya'da Sedaka köylüleriyle beraber petrol tanklarına şeker katacağız. Bir köşeden dört işlem yapabilen, saati ve günü bilen, notaları ayırt edebilen bir at çıkacak, diğer köşeden şempanze Viki'ye konuşmayı öğretmeye çalışan Hayes çifti.

Birçok değişik kültürle karşılaşma şansına da erişeceğiz. Amerikan yerlilerinin potlaç ziyafetine de konuk olabiliriz, Trobriand Adaları'nda kırmızı kabuklu kolyeler verip karşılığında beyaz kabuklu pazubentleri de alabiliriz. "Ben Makah Kızılderilileriyle dedikodu yapacağım" diyenler de olacak, Dinka kabilesiyle sıtma duasına çıkmayı tercih edenler de. Mürüvvetini görmeyi arzulayanlar Nambikwara kabileleri gibi hediyeleşip birbirlerine bacanak olabilecekler. Bazı fırsatçı okuyuculara ise "Kaz gelecek yerden tavuk esirgenmez" fehvasınca Maorilerle birlikte İngilizlere zorla kolye hediye etmek düşecek. Geleceği okumak isteyenlerimiz ise Tsoganlarla havaya kemik fırlatmak ya da Azandelerle Iwa levhası gömüp zehir falı bakmak arasında bir tercih yapmak zorunda kalacak.

Temiz hava almak isteyenlerimiz Fransız Alpleri'ndeki dört yüz nüfuslu Valloire köyüne misafir olurken hareketi sevenler Hawaiililerle James Cook'u mideye indirmekte bir beis görmeyecek. Aramızda cesetleri çürüyor mu, bunlar da bizim gibi insan mı diye merak edip İspanyolları suya atmaya çalışanları da görürsek şaşırmayız. Bu iki örneğe rağmen hâlâ sudan korkmayanlarımız çocuk bir Olaudah Equino ile köle gemisine binip Nijerya'dan Amerika'ya yelken bile açabilir.

Kısacası merceğimizi iki yüz bin yıllık insanlık mirasının ortaya koyduğu birbirinden değişik toplum ve kültüre yönelterek davranışlarımızı şekillendiren ana etmenleri incelemeye çalışacağız. Kültürle biyoloji, geçmişle gelecek, gelenekle yenilik arasındaki çekişmeyi merkeze alarak, şartların alışkanlıklarımızı ne noktaya kadar değiştirebildiğini tetkik ederken doğamıza ne kadar hükmedebildiğimizi göreceğiz.

Bu zorlu entelektüel maceradan alnımızın akıyla çıkabilirsek eğer, modernitenin getirdiği depresif bir "yolunu kaybetmişlik" sendromundan çıkmamız da kolaylaşacaktır kuşkusuz. Hâlâ avcı ve toplayıcılıktan kalan yılan ve uçurum korkusu gibi içgüdülerinden bile kurtulamamış modern bireyin çağa adapte olmakta zorlanmasına şaşırmamak lazım. Eski ile yeniyi manalı bir şekilde harmanlamak, teknolojiyi benimsemek değil sadece. İnsanın mutlu bir yaşam sürebilmesi ya da Macar ekonomist Tibor Scitovsky'nin deyimiyle "nitelikli tüketim"in (İng. *skilled consumption*) üstesinden gelip Abraham Maslow'un piramidinin deniz manzaralı beşinci katına çıkabilmesi ancak yaşadığı dünyayı tüm açılarıyla bir bütün olarak ele alıp hedef ve istekleriyle, imkân ve yetenekleri arasında doğru bir korelasyon kurabilmesiyle mümkün. Bunu başarabilmesi için de kendini tanıması, gündelik davranışlarını yönlendiren saikleri analiz edebilmesi elzem. Ya da fiyakalı Latince bir ifadeyle *sine qua non*.

Böyle çetrefilli bir uğraşı yorucu ve sıkıcı bulup burun kıvıranlarımız çok olursa bunun nedeni kültürle aramızdaki bozuk ilişki. Yiyeceği ekmeği evde yapmak için efor sarf etmekte hiç tereddüt etmeyen insanımızın tüketilecek şey kültür olduğunda kendisini sıradanlık denizinin akıntılarına salıverdiğini görüyoruz. Modern toplumun "Hizmet kapımıza gelsin" anlayışının verdiği rahatlıkla kendisine sunulan kültürel metaları tüketmekten öteye gidemeyen ve moda olanın dışına çıkmak gibi bir endişesi olmayanların karbon kâğıdıyla çoğaltılmışçasına birbirlerine benzemesine çok da şaşmamak gerek belki. Yüzeysel bir gündemin sürekli önümüze koyduğu sıradan tartışmalar ve şık gözükme ve uyum sağlama endişesiyle iştirak edilen sergi, konser ve gösterilerin kişisel ilgi ve zevklere hitap edip etmediğine bakmadan tüketilmesi, herkesi bir tilt topuna çeviriyor âdeta.

Zamanın bolluğundan ne yapacağımızı şaşırdığımız çocukluk yıllarında bu oyunu oynayanlar hatırlayacaktır. Fırlatılan her bir tilt topunun rotası birbirinden farklıdır ancak bu, içinde hapsoldukları camekânlı kutunun en fazla yarım metrekarelik bir alana sahip olduğu gerçeğini değiştirmez.

Aynı şeyleri okuyarak, aynı şeyleri izleyerek, aynı şeyleri tartışarak bu yarım metrekarelik camekânın boğuculuğuna kendini mahkûm edenlerin hırslıları, bir patinajdan kurtulmak için bazı taktikler geliştirmiş olabilirler. Ancak unutulmamalı ki "orijinal" etiketi, bir şeyi tek başına değerli kılmaz. Popülerlikte belirli bir seviyeyi aşmadığı ve az sayıda insan tarafından "paylaşıldığı" için hâlâ özgün görünebilen bir kültür metası üzerinden kendimizi tanımlamak; sosyal medyanın, televizyonun, gazetelerin ve AVM bazlı bir seri tüketimin sürekli geri fırlattığı bu tilt toplarından biri olmadığımızı ispatlamaya yetmeyecek ne yazık ki.

Bir de tüm bunların üstüne, ülkemizi çepeçevre saran siyasi kamplaşma insanları tek boyutlu entelektüel varlıklara indirgemekle meşgul. Bunun tek negatif etkisi, mensup olunan kampın tüm argümanlarını kabul etmek ve siyaseti ve toplumu "bizim gibi" olanlarla aynı algılamak zorunluluğu değil; belki daha önemli bir sorun, bu yeknesaklığın kültürel alanda da hâkim olması. Herkesin kendi mahallesinde üretilen kültürel metaları tüketmesi eklektik (seçmeci) bir tavrın önüne geçiyor. Hayatın her alanında birbirinden farklı kökenden gelen ögeleri karıştırıp tabuları yıkmakla böbürlenen modern insan, iş kültüre gelince duvarlarını yıkmıyor, yıkamıyor, her ağaçtan meyve koparamıyor. Kıyafetlerimizde gösterdiğimiz cesareti ve seçiciliği okuduklarımızda, dinlediklerimizde ve izlediklerimizde sergilemekten imtina etmemiz aslında dış görünüşümüzde vermeye hazır olduğumuz tavizleri içselleştirmekte ne kadar isteksiz olduğumuzun da gönülsüz bir itirafı.

İnsanların fiziki ve elzem ihtiyaçlarının çok ötesinde tüketmelerine dayanan bir toplumsal düzen, her bir bireyin çok özel olduğunun altını çizmek zorunda. "Özel" kelimesinin tanımı gereği, herkesin bu sıfatı haiz olması durumunda aslında hiç kimsenin özel olmayacağını söylemeye gerek var mı? En azından iki buçuk asır önce varmış ki benzer bir mantığı David Hume da kurmak zorunda kalmış. Onsekizinci yüzyılın bu İskoç filozofuna göre, tüm kadınların güzel olması mümkün değil; çünkü herkes güzel olduğunda güzellik sıradan bir şey olur ve biraz daha güzel olanları öne çıkarıp sıfatı bunlarla sınırlandırmaktan başka çaremiz kalmaz. Hepimizin özel olduğu bir dünya da işte aynen böyle, birbirine benzediği için farklılığını sürekli dışarı onaylatmak zorunda kalan bireyler olmaya indirgiyor bizi.

Bütün bu yanıltmacaların farkında olduğumuzu farz etsek bile gene de birçoğumuz nefsimize yenilip bu koskoca evren karşısında çaresiz bireyler olduğumuzu hemen unutuyoruz. Zira insanoğlunu hayatın tüm dertlerine karşı ayakta tutabilen iyimserlik ancak böyle ufak kandırmacalarla mümkün ki bu tip savunma mekanizmalarının uygarlığın devamı için şart olduğu da aşikâr. Fiziki tehlikelerin sürekli korkuyla beslediği insanların üretken bireyler ve bunlardan oluşan toplumların ahenk içinde ve gelişmiş yapılar olması pek olası değil. Veba ve İspanyol gribi gibi öncelleriyle ya da yirminci yüzyıl ortalarına kadar vaka-yı adiyeden sayılan kanlı savaşlarla karşılaştırıldığında ölümcüllük oranı oldukça düşük olan bir salgının başımızda sürekli Demokles'in kılıcı gibi sallanması ve tüm dünyayı derin bir varoluşsal krize sokması bu savunma mekanizmalarına ne kadar ihtiyaç duyduğumuzun en güzel delili.

Kısacası kendimizi kandırmaya meyyal oluşumuza çok da şaşırmamalı. Her şeyin imaj haline geldiği bir "ambalaj çağı"nda "nasıl gözüktüğü"nden ziyade "nasıl olduğu" ile ilgilenmenin zor olduğunun ve en azından kısa vadede pek de bir kâr vadetmediğinin farkındayız. Ancak insanı hayvandan ayıran özelliğinin kültür olduğunu ve en ilkel kabilelerin bile hayatta kalabilmek için doğanın kendilerine sağladıklarından çok daha fazlasına ihtiyacı olduğunu unutmamak gerekmektedir; eskilerin hars da dediği bu kültür, ilk alet yapıldığında başlamamış mıdır?

Ön Lobdan Tasarruf: Ambalaj Çağı'nın Basit Cevapları

Artık hükmetmenin de ötesinde elinin altındaki toplumun üretim ve savaş kabiliyetlerini artırmak durumunda kalan modern devletin insanı merceğine aldığı ondokuzuncu yüzyıldan beri, bireyin bedeni, zihni ve ruhu artık sadece felsefe ve dinin değil, pozitif ilimlerin de alanı. Ve hatta herkesin kendi doktoru olmaya niyetlendiği şu son yıllara bakılırsa, ruhumuzu ve bedenimizi geliştirmek yolunda en az bürokratik devlet kadar biz de endişeliyiz. El kadar çocukları bale kurslarından yabancı dil derslerine sürükleyen veliler, on bin yıllık tarım toplumunun tüm beslenme pratiklerini reddeden diyet sevdalıları, onsekizinci yüzyılın manyetik *Mesmerizm*'ine benzeyen garip tedavi yöntemlerini koşulsuz kabul eden potansiyel hipokondriyaklar, Doğu dinlerinin meditasyon teknikleriyle ruhlarını arındırmaya çalışanlar, hep bu kendini geliştirme ve iyileştirme salgınının karikatürleşmiş tezahürleri.

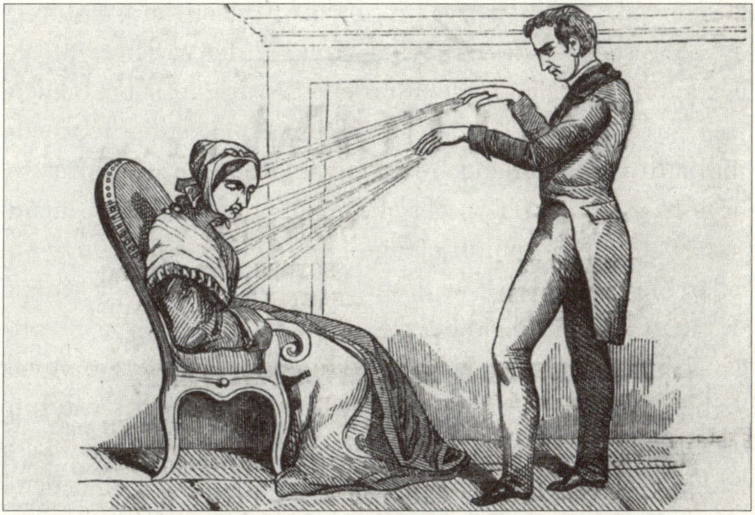

Resim 1. Franz Mesmer'in onsekizinci yüzyılın sonunda uydurduğu tekniği kullanarak manyetik enerjiyle hasta tedavi eden biri.

Tüm bu şaşaalı ve gürültülü çabalara rağmen aslında hâlâ farkında olmadan ezbere yaşıyorsak bunun nedeni kolaycı reçetelere, sihirli formüllere verdiğimiz prim. İnsanoğlu çoğu zaman hayatın kompleksitesiyle basitleştirerek mücadele etmeye çalışır. Açılışta vecizesini verdiğimiz Joshua Reynolds'ın da belirttiği gibi, düşünmek pek işimize gelmiyor. Ön lobdan tasarruf etmenin sağladığı konfora, kesinliğin ve netliğin verdiği umuda yenik düşüp duruyoruz. Gözlemlemenin, sorgulamanın, tutarlı fikirler geliştirmenin sancılı sürecine katlanmaktansa reklamvari sloganlarla özgünlüğü yakalayabileceğimizi sanıyoruz. Ve sonunda her tembel öğrenci gibi sınıfta kaldığımızda hocayı suçluyoruz.

İnsanların kafayı "kendini geliştirmek"le bozduğu bir çağda, çetrefilli mevzulara matematiksel kesinlikte cevaplar aramak tüketim toplumunun kolay elde etme hastalığının bir tezahürü. Ve ne yazık ki bu anti-entelektüel tutumu en yetkili ağızlardan duymak sıradan oldu. Örneğin klinik deneylerle uğraşan bir tıp doktoru "Aşk nedir?" sorusuna çok rahat bir şekilde biyolojik bir süreç diyebildi ve sevgiliye duyulan özlemi kuru fasulyeye duyulan iştahla özdeşleştirebildi. Sanki şairler yüzlerce yıl bakliyata dizeler adamıştı. İnsan bedeninden bağımsız bir bilincin (İng. *consciousness*) varlığını sürekli gündeme getiren felsefenin tüm tartışmaları bir anda mana kaybetmişti; hormonlarımız ve beyindeki nöronlar her şeyi açıklamıyor muydu? Gene kalitenin rağbet görme ile orantılı olduğu gibi mantığa tamamen aykırı lafları orada burada sık sık duyar olduk; öyle ya, madem seninki de sanattı, neden izlenmiyordu?

Ezbere çözümlere yaslanıp zihinsel çatışmaları azaltmak ve beyni otomatik pilota almak kadar hatalı bir başka tutum da yüzeysel sorular sorup hayatın işleyişini çözmemize hiçbir katkı sağlamayacak cevapların peşinden koşmak. Bilgi dediğimiz şeyin tanımı bile problemli birçoklarımızın zihninde. Türkiye'deki kariyerinin önemli bir kısmını ekranlarda, imza günlerinde ve sosyal medyada okuyucu ve dinleyicileri ile sürekli bir etkileşim içinde geçiren birinin en çok karşılaştığı cümlenin "Hocam bize bilgi ver" olması nasıl bir malumatfuruşluk* sarmalı içinde olduğumuzun en güzel kanıtı. Gene tamamen yoruma dayalı program ve satırlarının bile aslında sondajlanacak bir anekdot yatağı muamelesi görmesi de aslında insanların bilgi ile birbirlerine caka satıp statü kazanma merakına işaret etmekten öteye gitmiyor.

Daha önce *Bunu Herkes Bilir*'de tekrar ettiğimiz bir noktaya gene değinmek pahasına da olsa, bilgi ile olan ilişkimizin problemli olduğunun altını çizelim. Bilgiyi "keşfedilip" (İng. *to be discovered*) bizi yeni sorularla tanıştıracak ve aslında bilmediklerimizi çoğaltacak değil de "edinilecek" (İng. *to be acquired*) ve dolayısıyla sonlu bir kümedeki eksiğimizi tamamlayarak tüketmeye ve sona ulaşmaya daha da yaklaştıracak bir şey gibi algılamakta ısrar ettiğimiz sürece, geri kalmamızın hem nedeni hem de sonucu olan bir şekilciliğin pençesinde kıvranmaktan bir türlü kurtulamayacağız. Yüzeysel soruların manasız cevaplarına mahkûm bir şekilde mental hapishanelerde zaman kaybetmek istemeyen okuyucular için elinizdeki kitap bir pencere açmayı amaçlıyor. Bu pencereden içeri girecek havanın, herkesin mütemadiyen aynı şeyleri konuştuğu bir gündemin boğuculuğunda bir nebze nefes almamıza yardımcı olacağına inanıyorum.

Okuyucuyu edilgen bir tüketici olarak değil de etken bir katılımcı olarak oyuna davet etmeyi hedefleyen bu kitap *peşine düşmesi anlamlı soruları*n kitabı. Hedefi de cevaplamaktan çok cevaplamasını, hatta sormasını ve eğer okuyucumuz çok da istekliyse araştırmasını öğretmek. Olaylara birçok değişik açıdan bakmasını sağlayarak yeni bir "yetenek kiti" (İng. *skill set*) kazanmasını ve kendi zevk, kabiliyet ve ihtiyaçları doğrultusunda ruhunu besleyebilmesini sağlamak; onu katalog tavsiye bilgi verme konusunda Ortaçağ Avrupa'sının *specula principum* ve İslam

* Fars. *furuhten*: satmak, malumat satan.

dünyasının pendname ve nasihatname geleneğinin bile ardında kalan kişisel gelişim kitaplarının pençesinden kurtarmak. İlla bir klişe kullanmak ve Anne Isabella Thackeray Ritchie'ye* şapka çıkarmak gerekirse okuyucuya balık yerine olta vermek.

İşte bu oltayla, sadece hayatı yöneten mekanizmaları anlamakla kalmayacağız, aynı zamanda okuduklarımızı ve duyduklarımızı sorgulamayı ve sık söylenenin her zaman doğru olmadığını fark etmeyi başaracağız. Ateşli sloganların, şık aforizmaların ve bitmek tükenmek bilmeyen kırmızı çizgilerin yarattığı mahalle baskısı ve egemen kıldığı bir konformizme aldanmayarak niteliği niceliğe kurban etmekten vazgeçeceğiz. Etrafımızdaki dünyayı daha iyi analiz etmeyi başardığımız ölçüde daha kaliteli bir yaşam süreceğiz.

Fildişi Kulemizden Merhaba

İkinci Dünya Savaşı'nın ardından gelen ani şehirleşme, refah seviyesinin artması ve daha geniş bir kitlenin demokrasi ile birlikte siyasetin, tüketim ile birlikte ekonominin merkezine gelmesi, eskinin katmanlı toplumlarının referans sisteminin yavaş yavaş geçerliliğini yitirmesine yol açtı. Ya da bir Kemal Tahir köylüsünün lafıyla basitleştirmek istersek, at izinin it izine karışmasına... Sosyal sermaye eksikliğinin insanların önündeki opsiyonları daraltmadığı, herkesin her role bürünüp her mesleğe heves edebildiği bu halka yayılma (İng. *democratisation*) süreci elitsiz bir dünya yarattı. Bu dünyada en zor şey de sanatın, felsefenin ve bilimin iyisi ile kötüsünü ayırt etmek oldu; komplo teorileri, çakma tıbbi yöntemler ve kitsch sanatın hemen her yerde boy göstermesi de kaliteli ile kalitesizin arasındaki bu kararsızlığın bir yansıması.

* *Civilization*'dan hatırlayabileceğiniz ve Çinlilerden İbn Meymûn'a (Maimonides) birçok kişiye atfedilen meşhur vecize ilk kez 1885 yılında *Mrs. Dymond* adlı romanda şu şekilde kullanılmıştır: "Eğer birine balık verirseniz bir saat içinde acıkır. Eğer ona balık tutmayı öğretirseniz ona yardım edersiniz."

Bu kakofoni* içinde bazı bilim alanları hayatın kendisinden bağımsız algılanmaya başladı. Her ne kadar psikoloji, iktisat ve sosyoloji gibi dallar, pratik dertlerimize çözüm üretmek için birtakım girişimlerde bulunsa da tarih, felsefe, arkeoloji ve antropolojinin işlevsel bir yönü olmadığı farz edildi. Akademisyenler "fildişi kuleleri"nde birbirleriyle konuşan bireylerdi artık ki onlar da bu konforlu rolü zevkle kabul ettiler. 1991'de Alp Dağları'nda toprağın altından meşhur "Buz Adam"ı çıkartan ve kamuoyunun kırk yılın başında arkeoloji ile ilgilenmesine burun kıvıran Konrad Spindler'in "Bulgularımla ilgili halkı bilgilendirmek aslında benim işim değil" sözü akademisyenlerin sadece birbirleriyle diyaloğa girmekte nasıl küstahça inat ettiğinin en çarpıcı göstergesi. Hoş, ilmî makalelerin büyük bir çoğunluğunun akademisyenler tarafından bile okunmaması ya da başka bir ifadeyle bir bulgu ve yorum sunmak için değil de, "Dostlar alışverişte görsün" fehvasınca ya da mesleki şartları yerine getirmek için basılması bu diyaloğun bile ne kadar sağlam olduğunu tartışmalı hale getiriyor ya neyse... Bizi alakadar eden, bu fildişi kuledeki diyaloğun normal insanların bilmesi gereken, öğrenmeye layık bulacağı şeyler içermediğinin hemen herkes tarafından kabul edilmiş olması.

Kısacası birbirinden bağımsız iki ayrı dünya var âdeta. Biri uzmanların bir konu üzerinde yıllarca kafa patlatıp araştırmalar yaptığı ve bu araştırmaların sonuçlarını çoğu zaman meslektaşlarının bile zor anladığı bir dilde yayımladığı akademik dünya; diğeri de bu araştırma ve bulguları hiç kaale almadan hayatın temel sorunlarını kişisel gözlem ve tecrübeler üzerinden çözmeye çalışan "normal" insanların oluşturduğu bambaşka bir evren.

Bozulan televizyonu bir elektrikçiye göstermek yerine üstüne vurmaya benzeyen bir iptidai metotla bilgi edinmeye çalışıyor normal insanlar özetle. Her gün üzerine kafa yorduğumuz temel sorunların bilimde bir karşılığı var oysa. Hepsi ayrı

* Gr. Κακός (*kakós*: "kötü") + φωνή (*fōnē*: "ses"): ses kakışması, uyumsuzluğu.

noktalardan çıkan, ayrı yerlerden beslenen ve ayrı metodolojilere sahip bu bilim dalları birçok güncel tartışmaya değişik açılardan ışık tutmakta. Ve en temel bulgulardan bile bihaber olarak bu tartışmalara girmek, tencere tavasız yemek yapmaya çalışmaktan farksız.

Her ne kadar bir tarihçi tarafından yazılmış olsa bile elinizdeki kitap antropoloji, arkeoloji, iktisat, sosyoloji, psikoloji ve siyaset biliminin temel bulgularından da geniş bir şekilde yararlanmaya çalıştı. Farklı bilimlerdeki kavram ve tartışmaların kafa karıştırmasını önlemek için de bunu olabildiğince basit bir dilde ve birçok popüler örnekle paralellik kurarak yapmaya çalıştı. Tarihçiliğin bir nevi takvimcilik gibi algılandığı bir ülkedeki okuyucular, kendine fazla güvenen bu yazarın alanının dışına çıkmasını ilk başta yadırgayabilir. Ancak, Bloch ve Febvre gibilerin neredeyse yüzyıl önce kanıtladıklarını bir kez daha ispatlamaya niyetimiz yok. Şimdilik, çığır açan dergileri *Annales*'ın alt başlığının *Économies, Sociétés, Civilisations* olduğunu ve sosyal bilimlerin padişahı tarihin tüm ilimlerle diyaloğa girmesi gerektiğini belirtmekle yetineceğiz. Ya da daha akılda kalıcı bir ifade ile *tarihin asla sadece tarih olmadığının* altını çizmekle...

Gündelik yaşamımızı yönlendiren davranışlarımızın kökenlerini inceleyen *Ezbere Yaşayanlar*'ın amacı, akademik dünya ile normal insanlar arasında bir köprü kurmak ya da başka bir deyişle fildişi kulesinden aşağı bir merdiven sarkıtmak. Anlaması zor cümleler ve şatafatlı terimlerin arkasına saklanmış orijinal fikirlerin hayatta karşılığı olduğunu göstermek. Entelektüalitenin insanların kafasına karmaşık ifadeler, genelleyici aforizmalar ve cafcaflı kavramlar atmak olmadığını belirtmek. Hayat okulu ya da mandıra filozofluğu gibi saçmalıkların her on senede bir önümüze tekrar tekrar ısıtılıp konulduğu bir ortamda, hâlâ kültürel tüketimi oldukça zayıf olan bir topluma, bilimsel bulguların anlaşılmaz ve işe yaramaz şeyler değil, hayatı anlamlandırmak ve daha kaliteli bir yaşam sürebilmek için elzem araçlar olduklarını anlatmak. Olur da başarabilirsek vasatlık şöminesine bir kova su dökmek. Ve bunu yaparken de okumanın statü ve prestij kazanmak için değil, hakikaten kendini geliştirmek için yapılması gerektiğinin; okudukça daha çok değil, daha az bileceğimizin ama zaten amacın da bilinemeyenleri azaltmak değil, yorumlama kabiliyetini artırmak olduğunun altını çizmek.

İkinci Dünya Savaşı'ndan önce üniversite eğitimi, sağlam bir sosyal sermaye ile iyi bir lise eğitimine sahip dar bir çevreye hitap ediyordu. 1913 yılının istatistikleri Avrupa ülkelerindeki üniversiteye gitme oranlarının binde yedi ile on bir arasında değiştiğini gösteriyor. Günümüzün en ileri üniversitelerinin olduğu Amerika Birleşik Devletleri'nde 2018 yılında lise öğrencilerinin %69'unun üniversiteye gittiğini, 2019 verilerine göre Fransa'da 25 yaş üstünde 5 kişiden 4'ünün üniversite mezunu olduğunu da ekleyelim. Bu tabana yayılma bir yüzyıl öncesindekine benzer bir statü endişesine yol açtığı halde, aynı anda bu kadar çok kişiye aynı seviyede bir eğitimin sağlanamayacağı da ortada. Diplomalarıyla heveslendikleri statüye erişmek için kendini eğitme ihtiyacı hisseden beyaz yakalı kitlelerin bunda başarıya ulaşamamalarının bir önemli nedeni içinde bulundukları çalışma şartlarıysa bir diğeri de mensubu bulundukları sosyo-ekonomik sınıf; unutmayalım ki hiçbir fiyakalı kıyafet, pahalı şirket tatili ya da kiralık lüks araba, üretim araçlarına sahip olmayanların proleter olduğu gerçeğini değiştiremez. Akciğerlerinizde is, işliklerinizde leke, alnınızda ter olmaması işçi olmadığınız anlamına gelmiyor ne yazık ki.

Kendimizi geliştirmek için artık iyi bir eğitim almaktan fazlasına ihtiyaç olduğunun aslında herkes farkında yani ama çareyi modern şeyhlerin kulağa hoş gelen sloganları ve yüzeysel cevaplarında aramak da bir o kadar iç ferahlatıcı. Ne yazık ki kolay olan her şey gibi bu da işe yaramayan bir yöntem. Eğer

Funiculì, Funiculà (1880).

okuyucularımızdan daha zor olanı yapmalarını ve kompleks argümanların açıklayıcı kuvvetine güvenmelerini istiyorsak, biz de kolaya kaçmadığımızdan ve karmaşık bilimsel bulguları en anlaşılır dilde, çoğu zaman popüler kültürel ögeleriyle desteklemekten çekinmeyerek özetlediğimizden bunu gönül rahatlığıyla yapabiliyoruz.

Eğer hazırsanız lafı daha fazla uzatmayalım ve seferimize çıkalım: *marche marche* ya da Vezüv'e çıkan ilk teleferik seferine binenlerin de çığırdığı gibi *Jamme, jamme 'ncoppa, jamme jà*!*

* Nap. "Hadi gidelim, hadi gidelim, en yukarı gidelim!"

I

NEDEN FARKLIYA TAHAMMÜL EDEMEYİZ?

"Bizim problemimiz, zihnimizin devamlılıkları kavrayacak entelektüel kapasiteden mahrum olması, özellikle bu devamlılıklar değişik boyutlarda faaliyet gösteren birçok değişkenin etkileşimini içeriyorsa. Basit dikotomilerle daha mutluyuz, çünkü bizi düşünme zahmetinden kurtarıyor... Öyle görünüyor ki bilgi bizim yaradılıştan gelen yetersizliklerimiz tarafından sürekli tehdit ediliyor."*

Robin Dunbar

Modern dünyanın en önemli değerlerinden biri tolerans. Televizyonlarda, reklamlarda, filmlerde, okulda, işyerinde, kısacası hemen her yerde artan bir sıklıkta karşımıza çıkan bir ideal. Bu ısrarlı sunumun nedeni, antropolog ve evrimsel psikolog Robin Dunbar'ın yukarıdaki cümlelerinden de anlaşılacağı üzere, toleransın aslında insan doğasına ters bir şey olması. Tarih boyunca da pek rastlayamıyoruz kendisine zaten, ne eğilim ne de kavram olarak. Ta ki modern zamanlara kadar.

Peki, neden? İnsanın "fabrika ayarları"nda niçin kendisi gibi olmayandan rahatsız olmak var? Neden sürekli hatayı başkasında aramaya, "öteki"ni suçlamaya bayılıyoruz? Tahammülsüzlük insanın fıtratındaysa eğer, onu kontrol altında tutmak için ne yapmalı?

* *"Our problem is that our minds just lack the intellectual capacity to deal with continua, especially if these continua involve the interaction of several variables operating along different dimensions. We are happiest with simple dichotomies because they save us having to think... Knowledge, it seems, is perpetually threatened by our own intrinsic limitations."*

Eski toplumlarda neden hoşgörü övülen bir şey değildi? "Modern dünya"da ne değişti de hoşgörü kavramı bu kadar ön plana çıktı? Ön plana çıkması gerçekten toplumsal hayata egemen olması mı demek; yoksa geçici bir başarıdan, aldatıcı bir görüntüden mi bahsediyoruz? Ya da başka bir ifadeyle hoşgörüsüzlüğü yenmeyi ne kadar başardık?

Neden hâlâ birbirimizi görüşlerinden dolayı sosyal medyada linç edip duruyoruz? Hangi sonuçlara yol açarsa açsın, her görüş ifade edilebilmeli mi, herkes her istediğini söyleyebilmeli mi? Yoksa ifade özgürlüğünün bir sınırı olmalı mı? Gelin irdelemeye başlayalım.

Neden Nefsimizi Köreltirdik? Cemaat İçinde Eriyen Bireyler

Eskiden insanların kendileri gibi olmayanlara karşı gardını almaları tabii bir durumdu. Hoşgörü kavramının insana yük gibi geldiği kelimenin etimolojik kökeninden bile belli. Hem Latincesi* hem de eski dildeki karşılığı olan tahammül, "taşımak, katlanmak" fiilinden geliyor.** Modern versiyonu "hoşgörü"nün kökeni ise daha pozitif belki ama burada bile tatsız bir duruma katlanmak anlamı var. Hoş görüyor olabiliriz ama bu, gördüğümüz şeyin hoş olduğu anlamına gelmiyor. Onu "hoş" gören biziz, biraz zorlama bir durum yani.

İnsanların geçmişte kendisi gibi olmayanlara tahammül göstermeye bugünkünden daha az yanaşması toplumun yapısıyla ilgili aslında. Tarihte kişiler bugünkü gibi birbirleriyle rahatça kaynaşamıyorsa bunun nedeni eskiden toplumsal aktörlerin bireyler değil, cemaatler olması. Geçmişin iktisadi, tıbbi ve teknolojik faktörleri bireyin tek başına var olmasını imkânsız kıldığından, atalarımız içinde bulundukları topluluklara bizden daha fazla bağlıydı. Köylü/şehirli, yerleşik/göçebe, kadın/erkek, genç/

---

* Lat. *tolerō, tolerāre.*

** Ar. h-m-l'den, *hamal* da bu kökten gelmektedir.

yaşlı, kim olursa olsun herkes akrabalarının, tanıdıklarının, komşularının, kısacası güvenebileceği birilerinin, yani "kendisi gibi olan"ların yardımına muhtaçtı. Garanti bir gelire sahip olan ve teknoloji, sosyal devlet ve kapitalist üretim düzeni sağ olsun birçok hizmeti hazır satın alabilen modern bireyin aksine, eskiler bir ya da iki kişinin tüm sorumluluklarını alabildiği bir hanede yaşamıyordu. Anne olduğunda, hastalandığında, iş bulması gerektiğinde, başına bir aksilik geldiğinde ve hatta bir yerden bir yere taşındığında (yeni mahallesinde birinin ona kefil olması şarttı) sürekli birilerinin yardımına ihtiyacını vardı.

Devletle birey arasındaki ilişkiler de çoğunlukla cemaatler üzerinden yürütülüyordu. Mesela vergiler genelde köylere ya da şehirdeyseler dinî cemaatlere salınır ve topluluk liderleri bunu kendilerine bağlı olan bireyler arasında üleştirirdi. Dinî cemaatin ya da aşiret tipi yapıların üyeleri arasındaki ilişkileri düzenleyen kendi hukuk sistemleri vardı ve devlet genelde buralara burnunu sokmaya en azından ondokuzuncu yüzyıldan önce pek hevesli değildi. İnsanı optimize edip üretken ve itaatkâr bir vatandaş yaratma derdine düştüğünde de en büyük sınavını bu cemaatleri aradan çıkarmak için verecekti zaten. Tebaadan vatandaşlığa giden yol dikenliydi kısaca.

İşte böyle bir ortamda ilişkiler bireylerden ziyade bu bireylerin içinde konumlandığı cemaatler arasındaydı. Bu da insanların sürekli kendileri gibi olanla görüşmeleri ve diğer cemaatlerin üyeleri ile arasındaki ilişkilerin seyrek olması anlamına geliyordu. Seyrek olan ilişkilerin bir yabancılık ve zamanla düşmanlık hissi yaratması da oldukça doğaldı. Tüm müminlerin eşit olduğunu vurgulayan evrensel dinler* ya da belirli bir sistem oturtmayı başarmış merkezî idareler, farklı grupları tek bir hukuki sistemde toplamayı başardığı zaman, cemaatler belirli bir huzur içinde yaşayabiliyorlardı. Artık birbirlerini öldüremez ya da köle edemezlerdi ancak bu, her fırsatta birbirlerine isim takmakta,

* Her dinin böyle bir eşitliği vurgulamadığının altını çizelim.

hor görmekte ve türlü kara propaganda metotlarıyla aşağılamakta tereddüt edecekleri anlamına gelmiyordu.

Müslüman Mahallesinde Neden Salyangoz Satılmaz? Ne Yediğini/Giydiğini Söyle, Sana Kim Olduğunu Söyleyeyim

Her grup, üyelerini çeşitli âdet ve ritüellerle kendine bağlar ve başka grupların üyelerinden ayrı konumlandırırdı. Bir Müslüman'ı Hıristiyan'dan farklı kılan en önemli farkın sünnet olması gibi ki İspanya topraklarına sızmaya çalışan Osmanlı casuslarını birçok kez ele veren cinsel organlarıydı. Gene en dışlayıcı dinî gruplardan biri olan Yahudiliğin en sert yeme-içme tabularına sahip olması da boşuna değil. Bundan üç küsur yüzyıl önce Evliya Çelebi'nin bunlara güvenmemesinin nedeni işte tam da buydu: "Bunlar kimseden yeyüp içmezler ve ihtilât itmezler, eğer ülfet ederlerse ca'lî aşinalık iderler", yani "Kimseyle sofraya oturup karışmazlar, eğer dostluk ederlerse de yapmacıklıktan yaparlar" diyor seyyahımız, hem de hızını alamayıp ekleyerek: "Her şeyleri ümmet-i Muhammed'e husûsan Muhammed isimli bir Müslîmi katl etme ihânetleri mukarrerdir", yani tek amaçları Müslümanları öldürmektir, özellikle de adı Muhammed olanları.

Bugün domuz yemenin bazı ateistler için bile tabu olması ya da içki içmenin mütedeyyinler için faiz gibi benzer günahlardan çok daha kötü algılanması da geçmişten gelen bir önyargının devamı aslında. Kimin ne yediği görünür bir şey olduğundan, grup içinden olanı grup dışındakinden ayırmayı kolaylaştırıyor çünkü.

Kıyafette de benzer bir durum var ve bu yüzden eskiden giyiminden bir kişinin hangi dinî ya da etnik gruba ait olduğunu anlamak mümkündü.* Bu ayrımın flulaşmasından hoşnut olma-

* İlginç bir bilgi: Sarı Çizmeli Mehmet Ağa'nın çizmesinin sarı olmasının nedeni, Osmanlılarda gayrimüslimlerin sarı ayakkabı giymesine izin verilmemesi. Mehmet de en sık kullanılan Müslüman ismi olduğuna göre, her taraf sarı çizmeyle dolaşan Mehmetlerle dolu olsa gerek. İfadenin "anonim" anlamına gelmesinin nedeni bu.

yan hükümetler de kişinin ait olmadığı bir cemaatin kıyafetini giymesini men eden yasalar yapmaktan geri durmazlardı. Dış görünüşteki değişiklik kimlikteki bir değişiklikti aynı zamanda; Hak Din'i reddedip Müslüman olan Hıristiyanların "sarığa büründüğü"nden (Fr. *prendre le turban*) şikâyet edilmesi boşuna değildi. Gene Mançurya kökenli Qing (ok. Çing) Hanedanı bir anda kendisini Çin'i yönetirken bulunca tüm halkın saçlarını kendileri gibi kesmelerini emredecekti. Bu korku salan yabancı kavme meydan okumak pahasına Çinlilerin uzun süre direnmesinden, bu talebin öyle yenilir yutulur bir şey olmadığını söylemek mümkün.

Türban meselesi ya da saç, sakal ve bıyıkla (badem bıyık, ülkücü bıyığı, çember sakal, uzun saç, favori) ifade edilen politik görüşler göz önüne alındığında bugün bile kılık kıyafetin bir yere kadar kimliği ifşa ettiğini söylemek mümkün. Modern devlet ne kadar çabalarsa çabalasın geçmişten gelen bazı âdetler sinsice sokuluyor günümüze. Bazen türban örneğinde olduğu gibi bizzat

Resim 2. Ya saçını ya başını! Qing kuyruğunun onyedinci yüzyıldan ondokuzuncu yüzyıla gösterdiği değişim. Kuzeyden gelen işgalci Mançular, kendi saç stillerini dayatarak, yönettikleri Han Çinlilerinin sadakatini test etmek istemişlerdi. Han Çinlilerinin itiraz ettikleri ise bu kuyruktan çok saçlarının önden kazınmasıydı, çünkü Konfüçyüsçülükte saç kesmek yasaktı.

aynı modern devlet eliyle olsa bile. İnsanın suratından politik görüşünü tahmin eden algoritmalar üzerinde çalışıldığını da ekleyelim. Ve bizi özgürleştirmesini umduğumuz teknolojinin bazen tersi yönde sonuçlar verebileceğini bir kez daha anımsatalım.

Çok Gezen Hoş Görür

Teknolojik faktörler de cemaatlerin bireylerden daha etkili olmasında önemli bir etmendi tabii ki. Demiryolunun yaygınlaşmasından önce bir yerden bir yere gitmek tehlikeli ve meşakkatli bir işti. Herhangi bir seyahatnameyi elinize alırsanız sayfalarında yol boyunca başa musallat olan haydutlar, hastalıklar ve diğer aksilikleri daha detaylı okuyabilirsiniz. Marco Polo'nun 1271'de Venedik'ten Çin'e yaptığı yolculuk bu tip tehlikelerle doluydu ve tam üç yıl sürecekti, yirmi sene sonraki dönüşü ise dört. Ama hemen gözünüz korkmasın, çünkü burada pek sık yapılmayan iddialı bir seyahatten bahsediyoruz. Buhar öncesi dönem için ortalama bir rakam vermek zor ancak daha sıradan yolculuklar için günlük 15-20 kilometreyi baz alabiliriz. Denizde daha hızlı yolculuklar mümkündü belki ama burada da fırtınalar gemileri bazen günlerce limana mıhlayabiliyordu. Her halükârda topografya insanı kölesi etmiş durumdaydı ve yolculuk oldukça yavaştı. Ve bir kez daha altını çizelim, tehlikeliydi. Ticaret yollarının güvenli ve öngörülebilir olduğu dönemlerin başına tarihçilerin *pax* (Lat. barış) kelimesi getirmesi, merkezî hükümetlerin bu istisnai dönemlerde sağladığı emniyet ve hukuki standardın öneminin altını çizmek istemelerinden.

Uzun lafın kısası, eskiden insanlar daha az seyahat ediyorlardı. Birçok kişi

Pax Britannica, Pax Romana, Pax Mongolica, Pax Ottomana gibi ifadeler, bir imparatorluğun egemenliğindeki uzun bir barış dönemini temsil eder. Güçlü bir merkezî hükümetin sağladığı güvenlik, standardizasyon ve lojistik imkânlar sayesinde refah artmıştır.

doğduğu köyün ya da mahallenin dışına nadiren çıkmaktaydı. Yerleşik hayat adı üstünde "yerleşik" bir hayattı. Ondordüncü yüzyıl Pireneler'ine gidip Montaillou köylülerine misafir olursak bunu daha rahat görebiliriz. Ya da belki anneannelerimize sorabiliriz. Yakın zamanda erişime açılan ve ondokuzuncu yüzyıla kadar uzanan kütük bilgileri de çoğu insanın nesiller boyu köylerinden çıkmadığını gösterdi zaten. Savaş veya doğal afet gibi büyük kriz dönemleri hariç şehirdeki insanlar için de durum bundan pek farklı değildi. Gezenlerin gezmeyenlerden daha çok yazması sizi yanıltmasın. Zaten genelde fikir ve teknolojileri bir yerden bir yere götüren de yerleşik insanlar değil, ya tüccarlar ya da Çin'i Avrupa'ya bağlayan geniş bozkırlarda bir ileri bir geri gidip gelen ve sürekli kafalarını sokabilecekleri bir yağma koridoru arayan göçebelerdi. Bu sonuncular fırsatını bulduklarında ya da iklimsel ve ekonomik şartlar nedeniyle mecbur kaldıklarında paralı asker olarak merkezî hükümetlerin emrine girmekten ve zamanı geldiğinde de onları ele geçirmekten geri durmazlardı. Türklerin İslam ekümeni içerisindeki yükselişlerinin hikâyesini burada tekrarlamaya gerek yok.

Daha Çok Gezmek, Daha Çok Öğrenmek mi Demek?

Bugün daha rahat geziyor olmamız seyyahın niteliğini de değiştirdi aslında. Eskiden gezginler etraflarına daha ilgiliydi muhtemelen, zira hem toplumun daha üst tabakalarından geliyorlardı hem de gezmek için çok daha fazla zaman ve para harcamaları gerekiyordu. Ekonomistlerin deyimiyle konuşmak gerekirse, seyahatin batık maliyeti (İng. *sunk cost*) daha yüksekti yani. Eskiden bir fikir ile gerçekleştirilen seyahat şimdi daha çok bir itki ile gerçekleştiriliyor. Diziler, filmler, sosyal medya paylaşımları, arkadaş ve komşuların tavsiyeleri ve indirimli tatil paketlerinin etkisi altında çıkılan bu yolculuklar eskisine göre daha az içsel tecrübeye dönüşüyor; amaç çoğu zaman görmekten ziyade göstermek, anlamaktan ziyade anlatmak aslında.

Bir Lüks Olarak Hoşgörü

İşte tam da yukarıda saydığımız nedenlerden dolayı hoşgörü aslında bir lüks. Olumlu ekonomik koşullarda ve nüfus baskısının olmadığı yerlerde karşımıza çıkması da ondan. Parıltılı zamanların bir ürünü yani.* Özgüveni olan toplumlar farklılıklara karşı daha anlayışlı yaklaşıyorlar, zira tehdit eşikleri yüksek. Tarihteki örneklere bakınca bu çok açık bir şekilde karşımıza çıkıyor. Mesela Osmanlı İmparatorluğu, komşularıyla karşılaştırıldığında yabancılara daha müsamahalı davranan bir imparatorluktu. Sadece Macar'ın birine top döktürmekten bahsetmiyoruz; Balkanlar'daki ilk yayılma sürecinde Hıristiyanları nasıl kendi içine alıp absorbe ettiklerini İnalcık, Lowry ve daha birçoklarının çalışmalarından okumak mümkün. Bunların bir kısmının dinini koruyarak devlete entegre olmasında bile bir sakınca görülmemişti; onbeşinci yüzyılda Hıristiyan sipahilere rastlamak işten bile değil. Gerçi bu esneklik imparatorluk sistemi oturdukça azalacak; zira karşımızda biraz da adam yokluğundan kaynaklanan bir durum var.

Grupların birbirleriyle daha fazla iletişime geçmesinin elzem olduğu yerlerde hoşgörü seviyesi mecburen artıyordu. Avrupa ile İslam toprakları arasındaki hoşgörü farkının bir nedeni de buydu. Doğu-batı arasında sürekli kervanların gidip geldiği İpek Yolu üzerinde yükselen bir medeniyet ile dünya ekonomisinin köşesinde kalıp içine kapanmış bir Ortaçağ Avrupa'sının "öteki"ye yaklaşımı arasında fark olmasından doğal bir şey herhalde olamazdı. İslam dünyasının Hıristiyan Avrupa'dan bir farkı daha vardı. Mirasçısı olduğu Asurlular, Akkadlar, Babilliler, Hahameneşiler ve Sasaniler de birçok değişik halkı ahenk içinde yönetmek zorunda olan kozmopolit yapılardı; bunlara boşuna imparatorluk demiyoruz.

Kısacası ne kadar çok değişik cemaat, o kadar kompleks ilişkiler. Ve dolayısıyla bir yere kadar hoşgörü. Avrupa içinde bile

* Lat. *lux*: ışık.

hoşgörü farkları değişik cemaatlerin birbiriyle ilişki kurma sıklığına göre şekilleniyordu. Venedik'in hem Müslüman tüccarların hem de Shakespeare ne derse desin Yahudilerin en rahat ettiği Avrupa şehirlerinden biri olması, San Marco Cumhuriyeti'nin yüzyıllardır farklı milletlerden tüccarı ağırlamaya alışık olmasındandı. Gündüzleri Rialto bölgesinde her milletten tüccar görebilirdiniz, bugün her renkten turisti görebileceğiniz gibi. Geceleri Müslüman tüccarların kalması için bir han bile yapılmıştı. Bir Doğu Akdeniz limanı için normal görünen bu gelişmelerin Avrupa için istisnai olduğunu unutmayalım.

Birbirleriyle fazla etkileşime girdiklerinde dinî cemaatlerin arasındaki farkların azalmasına en güzel örnekleri serhad (İng. *frontier*, *march*) bölgelerinde bulmak mümkün. Mesela onaltıncı yüzyılın başında önde gelen bir Osmanlı âlimi, Hz. İsa'nın Hz. Muhammed'den daha önemli olduğunu söyleyebilecekti. Uzun yıllar Hıristiyanlarla Müslümanların beraber yaşadığı İspanya'da ise onaltıncı yüzyılın sonunda uydurma bir Arapça metin ortaya çıkacak ve erken dönem Hıristiyan şehitleriyle ilişkilendirilen ve Arap ile Latin alfabesi karışımı garip harfler içeren bu "kurşun kitaplarda" (İsp. *Plomos del Sacromonte*) iki din arasındaki önemli farklar törpülenmeye çalışılacaktı. Hıristiyan teolojisine İsa'yı içeren bir kelime-yi şehadet eklenerek İsa'nın Tanrı'nın oğlu olduğu yadsınacak; kutsal şarap ekmek ayini, üçleme ve ikonalara tapınma gibi iki cemaat arasında ayrılık yaratan noktaların ortadan kaldırılmasına çalışılacaktı. Aynı metinlerde İspanya'daki ilk Hıristiyanların Araplar ve Arapların kadim dininin de Hıristiyanlık olduğu gibi iddialar da var; bunları birkaç yıl sonra yarımadadan komple kovulacak Müdeccellerin* İspanyollara bilinçaltında uzattıkları bir zeytin dalı olarak değerlendirebiliriz. Gene aynı yüzyılda Doğu Akdeniz'de üçleme karşıtı din âlimi Jacobo Paleologos üç semavi dini birleştirmeye çalışacaktı. Müslümanların Hindu ve Sihlerle

* İsp. *Morisco*. 1492'den sonra Hıristiyan olmaya zorlanan Müslümanlar.

birlikte yaşadığı Kuzey Hindistan'da eklektik bir din yaratma yoluna giden bizzat Şah Ekber'in (hük. 1556-1605) kendisi olacak ancak İslam, Hinduizm ve Zerdüştlüğün bir potada eritilmeye çalışıldığı bu "Din-i İlahi" saraydaki üç beş kişinin ötesinde halk arasında yayılmayacaktı [bkz. Renkli Resim 8].

Yeni Ambalajlarda Eski Âdetler: Modern Dünyanın Yeni Kavimleri

Yukarıda anlattığımız cemaatçi yapı modern bireylere yabancı ve hatta biraz da antipatik gelebilir. Bugün gördüğünde geliyor da zaten, tarikatları düşünün. Bir şeyhin müridi olmak, "nefs"i öldürmek zamanın ruhuna ters. Bireylerin önünde sonsuz olanakların olduğu günümüzde biraz tarihdışı (İng. *ahistoric*) olduğu da bariz. Ancak tarikatçılığın eskiden çok işe yarayan bir sistem olduğunu unutmayalım, zaten böyle olmasaydı bu kadar uzun süre tutunamazdı herhalde. Bireysel yeteneklerin kalıcı ekonomik güvenceler yaratamadığı ahenk toplumlarında, sizin yerinize karar veren; size iş, aş ve eş bulan bir cemaatin içinde eriyip gitmenin güvencesini kimse hafife almasın. Onbeşinci yüzyıl Şam'ında fırsatçı bir girişimcinin ya da dâhi bir mucidin bir Bill Gates ya da Arnold Schwarzenegger olma şansı yoktu. O kadar geriye gitmeye de gerek yok; Steve Jobs'ın, babası gibi Suriye'de büyüdüğünü düşünün. Ama belki o kadar uzağa gitmenize de gerek yoktur. Zekâ ya da yetenekle fark yaratmanın mümkün olduğu kapitalist tüketim toplumlarında bile bireyciliğin riskleri cemiyetçiliğin konforuna yenik düşebiliyor bazen; bunu da göz ardı edemeyiz. Amerika gibi en bireyci yerlerde bile bireyin grup içinde eridiği "kült"lere rastladığımıza göre...

Hoşgörüyü bugün gerekli ve işe yarar kılan işte yukarıda bahsettiğimiz bu tablonun değişmesi. Yani insanların bir cemaatin içinde "nefs"lerinden vazgeçmeye mecbur olmamaları artık. Ancak ifrattan tefrite savrulmayalım, tam yüz seksen derece bir dönüşten de bahsetmiyoruz. Son örnekten de anlayabileceğimiz gibi reklamcılar, siyasetçiler, aktivistler ve sosyologlar bize ne derse desin, bugün bile tam anlamıyla birey bazlı bir toplumda yaşamıyoruz. Sürekli bireysel yetkinliğimizi belirten, istediğimiz her şeyi tek başına başarabileceğimizin altını çizen ve bize bir "fırsatlar dünyası" müjdeleyen sloganları bir kenara bırakırsak Michel Maffesoli'nin "kavimler zamanı"nda yaşadığımızı söylerken ne demek istediğini daha iyi anlayabiliriz. Fransız sosyoloğumuza göre, modern dünya hiç de sanıldığı gibi farklılıkların minimize olduğu bir yeknesaklık getirmiyor toplumlarda. Peki, neden? Bireyler çağında bile niye kendimiz gibi olanları tercih ettiğimiz sorusunun cevabı insanların hoşgörüsüzlüğünün temelinde yatan faktörleri de aydınlatma potansiyeline sahip. O zaman gelin inceleyelim.

Maffesoli'ye göre istediğimiz kadar bireyleştiğimizi düşünelim, gene de bizimle aynı fikirlere ve zevklere sahip insanlarla "yeni kavimler" (Fr. *néo-tribalism*) kurmadan edemiyoruz. Bu yeni kavimler tarihtekiler kadar uzun ömürlü olmayabilir fakat tıpkı onlar gibi ortak bir kimlik üzerine bina edildikleri ve insan psikolojisindeki bir ihtiyacı karşıladıkları için her yerde karşımıza çıkıyorlar. Émile Durkheim'ın modern dünyada dinin ortadan kalkmayacağını belirtmesindeki mantığa benzer bir durum var. Eskinin cemiyet bazlı ideolojileri (din) ve örgütlenme biçimleri (kavim, aşiret, boy, cemaat) modern dünyayı şekillendiren iktisadi, tıbbi ve teknolojik gelişmelere direnemezler, doğru ancak metamorfoza uğrayarak da olsa şu ya da bu şekilde varlıklarını sürdürecekler.

> Durkheim'a göre din; mabetlerin, din adamlarının, ritüellerin, duaların ve tanrıların çok ötesinde bir şeydir. Toplum tarafından yaratılmıştır ve toplum üyelerine amaç ve kimlik vermekle kalmaz, bu üyeler arasında dayanışma yaratır. Bu işlevi nedeniyle de hep bir şekilde var olacaktır.

Kısacası tarih lineer bir süreç değil. Brezilya bayrağında ne yazarsa yazsın ya da Auguste Comte ne derse desin hep ileri gitmiyoruz. Toplumun ve bireyin temel ihtiyaçlarına karşılık gelen âdetler öyle kolay yok olmuyor; eskiyi komple arkanızda

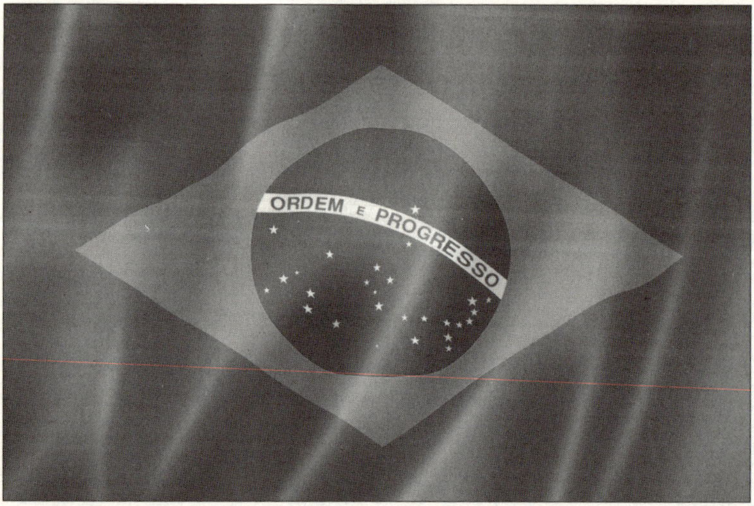

Resim 3. Brezilya bayrağındaki nizam ve terakki (Por. *Ordem e progresso*) sloganı ondokuzuncu yüzyılın ilerlemeci pozitivist zihniyetini yansıtıyor.

bırakamıyorsunuz. Zaten böylesi çok basit olurdu ve mühendislerle tarihçiler arasında bir fark kalmazdı. Siz de huzur içinde Celal Şengör izleyebilirdiniz.

Bir iki örnekle anlatalım. İnsanın en temel gereksinimi sıkıntı, endişe ve korkularını paylaşmak. Eskiden bunu komşularıyla dertleşmek ya da kilise papazıyla günah çıkarmak suretiyle gerçekleştirmek mümkündü mesela; bu ikincisi insanın içindeki suçluluk psikolojisini elimine etmeye de yarıyordu aynı zamanda. Durkheim'ın Protestan ülkelerde bencil intiharların (Fr. *suicide égoïste*) Katolik ülkelere göre daha fazla görülmesini, papazların ve kilise törenlerinin verdiği psikolojik desteğe bağladığını unutmayın. Bugün şehirlerde yaşayan modern Batılılar arkadaş ya da papaz bulamazlarsa psikoloğa gidiyorlar artık bu iş için. Ya da eskiden karar alma yükünden kurtulmak için şeyhlerden medet umulduğundan bahsetmiştik. Bugünün yaşam koçları, guruları ya da kişisel gelişim uzmanları çok mu farklı? Son olarak, atalarımızın geleceğin getirdiği belirsizlikler karşısında büyü, fal ve dua gibi metafizik güçlere başvurduğunu biliyoruz.

Sorarsanız hepimiz çok rasyoneliz ama Altıncı Bölüm'de anlatacağımız gibi fala inanmayanımız da yok. Dua etmenin yerini de evrene pozitif enerji gönderme aldı. Tanrısız bir evrene mesaj yollamak çok oksimoronik* olacağına göre aslında burada tüm evreni bir Tanrı gibi gören panteist** bir durum söz konusu. Yani inanmadan duramıyoruz ne kadar aksini iddia etsek de. Bazen de karma gibi kavramların bir anda dinî kimliğinden kurtulduğunu görüyoruz. Ancak bu yeni sunumlar şu gerçeği değiştirmiyor: Eğer bir ihtiyaca karşılık geliyorsa, hurafeler çağından birçok âdet rasyonalite devrinde, biraz daha şık ambalajlarda belki ama, karşımıza çıkmaya devam edecek.

Ağzı Olan Neden Hâlâ Konuşamıyor? Engizisyon 2.0 ve Modern Linçler

Tüm "Geliştik!" naralarına ve hakikaten iyileşen teknolojik ve tıbbi şartlara rağmen bugün de söyleyemediğimiz çok şey var. Eskisi gibi Engizisyon mahkemeleri kurmuyor, insanları yakmıyor olabiliriz ama bu, toplumun ahengini bozduğu zaman farklı fikirleri cezalandırmadığımız anlamına gelmez. Atalarımızdan daha az can yakıyoruz, doğru ancak çok da daha açık değiliz yeni fikirlere, özellikle keyfimizi kaçırırsa. Yeni, işimize yararsa güzeldir; işimize yaramadığı yerde bir anda işgüzarlık ya da "icat" olur.

Bu cezalandırmanın en azından bazı ülkelerde eskisi gibi işkence ve ölümle sonuçlanmamasının iki ana nedeni var. Birincisi Norbert Elias'ın "Medenileşme Süreci" (Alm. *der Prozeß der Zivilisation*) dediği şey. Onaltıncı yüzyıldan itibaren şiddetin ve cinselliğin yavaş yavaş toplumsal alanda rahatça sergilenebilir olmaktan çıkması şeklinde özetlenebilecek bu süreç dâhilinde ilk önce aristokrasi, daha sonra da onları model alan toplumun diğer kesimleri hislerine gem vurmaya alışacak. Feodal unsurların

* Oksimoron: Gr. ὀξύς (oxús: keskin zekâlı) + μωρός (mōrós: aptal, moron), zeki aptal. Birbiriyle çelişen iki kavramın bir arada kullanılması.

** Panteizm: Gr. πᾶν (pan: her) + θεός (theos: Tanrı), Tanrı'nın her şeyde olduğuna inanmak, yani onu evrenle bir tutmak.

oluşturduğu alternatif güç odaklarının ortadan kalktığı krallar elinde tekelleştiği bu dönemde, iktidarın sembolü artık eskisi gibi silah değildi. Makam ve mevkiin artık saraydan dağıtılmasıyla hükümdarın etrafında aniden bir göze girme yarışı başlayacaktı. İşte bu oyunda başarılı olmak isteyen nedimler (İng. *courtier*) katı bir kurallar manzumesini benimsemek, belirli bir edep doğrultusunda hareket etmek zorundaydılar. Hayvani içgüdülerini dizginlemeyi, duygularını kontrollü bir şekilde ifade etmeyi öğrenmeli ve deyim yerindeyse "medenileşmeli"ydiler.

Diğer neden ise son üç yüzyılda cezalandırma kavramının tanımının, amacının ve kapsamının değişmesi. Michel Foucault'nun gündeme getirdiği bu değişime göre, ateşli silahların bulunmasıyla ortaya çıkan Askerî Devrim ve ardından gelen Sanayi Devrimi'nin yarattığı ortamda devletler tebaalarına olan bakışlarını yenilemek durumunda kalmışlardı. Vergi vermeleri ve ortalığı birbirine katmamaları yetmiyordu artık, makbul birer vatandaş olmalıydılar. Sayıları her gün artan okullar üretken işçi ve askerler yetiştirmeyi hedeflerken klinik ve hapishaneler toplumdaki "zararlı" ögeleri önce ayıklamaya, daha sonra da "düzeltip" tekrar yararlı hale getirmeye yarıyordu. Bu yeni yaklaşım, eskisi gibi üç beş kişiyi ibret-i âlem olsun diye işkence ve ölümle cezalandırmaktan çok daha kapsamlı bir adalet anlayışını doğurmuştu. Artık öldüren devletin yerini yaşatan devlet almış ve şiddet cezalandırmanın ana ögesi olmaktan çıkmıştı.

Her neyse, konumuza dönelim. Artık farklı düşünenleri fiziken ortadan kaldırmasak bile bugün hâlâ söyleyemediğimiz birçok şey var. Toplumların bir arada yaşayabilmeleri için bazı ortak yanılsamalara ihtiyaçları olduğundan ahengi bozan fikirler hep tehlikeli addediliyor. Savaş, afet, salgın, ekonomik kriz gibi zor zamanlarda bu tehlikenin kapsamı artarken işler yolundayken uyumsuz görüşlere tahammül artıyor hiç kuşkusuz. Ancak bu, gene de sınırsız bir fikir özgürlüğü olmadığı gerçeğini değiştirmemeli. Hayat bir münazara değil ve taassup kendini değişik şekillerde gösterebilir.

Günümüzde bu taassubun en güzel örneğini politik doğruculuk akımının yarattığı baskıda görmek mümkün. Toplumsal cinsiyet, cinsellik ve ırk gibi bazı kavramların ya da *Holocaust* gibi tarihî olayların üzerinde konuşurken her istediğinizi söyleyemezsiniz. Bir zihin jimnastiği olarak bile şeytanın avukatlığını yapmanın aforoz edilmekten başlayan ağır bedelleri olabilir. Bazen arkalarında bilimsel veri olsa bile.

Bugün özellikle sosyal bilimlerde insanın bir fıtratı olduğunu belirtmek oldukça tehlikeli. Geçmişte bu tip görüşler faşist ve ırkçı eğilimlerin elinde suistimal edildiği ve katliamlara ve etnik temizliklere vize verdiği için, toplumu "aydınlatma" görevini üzerine alan sosyal bilimciler, insanlar arasındaki farkların tamamen kültürel olduğu görüşünü ateşli bir şekilde savunmaya başladılar. Bir örnek vermek gerekirse kadınla erkek beyni arasında biyolojik bir fark yoktu bunlara göre; gözlemlenen farklı eğilimler ve beceriler aslında ataerkil bir toplumda küçük yaştan beri aldığımız eğitimden kaynaklanıyordu.

Tüketim toplumunun ruhuna uygun güzel bir şema belki ama bir de madalyonun öteki yüzü var. Sosyal bilimcilerden çok daha kesin metotlarla çalışan deneysel psikologlar, insan beyninin hiç de öyle sanıldığı gibi boş bir levha (Lat. *tabula rasa*) olmadığını ve insanın belirli özelliklerle doğduğunu, bir başka ifadeyle bir fıtratı olduğunu iddia etmekte gecikmediler. Hem de bunu kızılca kıyamet koparmak ve indirgemecilik, ırkçılık ve faşistlik gibi suçlamaları göğüslemek pahasına yaptılar.

Fıtrat vs. yetiştirme (İng. *nature vs. nurture*) şeklinde özetlenen bu hararetli kavgadan bir sonuç alınması pek mümkün değil. Çünkü kullandıkları metotların farklılığı iki tarafın diyaloğa girmesini imkânsız kılıyor. Kültürel faktörleri ön plana çıkaranlar gözlem, metin yorumlama ve akıl yürütmeye dayanıyor; postmodern dünyada birçoğu artık "gerçek" diye bir şey olmadığını savunuyor üstüne üstlük. Karşı taraf ise deneylerle kesin bulgulara ulaşma uğraşında.

C-16 Yasası:
Kanada'da 2017 yılında çıkan ve toplumsal cinsiyet üzerinden yapılan ayrımcılığı suç haline getiren bu yasaya göre, birine tercih ettiği şahıs zamiri [bkz. Şekil 1] ile hitap etmeyi reddetmek suç sayılabilirdi. Yasaya karşı çıkanlar bunun ifade özgürlüğüne aykırı olduğunu ve devletin bireyin alanına girdiğini iddia edeceklerdi.

Ortaya çıkan bu körler sağırlar diyaloğunda sosyal bilimcilerin fıtrattan bahseden psikologlara yönelttikleri suçlamalar, genelde savlarının "gidebileceği yer" oldu. Yani fikirleri direkt eleştirmek yerine, yol açabileceği tehlikelerden dem vurdular ve bunu bazen oldukça agresif bir şekilde yaptılar. Örneğin insanların doğası gereği hiyerarşiye ihtiyacı olduğunu söyleyen ve kadınla erkeğin beklentilerinin farklı olduğunu iddia eden Jordan Peterson, üstüne üstlük bir de Kanada'da çıkan C-16 Yasası'na karşı çıkınca üniversitede dersleri aktivistler tarafından basıldı, meslektaşlarından aşırı tepki gördü ve her sene almaya alışık olduğu burslar reddedilmeye başladı. Hatta bir asistanın derste öğrencilere kendisinin konuşmasını izletmesinin önüne geçildi, her ne kadar gelen tepkiler üzerine geri adım atmak zorunda kalınsa da. İşin ilginç yanı, kendisine yöneltilen suçlamaların büyük bir kısmının "toksik bir ortam yaratmak" ve aşırı sağcı *Alt-right* grupları el altından desteklemek gibi bulgularını tartışmaya açmak yerine niyet okumayı amaçlayan şeyler olmasıydı.

He/ She	Him/ Her	His/ Her	His/ Hers	Himself/ Herself
zie	zim	zir	zis	zieself
sie	sie	hir	hirs	hirself
ey	em	eir	eirs	eirself
ve	ver	vis	vers	verself
tey	ter	tem	ters	terself
e	em	eir	eirs	emself

Şekil 1. Toplumsal cinsiyet belirtmeyen şahıs zamirlerine (İng. *Gender-neutral pronouns*) bazı örnekler. University of Minnesota at Milwaukee, LBTQ+ Resource Center

Benzer bir olay insan beyninin doğuştan gelen bazı özellikleri olduğunu iddia eden Harvard Üniversitesi profesörü Steven Pinker'ın başına geldi. 550 meslektaşı tarafından Amerikan Dilbilimciler Cemiyeti'ne imzalı bir mektup yollanarak "seçkin üye" (İng. *distinguished fellow*) listesinden çıkarılması istendi. Alanının önde gelen uzmanlarından birine yapılan bu suçlamanın kaynağı ise yazdığı makaleler ya da kitaplar değil, George Floyd olaylarının zirvede olduğu bir dönemde attığı altı adet tweet'ti. Her ne kadar Pinker'a birçok meslektaşından destek geldi ve cemiyet de ifade özgürlüğüne işaret edip kendisini atmadıysa da yüzyılımızın en önemli bilim insanlarından biri olan Richard Dawkins'in arkasında duran pek olmayacaktı. Attığı bir tweet yüzünden, kendisine yirmi beş yıl önce verilen yılın hümanisti ödülü "bilimsel söylem kisvesi altında marjinal grupları küçümsediği için" geri alınacaktı. Oysa ortada bir benzetme üzerinden insanları tartışmaya çağıran sınav sorusu kıvamında iki cümleden başka bir şey yoktu. Kariyerinde belli bir noktaya gelmiş başarılı ve popüler akademisyenler bu başlarına gelenlerden çok etkilenmeyecektir belki ama benzer tazyiklerin genç meslektaşları üzerinde nasıl bir baskı oluşturabileceğini tahmin etmek zor değil.

Pinker'ın infial uyandıran tweet'lerinden biri. Meşhur bir ekonomi profesörünün *New York Times*'taki yazısını paylaşan Pinker hakikaten de ana fikri yanlış lanse etmiş. Tweet'in altındaki linke tıklayıp karşılaştırın.

Pinker, Peterson ve Dawkins gene de kendilerini şanslı hissetmeli. En azından artık sosyal medya var ve kendilerine daha geniş bir çerçeveden destek bulabiliyorlar. Sosyobiyoloji ve deneysel psikoloji alanında ilk çalışmaları yapanların böyle bir olanağı yoktu. Alanın kurucusu Edward O. Wilson 1978 tarihli Bilimin İlerlemesi İçin Amerikan Derneği (İng. *American Association for the Advancement of Science*) toplantısında göstericiler tarafından ırkçılık ve soykırımcılıkla suçlanacak ve hatta kafasına bir de sürahi fırlatılacaktı. Gülme, kaşlarını çatma, alaycı gülümseme, surat buruşturma gibi yüz ifadelerinin kültürden bağımsız tüm toplumlarda ortak olduğunu söylemesi Paul Ekman'ın da başına benzer şeyler gelmesi demekti. Amerikan Antropoloji Derneği'nin yıllık toplantısında bir meslektaşı kalkıp bağıra çağıra kendisinin konuşturulmamasını isteyecek, bir başka aktivist de siyahilerin yüz ifadelerinin beyazlarınkiyle aynı olduğunu söylemenin ırkçılık olduğunu söyleyecekti.

Ama bunlar ucuz atlatanlardı. 1971 yılında yazdığı bir makalede ırk, akrabalık ve mirasın önemi azaldıkça statünün giderek daha fazla kalıtımsal yetenekle eşleşeceğini söyleyen Richard Herrnstein da meslektaşları tarafından ırkçılıkla suçlanacaktı, açık açık ırklar arasında bir zekâ farkı olduğunu iddia etmediğini belirtmesine rağmen hem de. Ancak hepsi bu değildi; üstünde resmi bulunan "Irkçılık yaptığı için aranıyor" yazılı posterler *Harvard Square*'i süsleyecek, dersleri öfkeli kalabalıklar tarafından yarıda kesilecek ve hatta ölüm tehditleri alacaktı. Solakların doğum öncesi ve esnasında daha fazla komplikasyon yaşadığını, kazaya uğrama ihtimallerinin daha fazla olduğunu ve daha genç öldüklerini söyleyen Coren ve Halpern de benzer ölüm tehditlerine maruz kalmış, akademik dergilerde

Dawkins'in ödülünün elinden alınmasına yol açan tweet.
Ünlü biyolog 1. kendini siyahi olarak adlandıran beyaz Rachel Dolezal ile 2. kendilerini kadın olarak adlandıran erkek ve erkek olarak tanımlayan kadınlara karşı verilen tepkiler arasındaki çelişkiye dikkat çekiyor. Rachel'ın kendini siyahi olarak görmesi tepki çekerken bir kadının kendini erkek addetmesinde bir problem görülmediğini, bilakis buna itiraz edenlerin kınandığını belirten Dawkins, sınav sorusu kıvamında *discuss* deyip takipçilerinden bu çelişkiyi değerlendirmesini istiyor.

Ellerinde "Nefret Söylemine Fikir Özgürlüğü Yok" yazılı pankartlar, aktivistlerin megafon ve düdüklerle Peterson'ın konuşmasını engellemesi.

bu konuyla ilgili yayın yapmaları engellenmiş ve hatta haklarında bir dava açılması bile gündeme gelmişti. Bazen hayvanlarla ilgili bulgular bile uzmanları rahatsız edebiliyordu. Wiesel ve Hubel'in kedilerin görsel sistemleri tam gelişmiş olarak doğduğunu söylemeleri faşist olarak adlandırılmalarına yetmişti.

Görüldüğü gibi, en özgürlükçü ortamlarda bile, kendilerini "ilerici" sayan insanlar belki de farkında olmadan karşıt görüşlerin üzerine bir anda çullanabiliyorlar. Bunu da korku nedeniyle yapıyorlar. Aslında ortaya sürülen teoriler ilk başta belirli bir denge gözetebilir, karşı tarafın da hakkını verip bir orta nokta bulmaya çalışabilir. Peki, ya bu bir takiyyeyse, ya ilk başta ılımlılık maskesiyle gerçek niyetini gizleyen bu bilim adamları zamanı gelince daha ekstrem fikirlerle gerçek yüzlerini gösterirse? Ya ilk başta suret-i haktan görünen bu ortayolculuk, daha sonra entelektüel hayattan zar zor silinen mizojinistik ve ırkçı aşırılıklara yol açarsa?

Mesela doğduklarında kedilerin görsel sistemlerinin tam ol ması da dâhil, beynin boş bir levha olmadığını ima eden tüm bulgular, ırkların ve cinsiyetlerin arasındaki farkların tamamen kültürel olmadığı anlamına gelebilirdi. Bunu ileride erkeklerin kadınlardan, beyazların diğer ırklardan daha akıllı ya da yetenekli olduğu tarzında savların takip etmeyeceğini kim garanti edebilirdi? Geçmiş bu tip görüşlerin yol açabileceği felaketleri bize göstermemiş miydi?

Peterson'ın yaptığı gibi bilimsel verilere dayanarak kadınla erkeğin eşit olduğunu ama aynı olmadığını, bu yüzden de aralarında "fırsat eşitliği" olabileceğini ancak "sonuç eşitliği" olamayacağını söyleyebilirsiniz. Kadınlara tabii ki eşit fırsatlar verilmeli ancak bu, aynı sonuçları alacağımız anlamına gelmez. Bir adım daha atarak psikolojideki beş kişilik özelliğini baz alıp kadınların iş dünyasında başarı için gerekli özelliklere sahip olmadığını söylediğinizde bazı kaşlar kalkacaktır ama [bkz. Dördüncü Bölüm], her ne kadar bu özelliklerin çok da özenilecek şeyler olmadığını ekleseniz de. Hele hele, kadın-erkek arasındaki ücret farklarının önyargıdan *çok* kadınların iş dünyasında başarı için gerekli özelliklere sahip olmamasından kaynaklandığını iddia eder ve CEO'ları insan kaynaklarının kapitalizme aykırı bir şekilde hareket ettiği konusunda uyarırsanız çok daha fazla insanı sinirlendireceğiniz kesin. Peki, karşı argümanları da göz önüne alarak yumuşatılmaya çalışılan bu savların ardından kadınların bazı meslekleri yapamayacağı genellemesi gelirse ne olacak? Ardından kadınların aslında iş hayatına pek de uygun olmadığı iddiasının ortaya atılmayacağını, bir başka deyişle bir anda bir yüzyıl geriye gitmeyeceğimizi kim garanti edebilir? Başka bir deyişle, Peterson gibilere müsamaha gösterenlerin yarın "yetmez ama evetçi" pozisyonuna düşmeyeceği? İşte birçok entelektüel ve bilim adamını *ad hominem*'lere kadar düşüren mantık yürütmenin arkasında bu soruların cevabının "Hiç kimse" olması yatıyor.

Ad hominem: Laf mı diye lafa bakmak yerine, adam mı diye söyleyene bakmak.

Görüldüğü gibi hoşgörüsüzlüğü din ve gelenekle özdeşleştirmekte aceleci davranmayalım. Felsefi akım, din ve ideolojilerin hepsini insanın evreni anlamlandırmasına ve uyumlu bir toplumsal yaşam tesis etmesine yarayan aygıtlar olarak düşünürsek bunların kendilerini benzer metotlarla korumasına daha az şaşırırız. Günümüzdeki kırmızı çizgiler de eskinin dinî sapkınlıkları gibi muamele görüyor kısacası. Tepkinin şiddeti farklı belki ama işletilen mekanizma aynı. Eskiden "Allah yoktu" demek bireyin ve toplumun huzurunu kaçırmak demekti ve insanların canı burnunda olduğu dönemlerde kimsenin işgüzarlara tahammülü yoktu. Bugünün hassas konularını konuşurken ortaya atılan provokatif görüşler de benzer bir ahenk bozma potansiyeline sahip.

Şunu kesin olarak bilemiyoruz zira: Bunlar hakikaten entelektüel bir tartışma yaratmak ve bir nevi zihin jimnastiği yapmak için ortaya atılmış fikirler mi; yoksa yarının pogromlarının, toplama kamplarının ve soykırımlarının önünü açan; kadınların, azınlıkların ve farklı dinsel ve cinsel tercihlere sahip olanların kazanılmış haklarını tehdit eden bir hoşgörüsüzlük dalgasının ilk tezahürleri mi? Liberal demokrasinin en büyük savunucularından Karl Popper'ın bile ifade özgürlüğüne sınırlama koyduğunu ve şiddet kullanarak demokrasiyi ortadan kaldırmayı amaçlayan fikirlere izin verilemeyeceğini söylediğini hesaba katarsak sınırsız özgür düşünce bir ütopya aslında. Her paradigma kendisini koruyor kısacası.

Kariyerini fikirleri üzerine inşa eden entelektüel ve akademisyenlerin sınırsız bir ifade özgürlüğü istemeleri normal. Çünkü ne zaman bir kırmızı çizgi çekilse genelde falakanın altına yatan biz oluyoruz. Ancak sistem dışı elementlerin sistemin içinde faaliyet göstermesine izin verdiğimizde neler olabileceğini, demokratik seçimle işbaşına gelip bir sene içinde Alman demokrasisinin tüm temsilî kurumlarını işlevsiz hale getiren Nazilerden biliyoruz.

Dolayısıyla "Herkes her an her istediğini söyleyebilir mi?" sorusunun net bir cevabı yok. Kim ne kadar slogan atarsa atsın, yumurta kapıya dayandığında, korku aklımızı yönetmeye başladığında yüksek prensiplerimizi realiteye kurban etmekten çekinmeyeceğiz. Kendimizi atalarımızdan daha erdemli ve daha aydınlanmış saymadan önce iki kere düşünmekte yarar var. Doğamızı kontrol altına almayı başarmış olabiliriz ama onu komple yok etmemiz mümkün değil. Tarihçiler kötümser insanlar olduğu için akıntıya karşı kürek çeken idealistlere uzaktan alaycı bir tebessümle bakmadan edemezler, bunu bir kez de siz görün istedim.

Neden Dışlamak İsteriz?

İnsan psikolojisinin ve toplumsal reflekslerin temelinde hep dışlamak var. Bir cemaat dışladığı kadar var, kendisi gibi olmayanla arasındaki farkın altını çizebildiği ölçüde güçlü. Peki, bu ihtiyaç nereden geliyor? İlk olarak evrimsel bir şey bu. İnsanlar daha iyi organize olmak için dışlamak zorunda. Nasıl mı? Anlatalım.

Medeniyetimizin başarısının temelinde insanların diğer tüm hayvanlardan daha etkili bir şekilde yardımlaşabilmesi yatıyor. Bu fikri en etkili şekilde dile getirenlerden biri Rus anarşist filozof Pyotr Kropotkin aslında, üstelik henüz 1890'larda. Kropotkin'e göre, evrimin temeli Darwincilerin iddia ettiği gibi *sadece* sürekli bir rekabet ve en kolay adapte olabilenin hayatta kalmasına dayanmıyordu. Aynı zamanda grup içi yardımlaşma da oldukça önemliydi. Kropotkin'in aklındaki çıkarcı bir mekanizma. İnsanlar ve hayvanlar yardımlaşıyorsa bunu doğa şartlarını yenmek, yani bir çıkar elde etmek için yapıyorlardı. Kısacası gene ortada bir mücadele vardı ama iki çeşit. Biri canlıların birbiri arasındaki, diğeri de canlılarla doğa arasındaki; ilkindeki rekabet ikincisinde yerini yardımlaşmaya bırakacaktı. Aslında Darwin de aynı şekilde iki mücadeleden bahsetmekteydi ancak onun için canlıların arasındaki mücadele daha önemliydi. Bu farkın nedeni aynı zamanda bir coğrafyacı da olan Kropotkin'in incelemelerini iklim şartlarının daha sert olduğu Sibirya'da yapması, Darwin'in ise Galápagos Adaları gibi Ekvator'a yakın bölgeleri tercih etmesi olabilir. Darwin'in kapitalizmin kalbinde yaşarken Kropotkin'in ütopyacı bir anarşist olması da.

Hakikaten evrimci psikologların çalışmaları da grup içi işbirliğinin önemini destekler nitelikte. İnsanoğlu ne hayvanların en güçlüsü ne de primatların en akıllısı. Ama binlerce yıllık bir deneme-yanılma süreci sonunda icat ettiği aletlerle önce hayvanlara hükmetmeyi, ardından da aslında kendisinden hem daha kaslı hem de daha büyük bir kafatasına sahip Neanderthalleri yok etmeyi başardıysa bunu etkili bir grup organizasyonuna borçlu.

Bizi diğer hayvanlardan ayıran konuşma bile grup içi yardımlaşmayı kolaylaştırmak için geliştirilmiş aslında. Konuşarak diğer hayvanlara göre çok daha hızlı bir şekilde birbirimizi tımarlıyoruz ve böylece hem zamandan tasarruf edip diğer faaliyetlere daha fazla vakit ayırabiliyoruz hem de üyelerin birbirlerini tanıması ve denetlemesini kolaylaştırarak daha büyük gruplar kurmayı başarabiliyoruz. Son cümleden ne kastettiğimizi Üçüncü Bölüm'de de açıklayacağız, burada özetleyelim. Robin Dunbar'a göre, tek tek gözlem yapmanın mümkün olmadığı kalabalık gruplarda insanlar dedikodu yaparak diğer üyelerin itibarı, güvenilirliği ve kabiliyetleri hakkında bir fikir sahibi olabiliyorlar. Yani tek tek birbirine dokunmak ya da sarılmak yerine seslerle orada olmayan üyeler hakkındaki kanaatleri paylaşmak oldukça ekonomik; hem bu sırada eller boş kaldığı için iş yapmak da mümkün oluyor. Hesaplamalara göre, diğer memeliler gibi fiziksel temasla birbirimizi tımar etseydik günümüzün %40'ını buna ayırmak zorunda kalırdık. Konuşma ve dedikodu bu yüzdeyi azalttığı için 150 kişilik gruplar kurması mümkün insanoğlunun. Aynı oranın diğer babun ve şempanzelerde %50-55 arasında seyrettiği düşünüldüğünde avantajın boyutu daha rahat anlaşılabilir.

Üyeler hakkındaki bu fikir oluşturma süreci sayesinde mızıkçı üyeleri ve dışarıdan sızanları da saptayabiliyoruz. Görüldüğü gibi en basit toplumsal ögelerin bile en temel endişesi uyumsuzları ve çürük elmaları ayıklamak. Hayatta kalması buna bağlı olduğundan insanın kendisi gibi olmayanlardan tedirgin olmasına şaşacak pek de bir şey yok. Dunbar bir adım daha atıp bugün herkesin farklı diller konuşmasını bile buna bağlamaktan çekinmeyecek. Bugün yeryüzünde bir sürü dil olmasının nedeni, her yeni grubun dışarıdan gelenleri saptamak için konuştukları lisanı farklılaştırması. Günümüzün standardize dillerinde bile alt varyasyonların sıklığından bunu anlayabilirsiniz. Her sosyo-ekonomik grubun kendisine ait belirli ifade biçimlerinde ve yanlış telaffuzlarda ısrar etmesi ya da her yeni kuşağın kendine özgü kelimeler üretmesi (90'lardan örnek vermek gerekirse Altan, kanka, kans, bro, ajan, moruk, corç, coni vs.) de benzer bir eğilim. Ancak günümüz toplumunda Durkheim'ın deyimiyle "organik" bir dayanışma olduğunu düşünürsek grupların birbirinden ayrı diller geliştirecek kadar otonomisi ve zamanı yok. Allah'tan!

İnsan kendi gibi olmayandan kaçınarak bulaşıcı hastalık riskini de minimize etmiş oluyor aslında. Tarih boyunca birçok illetin yabancı bir milletin ismiyle anıldığını unutmayalım. Bizim "Frengî" dediğimiz hastalık mesela. Aslında Osmanlıcada bu kelime tüm Batılılar için kullanılır ama burada direkt Fransız demek olsa gerek; zira bu hastalığı yarımadalarına getiren Fransa Kralı VIII. Charles olduğu için İtalyanlar da aynı kelimeyi kullanıyor. İngilizler, Napoliler ve Almanlar ise biraz değişik ifade etmişler ama mantık aynı: Fransız çiçeği. Bu laf Doğu toplumlarında sadece Osmanlılara değil, Hintlere de geçmiş üstelik. İranlılar kabahati Osmanlılara atmış, Araplar da İspanya'dan kovulan Müslümanlara. Çinliler daha nazik ya da umursamaz davranıp hastalığı direkt bir millete değil, Avrupalıların ticaret için geldiği Kanton Limanı'na mâl etmişler. Adalarını dışarıya kapamakta pek mahir olduklarından yabancılarla fazla içli dışlı olmamaya özen gösteren Japonlar ise bazen Çinlilere, bazen Portekizlilere.

Yabancı demek hastalık demek. Yabancıdan "bulaştırabileceği" ve "kirletebileceği" için korkarız. Haksız da sayılmayız, İspanyollar Amerika'yı bu kadar kolay fethedebildiyse bunun nedeni birkaç yıl içinde milyonlarca yerliyi Yaradan'ına kavuşturan çiçek hastalığı değil midir? Eski metinlerde diğer milletlere ya da dinî gruplara mensup insanların başına sıklıkla "pis" ve türevi sıfatların getirilmesi de, diğer dinlerden olan insanlarla yemek yemenin verdiği tedirginlik de bu korkunun bir yansıması. Ayrıca bulaşıcı hastalık riskinin çok olduğu tropik bölgelerde dil çeşitliliğinin daha fazla olması toplumların hastalıktan korunmak için kendi kabuklarına çekildiklerine delalet. Aralarındaki kaynaşmanın hastalık getirme olasılığı yükseldikçe bu gruplar dillerini birbirlerinden farklılaştırıp bu kaynaşmayı engellemeye çalışmış herhalde. Sonuç: Daha ufak ama daha çok sayıda dil grupları.

Şüphesiz artık Taş Devri'nde yaşamıyoruz ve doğa ile bire bir mücadele içinde değiliz. Ancak bu, yukarıdaki kuralın günümüzde işlemediği anlamına da gelmemeli. Bugün bile insanları genetik yakınlığına göre ayırıyoruz. Bu, bazen farkında olmadan da yaptığımız bir şey. Üvey babalarının gözetiminde ölen okul öncesi çocukların kendi babalarının gözetiminde ölenlerden 40-100 kat fazla olmasını başka türlü açıklamak istemiyoruz zira. Gene etnografik incelemeler bazı kabilelerde erkeklerin kendilerine benzemeyen çocuklardan şüphelenip onların öldürülmesini istediğini gösteriyor. Hatta iki tanesinde (Tikopia ve Yanomamö) erkekler, evlenmek için dul kadınlara önceki evliliklerinden olan çocuklarının öldürülmesini şart koşuyor.

Tek standart akrabalık da değil üstelik. İnsanoğlu "toprağı"-na sahip çıkmadan da edemiyor. Jamie Gilday'in araştırmaları telefonla yardım istenenlerin kendileriyle aynı yerel şiveye sahip olanlara daha fazla olumlu cevap verdiklerini gösteriyor. İnsanın "yakın"lık arayışı bazen şaşırtıcı tepkilere de neden olabiliyor. Mesela yapılan bir araştırma insanların kendileriyle aynı isme sahip maillere cevap vermeye daha teşne olduğunu gösteriyor. Tanımadığınız birinden gelen gereksiz bir maile cevap verme oranınız normalde %2. Bu oran aynı isme sahipseniz %4'e, aynı soyadına sahipseniz %6'ya, aynı ad ve soyadına sahipseniz ise %12'ye kadar çıkıyor. İlk başta mantıklı gelmiyor olabilir, insan neden adaş olduğu için birine yardım etmek istesin? Ancak soyadının isimden daha etkili bir faktör olması, insanların akrabalık ilişkisine tav olduklarını düşündürtüyor. Bu yönde daha kuvvetli bir delil ise sık kullanılmayan isimlere sahip kişilerde cevap verme oranının çok daha yüksek olması. Bunlar kendileri gibi garip isme sahip birinden mail aldıklarında heyecanlarını saklayamıyorlar; cevap verme oranı %27'ye kadar çıkmış durumda. Üstüne üstlük cevap verenlerin üçte biri karşı tarafın aile kökenleri ile ilgili soru sormadan da edememiş. Ve işte *voilà*: "Yoksa akraba mıyız?"

Bu tip bir dayanışma insanları psikolojik olarak rahatlatmakla kalmıyor, ömrünü dahi uzatıyor. Tek başına seyahat edenlerin aileleriyle seyahat edenlerden daha sık öldüğünü biliyoruz. Mesela 1620 yılında Kuzey Amerika'ya giden ilk 103 İngiliz yerleşimcinin 53'ü New England kışına dayanamayıp hayatını kaybedecek; burada dikkate şayan olan tek başına gelenlerin ölüm oranlarının ailesiyle yolculuk edenlerinkine göre oldukça yüksek olması. Durkheim'ın belki de en önemli eserlerinden birindeki bulgular da yukarıdaki tabloyu doğruluyor. Dönemin istatistiklerini inceleyen sosyolojinin babasına göre, bekârlar evlilerden daha sık intihar ediyor ve aile ne kadar büyürse intihar oranları o kadar düşüyor. Burada söz konusu olanın bencil intihar olduğunu unutmayalım. Grup baskısından kaynaklı intiharlar (Fr. *altruiste* ve *fataliste*, yani özgeci ve kaderci intiharlar) da mevcut ama şimdi sosyologların çok sevdiği şu klasifikasyonları bir kenara bırakalım. Burada esas altını çizmeye çalıştığımız şey, insanın abartılı olmamakla beraber belli bir doz tanıdık ve akraba desteğine ihtiyaç duyması ki daha modern çalışmalar da bunu doğruluyor. 1950'lerde Newcastle'da, 1980'lerde de Karayipler'deki Dominika Adası'nda yapılan araştırmalar akraba ağlarının genişliğiyle çocuk ölümleri ve hastalıkları arasında ters bir orantıya dikkat çekiyor.

Diğer insanlarla etkileşime girmenin faydalarını en iyi uçurumun kenarındakilere bakarak gözlemleyebiliriz. 1977 yılından itibaren en uzun beklenen yaşam süresinin Japonya'da gözlemlendiğine (kitabı 1994 tarihinde yazdığını unutmayalım) işaret eden Theodore Zeldin'e göre, bunun nedenlerinden biri de hastaların etrafının sürekli akraba ve tanıdıkları ile sarılması. 1977 yılında bir Japon hastanesinde ortalama yatış süresi 42.9 günken aynı oran ABD'de 8.1; Britanya, İtalya ve İskandinav ülkelerinde ise 12-13. Japon akrabaların hastanede kalıp yakınlarına yemek yapabildiklerini de ekleyelim. Watson ve Burlingame'in hastane odalarındaki çiçeklerin hastaların iyileşmesini hızlandırdığını göstermesinin üzerinden altmış sene geçtiği düşünüldüğünde çok da şaşırtıcı gelmemiş olabilir; o zaman daha enteresan bir örnekle devam edelim. David Philips ve Daniel Smith'in yaptığı bir çalışma bize yaşlı ve hastaların ölmek için bayramın bitmesini beklediklerini gösteriyor. Çin'deki Hasat Ayı (İng. *Harvest*

Moon) festivalinden önce ölümler %35.1 düşerken bir sonraki hafta tekrar %34.6 artış gösteriyor. Hemen hemen aynı noktaya geliyor yani.

Vücudumuzun tanıdıkların şefkat ve ilgisine reaksiyon verdiği açık ancak cinsiyetler arasında bir farklılık da göze çarpmıyor değil. Gene Philips'in bir grup arkadaşıyla Kaliforniya'daki 2.745.149 kişinin ölüm kayıtlarını inceleyerek yazdığı bir başka makale, özellikle kadınlarda ölüm oranlarının doğum günlerinin öncesinde azaldığını ve hemen ardından arttığını gösteriyor. "Neden erkekler değil de kadınlar?" sorusuna cevaben ise Amerikan erkeklerinin hırslarının iş hayatıyla daha bağlantılı olduğu, bu yüzden hayallerle gerçeklerin arasındaki farkı hatırlatan doğum günlerinin negatif algılanmış olabileceği belirtilmiş.

Dostla düşmanı ayırma eğiliminin değişik arka planlardan gelen insanların olabildiğine kaynaştığı günümüzde bile devam etmesi, bu ayrımın kültürel değil, psikolojik ve evrimsel olduğunun en güzel işareti. Carl Jung'a başvuracak olursak, hepimiz daha ilk yaşlarımızdan itibaren kafamızda bir "düşman arketipi" geliştiriyoruz zaten. İsviçreli psikanalistimize göre, annesinin kendisine yaklaşmasına olumlu tepki veren çocuk, bir yabancının aynı şeyi yapması durumunda rahatsız olup içine kapanıyor. İşte henüz ego ve süperegonun ortaya çıkmadığı ve direksiyonun genetik ve hayvani içgüdülerde, yani idde olduğu bu erken dönemde bile bizim gibi olmayandan tedirgin oluyoruz. Antropologların çalışmaları da Jung'un bulgularını doğruluyor; Kalahari Çölü'ndeki !Kunglardan Kuzey Amerikalı Hopi yerlilerine birçok değişik kültürde çocukların yabancılardan korktuğunu görüyoruz; üstelik Wrangham ve Dale'e göre, insanoğlu olarak bu korkuyu diğer primatlarla da paylaşıyoruz. Kısacası hem bağlılık hem de zenofobi* insanın içsel (İng. *innate*) karakterlerinden; daha sosyal baskılar ve kültür devreye girmeden bile nerede ve hangi şartlarda yaşıyor olursa olsun tüm çocuklarda görülen bir özellik.

* Gr. ξένος (zénos: yabancı) + *φόβος* (fóbos: korku): yabancı korkusu.

Temasın seyrek olduğu yerlerde yabancılık hissi o kadar rahatsız edici bir noktaya ulaşıyor olmalı ki karşıdakine "insan" sıfatını yakıştırmak bile zul gelmiş bazılarına. Herkesin Âdem ve Havva'dan geldiği inancı bir ikna çabası belki de; zira Lévi-Strauss evrensel bir "insanlık algısının" tarihte çok yeni bir şey olduğunun altını çiziyor. İnsan tanımı köyün, kabilenin ya da dil grubunun bittiği yerde manasını kaybedebiliyor. Kendileri için "adamlar", "iyiler", "mükemmeller" gibi ifadeler kullanırken yabancıları "kötüler", "iğrençler", "yer maymunları", "bit yumurtaları" gibi kelimelerle çağırıyorlar. Son örneklerdeki hayvana benzetmenin daha da ötesine gidildiği ve yabancıların hayalete benzetildiği de oluyor ki bu, onları artık tamamen başka bir tür olarak görmek demek.

Bu tip ötekileştirmeleri hep Batılı kibriyle ve Avrupa emperyalizmiyle özdeşleştiriyoruz aslında ama gördüğünüz gibi ilkel toplumlarda da durum farklı değil. "Vahşilerin insanlığın dışında kabul edilmesi aslında tam da bu vahşilerin en göze çarpan özelliğidir" Fransız antropoloğumuzun kelimeleriyle. Yani Batılılar onlara haksızlık ediyor olabilir ama onlar da kendileri gibi olmayanlara benzer bir anlayışsızlıkla yaklaşıyorlar aslında. İspanyolların Büyük Antiller'deki yerlilerin ruhu olup olmadığını anlamak için araştırma komisyonları kurmasını kınayabiliriz ancak yerlilerin, nereden geldiğini anlamadıkları bu garip görünüşlü yabancılara tepkilerinin de pek farklı olmadığını, cesetlerinin çürüyüp çürümeyeceğini görmek için beyaz esirleri boğduklarını unutmayalım.

Onsekizinci yüzyılın sonunda Pasifik'te yaptığı keşiflerden hatırlayacağımız James Cook'un Hawaiileri yamyam sandığı ne kadar doğruysa yerlilerin İngilizlerin kendilerini yiyeceğinden korktuğu da o kadar doğrudur [bkz. Renkli Resim 7]. Üstelik benzer bir karşılıklı şüphe Cook'un ziyaret ettiği diğer Pasifik adalarında da kayıt altına alınmıştır. Gemisi batan denizcilerin kura çekip afiyetle birbirlerini yedikleri düşünüldüğünde pek de haksız sayılmazlar. Bir örnek de sonraları özgürlüğüne kavuşup meşhur bir yazar olan Olaudah Equiano'dan gelsin. Çocuk yaşında köle olarak satılan yazarımız, kendisini Nijerya'dan Amerika'ya götüren gemiye ilk bindiğinde önce korkudan bayılacak; sonra ayılınca da ilk iş çevresindeki ırktaşlarına kızıl kafalı, soluk benizli ve çirkin görünüşlü yabancıların kendilerini yiyip yemeyeceğini soracak.

Kendimiz gibi olmayanı yamyamlıkla suçlamak William Arens'e göre evrensel bir olgu, coğrafyadan bağımsız olarak hemen her yerde karşımıza çıkıyor. Romalıların Hıristiyanları, Hıristiyanların Yahudileri insan eti yemekle suçladığını herkes bilir. Ancak antropoloğumuzun tespitleri burada da bitmiyor, kendisine göre tarihin hiçbir döneminde hiçbir coğrafyada insan eti yemek *toplumsal olarak kabul edilebilir bir şey* değil. Bir ritüelin parçası ya da zor durumda kalındığında son çare olarak insanın insanın kurduna dönüştüğü örnekler bulmak mümkün ancak bu, hiçbir toplum tarafından normal karşılanmıyor. "Adam Yiyen Miti"nin temelini oluşturan metinlerin taraflı, spekülatif ve güvenilmez olduğunun altını çizen Arens, bunların amacının "öteki"yi olabildiğince insanlık vasfından yoksun göstermek olduğunu belirtiyor.

Her ne kadar yamyamlığın tamamen uydurma olduğu tezi pek kabul görmese de Batılıların Batılı olmayan toplumlara atfettiği bu âdetin bir ırk ya da coğrafyayla özdeşleştirilemeyeceği

Batı'nın Yamyamları

1846 yılında Kaliforniya'ya göçerken kar nedeniyle Sierra Nevada Dağları'nda dört ay boyunca sıkışıp kalan seksen yedi kişiden hayatta kalanlar ölü arkadaşlarını yemişlerdi. Yirmi sekiz yıl sonra Alferd Packer, San Juan dağ yollarında kılavuzluk yaptığı beş kişiyi önce soymak için öldürecek; dağlarda sıkışıp aç kalınca da yiyecekti. Gene 1972'de And Dağları'na çakılan bir Uruguay yolcu uçağından canlı çıkan yirmi yedi kişi bir hafta sonra yiyecekleri tükenince çareyi ölen yoldaşlarını yemekte bulacaklardı.

Resim 4. Brezilya'daki yamyamları tasvir eden bir gravür. Théodore de Brye, 1562.

artık genel kabul görmüş bir şey. Hatta ateşli bir Şarkiyatçılık eleştirmeni olan Gananath Obeyesekere'ye bakarsak elimizdeki en kesin vakalar genelde Batılıları içeriyor.

Komşuyu Komşuya Düşüren "Zor Zamanlar"

Toplumlar özellikle kriz anlarında bir suçlu arayarak kendilerini rahatlatmayı seçerler. Ve bu suçlu, haliyle kendileri gibi olmayanlar olur. Değişik etnik, dinsel ve de cinsel arka planlardan gelen gruplar bir anda kendilerini daha da bir "öteki" bulurlar. Savaş, kıtlık, ekonomik kriz, deprem zamanlarında insanoğlunun katliamlara ve pogromlara varan aşırı tepkiler verdiği örneklerle dolu tarih kitapları.

Kötü ekonomik şartlarda yabancıların ekonomik bir yük olacağı ortada. Amerikalı *redneck*'lerin (Tür. kıro) sürekli "*They took our jobs*" demesinin arkasında sadece geçmişten gelen önyargıları değil, aynı zamanda gelir eşitsizliğinin her gün arttığı bir Amerika'da kendi sınıflarına layık gördükleri statüde olmadıklarını bilmeleri de var. Bir yandan eğitimli göçmenler iyi şartlarda çalışıp sahte de olsa bir burjuva hayatı sürüyorlar; bunlara bakıp kıskanmamak elde değil. Düşünsenize ülkenin kurucu ögelerinin torunları "kıro/çomar" ya da cahil olarak algılanıyor, kendilerine "beyaz çöp" (İng. *white trash*) şeklinde pejoratif isimler takılıyor. Spektrumun öteki tarafındaki Hispanik ağırlıklı niteliksiz göçmenler ise hem ucuza hem de fazla çalışmaya razı oldukları için daha somut bir tehlike oluşturuyorlar. Kapitalizm için biçilmiş kaftanlar belki ama birçoğu yasadışı olan bu göçmenlerin işverenden talepkâr olmaması (ya da olamaması) vasıfsız beyaz Amerikalıların vatandaşlık avantajlarını kullanamamaları demek. Yani işçi bolluğu yarattıkları için halihazırda hukuken çalışabileceklerin pazarlık şansını azaltıyorlar. Bu da maaşların düşmesi, çalışma şartlarının kötüleşmesi anlamına geliyor.

1920'ler ve 1930'larda yükselen sağın arkasında da benzer bir dinamik var. Aslında tarihte bir yerden bir yere gitmek isteyen insanların bir sürü izin alması ve belge taşıması gerekti. Ancak Sanayi Devrimi'nin yarattığı ekonomik dinamizm ve ucuz işçi ihtiyacı ondokuzuncu yüzyılın ikinci yarısından itibaren bir göçmen dalgası yarattı. Birinci Dünya Savaşı ile modern pasaportların yaygınlaşması, ardından milliyetçi akımların yükselmesi ve daha sonrasında Soğuk Savaş bu ara serbestlik dönemini kapatacaktı kapatmasına ama gene de geçici bir süre için insanlar rahatlıkla başka bir ülkede iş bulabiliyor, askere yazılabiliyor ve hatta onu yönetebiliyorlardı. Asker kaçağı genç Mussolini'nin İsviçre'de iş bulup üniversiteye gittiğini, Avusturyalı Adolf Hitler'in Alman ordusunda savaşıp madalyalar kazandığını ve ardından bu ülkenin Führer'i olduğunu ve hatta bir dönem Amerikan sinemasının sembolü olan Charlie Chaplin'in Amerikan vatandaşlığına hiçbir zaman tenezzül etmeyecek bir İngiliz olduğunu unutmayalım. Son örnekten bu fenomenin

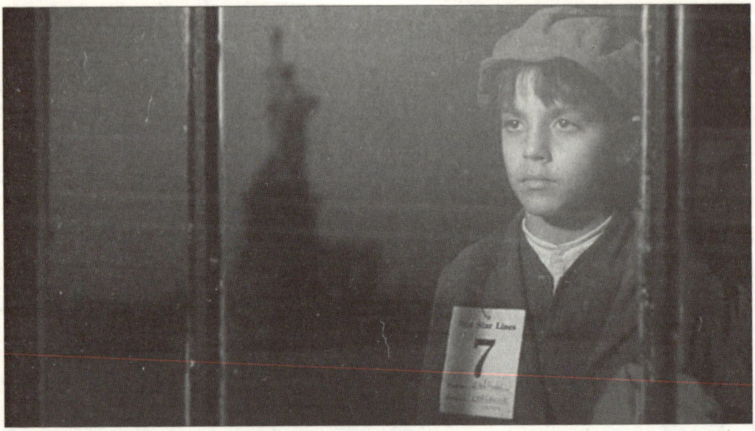

Resim 5. Vito Corleone Özgürlük Heykeli'ne bakarken (1901). *Godfather II*, yön. Francis Ford Coppola

sadece Avrupa'ya özgü olmadığını fark etmişsinizdir. Çocuk Vito Corleone'nin gemiyle Ellis Adası'na vardığı sahneyi hatırlayın. Ya da Arjantin'e gitmek yerine sevmediği bir adamla evlenip taşlı bir Akdeniz adasına yerleşmeyi tercih eden *Stromboli*'deki Ingrid Bergman'ın hayal kırıklığını anımsayın. Film sektöründeki egemenlikleri nedeniyle aklımıza gelen örneklerin çoğu İtalyan göçmenler oluyor belki ama elimizde daha enteresan yer değiştirmeler de var. Karayipler ve Güney Afrika'da hem Doğu Hindistanlı hem Çinli işçilere rastlamak mümkündü mesela. İlk gruptakiler Fiji ve Mauritius; ikinci gruptakiler ise Endonezya, Avustralya, Peru ve Kaliforniya'da da karşınıza çıkarlardı.

İşte böyle karman çorman bir ortam birkaç nesildir orada olanları korkutacaktı. Yeni gelenden tedirgin olan eskilerin Birinci Dünya Savaşı'nın yarattığı yıkım yüzünden agresif siyasi ideolojilere kayması çabuk oldu. Bir milyonun üstünde şehit verdiği bir savaştan hiçbir stratejik fayda sağlamadan çıkan İtalya'da darmaduman ekonomiye bir de sosyalizm tehlikesi eklenince iktidar yolu Mussolini'ye açılacaktı hemen. 1933 Almanya'sında da benzer hisler vardı. Orduları kendi sınırlarının ötesindeyken teslim olmuş bir millet barış masasında cezalandırılmıştı. Savaşın getirdiği yıkıntı ve ekonomik kriz ise birçoklarının maaş ve yatırımlarını bir anda eritivermişti. Emekli bir Alman olduğunuzu düşünün. Ya da sabit bir maaşla geçinmeye çalışan bir memur. Bunca yıldır biriktirdikleriniz hiperenflasyon nedeniyle eriyip gitmiş. Peki, ya dört sene siperlerde kelle koltukta vuruşan ve terhis olduktan sonra ne iş bulabilen ne de aile kurabilen askerler? 1920'lerin ortalarından itibaren başlayan ekonomik düzelmeyle tam "Düzlüğe çıktık" dediğiniz anda gelen 1929 Buhranı. Tekrar dalga dalga zamlar ve yaygın işsizlik... Çaresizsiniz. Üstüne üstlük her gün değişen bir dünyada ne yapacağınızı şaşırmış durumdasınız. Çevrenizde bir sürü size benzemeyen insan var: Göçmenler, komünistler, sosyalistler ve her ne kadar uzun süredir bir arada yaşıyor olsanız da çocukluğunuzdan beri haklarında bir sürü hikâye duyduğunuz Yahudiler. Buhrandan bir sene önce, 1928'de anca %2.6 oy alabilen Nazilerin, 1932'de her üç Alman'dan birinin (%37 ve %33) oyunu almasını sağlayan faktörler işte bunlar.

Resim 6. Alman marklarından kule yapan bir çocuk. Savaş başladığında 1 sterlinin 14 mark olan değeri savaş bittiğinde 35'e, 1920'de 256'ya, 1922'de 764'e çıkacaktı. Esas yıkım ise 1923 yılında gelmişti. Ocak ayında 1 sterlin 71.888 marka çıkmıştı, kasım ayında ise 1,680,800,000,000,000'e... 1922 yılının sonunda 160 mark olan ekmek bir sene sonra 20 milyar marka satılacaktı. Durum o kadar kötü bir hal almıştı ki ağustosta her gün fiyatlar dörde katlıyordu.

Suları Zehirlediler!
Başkasını Suçlamanın Dayanılmaz Hafifliği

Tutsak İkilemi (*Prisoner's Dilemma*)
Yakın bir arkadaşınızla beraber gözaltına alındınız. Her ikinizi de ayrı bir odada sorguya aldılar. Dedektifler suçlu olduğunuzu biliyor ancak ellerindeki kanıt sizi ancak bir yıllığına hapse atmaya yetiyor. Ve esas suçtan hüküm giydirmek için her ikinize de bir teklif getiriliyor: Birbirinizi suçlamak.
Eğer ikiniz de dirayetli durur da birbirinizi suçlamazsanız bir yıl sonra serbest kalacaksınız. İkiniz birden polise öterseniz onar yıl mahpus damlarındasınız. Eğer siz arkadaşınızı suçlarken o sizi suçlamazsa siz bir, o yirmi yıl hapis yatacak. Tam tersi durumda da yirmi yıl parmaklıkların arkasında bekleyen siz olacaksınız. Bu durumda ne yapardınız?

İster başınıza gelenler sizin hatanız olsun ister kaderin elinde oyuncak olmuş olun, başkasını suçlamak sıkıntılarınıza en kolay çözüm. Birinci durumda kimse kendi hatasını kabul etmek istemeyecektir. Yirmi altı kişilik bir sınıfta yapılan bir deney insanların erdemli davranmadıkları durumlarda bile kabahati başkalarında aramaya ne kadar hazır olduklarını gösteriyor. Deneyde öğrencilere üstünde iki seçenek olan gizli bir pusula veriliyor; birinci şıkkı işaretleyen öğrenciler 2 dolar alacaklar ve bu para tüm sınıf arasında kişi başı aşağı yukarı 8 sent düşecek şekilde paylaştırılacak. İkinci şıkkı işaretleyenler 50 sent alırken grubun geri kalanına da "Hani bana, hani bana?" demek düşecek. Tam bir tutsak ikilemi var ortada. Eğer herkes birinci seçeneği seçerse toplamda hepsi 2 dolar alır. Ama ikinci seçeneği seçip elli senti cebe koymak ve ardından diğerlerinin diğerkâmlık* yapıp birinci şıkkı seçmelerini beklemek de mümkün. Aralarında konuşurken herkes birinci seçeneği tercih edeceğini belirttiği halde, 26 kişiden 22'si ikinci seçeneği işaretleyecek. Buraya kadar ilginç değil, nihayetinde hepimiz çiğ süt emdik. Ama kendisi hile yapan insanların utanmadan diğerlerini dolandırıcılıkla suçlaması olaylara ne kadar kendi çerçevemizden

* İng. *altruism*, Lat. *alter*: başkası'ndan, başkasını düşünme.

baktığımızın da işareti: "Yaşadığım süre boyunca bir daha hiç kimseye güvenmeyeceğim" şeklinde iddialı bir cümle kurduktan sonra "İkinci seçeneği işaretledim" demeseydiniz iyiydi sayın denek!

Diyelim başınıza gelenler şartlardan kaynaklanıyor, yani kabahat sizde değil. Bu durumda da kanlı canlı (ve de farklı) birini suçlamak Tanrı'yı sorumlu tutmaktan çok daha rahatlatıcı. İnsan göklerdeki birinin yakasına yapışamaz çünkü. Zaten insanlar Tanrı'yı soyut bir kavram olarak algılamakta hep güçlük çekmiş değil midir? Sürekli ağaçlara çaput bağlamaları; yatırlara, şeyhlere, azizlere tapınmaları ruhani ihtiyacın fiziksel yakınlıkla desteklenmesi gerektiğine işaret değilse nedir?

Bir salgın hastalık mı var, başkasını suçlayın. İspanya ile alakası olmadığı halde İspanyol gribi diye tesmiye* edilen hastalığı siper kazan Çinli işçilerin getirdiğine inanan bir Fransız olun, binlerce kilometre öteden gelen bu Çinlilerin Fransa'da ne aradığını sorgulamadan hem de. İspanyol'sanız üstünüze kalan hastalığın kökenini Türkistan'da arayacaksınız, Maveraünnehir'den üç şehir ismi sayamayacak olsanız bile. Amerikan İç Savaşı'nda esir düşüp çiçek hastalığına yakalandıysanız size kasıtlı olarak virüslü aşı yapıldığına inanmayı ihmal etmeyin. Olur da kendinizi Ortaçağ'da bir cüzzamlı ya da vebalı olarak bulursanız Yahudiler günah keçisi olarak her zaman hizmetinizde! Koronavirüsün Çinlilerin başımıza bilerek musallat ettiği bir şey olduğunu düşünenler tarihteki tek örnek değil uzun lafın kısası.

Savaşlarda, depremlerde ve diğer kriz dönemlerinde de "farklı"nın suçlandığı örnekler bulmak mümkün. Tolerans havası bir anda dağıldığında ister cinsel ister kültürel ister dinî olsun her türlü "sapkın" (İng. *deviant*), kendisini dışlayıcı ve suçlayıcı dedikoduların hedefinde bulur. Söz konusu olan toplumsal gruplar olunca bu dedikodular kemikleşmiş klişeler halini alır. Örneğin siyasi ve askerî felaketler toplumdaki ahlak düşüklüğüyle

* Ar. "isim"le aynı kökten, adlandırma.

açıklanacaksa eğer, dini "kitabına göre" yaşamayan heretikler ya da evlilik dışı cinsellik yaşayan zâni (zina yapan) ve eşcinsel gruplar bir anda Tanrı'nın gazabını getirmekle suçlanabilir.

Kendini sürekli hedefte bulan etnik ve dinî azınlıklara yöneltilen suçlamalar biraz çeşitlilik gösterse bari ama nerede? Mesela "suya zehir katma" şayiası hemen her devirde, her coğrafyada karşımıza çıkıp duruyor. Avrupa nüfusunun neredeyse yarısını öldüren Kara Veba'nın sebebinin Yahudilerin zehirlediği kuyular olduğu yaygın bir kanıydı mesela. Benzer suçlamalara bugün bile rastlıyoruz. 2004 yılında Hebron yakınlarındaki bir kuyuda bulunan çürük tavuklar, Batı Şeria'daki Yahudi yerleşimcilerin Müslüman halkı zehirlemeye çalıştığı şayialarına neden olmakta gecikmedi. Filistin Kurtuluş Örgütü'nün lideri Mahmud Abbas, işi bu iddiaları Avrupa Parlamentosu'nun gündemine taşımaya kadar götürecek ancak ertesi gün açıklamalarının aslı astarı olmadığını kabul etmek zorunda kalacaktı.

Bu suçlamayla tek karşılaşan da Yahudiler değil. 1970'lerdeki Çorum, Malatya ve Maraş katliamlarının fitilini yakan söylentilerden birinin Alevilerin şebeke suyuna zehir kattığı iddiası olduğunu, 2014'te Gaziantep ve Diyarbakır'daki Suriyeli mültecilerin benzer ithamlara maruz kaldıklarını biliyoruz. Dünyanın öteki ucunda bile karşımıza çıkıyor bu mesnetsiz şüphe. Japonya'daki 1923 Kantō depreminden sonra Korelilerin de suları zehirlediğinden şüphelenilmiş. Depremin kuyu sularını bulanıklaştırması şüpheleri daha da artırınca halk Kore aksanlı insanlara saldırmaya başlamakta ve hatta kimisini öldürmekte gecikmemiş; arada kaynayan Çinli ve aksanlı Japonların ne yoluna gittiğini takdirinize bırakıyoruz. İşler kısa sürede öyle kontrolden çıkacak ki sonunda halkı yatıştırmak için polis ve ordunun müdahale etmesi ve emniyet müdürünün, Çernobil sonrası elinde çay bardağı ile poz veren Cahit Aral misali, kuyu suyu içmesi gerekecek.

Günümüzün Hoşgörüsüzlüğü: Eski Karpuzlar ve Tedirgin Eden Değişimler

Değişimin övüldüğü bir çağdayız ancak reklama ve slogana muhtaç olan her şey gibi yenilik de aslında insan doğasına ters bir şey. "Eski köye yeni âdet" ve "İcat çıkarma" gibi laflarla bugünlere de taşınan bir zihniyet yenilikten hep korkagelmiştir. Şu anda keyfini çattığımız kapitalizmin bile Schumpeter'in deyimiyle "yaratıcı [bir] yıkım" (Alm. *schöpferische Zerstörung*) getirdiğini ve ondokuzuncu yüzyılda işçiler başta çok kişinin anasını ağlattığını unutmayalım. Herkes üniversitede Engels ya da *Germinal* okumuştur.

Yeni olan bizi geliştirebilir ancak eskiyi yıktığı için taşların yerinden oynamasına, kartların yeniden dağıtılmasına, kısacası huzurların kaçmasına neden olacaktır. İnsan rahatına düşkün, muhafazakâr bir varlık ve "bidat" alerjisi illa dinle özdeşleştirilmek zorunda olan bir şey değil.

Günümüzde "yeni"nin olumlu bir şey olarak algılanıp övülmesi, etkisini anında gösteren materyal sonuçları olmasıyla alakalı. "Yeni" bize *hemen* teknoloji olarak dönüyor. Ev aletleri, akıllı telefonlar, isteğimize göre konfigüre edilmiş bilgisayarlar, son model arabalar, robotlar, 3-D printer'lar (ve bunların hayalleri) hayatımızı kolaylaştırıyor, içimizi rahatlatıyor, bizleri daha mutlu ediyor. Geleceğe umutla bakmamızı sağlıyor.

Ancak bu hep böyle değildi. Geçmişte bunu daha etkisiz ve yavaş yaptığı için insanlar yeniliklere mesafeli bakıyordu, çünkü attıkları taş ürküttükleri kuşa değmiyordu. Sosyal yapıya reset atan dinlerin ve büyük devrimlerin ancak bıçak kemiğe dayandığı anlarda çıkması da bundan. Bob Dylan'ın da dediği gibi: "*When you got nothing, you got nothing to lose.*" Aranızda hiç "hiç"ini kaybeden oldu mu?

Kaybedecek bir şeyi olan insanlar muhafazakâr olur. Burjuva aslında biraz da bundan dolayı sıkıcıdır. Muhafazakârlığın sadece dinle, milliyetçilikle ve kılık kıyafetle ilgili bir şey olmadığını hatırlarsak bu çıkarım daha az rahatsız edici olacaktır. Günümüz beyaz yakalılarının hemen her şeyden nem kapması, sosyal medyada sürekli birilerinin linç edilmesi bize ondokuzuncu yüzyıl Viktoryen toplumunu hatırlatıyor. Yeni edinilmiş zenginlikleri sağlamlaştırma telaşı içinde, maddi kazançları sosyal sermayeye devşirme çabasının bir ürünü aslında bu sert ahlakçılık.

Hızlı değişim dönemlerinin insanları ahlaki bir krize sokmalarını da ekleyelim. Birçoğumuzun zihinsel dünyası aslında bir iki kuşak öncesine ait; alçak Nazilerin canına kıydıkları Marc Bloch bunu insanların çoğunlukla anneanneleri ve dedeleri tarafından büyütülmesine bağlıyor. Bu iki kuşaklık farka bir de kendi yaşamınızda değişen fiziki şartları ekleyin. Bugün kırklı yaşlarında olup misket ve gazoz kapağıyla başladıkları çocukluklarını bilgisayar, internet ve cep telefonuyla tamamlayanlara sesleniyoruz. Bu kadar hızlı değişen bir dünyada son gelişmelere adapte olmak oldukça zor. İnsan iki üç kuşak öncesinin ihtiyaçlarına göre şekillenmiş bir değerler manzumesini yeni koşullara adapte etmekte zorlanıyor haliyle. Sürekli önümüze yeni şartlar koyup bu manzumeyi işlevsiz kılan bir dünyada ahlaki çıpamızı bulmakta zorlanıyoruz.

Örneğin bekâret konusunu ele alalım. Kadınların buluğa erer ermez evlendirildiği, üretim alanından dışlandığı ve ana fonksiyonunun anne olduğu bir toplumda mantıklı bir çözüm. Ancak bugün modern bir kadının iyi bir eğitim alması ve "ruh ikizi"ni bulması için en azından yirmili yaşlarının ikinci yarısına gelmesi gerektiği düşünülürse bu ne kadar işlevsel? Erken evliliklerin kariyer anlamında zorluk çıkaracağı ortada, evlenene kadar beklemenin fiziksel bir zorlama yaratacağı da. Ya da gelin gerontokratik* âdetlerimizi düşünelim. İnsanların kendilerini eğitimle geliştirmediği, tecrübenin ya da kötü Türkçesiyle "yaşanmışlıklar"ın kendini yetiştirmede ana kriter sayıldığı bir dönemde yaşlı insanların bilgeliğinden söz etmek mümkün.

* Gr. γέρων (gerōn: yaşlı) + κράτος (kratos: güç): yaşlıların yönetimi.

Peki, günümüzün dijital çağında gençlerin sıralarını beklemelerini istemek ne kadar rasyonel?

Yukarıdaki soruların kesin yanıtları yok ama gene de gündeme getirilmelerinde yarar var. Fakat burada konumuz bu değil, bizim için önemli olan moral çıpasını kaybetmiş toplumların aşırı kaygılara kapıldığını, kaybettiklerini düşündükleri değerlere yüzeysel bir bağlılıkla yer yer ritüelistik bir linç kültürüne kaydıklarını görüyoruz. Bu da tam bir cadı avına dönüşebiliyor. Sosyal medyada kısa bir gezinti yaptığımızda her gün bireyleşen bir toplumun sürekli din, milliyetçilik, komşuluk, ahlak, edep gibi kavramlar etrafında en olmadık yerlerden linç malzemesi çıkararak birbirine saldırdığını her gün görüyoruz. Burada mesajın alıcısı karşı taraf değil, çoğumuz kendimize konuşuyoruz. Aslında çıkarımız için terk ettiğimiz değerlerin ne kadar ateşli birer savunucusu olduğumuzu, aslımıza ve özümüze ihanet etmediğimizi bas bas bağırarak kendimizi rahatlatıyoruz.

Dış Mihrakların İzinde: Eski Köyün Tedirgin Eden Yeni Âdetleri

Sık sık kullandığımız "cadı avı" kelimesinin çıkış noktasından ileride daha etraflıca bahsedeceğiz; şimdilik tüm toplumu egemenliği altına alan bu çılgınlığın temelinde hızlı bir değişim süreci karşısında duyulan tedirginliğin olduğunu belirtmekle yetinelim. Protestanlığın ortaya çıkmasının ardından dinen bölünen Avrupa'da insan komşusundan bile şüphelenmeye teşne. En şiddetli cadı avlarının da değişik mezheplerin bir arada yaşadığı bölgelerde olması, Protestanlığın giremediği Katolik Akdeniz'de çok az kişinin cadılıkla suçlanması ve çok çok daha azının yakılması, değişimin yarattığı endişenin patlayıcı potansiyeline en güzel kanıt.

Aynı dönemde her iki mezhebin de üyelerini daha sert bir itaate ve konformizme sürüklediğini de unutmayalım; Alman tarihçiler mezhepler arasındaki farkların ve dışlamaların arttığı bu sürece *Konfessionalisierung** diyorlar. Ahlakın kişisel bir şey olmaktan çıktığı bu dönemde cemaatler bireylerini daha sert bir şekilde denetliyor. Grubun beklentilerini karşılayamamanın bedeli düşman muamelesi görmek. Eklenmesi gereken başka bir nokta da bu baskının dinî dogma ile bir alakasının olmaması. Toplumun ahlaki saflığını korumak, daha embriyo halinde karşımıza çıkan modern devletin görevi; cadıların sanıldığı gibi Engizisyon değil, laik mahkemeler tarafından yakıldığını unutmayalım [bkz. Renkli Resim 16]. Bu sonuncular yüz elli-iki yüz bin civarında insanı yargılayıp elli-yüz bin kişiyi yakarken İspanyol Engizisyonu sadece dört bin kişiyi yargılayacak ve bir düzineden az sayıda insanın canına kıyacak ki bunların da çoğu tek bir davada hüküm giyecek. Engizisyon'un Portekiz şubesi bir kişiyi Yaradan'ına kavuştururken Roma şubesi ise hiç cadı yakmayacak.

"Din elden gidiyor" endişesi rahatlıkla "Gelenek elden gidiyor"a dönüşebiliyor böyle ortamlarda; zaten ortalama müminler için din çoğu zaman alışılagelmiş âdetler ve oturmuş ahlak kurallarının bir bütününden fazla bir şey de değil. İtikada ters âdetlerin bile dinde yer bulabilmesini ve ulemanın bir türlü yok edemediği "bidat"ları ancak böyle açıklayabiliriz. Dinin elden gittiği bu tip durumlarda normun dışındaki herkes hedef haline gelebilir: Azınlıklar, eşcinseller, bohem yaşantı sürenler ve bu örnekte olduğu gibi ideal anne/eş rolünü oynamayı reddeden kadınlar. Hakikaten de cadılık suçlamalarıyla karşılaşan talihsizlerin dörtte üçünden fazlası kadın. Fakir, dul, kısacası başında kendilerini koruyacak erkek olmayan kadınlar. Bunlar zaten erkek egemen toplumlarda hep bir endişe konusu olagelmiş; aralarında farklı davranışlarda bulunanların panik anlarında hedef olması o kadar da şaşılacak bir şey değil.

Émile Durkheim suç ve cezanın toplumun dayanışmasını nasıl sağlamlaştırdığını göstereli çok oldu. Ortak inanç ve değerlerine (Fr. *conscience collective*) saldıran suçluyu cezalandırarak

* Alm. *die Konfession*: mezhep.

toplum ahlaki düzeni tekrar tesis etmekte ve üyeleri arasındaki bağı kuvvetlendirmekte. Suçlu cezasını çekince hak yerini bulacak ve herkes rahatlayıp sisteme tekrar inanabilecek. Durkheim'ın fikirlerini bir sonraki aşamaya taşıyanlardan biri onyedinci yüzyılda Salem'deki cadı avlarını inceleyen Kai T. Erikson. Toplumun düzenini ceza üzerinden konsolide etmek için gerçekten ahlaki sınırları geçip toplumun vicdanını rencide eden bir suçluya gerek yok aslında Erikson'a göre. Kriz anlarında toplum bu sınırları değiştirerek yeni "sapkın"lar icat edebilir. Salem'de cadılıkla suçlananların başına gelen tam da buydu. İngiltere'den atanan vali ve lağvedilen beratları yüzünden özerkliklerini kaybetmeye başlamış ve arazi anlaşmazlıkları nedeniyle bölünmüş Salemliler, dağılmaya yüz tutan cemaatlerini ortak bir düşman yaratarak kenetlemeye çalışıyorlardı. Toplum önünde cezalandırma burada ortak hisleri canlandıran ve ahlaki sisteme güveni tesis eden bir ritüel işlevi görüyordu aslında. Kişisel çıkarlar uğruna ahlaki bütünlüğü bozulan ve ortak değerleri tartışmaya açılan bir topluluk, bu toplu cezalandırma ayini sayesinde yeniden kendine inanmaya başlıyor ve üyeleri arasındaki bağları güçlendiriyordu ya da daha popüler bir tabir kullanmak gerekirse safları sıklaştırıyordu.

Resim 7. 1953 yılında yazdığı *The Crucible* (Cadı Kazanı) adlı oyunda Arthur Miller, 1692-3 arasındaki Salem cadı avıyla 1950'lerdeki komünist avı arasında bir paralellik kurmuştur.

Cadılık suçlamaları psikolojik bir yansıtma da aslında. Yukarıda bahsettiğimiz *Konfessionalisierung* sürecinde sürekli bir ahlaki endişe taşıyan ortalama müminler kendilerini ağır bir suçluluk duygusu içinde bulacaklar. Toplumun ahlaki pusulasını kaybetmesinden endişelenen yetkililer tarafından sürekli iyi bir Hıristiyan olmadıkları söylenecek. Aynı zamanda ekonomik zorluklar komşularına yardım edememelerine yol açacak, bunun yarattığı suçluluk duygusunu da gene yardım edemedikleri komşularına yönelterek çözecekler. Bir kez daha başkasını suçlayarak rahatlayacaklar yani. "Sana yardım edemiyorum", çünkü "Aslında yardımı hak etmiyorsun."

Acı belki ama günümüz Türkiye'si de benzer bir süreçten geçiyor, bu kadar şiddetli olmasa da. Hızla sanayileşen bir ülkede insanlar gittikçe bireyci, çıkarcı ve hesapçı oluyorlar; bunda şaşılacak bir şey yok. Ancak kamusal alandaki tartışmalar hep örnek bir Müslüman'dan, Türk'ten, aydından bahsediyor. Sürekli bir ideal üzerinden birbirimizi suçluyoruz, kendimiz yeni şartlara sessizce uyum sağlamaya çalışırken benzer şeyleri yapanları eleştirerek fırsatçı esnekliğimizin üstünü örtmeye çalışıyoruz. Bunu da işimize geldiğinde hayata yeni dünyanın kurallarıyla bakarak, gelmediğindeyse gelenek ve edep gibi kavramlarla "yakışmak" fiilini müttefik yaparak başarıyoruz. Kişisel bir örnek vermek gerekirse, bir akademisyeni uzmanlığı üzerinden para kazanmaya çalışmakla suçlayabiliyoruz. Bunu belki bir bankada çalışırken, borsada hisse alıp satarken ve belki de ahlaken daha sorunlu bir sektörde çalışırken yapmadığımızın da garantisi yok.

Bu tip eski-yeni çatışmasını en şiddetli yaşayan grup Türkiye'nin son yirmi yılında geçirdikleri değişimden başları dönen muhafazakârlar. Materyalist bir dünyaya yavaş yavaş esir olurken, "Ne yârdan ne serden" misali çocuklarının deist olmasından endişe edebiliyorlar. Üniversitede modern eğitim alan bir kız öğrencinin bir rock konserine gitmesi ya da elektrogitar çalması sırf başörtülü diye gazete sayfalarını süsleyecek kadar büyük şaşkınlık ve infial yaratabiliyor mesela. Bunların Gezi hareketine katılması da anlamsız bir tepkiye neden olmuştu hatırlarsanız. Giyim tarzı ile bir tip davranış bütününü özdeşleştiren bu garip indirgemeci mantıkla "Başını örtüyor ama cipe biniyor" tarzı yukarıdan bakan laflar arasında enteresan bir paralellik mevcut ama şimdi konuyu dağıtmayalım. Olayın özü şu: Maddiyatçılaşan ve şehirlileşen bir kesimin değişimin hızından endişeye kapıldığı ama gene pozitif yanlarından dolayı da aynı değişime sıkı sıkıya sarıldığı bir durumla karşı karşıyayız. İşin üzücü (ve geçmişi bilen bir insan için sıradan ve sıkıcı) tarafı ise şu: Gene namlunun ucunda kadınlar var; toplumlar ahlaki sınırların flulaştığı dönemlerde onları hırpalamasa olmuyor.

Örnekler çoğaltılabilir ama esas bugün neyin yanlış gittiğini bir kez daha özetleyip uzatmadan bitirelim. Plato'nun idea'ları gibi kimsenin görmediği bu prototipler, gündeme getirenlerin vicdanını rahatlatıyor olabilir ancak bir suçluluk duygusu doğurduğu da kesin. İnsanda eksiklik hissi yaratıyor ve bu hissi ancak başkalarına yansıtarak üstümüzden atabiliyoruz. "Eğer dedikleri gibi ben *bile* bazen ahlaksız hareketler yapıyorsam, kim bilir Ahmet ne haltlar karıştırıyordur?" Bu tip bir yansıtma içeride ve dışarıda mihrak aramaya itiyor bizi. Dış mihrakların bundan haberi olmadığından bir problem yok ama "İçimizdeki İrlandalı" arayışının artık herkesi yorduğu ortada.

MODERN BİREY KABUL EDEMİYOR ama insan özünde dışlayıcı bir varlık. Kendi gibi olmayana tahammülü az. Bu da ırkçılık, cinsiyetçilik ve yabancı düşmanlığı gibi eskiden problem olmayan ancak modern bir toplumun kabul edemeyeceği marazlara karşı her an dikkatli olmamız gerektiğini gösteriyor bizlere. Modern insanın kibri bazı kazanımların temelli olduğunu düşündürtebilir ancak 1914 öncesinde teknolojinin ilerleme ve mutluluk getireceğini düşünen burjuvaların Birinci Dünya Savaşı ile nasıl derin bir ümitsizliğe savrulduğunu ve bir on yıl sonra faşist ve otoriter idarelerin medeniyetin beşiğinde nasıl bir anda mantar gibi türediğini hatırlatalım. Aklın ve mantığın yerini Dadacı saçmalık boşuna almadı kısacası.

Peki, modern toplumların ahenk içinde yaşaması (ve verimli bir şekilde üretmesi) için gerekli olan hoşgörü ortamının temelleri nasıl sağlamlaştırılabilir? Kitabın birçok yerinde de yaptığımız gibi burada da kısa bir cevap veremiyor, basit bir formül sunamıyoruz. İnsanın ne kadar kompleks bir canlı olduğu göz önüne alınırsa toplumların ve kültürlerin nasıl bir çeşitlilik gösterdiği ve dolayısıyla tahmin edilemezlik içerdikleri daha rahat teslim edilir herhalde.

Ne yapılmaması gerektiğinden dem vurmak daha kolay. İlk olarak, hemen her zeki insanın ve gelişmiş toplumun yapması gerektiği gibi bâtıniyi zahirîden ayırarak, yani yüzeysel bir bakışa direnerek. Karşılıklı hoşgörünün abartılı hassasiyetlerden, politik doğruculuk adına pranga vurulan dillerden, yasaklanan kelimelerden ve sahte bir nezaketten çok daha fazlasına ihtiyacı olduğunu idrak ederek. Bu tip yüzeysel çözümler sonuç vermemekle kalmıyor, ortadaki sorun çözülmüş gibi yapıp fikir yürütmeyi engelleyerek yaranın kangren olmasının da önünü açıyor. Üstüne üstlük yüzeysellikleri nedeniyle kendi içlerinde bir hoşgörüsüzlük dalgasını da beraberinde getiriyorlar.

Kökeninde hoşgörü talep eden bazı hareketlerin zamanla kendilerinin hoşgörüsüzlüğe savrulmasının ardında da benzer bir ret yatıyor. İnsan doğasındaki hoşgörüsüzlük potansiyelini fark etmedikleri için problemin tek bir veçhesini, o da sert ve keskin kurallarla çözmenin yetmeyeceğini kavrayamıyorlar. Kendileri için önemli olan alanlarda hoşgörülü olurken daha değişik görüşteki insanların dile getirdikleri hoşgörü taleplerine düşmanca yaklaşma riski bile var. Ama bunun böyle olmadığı durumlarda bile, belirli bir tarihte hoşgörüyü ayakta tutmak için üzerinde anlaşılan kuralların, şartların değişmesiyle artık işlevsiz kalması olası. Hiçbir yasanın sonsuza kadar işe yaramaması ve önemli olanın kanunların kendisinin değil, ruhunun olmasındakine benzer bir mantık var ortada. Katılaşmış ve basitleştirilmiş kurallarla tıpkı ilk çıktıklarında devrimci olan dinlerin zamanla müesses nizama dönüşmesi gibi bir savrulma yaşamaları kaçınılmaz bir hal alıyor. *Karamazov Kardeşler*'deki *Büyük Engizisyoncu* hikâyesini, tekrar dünyamıza gelen Hz. İsa'yı hapse atan Tomás de Torquemada'nın argümanlarını hatırlayın: Hz. İsa, şeytanın üç baştan çıkarıcı teklifini reddedip insanlığa özgür irade vererek büyük bir hata yapmıştır. Bu hatayı düzeltmek Kilise'ye düşecektir ve ayağına takılmasını engellemek için Allah'ın oğlunu ortadan kaldırmalıdır.

Resim 8. Tomás de Torquemada (1420-1498). Saç tıraşından da anlaşılacağı gibi bir Dominiken keşişi olan Torquemada, İspanyol Engizisyonu'nun ilk Büyük Engizisyoncusu'dur ve uzun yıllar dinî baskının, hoşgörüsüzlüğün ve yobazlığın sembolü olmuştur.

Kısacası ortada sadece net kurallarla ve yasaklarla ya da gösterişli ve abartılı ritüellerle giderilebilecek bir problem yok. Bu şekilde giderebilsek bile hoşgörüsüzlüğün değişik biçimlerde sinsice tekrar aramıza sızmayacağından emin olamayız. Ne de olsa farklı olanı yadırgamak insan fıtratının vazgeçilmez bir parçası. İşler iyi gittiği sürece gizlice oradan buradan kafasını çıkarmakla yetinecek bu hoşgörüsüzlük, kriz anlarında iddialı bir manifestoya dönüşmekte gecikmeyecektir. O âna kadar ölü hücre gibi bekleyecek olması bizi sahte bir konfor alanına sürüklememeli.

Bu tehlikelerle mücadele etmek için ihtiyacımız olan katı kurallar değil, esnek bir sistem; bunun için de mekanizmayı anlamak şart. İnsanın tahammülsüzlüğünün yukarıda sıralamaya çalıştığımız evrimsel, psikolojik, ekonomik ve sosyolojik nedenleri göz önüne alındığında yapılması gerekenin toplumsal yapıyı harmonize etmek olduğu ortaya çıkıyor. Değişik arka planlardan gelen insanlar arasında etkileşimi ve iletişimi artırabilecek her şey pozitif bir etki yaratacaktır. Günümüzde bunların bir araya gelip kaynaştığı iş ortamları, eğitim kurumları, yaşam alanları ve sosyal medya platformlarının her geçen gün artması şu anlık kaygılarımızı bir yere kadar dindirebilir. Ancak gene de temkinli olmakta yarar var. Ekonomik krizler ve salgın hastalıkların yaratabileceği içe kapanmanın nasıl bir yabancı düşmanlığına yol açabileceğini tekrar anlatmamıza gerek yok. Gene sosyal medya gibi kaynaştırıcı olabilecek mecralarda artık algoritmaların devreye girmesi ve kullanıcılara ön kabul ve beğenilerine göre içerik gösterilmeye başlaması da başka bir endişe konusu. Özetle geleceğin neler getireceğini bilmek zor, bekleyip görmekten başka çaresi olmayan bizlerin yapabileceği tek şey teyakkuza geçmek.

II

NEDEN İNSANLARI KONUŞMALARINA GÖRE YARGILIYORUZ?

"*Milyonlarca yıl boyunca insanoğlu hayvanlar gibi yaşadı. Daha sonra hayal gücümüzü serbest bırakan bir şey oldu. Konuşmayı* ve dinlemeyi *öğrendik.* Konuşmak fikirlerin iletilmesini mümkün kılıp insanların imkânsızı inşa etmek için bir arada çalışabilmesini sağladı. İnsanoğlunun en büyük başarıları konuşmakla gerçekleşirken en büyük başarısızlıkları konuşmamaktan kaynaklandı. *Böyle olmak zorunda değil.* En büyük hayallerimiz gelecekte gerçek olabilir. Elimizin altındaki teknolojiyle olasılıklar sınırsız. *Tek yapmamız gereken konuşmaya devam etmek.*"*

Ünlü bilim adamı Stephen Hawking'in reklamlara da konu olan ve italik kısımları Pink Floyd'un *Keep Talking* parçasında da kullanılan bu sözü, insanın evrimindeki kırılmanın konuşma ile olduğuna dikkat çekiyor. Eğer tarih yazı ile başlıyorsa insanlık da konuşma ile start aldı diyebiliriz. Dil sadece hayvanlardan daha kalabalık gruplar kurmamızı ve daha iyi işbirliği yapabilmemizi mümkün kılmadı, aynı zamanda öğrendiklerimizi sonraki nesillere aktarmamızı sağladı ve böylece insanoğlunun yavaş yavaş yarattığı "kültür" gelişip serpilebildi.

* "For millions of years, mankind lived just like the animals. Then something happened which unleashed the power of our imagination. We learned to talk *and we learned to listen. Speech has allowed the communication of ideas, enabling human beings to work together to build the impossible. Mankind's greatest achievements have come about by talking, and its greatest failures by not talking.* It doesn't have to be like this. *Our greatest hopes could become reality in the future. With the technology at our disposal, the possibilities are unbounded.* All we need to do is make sure we keep talking."

Ancak hemen kontrpiyemizi* yapalım ki bu beylik giriş sizi yanıltmasın. Bu bölüm insanoğlunun dille elde ettiklerini özetlemeyi amaçlamıyor; herhangi bir antropoloji kitabı bunu çok daha etkili bir biçimde yapacaktır zaten. Onun yerine dilin sosyal hayatımızda yarattığı karmaşalar üzerine odaklanmayı amaçlıyor.

Tüm insanlar en az bir dil konuşuyor; peki, bu evrensel konuşma faaliyeti toplumsal normlar tarafından nasıl şekillendiriliyor? Niçin her yerde ve her zaman aynı şekilde konuşamıyoruz? Toplumsal cinsiyet, statü ve bir grupta kendimizi konumlandırma biçimimiz neden bize bir "dil stratejisi" dayatıyor?

Neden bazı telaffuz rejimleri norm olmuşken bazıları aksan olarak kabul ediliyor; bu ikisi arasında niçin bir hiyerarşi var? Neden yabancı dil konuşmak havalı bir şey olarak kabul ediliyor? Konuşurken oraya buraya İngilizce, Fransızca kelimeler serpiştirmeme neden birçok insan gıcık oluyor? Neden akademisyenler hiç kimsenin anlamadığı kavramlarla dolu karmaşık makaleler yazıyor?

Okul, ezilenlerin ezilmelerini içselleştirmelerini mi sağlıyor, yoksa tam tersine alt kesimlerin sınıf atlamasına yardım mı ediyor? "Düzgün konuşma"yı reddetmek alt kesimlerin ekonomik ve sosyal ötelenmelerine karşı isyan edişinin bir tezahürü mü? Çiçek çocuklar kapitalizmin ehlileştirdiği yüzeysel ve zararsız asiler mi? Politik doğruculuk ifade özgürlüğünü kısıtlayan bir aşırılık mı, yoksa daha eşitlikçi bir kamusal alan yaratmak için yararlı bir mekanizma mı?

Biraz dilbilimden, bolca sosyolojiden ve az biraz da tarihsel örneklerden yararlanarak bu bölümde cevaplamaya çalışacağımız temel sorular işte bunlar.

Tek Dil, Tek Millet?

Ondokuzuncu yüzyılda ortaya çıkan yeni gramercilik (İng. *neogrammaticism*) fonetik değişimlerin istisnasız evrensel kurallar

* Fr. *contre*: ters, karşı; *pied*: ayak, ters ayakta kalmak.

etrafında geliştiğini ve bazı konuşma biçimlerinin dilin en gelişmiş hali olduğunu iddia etmekteydi. Keskin bir hiyerarşiden bahsediliyordu yani. Buna karşı çıkan yeni dilcilik (İng. *neolinguisticism*) ise bazı konuşma biçimlerinin egemenliklerini sosyal faktörlerle açıklamayı tercih etmekteydi. Yani bazı biçimlerin lehçe kalırken bazılarının dil olarak algılanması, içsel bir gelişmişlik farkı ile izah edilemezdi; dillerin yerel lehçeler üzerindeki hâkimiyeti bunların prestijli sosyal gruplar, yani elitler tarafından konuşulmasından kaynaklanıyordu. Hakikaten de yakın zamanlarda Kürtçenin bir medeniyet dili olup olmadığı tartışmalarını hatırlarsak, sosyal faktörlerin dillerin itibarları üzerindeki etkisini daha rahat görme şansını elde ederiz. Daha çalışılmış bir örnek üzerinden gidecek olursak, gücünü Dante gibi ağır toplardan alan Floransa lehçesinin milli birliğin sağlanmasının ardından standart İtalyancaya dönüşmesi de hâkim sınıfların tercihleriyle alakalıydı. Ve bu özdeşleşme, İtalyancanın ilk başlarda belirli bir elite sıkışmasını ve yerel lehçelerin tutunmasını sağladı. Birinci Dünya Savaşı sırasında İtalyan ordusundaki kuzeyli ve güneyli askerlerin birbirlerini anlamakta zorluk çektiklerini ve bu yüzden de cephede sıkıntılar yaşandığını biliyoruz.

Tarihi boyunca birçok değişik krallık, dukalık ve şehir devleti tarafından paylaşılan Çizme'de bu dilsel bölünme bugün bile etkisini sürdürmektedir. Benedict Anderson bize kitlesel medyanın daha onsekizinci yüzyılda bile bir muhayyel cemaat yaratıp kompakt bir milli bilincin tohumlarını attığını

Muhayyel (Ar. "hayal"den, h-y-l: Mu*hayyel*, hayalî) cemaat (İng. *imagined community*): Milletlerin toplulukların ortak bir kimliği benimsemelerinden oluştuğunu iddia eden tez. Bu kimliğin temelinde medya bulunuyor. Günümüzde de milli maçların, dizilerin ve ülke gündeminin benzer bir birleştirici etkisi var. Fransız siyasetini takip eden ya da milli takımını tutan kaç Frankofon gördünüz?

göstermişti. Aynı şekilde İtalyanca da yirminci yüzyıl medyası sayesinde standardize olmayı başaracaktı ancak İtalyan elitlerinin dillerini halka empoze etme konusunda ülkemizin kurucuları kadar hevesli olmadıklarını ekleyelim. 1923 yılında standart İtalyan grameri müfredattan çıkarılacaktı. Antonio Gramsci'ye göre burada amaç, lehçe konuşanların akademik ve bürokratik ayrıcalıklardan yararlanmasını önlemekti. Devletten nemalanmayı kendi imtiyazları gibi gören bu elitler için taşralının taşralılığının ağzını açar açmaz anlaşılmasından daha güzel bir şey olabilir miydi?

Normalde insanların anlaşmasını ve grup halinde faaliyet göstermesini sağlayan dil birleştirici bir fonksiyona sahip olmasına rağmen, antropologlar da lehçenin ayırıcı ve dışlayıcı yapısına dikkat çekiyorlar. Robin Dunbar'a göre bu tezadın açıklaması evrimsel süreçte saklı. Bir arada ahenk içinde faaliyet gösterebilecek ve üyelerinin birbirine güvenebileceği toplulukların yüz elli civarındaki bir sayıyı geçemeyeceğini belirten antropoloğumuza göre, lehçeler gruba dışarıdan dâhil olabilecek beleşçileri dışlamak için bulunan bir aygıt. Bu aygıt sayesinde insanlar gruba kimin dâhil olduğunu, yani en hassas mevzularda kime güvenebileceklerini çıkarabilecekler. Köyden kente göçün daha bir iki nesil önce başladığı ülkemizde hemşehrilik ya da daha amiyane tabirle hemşoculuğun önemini kimse yadsıyamaz herhalde ama durum daha erken sanayileşmiş ülkelerde de pek farklı değil. Jamie Gilday'in telefonla yaptığı deneyden bir önceki bölümde bahsetmiştik; insanlar yerel aksanla gelen yardım ricasını kabul etmeye daha yatkın. Karşılıklı sırt kaşınacak ve Beşinci Bölüm'de anlattığımız türden bir hediye/torpil döngüsüne girilecekse bunu birinin "toprağı"yla yapması daha mantıklı kısaca. Dışarıdan gelen birine yardım ettiğinde bu kıyağın geri dönmesi daha az olası çünkü. Dunbar'ın eski öğrencilerinden Daniel Nettle'ın çalışmaları da lehçelerin hızla değişmesinin tam da bu beleşçilikten kurtulma ihtiyacından kaynaklandığını gösteriyor.

Ondokuzuncu yüzyılla beraber hâkim paradigma haline gelen milliyetçiliğin temelini devletle vatandaş arasındaki değişen ilişkide görmek mümkün. Askerî tarihin en önemli dengelerinden biri piyade ile süvari arasındaki şüphesiz; teknolojik durumun piyadeye avantaj sağladığı anlarda ortaya vatandaş askerin çıktığını ve bunun Antik Yunan ve Roma'daki gibi cumhuriyetlerin önünü açtığını görüyoruz. Savaşmanın profesyonellik gerektirdiği durumlarda ise yönetimin belirli bir elitin elinde kalması kaçınılmaz. Örneğin steplerde hâkim olan hafif süvari, göçebe toplulukların siyasi alanda egemenliğini de beraber getirecek ki "Her Türk asker doğar" lafının mantığı biraz da burada. Yaşamları sürekli atın üstünde geçen atalarımızın İslam dünyasına yönetici sınıf olarak girmelerinin ve Arapları kolayca kenara itmelerinin ardında da bu avantaj yatıyor.

Gene Ortaçağ Avrupa'sının durdurulamaz ağır şövalyesi de kapalı bir kast şeklinde kendini gösteren bir aristokrasinin tahakkümü anlamına gelecek. Silah, at ve zırhın maliyeti ve bunlarla savaşmanın gerektirdiği deneyim uzmanlaşmış bir savaşçı grubunun olmasını zorunlu kılmaktaydı; bunların egemenliğine karşı üretici kesimlerin oluşturabileceği piyade birliklerinin de pek bir şansı yoktu. Demek ki Ortaçağ'da yaşasaydık "buramıza kadar gelmediği" sürece şansımızı zorlamadan tıpış tıpış vergimizi vermek en mantıklısı olurdu. Şövalyelerin bu hâkimiyeti ilk kez onikinci yüzyılda yaygınlaşan Tatar yayı (İng. *crossbow*) ile bir yere kadar sarsılacaktı; köylülerin artık zırhları delmek için bir şansları vardı. Ancak piyadeye atlı karşısında avantaj kazandırıp asıl darbeyi vurmak, onaltıncı yüzyılla yaygınlaşacak ve sonraki yüzyıllarda ucuzlayıp standardize olacak tüfeğe düşmüştü. Kısa bir eğitimle herkesin kullanabileceği bu yeni icat, savaşların tabana yayılmasına neden olmuştu. Artık muharebeler daha kalabalık ordular gerektirmekte ve piyade önemli bir rol oynamaktaydı. Filmlerden ya da belgesellerden İsviçrelilerin ya da İspanyol *tercio*'larının övüldüğünü duymuş olabilirsiniz; cevabınız hayırsa bu sonuncuların nasıl savaştığını görmek isteyenlere son dönemlerde çekilmiş en iyi tarih filmlerinden biri olan *Alatriste*'nin son dakikalarını tavsiye ederiz.

Sunulan tasarıya göre: "Türk devleti tâbiiyetinde olup [da], millî ve ırkî lisanlarından gayri bir ecnebi lisanını, millî Türk dili, yahut ırkî dili yerinde [yerine] olarak, yalnız oturdukları evin haricinde, gerek âilesi efradı ile [ve] gerek[se] diğer bir vatandaş ile konuşmayı itiyat edenler [edinenler], yirmi dört saatten bir haftaya kadar hapsolunurlar veyahut on liradan yüz liraya kadar nakdî para cezası ile mahkûm olurlar. Bu nakdî cezanın yarısı cürmü bulan memurlara mükâfat olarak verilir."

Piyadeyi ön plana çıkaran ve aristokratik şövalyeyi ekarte eden bu askerî gelişmelere Sanayi Devrimi'nin yarattığı bir şehirleşme ve üretim araçlarından uzaklaşan bir işçi sınıfının belirmesi eklenince eskiden sadece rıza üretmek zorunda kalan merkezî hükümetler artık tebaalarını aktif "vatandaşlara" çevirmek zorunda kalacaklardı. Bu, artık öldüren devletten yaşatan devlete geçmek ve toplumun verimliliğini ve aidiyetini artıran milli politikalar geliştirmek demekti. Bir yandan Michel Foucault'nun da altını çizdiği gibi bireyin bedenini temel alıp kapasitesini artırmaya çalışan psikiyatri, nüfusbilim ve tıp gibi bilimler serpilirken öteki taraftan milliyetçilik kitleleri birleştiren bir unsur olarak kullanılmaya başladı. O kadar ki Osmanlılar ve Habsburglar gibi milli bütünlüğe sahip olmayan imparatorluklar, tebaalarının önemli bir kısmının kendilerine zorluk çıkardığını fark etmekte gecikmeyecekti.

Peki, bir milleti oluşturan temel ögeler nelerdi? Ülkemizde "millet" mefhumunun insanların üstünde anlaşıp yarattığı bir kavram değil de organik bir gerçeklik olduğu yönündeki demode fikir hâlâ taraftar bulmakta. Oysa yukarıda da belirttiğimiz gibi, milletler aslında tarihsel süreçlerin empoze ettiği pratik durumlar doğrultusunda toplumların belirli bir yönde manipüle edilmesiyle ortaya çıkan suni şeyler. İşte tam da bu sunilik milliyetçiliğin tutarlı ve evrensel temellere dayanmasının önünü kesiyor. Bazı milletler tarihî bir devamlılığın ürünü olduklarını ilan ederken bazıları gücünü dinî ya da dilsel birliktelikten alıyor. Eğer "hayalî bir cemaat"ten bahsedeceksek bu "hayal"in üreticisi de bürokrasi, basın ve edebiyat olacak.

İşte bu noktada herkesin ortak bir dili konuşmasının önemi bir kez daha anlaşılıyor. "Vatandaş Türkçe konuş" gibi kampanyaların düzenlenmesi ve 1937'de Sabri Toprak'ın Meclis'e sunduğu, Rumcayla Ladino gibi Türkçe olmayan dilleri konuşanların para cezası, meslekten men ve diplomanın iptali gibi hak mahrumiyetleriyle cezalandırılması (tabii ki ihbarcılar da düşünülmüştü; cezanın yarısı bunlara kalıyordu) gibi uçuk kanun tasarılarının gündeme gelmesi de ülkemizde milli bilincin oldukça geç ve ancak travmatik süreçler sonucunda oluşmasının bir yansıması aslında. Sömürge olmamış ülkeler arasında Batı kültürünü bizim kadar yakından takip eden fazla ülke bulunmamasına rağmen bugün bile bir öz Türkçe hassasiyetinin olması ve yabancı kelimeler kullananların hâlâ kınanması, millet olma sürecinin henüz tamamlanmadığını gösteriyor. Gene Kürt siyasi hareketinin Kürtçe üzerindeki ısrarı ve devletin de bu süreci kendi denetimi altında götürme isteği, bize dilin hâlâ milliyetle özdeşleştirildiğinin güzel bir kanıtı.

"Pek çoğu Rum olan gazino sahiplerinin, ihtara lüzum kalmadan buna benzer cüretleri önlemelerini temin edebilecek kestirme bir yol vardır. Bu toprağa bağlılıklarından emin olmadığımız Rum gazino, dükkân ve mağazalarıyle toptan alâkayı kesmek. *Bizden olmayanlara bu memlekette nefes aldırmama*nın çaresi onların gelir kaynaklarını besleyen iktisadi hava deliklerini tıkamaktır. Bunlar, hâlis Türk müşterilerinin azaldığını görürlerse, ya bize bağlılıklarını isbat eden hareketlere (teberrulara, ianelere, milli davalarımızın her şekilde müdafaasına) girişirler veya iflas eder, *bu memleketten defolup giderler*."

[İtalikler yazarın]

Yukarıdaki satırlar, 1950'li yılların sonunda bir Rum gazinosunda gerçekleşen bir hadise sonrasında Peyami Safa tarafından *Milliyet*'te kaleme alınmış. Bu ağır lafları okuyunca muhtemelen çok büyük bir hakaret ya da provokasyon olduğu izlenimine kapıldınız değil mi? Muhafazakâr edibimizi bu kadar hiddetlendiren ne olsa gerek? Gelin bakalım "bizden olmayanlara nefes aldırmamak" için neden onların "iktisadi hava deliklerini tıkamak" istiyoruz bu "cüret"kâr gazino sahiplerinin?

Gökhan Akçura'nın aktardığı olay aslında çok eften püften. Bahsi geçen gazinoda bazı Rumların marş (kastedilen şarkı olsa gerek) söylemesine bozulan bir vatandaş, oradaki yetkiliyi ikaz etmeyi kendisine görev edinince aldığı cevap aynı zamanda milletçe Batı'dan ana beklentimizin ne olduğunu gösteriyor sanki. Şarkı söyleyenlerin İstanbul Rum'u değil Yunan turist olduğu, ülkeye para getirdikleri için de müdahale edilmemesi gerektiğini söyleyerek uyanık yetkilimiz Menderes'in kapı kapı dış borç aradığı bir ortamda zekice bir manevra ile işgüzar müşterisini başından atmak istemiş. Bir süreliğine bunu başarmış da. Ancak Türk müşterinin bunların turist olmadığını anlamasıyla mecbur Rum marşçıların keyfini kaçırmak ve onları susturmak zorunda kalmış.

Kültürel Sermaye Peşinde: Dil ve Prestij

Ne kadar eğitimli olursanız olun, yerel bir aksanınızın olması ayıplanmanıza yol açacaktır. Köyden kente göç sürecini hâlâ atlatamamış ülkemizde önemli yerlere gelmiş insanların konuşmalarındaki bozuklukların nasıl aşağılanmalarına yol açtığını örneklendirmemize gerek yok sanırız. "Kıro" gibi ifadelerle belirli bir etnik gruba da yönlendirilebilen bu dışlayıcılık, aslında konuşurken nasıl bir performans sergilememiz gerektiğiyle ilgili önemli ipuçları da veriyor. Sadece dikine bir hiyerarşiden ve telaffuzdan da söz etmiyoruz. Bernard Shaw'un *Pygmalion*'unu izleyenlerin de katılacağı gibi, kullandığımız kelimeler ve jestler

Kendi yaptığı heykellerden birine âşık olan mitolojik bir yaratıktan ismini alan *Pygmalion* piyesi; fonetik profesörü Higgins'in fakir bir çiçekçi kızı, üstünü başını ve konuşmasını düzelterek jet sosyeteye düşes olarak tanıtmasını konu alır. Shaw'un bu şaheseri beyaz perdeye de defalarca uyarlanmıştır.

toplumdaki yerimiz ve hatta konuştuğumuz konuya olan hâkimiyetimiz konusunda önemli ipuçları veriyor. Belki ironik ama ne dediğimizden çok nasıl dediğimiz de önemli. Peki, neden?

Dil ile sosyal prestij ve güce erişim arasında Gramsci'nin kurduğu ilişkiyi bir sonraki aşamaya geçiren Pierre Bourdieu, Ferdinand de Saussure gibi dilbilimcilerin dili kendi içinde tutarlı bir sistem olarak görmesine karşı çıkar. Hayatını, aralarındaki etkileşimleri göstermek suretiyle objektif yapılarla sübjektif bireysel seçimlerin karşıtlığını yumuşatmaya adayan Fransız sosyolog, Noam Chomsky'nin dil anlayışına da muhalefet etmektedir. Toplum içindeki ilişkilerin değer yargılarından muaf bir şekilde gerçekleşmediğinin altını çizen Bourdieu'ye göre, karşımızda çoğu zaman ideal dinleyicilerden oluşan ve dile tamamıyla hâkim homojen bir kitle yoktur. Dili tüm gruba ait "evrensel bir hazine" gibi gören bir anlayış, insanlar arasındaki sözlü iletişimin normlarını ve konuşanlar arasındaki güç ve prestij mücadelesini belirleyen sosyal ve ekonomik şartları göz ardı etmekle büyük bir hata yapmaktadır. Görüldüğü gibi, Bourdieu dili bir "logos" değil de "praxis" gibi değerlendirmektedir. Yani bireylerin toplumsal düzeni kabul ya da reddetmek için sergilediği davranışlarla ilgilidir; nötr bir şekilde bakamayız kelimelere.

Çok karmaşık hale getirdik farkındayız, daha anlaşılır bir şekilde ifade edelim. Konuşma pratiği dilin yapısından ve kelimelerin içsel değerlerinden başka faktörler tarafından belirlenmektedir. Bu faktörlerin belirlediği karmaşık bir matematik bulunmaktadır; burada kelimelerin kendisinden çok, nasıl ve hangi ortamda söylendiği ve dinleyici tarafından nasıl anlaşıldığı önemlidir. Önemli olan dil ve gramer değil, dilin kullanımından gelen prestij ve meşruiyettir. Her sözlü iletişim kişiler arasında bir sosyal statü mücadelesidir ve bu iletişimde kelimelerin sözlük anlamlarından çok daha fazlası takas edilir.

Esprinin Fransızcada "ruh" anlamına gelmesi, bu kelimenin Almancasının da *geist* olması boşuna değil kısacası. Her muhabbetin bir ruhu var ve bu matematiksel bir formüle indirgenemeyecek kadar kompleks etkileşim, sözlerin dışında başka araçlarla da gerçekleşmekte. İşte tam da bu noktada Bourdieu ekonomiden ödünç aldığı sermaye ve pazar gibi kavramları devreye sokar. Toplumsal gruplar arasındaki güç farkları ve hiyerarşi bir "sembolik şiddet" tarafından fikslenmiştir. Hem hâkim hem de domine edilen grupların üstünde anlaştığı bu sembolik şiddet, güç dengelerinin fiziksel şiddete dayanmadan sürdürülebilmesini sağlar. Max Weber'in meşruluk kazandırma (Alm. *Legitimierung*) kavramından da etkilenerek geliştirilen bu konsept, kalıcı gücün meşruiyet ve inanç üstüne inşa edilmesi gerektiğine inanır. Sadece fiziki zorlamaya dayanan bir gücün kırılganlığı ortadadır; bu güç ancak içselleştirildiği ve kurduğu sistem eşyanın tabiatından kabul edildiği zaman kemikleşir.

Bu içselleştirmenin önemini daha iyi anlatmak için bir iki örnek üzerinden gidelim. Ebeveynlerinden dayak yiyen çocuklarla anne-babaları tarafından ikna edilen çocukları disiplin açısından inceleyin. Birinci gruptakilerin otorite ortadan kalktığı zaman dağıttıklarını, ikincidekilerin ise üstlerine yüklenen sorumlulukları gözetim altında olmadıkları anlarda bile yerine getirdiklerini göreceksiniz. Ya da kendi kendinize birinin birinden yüzlerce kat fazla para kazanmasını neden normal karşıladığınızı düşünün. Ya da niçin uçuk kredi kartı faizi ya da borcu olanların hapse düşmesi gibi eskiden toplumlar tarafından kınanan uygulamaların bugün sizi artık rahatsız etmediğini. Ve bir köşede kıs kıs gülen neoliberalizm canavarının "İnanmak başarmanın yarısıdır" gibi sloganlarına veya "Modern ekonomide herkes eşit şartlarda yarışmaktadır" türünden yalanlarına neden böyle kolaylıkla aldandığınıza hayıflanın. Tabii kaymağın da kaymağı (Fr. *crème de la crème*) bir tabakadan gelmiyorsanız!

Şiddetin sembolik bir şekilde kullanılabilmesi için estetikten dile birçok alanda toplumun çoğunluğunun üzerinde uzlaştığı bir değerler manzumesi tesis etmek gerekir. Görünmez olduğu için çıplak güçten çok daha etkili ve kalıcı olan bu dominasyon biçimi kendisini milliyet, cinsiyet, cinsel yönelim, etnik kimlik gibi çeşitli çehrelerde gösterebilir. Konumuz bu değil, işin özünün altını çizmekle yetinelim: Domine edilmiş gruplar toplumsal norm ve değerlerle dezavantajlarını kabullenmişlerdir; doğallaşan bu norm ve değerler toplumdaki eşit olmayan ilişkilerin fark edilmeden sürdürülmesini sağlamaktadır. Ezilen etnik grupların bile ırkçı bir milliyetçiliğe kayabilmesi, fakirlerin kendilerinden daha fakir birini gördüğünde hakir görmesi ve modern kadınların bile cinsdaşlarını "evlenilecek" ve "eğlenilecek" gibi ayrımlara tâbi tutması aslında hep bundandır.

İşte burada sahneye bir de "sermaye" kavramı çıkıyor. Birbirine de dönüştürülebilen değişik tip sermayelerden söz ediyoruz. Bunlardan biri hepimizin bildiği ekonomik sermaye ve para, mal ve mülk sahipliğiyle edinilmekte. Diğerleri ise kalıcı kurumsal ilişki ağlarına erişimden kaynaklanan ve bireyin toplumdaki itibarını belirleyen "sosyal sermaye" ve eğitim, entelektüel beceri, zevk ve kültürel tercihlerin belirlediği "kültürel sermaye." Nasıl konuştuğumuz ya da Bourdieu'nün deyimiyle dilsel salahiyet (Fr. *compétence linguistique*), işte bu sonuncu sermaye biçimi içinde ele alınmalı.

Ortaya bireyin konuşmasıyla kendisini ifade edişini düzenleyen bir "dilsel pazar" (Fr. *marché linguistique*) kavramı da atan Bourdieu'ye göre, kişi konuşmasını bulunduğu ortama göre ayarlamak zorunda. Bir toplulukta nelerin konuşulup nelerin konuşulmamasının uygun olacağını çeşitli sansür, ayıplama ve ceza mekanizmaları ile belirleyen bu pazarda var olmak isteyen konuşmacı, nerede neyi söyleyeceğine dikkat etmeli. İş görüşmesinde, aile ve arkadaş arasında, televizyonda, bir topluluk önünde, hem ve karşı cinslerimizle farklı bir üslup ve tonda konuşmamız hep değişik dilsel pazarların dayattığı kurallara karşı bir strateji geliştirme zorunluluğundan kaynaklanmakta. İşte bireyin dilsel salahiyeti, bu pazarın ihtiyaçlarına göre kendisini doğru şekilde yansıtabilmesiyle belirleniyor. Entelektüel ya da profesyonel gözükmek istediğiniz zaman kullandığınızla, arkadaşlarınızla eğlenirken tercih ettiğiniz konuşma stilleri, kelime seçimleri, tonlama, artikülasyon ve hatta aksanlar arasındaki farkları düşünün. Yeteneklerimizden ve niyetimizden bağımsız olarak karşı tarafın sizi algılayışını şekillendiren norm, yasak ve önyargıları, bireylerin toplumsal statülerine göre dimağlarına işlenmiş bir "dilsel habitus"u (Fr. *habitus linguistique*) dikkate almazsak kınanma, hafife alınma, küçük görülme ve hatta dışlanma gibi bedellerle karşılaşmamız işten bile değil.

Birden fazla dilsel pazardan söz etmek mümkün. Yukarıdaki tartışmayı takip etmek gerekirse, "makbul lehçe"* olarak ifade edebileceğimiz milli dil (bizim için İstanbul Türkçesi) kimin elit zümreye dâhil olabileceğini de belirliyor aslında. Neoliberal toplumun tüm referans sistemlerini altüst ettiği seksenlerden önce bu lehçeyi konuşmak, akademi ve bürokrasi gibi prestijli kurumlara girmenin ve buralarda yükselmenin ya da başka deyişle "plaja üşüşen halk" yerine "denize giremeyen vatandaş" olmanın en önemli koşullarından biriydi. Oturmuş bir şehirli eliti olmayan ve bir göçmenler diyarı olduğunu bir türlü kendisine itiraf edemeyen Türkiye'deki dilsel pazar hiçbir zaman Fransa'daki kadar katı olmadı; bunu, üst düzey bürokratlar ve jet sosyetenin üyeleri arasında bile mükemmelden uzak bir Türkçe konuşulmasından da anlayabiliriz. Ancak doksanlarda özel kanalların çıkmasıyla kamusal alanda standart dışı

* Ar. "kabul"den, k-b-l: ma*k*b*u*l, kabul edilen.

Türkçenin hâkim olmasına gösterilen tepkiler, İstanbul Türkçcsi ile elit olmanın bizde de birbirleriyle alakalandırıldığının en güzel göstergesi. Gene yakın zamanda sosyal medyaya düşen eski bir kamera arkası görüntüsü, Türkiye'nin şık ve gözde gazetecilerinden Uğur Dündar'ın "İstanbul Türkçesi ile adam dövmesi"nin göklere çıkarıldığını gösteriyor bize. Demek ki şık bir konuşma stili normalde aşırı hassas sosyal medya kullanıcısının şiddet ve küfrü bile sempatik bulmasına yol açabiliyor.

Elitler kendilerine avantaj sağlayacak bir dil rejimini sadece modern zamanlarda üretmedi aslında. Biraz geriye gidip tarım imparatorluklarına baktığımızda da bir "yüksek dil" ve "alçak dil" ayrımı görmek mümkün. En tanıdık örnekten, Osmanlıcadan gidelim. Hâlâ bilmeyen olabilir diye dilimizdeki son tüyle bir uyarı yapalım: Osmanlıca ile Türkçe aslında birbirinden farklı diller değildir ve 1928'de değişen sadece alfabedir. Nasıl Latin harfleriyle yazmamız Titus Livius'la sohbet edebileceğimiz anlamına gelmiyorsa Arap harfleri kullanmak da bizi sahabe yapmıyor. Ancak matbaanın yaygınlaşmadığı bir toplumdan elimizde kalan kaynakların büyük bir kısmının emperyal elitler tarafından üretilmiş olması, Osmanlıcanın bir saray dili olarak karşımıza çıkması sonucunu doğuruyor. Bu dil birçok Arapça ve Farsça kelime ve terkiple (tamlama) süslenmiş olsa da dilbilgisi ve sentaks açısından Türkçe. Elinde bir sözlük olan herkes rahatlıkla bu lisanı anlayabilir.

Bu ağdalı dilin elitler arasında bile konuşulduğu söylenemez; Batılı gözlemcilerin aktardıklarından padişah da dâhil saraydakilerin oldukça sade bir Türkçe konuştuğunu biliyoruz. Kaldı ki Cumhuriyet'in ilk yıllarında bile bu yüksek-alçak ayrımını saptamak mümkün. Dönemin gazete ve edebî eserlerinde görebileceğimiz konuşma dili rahatlıkla anlaşılabilirken bir *Gençliğe Hitabe*, *İstiklal Marşı* ya da *Nutuk*'un zor okunan metinler olması bize yazı dünyasında hâlâ şeklin mesajdan daha önemli olduğunu açıkça göstermekte.

Konuşma biçiminin sadece elitizme hizmet ettiği düşünülmemeli. Geniş kitlelere ulaşmak için bazen formeli terk etmek de tercih edilebilir. Kimlik aidiyeti ile kullanılan ifadeler ve şiveler arasındaki ilişkiye yerelciliğin çok ön plana çıktığı Avrupa'dan kanıt bulmak oldukça kolay ancak gelin biz bu sefer daha iyi bildiğimiz örneklerle ilerleyelim. Mükemmel bir eğitim almış Süleyman Demirel'in de oy sevdasına yeri geldiğinde köylü aksanı ile konuştuğunu biliyoruz. Oytun Erbaş'ın Ege şivesi ile İstanbul Türkçesi arasında rahatlıkla geçiş yapabildiğini de. Karşımızdaki, hitap edilmek istenen geniş bir halk kitlesine "Biz de sizdeniz" mesajını yollamak için yapılan bir ince ayardan ya da küffar-ı haksar deyimiyle bir *fine tuning*'den başka bir şey değil aslında. Ve bizce oldukça etkili bir metot.

Akademisyenlerin Ne Dediği Çoğu Zaman Neden Anlaşılmaz?

Elitlerin kendilerini yeniden ürettiği önemli yerlerden biri olan akademilerdeki jargon hevesi de dışarı kapalı bir itibar ekonomisi yaratan bir "dilsel pazar"dan başka bir şey değil. Thomas Hobbes'un "Gücün itibarı gücün ta kendisidir" lafından hareket eden akademisyenler, normal insanların anlayamayacağı teknik terimler ve uzun cümleleriyle dili bir "kültürel sermaye" olarak kullanmakta ve bu sermayeyi diğer sermaye türlerine çevirmeye çalışmakta aslında. Bu "yüksek" akademik dil normal kullanımından uzaklaştıkça kullanıldığı alanın otonom bir sisteme sahip olduğu illüzyonunu da yaratıyor. Uzmanlık isteyen bu sistematik dile hâkim olmak da akademisyenlerin yaptığı işi daha kompleks ve özgün göstererek kendilerine büyük bir itibar sağlamakta. Ne kadar karmaşık ve anlaşılmaz yazarsan o kadar orijinal bir şeyden bahsediyormuşsun gibi durur! Bazen akademik atışmalardaki kolaya kaçışlarda kendisini gösteren taktikler bize bu akademik dilsel pazarın nasıl işlediğini göstermeye yetiyor. Karşı tarafı Marksist, yapısalcı ya da işlevselci gibi tanımlarla etiketleme ya da cümlelerin arasına stratejik bir şekilde "münhasıran" gibi zarflar serpiştirip meslektaşının eserini yüzeysel gibi gösterme, daha önce yazılanlara atıfta bulunarak kendi fikrine itibar kazandırma gibi bir sürü taktik aslında dilin inceliklerini kullanarak akademisyenin kendine ve eserine itibar kazandırma uğraşının bir tezahürü.

Akademisyenlerin kullandığı dil bazen o kadar anlaşılmaz olabiliyor ki aynı alandaki uzmanların bile bunları ne kadar anladığı şüpheli. 1996 yılında Alan Sokal adlı bir matematik profesörünün yaptığı ufak bir düzenbazlık bize jargon orjisi bir metnin hiçbir manaya gelmese de en prestijli dergilerde yayımlanabileceğini gösteriyor. Gelin bu sosyal medya öncesi *ante litteram* trollemesine beraber göz atalım: Sokal meşhur *Social Text* dergisine postmodern kültürel çalışmalar üzerine "Sınırları Aşmak: Kuantum Yerçekimi'nin Dönüştürücü Hermenötiğine Doğru" gibi manasız bir başlığa sahip bir makale yollar. Kuantum yerçekiminin sosyal ve dilsel bir inşa (İng. *construct*), yani bir doğa kanunu değil; insanların kültürel olarak ürettikleri ve algıya göre değişebilir bir şey olduğu şeklinde saçma sapan bir argümana sahip olmasına rağmen makalemiz böyle prestijli bir dergi tarafından yayımlanmaya uygun görülünce ortalık birbirine girer.

Ante litteram (Lat.) ya da *avant la lettre* (Fr.): Daha tanımı bile yapılmamış, terimi bile icat edilmemişken. Örneğin birçok solcu yazar, onbeşinci yüzyılda yaşamış Şeyh Bedreddin'i *ante litteram* bir komünist olarak değerlendirmişlerdir.

Kabahati postmodern felsefede bulan da vardır, derginin editörlerinde de; Sokal'ı bile suçlayan olmuştur. Ancak herkesin kabul ettiği bir şey varsa o da jargonun gücüdür. Sokal herkese yapısökümcü yazarlara bol bol referans verildikten, yeterli miktarda jargonla beslendikten ve Amerikan akademisini esir almış kültürel solun hoşuna giden sonuçlara vardıktan sonra en manasız şeylerin bile basılacağını göstermişti. Morfogenetik saha gibi kavramları alıp Aydınlanma sonrası hegemonyasının empoze ettiği dogmaları ve kendi kendine referans veren ve teori yüklü bilimsel metodu eleştirdikten sonra, fiziksel gerçekliğin sosyal ve dilsel bir inşa olduğunu bile iddia edebilirdiniz. Dikkatinizi çekerim; fiziksel realitenin teorisi değil, bizzat kendisi "inşa" olan! Yani etrafınızda gördüğünüz her şey aslında sosyal ilişkiler ve kelimelerin kullanımından kaynaklanıyor, kendi kendilerine var değiller. Ne kadar mantıklı değil mi? Sokal dalga geçemeden duramayacak: "Fizik yasalarının sosyal mutabakat sonucu oluşmuş şeyler olduğunu düşünen herkesi, bu mutabakatı evimin penceresinden ihlal etmeye çağırıyorum. Yalnız yirmi birinci katta yaşıyorum."

Üstelik hepsi bu da değil, ya bilimsel metodun "teoriyle yüklü" (İng. *theory-laden*) olmasına ne demeli? Bu da asla affedilemez bir şey, âdeta modernitenin iflası! "Marjinal toplulukların karşı hegemonik anlatımlarına" karşı bu bilimsel metodun "ayrıcalıklı bir epistemolojik statü talep etmesine" izin mi vermemizi bekliyorlar yoksa? "Özgürleştirici bir bilimin" ve "azat edici bir matematiğin" "elitlerin yüksek bilimi"ne karşı koymasından doğal ne olabilir ulu Manitu aşkına!

Eğer kimse bu saçmalığa inanacak kadar geri zekâlı değildir diyorsanız yanılıyor olabilirsiniz. Gelin ufak bir egzersiz yapalım. Bir iki postmodern felsefecinin ismiyle yukarıdaki görüşleri, kavramları da itinayla koruyarak, on entelektüel arkadaşınızla paylaşın. Makalenin prestijli bir dergide basıldığını ve çok ses getirdiğini de ekleyerek. Tabii ki her iki açıklama da aslında doğru. Bakalım kaç kişi söylenenleri dâhice, kaç kişi aptalca bulacak?

Sokal'ın konu olarak kendisine postmodernizmi seçmesine de şaşırmamalı; çünkü modernizmin tükendiğinden bahseden bu akım kendisine otonom bir alan yaratmak için oldukça karmaşık ve kavramsal bir dil icat etmiştir. Yedinci Bölüm'de Derrida'nın fahri doktora almasının Cambridge'de yarattığı tepkiden ve yirminci yüzyılın bu meşhur felsefecisini kelime oyunları yapan bir şarlatan olmakla suçlayanlardan daha etraflıca bahsedeceğiz. Şimdilik bu hadisenin Fransız filozofun Amerika'da itibar kaybetmesine ve hatta alay konusu olmasına yol açtığını belirtmekle yetinelim.

Bu ilginç deneyin sonunda hızını alamayan Sokal, daha sonra Fransız fizikçi Jean Bricmont ile bir araya gelerek bir de kitap yazdı. İlk önce *Entelektüel Dolandırıcılıklar* (Fr. *Impostures intellectuelles*) gibi provokatif bir başlıkla Fransızca çıkan, daha sonra da ufak değişikliklerle İngilizceye uyarlanan *Son Moda Saçmalar* (İng. *Fashionable Nonsense*), karmaşık metinlerini matematik ve fizikten aldıkları kavram ve formüllerle daha da anlaşılmaz yapmaya çok meraklı postmodern yazarların aslında ne yaptıklarını hiç de bilmediklerini ortaya koydu; hem de bunu alaya tenezzül etmeden ve hiçbir mantıki açık bırakmayan bir argüman silsilesi ile yaptı. Sokal ve Bricmont'a göre; Lacan, Baudrillard, Kristeva, Deleuze ve Guattari gibi postmodern yazarlar, bilmesinlercilik (İng. *obscurantism*) yapmakta; yani bilgiyi kasten anlaşılması zor, muğlak bir şekilde vermekteydi. Herkes anlamazsa, daha karmaşık görünürse daha fiyakalı algılanacaktı çünkü. Kullandıkları kavramlar teorilerine bir şey eklemediği gibi, azıcık matematik ve fizik bilen biri metinlerde birçok basit hata olduğunu hemen anlardı.

Metne hiçbir şey katmayan bu karmaşık kavram ve formülleri kullanmanın manası neydi peki? Bu soruya işgüzar sayısalcılarımız yerine biz cevap verelim: Anlaşılması zor metinler ve kavramlar yaratarak kendilerine otonom bir alan yaratmak. Zaten göreceliğin dibine vurmuş postmodernizmden de beklenebilecek bir şey bu. Gene köklü akademisinin şekil kaygısı da bu tip bir akımın merkezinin Fransa olmasını mantıklı kılıyor. Gelin mikrofonu bizzat Foucault'ya verelim: "Fransa'da anlattıklarınızın yüzde onu anlaşılmaz olmalı, yoksa insanlar sizin derin bir düşünür olduğunuzu düşünmezler."

Geriye, bu yazarların Türkiye'deki popülaritesine rağmen, Sokal ve Bricmont'un bu değerli eserinin Türkiye'de pek karşılık bulamayışını anlamlandırmak kalıyor. Onu da okuyucuya bırakıyoruz.

Transbirey Korkusuna Muhteşem Çözüm!

Lindsay ve arkadaşlarının prestijli akademik dergileri oyuna getirişi.

Sokal'ın makalesini bastığı *Social Text* dergisi hakem kullanmamaktaydı; dolayısıyla suç kuantum fiziğine uzak ama karmaşık jargona aşina editörlerin üstüne yıkılabilirdi. Ancak 2017 yılında yapılan benzer bir deney, konunun uzmanlarının da jargonların arasında yolunu bulamadığını ve saçma sapan makalelerin yayımlanmasına yeşil ışık yakabildiklerini gösterecekti. Transseksüellere karşı fobi besleyen erkeklerin bu fobilerini anüslerine dildo sokarak giderebileceği, penislerin sosyal mutabakatla ortaya çıkan suni şeyler olduğu (Sokal'ın fiziki gerçek bir inşadır argümanı ile benzerliğe dikkat!) gibi saçmalıklardan söz ediyoruz; lütfen kafamızın basmadığı şeylere saçmalık dediğimiz düşünülmesin. Biz deneyimize geri dönelim: James A. Lindsay, Peter Boghossian ve Helen Pluckrose üçlüsü; kültürel çalışmalar, cinsellik ve toplumsal cinsiyet gibi avangart* alanlarda en prestijli dergilere 20 makale göndermişlerdi. Gazeteciler bu makalelerden birinin yazarının aslında var olmadığını öğrenip kendilerini ifşa ettiğinde bunlardan 4'ü basılmış, 3'ü de yayımlanmayı bekliyordu. 7'si de hakem sürecindeydi, reddedilen sadece 6'sıydı. 7 kabule 6 ret, yani %50'yi geçen bir başarı oranı. Bizce hiç fena değil, hele hele basılanlardan birinin mansiyon ödülüne (İng. *special recognition*) layık görüldüğü düşünülürse.

Otonom bir dil yaratıp uzmanlık taslamak ve buradan önce kültürel, sonra da sosyal sermaye devşirmeye çalışmak sadece akademisyenlerin yaptığı bir iş değil. Özellikle hukukçuların ve hekimlerin dillerinin anlaşılmaz oluşu da benzer bir farklılık yaratma merakından kaynaklanıyor aslında. O zaman soralım: Siz

* Fr. *avant*: "ön" + *garde*: "muhafız"dan, öncü.

de kendi mesleğinizde benzer bir eğilim görebiliyor musunuz? Ve Orko'yu sahneye davet edelim: Jargonun sağladığı uzmanlık aurası herkesin her şeye burnunu soktuğu bir dünyada bir yere kadar gerekli olabilir; sosyal medyada bir radyo programcısının koskoca Papa'ya İncil'i okumayı tavsiye edebildiği zamanlarda yaşıyoruz. Ancak dil üzerindeki bu manipülasyonların dışlayıcı bir strateji olduğunu hiç aklımızdan çıkarmamalıyız. Ne yazık ki jargon her zaman kompleks fenomenleri daha rahat anlatmak için kullanılmıyor; bazen de amaç mümkünse anlatmamak. Bilmesinlerciliğin onsekizinci yüzyılda kaldığını sananları, tükendiği ilan edilen modernitenin kazanımlarını küçümsemekte aceleci davranmamaya davet ediyoruz.

Araba Sevdası

Gene ülkemizin iki yüzyıllık Batılılaşma serüveninin sonucunda Türkçe içinde yabancı kelimeler kullanmak da bir statü simgesi haline geldi. Aslında bu, ezelden beri ülkemizde imtiyazlı üst sınıfların kendisini alt sınıflardan ayırmak için kullandığı bir metot. Nihayetinde onaltıncı yüzyılla birlikte Osmanlıcadaki Arapça ve Farsça kelimelerin artması da rafine bir saray kültürünün ve şehirli elitlerin ortaya çıkmasıyla açıklanabilir ancak Osmanlı topraklarının İslam ekümeninin "uc"larında olduğunu ve kültür ihraç etmekten çok ithal ettiğini eklemek koşuluyla. İslam dünyasının hâkim kültürel formlarını taklit eden imparatorluk elitleri için prestijin yolu hukuk, edebiyat ve ilim dilleri Arapça ve Farsçadan geçerken ondokuzuncu yüzyılın ikinci yarısından itibaren hızlanan Batılılaşma süreci, Tanzimat ve Cumhuriyet elitlerinin Fransızca başta Batı dillerini ayrıcalık simgesi olarak görmesi sonucunu doğurmuş.

Batı dil ve kültürüne hâkim olmanın getirdiği kültürel sermayenin diğer alanlara da aktarılabildiğini, Tanzimat döneminin meşhur veziriazamları Mustafa Reşid, Keçecizade Mehmed Fuad ve Âli paşaların özgeçmişlerinden de anlamak mümkün.

Keçecizade'den Bir Nükte

Girit Meselesi hususundaki inatçılığına kızan Fransız Başbakanı Comte de Montauban, Keçecizade Fuad Paşa'ya:
– Niye beyhude ısrar ediyorsunuz, hangi kuvvetinize güveniyorsunuz? Osmanlı hükümetinin ne derece zaafa düştüğünü görmüyor musunuz? der.
Paşamız tereddütsüz cevabı yapıştırır:
– Türkiye en kuvvetli, en dayanıklı devletlerden biridir. Üç yüz senedir siz dışarıdan, biz içeriden yıkmaya çalışıyoruz, gene de bir türlü yerinden sarsamadık.

Bunlardan altı kere sadrazamlık ve dört kere hariciye nazırlığı yapan ilki Londra ve Paris büyükelçiliğinden gelirken Mısır Çarşısı'nın kapıcısının oğlu olarak dünyaya gelen sonuncusu ise Londra büyükelçiliğinden sonra önce valilik ve Meclis-i Vâlâ reisliği gibi görevlere gelmiş, ardından da beş kere sadrazamlık ve sekiz kere hariciye nazırlığı yapmıştır. Nükteleri ve hazırcevaplığıyla ün yapmış Keçecizade de benzer bir şekilde iki kere sadrazamlık ve on yıl boyunca hariciye nazırlığı yapmadan önce Portekiz, Romanya ve Rusya'da diplomatik görevlerde bulunmuştur.

Görüldüğü gibi, Avrupa elçiliklerindeki kısa bir kariyer bile devletin en üst makamını çeyrek yüzyıl tekeline almak için yeterlidir. Yakın zamanlara kadar Amerikan, Fransız, İtalyan ve Alman misyoner okullarından mezun olmanın büyük itibar getirmesi de bundan; örgün bir İngilizce eğitimi mümkün olana kadar bunlar bürokrasi, iş ve sanat hayatında rakiplerine karşı oldukça büyük avantaj sağlayacaklar.

Yabancı kelime kullanarak diğer insanlarla aralarına fark koymanın içi boş bir modaya yol açması tepkilere de neden oluyor tabii ki. Hızlı değişim geçiren toplumlarda "kültürel sermaye"nin yeniden tanımlanması ihtiyacının kafaları karıştırmasına pek de şaşırmamak gerek. Recaizade Mahmud Ekrem'in *Araba Sevdası* romanı rüküş (ki Fransızca lüks kelimesinden geldiği doğruysa bu kelimenin bizzat kendisi mükemmel bir rüküşlük örneğidir) Batılı gözükme çabalarının nasıl alay ve eleştiri konusu olabildiğini başarıyla gözler önüne seriyor. Buradaki istihza ve eleştiri Bourdieu'nün dilsel pazarının normları üzerindeki rekabeti göstermesi açısından ayrıca değerli. Kimin dilinin şık olduğu üzerindeki tartışma, elit statüsüne ve bu statünün verdiği güce kimin erişeceğini de belirleyecek zira.

Bugün de günlük konuşmamızda sayısız yabancı kelime kullanıyoruz. Bu eğilim son dönemde artan yurtdışı eğitim olanakları ve küreselleşmenin sonucu olarak dış dünyayı hem siyasi hem de kültürel olarak takip etmenin kolaylaşmasıyla alakalı. Nihayetinde izlediğimiz dizi ve filmlerin birçoğu yabancı. En iyi üniversite ve liselerimiz tamamen yabancı dilde eğitim veriyor. Artan sayıda insan yurtdışında tahsil ve tatil yapma şansını buluyor. Yabancı dilde kitaplar da yavaş yavaş raflarda yerini almaya başladı. Dolayısıyla alafranga kelime kullanımının artması normal ancak gene de bu kelimelerin kullanımına karşı özellikle sosyal medyada ve daha çok eski kuşaklarda kendini gösteren tepkiler bugün bile yabancı dilin sosyal sermaye getirdiğini belirtiyor. Meyve vermese ağacımız neden taşlansın?

Batı dilleri şık bir öge olarak sadece ülkemizde çıkmıyor karşımıza tabii. Bir yüzyıl içerisinde dünya üzerindeki toprakların %35'inden %84'üne hâkim olmanın getirdiği güç ve sanayi, bilim ve kültür alanında bir anda çağ atlamanın sağladığı itibar sayesinde, tüm Batılı olmayan dünyada İngilizce, Fransızca ve Almanca gibi dillerin kültürel ve hatta sosyal sermaye getirdiğini görüyoruz. Düzgün Arapça konuşamadığı halde bağımsızlık hareketinin sembol figürü olan Cezayir entelektüellerini ya da *Savaş ve Barış*'taki Rus asilzadelerinin Fransızca konuşma sevdasını düşünün. Bu sonunculardan Bezuhov'un isminin kitapta

Pyotr değil, Pierre olarak geçmesini görgüsüzlük addeder ve şaşırtıcı bulursanız benzer bir Frenk özentiliğinin ondokuzuncu yüzyıl Osmanlı gayrimüslimleri arasında da yaygın olduğunu Osmanlı Bankası kayıtlarından bildiğimizi ekleyelim.

Tarz ve kişisel zevklerle statü iddiasında bulunma ya da daha amiyane bir tabirle hava atma merakının özellikle orta sınıflarda bulunmasının esas sebebi ise bu sınıfın mensuplarının tam anlamıyla iki arada bir derede kalmış olmaları. İlk olarak, üst sınıfların aksine bunlar "zevk"i tayin edecek kültürel sermayeden yoksun; aileden gelen bir habitus eksikliğinden, yüksek kültürü erkenden içselleştirememenin verdiği bir eziklikten bahsediyoruz. İyi bir eğitimle bile giderilemeyecek bu sonradan edinmişlik hissi, bu sınıfları belirli zevkleri ön plana çıkararak kendilerini alt sınıflardan ayırmaya itiyor. Bazen kitsche ya da sıradanlığa müdana etmek pahasına da olsa! Gerçekten bu kültürel sermaye ile doğup büyüyenlerde görülmeyecek bir tedirginlik içerisinde orta sınıf mensuplarının belirli sanat formlarına yöneldiklerini görüyoruz. Bourdieu'ye göre bunlar jazz, sinema ve fotoğrafçılık. Şimdi kendi kendinize sorun: Çevrenizdeki beyaz yakalıların ne kadarı Bourdieu'nün en üst kata koyduğu heykel, klasik müzik ve resimle ilgileniyor; ne kadarı bu üç sanatla?

Okul Aslında Bir Tuzak mı?

Toplumu oluşturan birey ve gruplar arasındaki eşitsizliği sessiz ve görünmez bir şekilde sürdüren ve artıran mekanizmanın okul aracılığıyla kuvvetlendirildiği ve devlet tarafından organize edilen bir eğitimin, domine edilen grupların makus talihlerini daha rahat kabul etmelerini sağladığını da söylüyor sosyologlar bize. Islington Green öğrencilerinin "*We don't need no education*" derken bir bildiği var demek ki!

Ivan Illich'in saklı müfredat (İng. *hidden curriculum*) dediği şeyden bahsediyoruz. Okulda sadece cebir, geometri, fizik ya

Pink Floyd *The Wall* albümünün kayıtlarını yaparken prodüktör Bob Ezrin, Roger Waters'ın karşı çıkmasına rağmen *Another Brick in the Wall* şarkısını uzatmaya karar verir ve nakarat kısmını yakındaki *Islington Green* adlı okulun öğrencilerine okutur, hem de rahatsız olabileceğini düşünerek şarkının sözlerini müdireden saklayarak. Ortaya çıkan sonucu dinleyince Waters'ın yüzünü bir gülümseme kaplar ve inadı kırılır. Zihin kontrolüyle suçladığı okul sistemini protesto eden bu şarkının nasıl büyük bir hit olduğunu tekrarlamamıza gerek yok sanırız.

da dilbilgisi öğretilmiyor; aynı zamanda sosyal düzenin devamını amaçlayan değer, tutum ve davranış biçimleri de öğrencilerin dimağlarına kazınıyor. Burada kilit kelimeler "düzen" ve "devam"; konuyu biraz açmak için tekrar bu bölümümüzün esas oğlanına dönelim. Yükseköğretim ve lise seviyesindeki Fransız okullarının istatistiklerini kullanan Bourdieu, eğitimin eşitsizlikleri normalleştirerek nasıl imtiyazı yeniden ürettiğini anlatıyor bize. Buna göre, okuldaki başarı hiç de öyle sanıldığı gibi oda sıcaklığında ve tam anlamıyla eşit şartlar altında edinilmiyor. Yetiştiriliş tarzı ve ebeveynlerinin kendilerine sağladığı kültürel sermaye sayesinde eğitim kurumlarında kendini "evde" hisseden öğrencilerin şansı daha yüksek; başka bir deyişle ilk altı senelerinde geliştirdikleri dilsel habitus okuldakine daha yakın. Ayrıca hocaların da değerlendirmelerinde bu "kültürel sermaye"yi bir kenara bırakıp tam anlamıyla objektif davranabildiklerini söylemek mümkün değil.

Konuşma örüntüsüyle eğitim sistemindeki başarıyı inceleyen İngiliz sosyolog Basil Bernstein, iki tip konuşma kodundan bahsediyor. Bunlardan biri samimi ortamlarda kullanılan "dar kod" (İng. *restricted code*). Herkes birbirini tanıdığı ve konuşmanın bağlamına hâkim olduğu için basit bir dilbilgisiyle ve az sözcükle derdini anlatmak mümkün bu kodda. Aile arasındaki ve yakın arkadaş grubu içindeki muhabbetleri düşünün.

Daha formel ortamlarda başvurulan "geniş kod"da (İng. *elaborated code)* ise daha uzun ve kompleks cümleler gerekli; zira insanlar ne sizi tanıyor ne de bağlamı biliyor. Bernstein'a göre anne ve babaları fiziki efor gerektirmeyen işlerde çalışmayan ve dolayısıyla daha kompleks konuşma biçimlerini kullanmak durumunda olan orta direk öğrenciler bu iki koda da hâkimken işçi sınıfından gelenler ikincisini kullanmakta zorlanıyor. Aile yapısındaki farklar da önemli bir rol oynuyor burada; orta sınıf aileler birey bazlı iken, mavi yakalı ailelerde çocuklar aile içindeki durumlarına göre konumlandırılıyor ve bu da onların "geniş kod"a hâkim olmalarını engelliyor. Okul bu kodu bir yere kadar öğretse de geriden başlamak üstesinden gelmesi zor bir dezavantaj yaratıyor.

Eğitimin işçi sınıflarını tekrar ürettiğini söyleyen başkaları da var. Samuel Bowles ve Herbert Gintis'e göre okuldaki ilişki yapısı aslında işyerindekinin bir yansıması ama zaten makbul ve itaatkâr vatandaşların aktif katılımını amaçlayan bir sistemden de başkasını bekleyemeyiz. Öğrenciler arasındaki rekabet, çalışanlar arasındaki rekabete benziyor aslında. Teori ne kadar aksini iddia ederse etsin, öğrencilerin esas motivasyonu öğrenmenin zevkinden çok notlardan geliyor; tıpkı işçilerin zevk için değil, para için çalışması gibi. Okul, öğrencilere çalışan gibi davranmasını öğretiyor. İlk seviyedeki okullar düşük gelirli işlerde gerekli olan itaati aşılarken orta düzeydekiler öğrencilere denetim altında olmadan bağımsız bir şekilde çalışma yeteneği kazandırıyor ki bu da orta seviyedeki pozisyonlar için gerekli bir yetenek. Üniversite eğitimi alanlardan ise kurumların değerlerini özümseyip bir iç disiplin ve motivasyon geliştirmeleri bekleniyor. Böylece kendilerini bekleyen üst düzey yöneticilik pozisyonlarını hakkıyla doldurabilecekler. Biraz mükemmel bir şema belki ama ana hatlarıyla doğru gibi görünüyor. İşin daha da kötüsü bu formatlama sürecine biz velilerin de bizzat katılması.

Yoksa neden biricik evlatlarımızın "yetiştirilme"sini başkalarına bu kadar gönüllü bir şekilde bırakalım?

Öğrencilerin tavırlarının, konuşma stillerinin ve hatta ailelerinin ekonomik ve sosyal durumunun bu algıyı etkilediğine birçoğumuz şahit olmuştur herhalde ama gene de insan kendi geçmişinden bir örnek çıkarmadan duramıyor. İstisnai bir durum muydu emin değilim ama ilkokul sınıfımızda (1987) apartman görevlilerinin kızlarının sınıfın temizliğinden sorumlu olduğunu hatırlıyorum. Sadece isimlerini anarsam kimliklerini ifşa etmeyeceğime inandığım Gülsüm ve Fatma kardeşlerin eğitim hayatları nasıl devam etti bilgim yok ancak 1992 itibarıyla sistemin onlara çok parlak bir gelecek vadetmediğini söyleyebilirim. Siz de muhtemelen daha başlarken kaybedenlere kendi hayatınızdan birçok örnek bulabilirsiniz.

Danışmanını Zehirlemek mi, Burs Formunu Geç Vermek mi?

Kültürel sermayeyi boş gösteri merakı sananlar için en güzel örneği Malcolm Gladwell veriyor bize. Aşağıda özetleyeceğimiz hikâyenin iki dâhi kahramanı arasındaki kader farkı, içinde bulunduğumuz sosyal ortamın kodlarını özümsemenin ne kadar önemli olduğunun altını çiziyor.

Dayakçı bir babayla fakir bir ailede büyüyen Chris Langan üniversiteye adım atar atmaz uyum problemleri göstermeye başlar. Girişken sınıf arkadaşları gibi derste soru sormak, yurda kız arkadaşlarını getirmek ve hatta esrar içmek ona yabancı gelecek ve daha ilk günden çareyi kendini izole etmek ve kütüphaneye kapanmakta bulacaktır Chris. Annesinin imzalaması gereken formu geç yollaması bursunun kesilmesine yol açınca bu ilk üniversitesinden ayrılmak zorunda kalır. Daha düşük prestijli bir üniversiteye transfer olur olmasına ama bu sefer de kardeşleriyle ortaklaşa kullandığı araba bozulacaktır.

Parası olmadığı için arabasını onaramaz ancak sabah yerine öğlen derslerine girmesine izin verilirse okula gelmesi mümkündür. Basit bir istek aslında ama gelin görün ki ne danışmanını ne de dekanı ikna etmeyi başarabilecektir; geriye çulsuzluğun bedelini eğitim hayatına veda ederek ödemek kalmıştır. Mavi yakalı işlere mecbur kalmış olabilir ancak bu şanssız dâhi hayatını hep bilimle iç içe geçirecektir. Felsefe, matematik ve fizik üzerine araştırmalar yapacak ve akademik bir unvanı olmadığı için hiçbir yerde yayımlatamasa da "Evren'in Teorik Bilişsel Modeli" diye bir makale yazacaktır.

İlk başta Chris'in şanssızlığına üzülebilirsiniz ancak Gladwell'e söyledikleri, başına gelenlerin biraz da kendi yol yordam bilmezliğinden kaynaklandığını gösteriyor. Harvard gibi otonom ve prestijli bir üniversiteyi bile "kâr amacı güden bir kurum" ve özel sektördeki yüksek maaşları akademik özgürlük için elinin tersiyle iten akademisyenleri de "emirlere göre hareket eden memurlar" gibi görmesini başka nasıl açıklayabiliriz ki? Peki, ya ders değişikliği gibi basit bir isteği ne danışmanına ne de dekana kabul ettirebilmesini? Görünen o ki Chris daha en baştan kendisini okul ortamında bir yabancı gibi hissediyor ve bu özgüvensizlik en basit isteklerde bile talepkâr ve ikna edici olmasını engelliyor.

Hikâyemizin ikinci kahramanı Robert Oppenheimer ise New Yorklu zengin bir aileden. Daha ufak yaştan beri bir deha muamelesi görmüş; önce Harvard'a, ardında da Cambridge Üniversitesi'ne kabul edilmiş. Ancak hayat boyu yakasını bırakmayan depresyon garip şeyler yapmasına neden olacak. Önce kendisini teorik fizik yerine deneysel fiziğe yönlendirmeye çalışan danışmanını zehirlemeye çalışacak ve Allah'tan başarısız olacak. Okuldan atılmasını, kariyerinin bitmesini ve hatta hapse girmesini bekliyorsanız avcunuzu yalamaya hazırlanın. "Altın çocuğumuz" basit bir denetim ve psikiyatriste gitme cezasıyla yırtıp çalışmalarına devam edecek. Kütüphaneye 20 lira borçlu olsa diplomasını alamayan bizler kulaklarımıza inanamıyoruz belki ama hikâye gerçek!

İlerleyen yıllarda Oppenheimer dünya çapında bir fizikçi olmayı başaracak. Yirmi yıl sonra Manhattan Projesi'nin başında atom bombasını bulan ekibi yönetir bulacağız onu. Bu önemli göreve gelişinin hikâyesi de bize bir kez daha "kültürel sermaye"nin ne kadar önemli olduğunu gösteriyor. Aslında Oppenheimer bu önemli mevki için hiç de kuvvetli bir aday değildi. Henüz otuz sekiz yaşındaydı ve deneysel fizik ya da mühendislikle değil, teorik fizikle uğraşıyordu. Bir sürü komünist arkadaşı olduğu yetmiyormuş gibi herhangi bir idari tecrübesi de yoktu. Aşınmış ayakkabıları ve komik şapkasıyla tam bir çıkıntı var karşımızda yani, askerlerin ve bürokratların kolay ısınacağı bir tip değil. Ha bir de danışmanını öldürmeye çalışmak atom bombası yapmak gibi gizli bir projenin başına geçmek için aranan özelliklerden biri olmasa gerek. Kısacası Oppenheimer'ın seçilmesini kimse beklemiyordu. Ta ki altın çocuğumuz General Groves'un karşısına çıkana ve kendisini tanıyanları şaşırtacak bir intizam ve profesyonellikle onu baştan çıkarana kadar. Yüzyılın projesinin başında artık depresif ve dengesiz bir dâhi vardı.

Bir tarafta basit bir form yüzünden okuldan ayrılmak zorunda kalan fakir bir çocuk, öteki tarafta danışmanını zehirlediği halde cezası bir iki seansla geçiştirilen şımarık bir velet... Bir yanda dekana basit bir isteği kabul ettirmekte zorlanan ve hemen pes edip okulu bırakan bir Langan, öteki tarafta bir generali büyüleyip normalde uygun görülmeyeceği bir mevkiye gelmeyi bilen bir Oppenheimer. Bir köşede üniversitedeki cebir hocası tarafından "Sanırım anlaman gereken bir şey var. Bazı insanlarda matematikçi olmak için gerekli entelektüel kapasite yoktur" diye aşağılanan bir Chris; bir köşede daha dokuz yaşında "Bana

Latince soru sor, sana Antik Yunanca cevap vereyim" diyen, on iki yaşında New York Mineraloji Kulübü'nden konuşma daveti alan bir Robert.

Her ikisi de deha olduğuna göre, bu fark analitik zekâdan değil, psikolog Robert Sternberg'in "pratik zekâ" dediği şeyden kaynaklanıyor aslında. Manhattanlı zengin bir aileden gelen Oppenheimer'ın yetiştiriliş biçimi ona nerede, neyi, nasıl söylemesi gerektiğini öğretmiş. Tıpkı yukarıda bahsettiğimiz üst gelir grubundaki ailelerden gelen öğrenciler gibi o da hem Harvard hem de Cambridge'de kendisini evde hissediyor aslında. Gerekli "kültürel sermaye"ye sahip bir başka deyişle...

Sosyolog Annette Lareau, zengin ailelerin çocuklarıyla aktif bir şekilde ilgilendiklerinin ve onlarla konuşup kişisel gelişimlerinde önemli bir rol oynadıklarının altını çiziyor. Direkt emir vermek yerine çocuklarıyla tartışıp onları adam yerine koyuyorlar. Çocukları okulda başarısız olduğunda öğretmenlerin başına ekşimeyi de ihmal etmiyorlar; beyaz yakalı veli terörü ülkemize özgü bir şey olmak zorunda değil. Fakir velilerin ise ne çocuklarına harcayacak zamanı var ne de okulda onları koruyacak cesaretleri. Zenginler "müştereken yetiştirme"ye (İng. *concerted cultivation*) inanırken fakirler "doğal gelişimin tamamlanması"nı (İng. *accomplishment of natural growth*) tercih edip her şeyi okula bırakıyor. Bu tavır farkı zengin çocuklarının takım çalışması ve doğaçlama gibi ileride çok işe yarayacak özellikleri edinmesini sağlarken fakir ailelerden gelen öğrencilerin daha az talepkâr ve bağımsız olması sonucunu doğuruyor. Birinci gruptakiler kişisel tercihlerinin peşinden gitmeyi bir hak olarak görürken ikinci gruptakiler bir türlü adapte olamadıkları kurumsal yapılarda inisiyatifi alıp kendi yollarını çizemeden kaderin kollarına atılıyorlar. İşler yolunda gitmediğinde şapkadan tavşan çıkarmaları mümkün olmuyor kısaca. Tıpkı bir form ve ders programına yenik düşen dâhimiz Chris gibi.

Hileli bir Oyun

Eğitim sisteminin esas düzenbazlığı, ayrıcalığı yok sayarak yeniden üretmesi. Yani bir yandan durumu iyi ailelerden geldikleri için gerekli kültürel sermayeye sahip çocukların daha rahat ettiği bir ortam yaratırken öte yandan tüm şartlar eşitmiş gibi davranıp bu sermayesizlik yüzünden başarısız olan öğrencilere bunun kendi hataları olduğunu söylemesi. Makbul kültür kodlarını içselleştirmiş "iyi aile çocukları"nın bu hormonlu başarısının objektif süreçlerin haklı bir sonucu gibi gösterilmesi, bir nevi bazılarının 2-0 önde başladığı bir maçı adil görme durumu. Ayrıcalığın bir anda yetenek kisvesine büründüğü bu duruma rıza gösteren dezavantajlı toplumsal gruplar da baştan kaybetmeye mahkûm oldukları bir oyunu kabul ederek kendi ayaklarına sıkıyorlar aslında. "Yırtık ayakkabıyla kilometrelerce uzaktaki köy okuluna gitmek", "cebinde 10 dolarla indiği New York'ta zengin olmak" gibi motiflerin defaatle önümüze çıkarılması; yönetici sınıfların inanç, değer, âdet ve fikirlerinin nasıl bir kültürel hegemonyaya dönüştüğünü çok güzel yansıtıyor esasen. Birinin ezber bozması ve balonları ardı ardına patlatması gerekiyorsa göreve hazırız: Eşit şartlarda rekabet etmiyoruz!

Ancak bu, okulun tamamen elitlerin çıkarlarına hizmet eden bir kurum olduğu anlamına da gelmemeli. Zaten Bourdieu'nün argümanları da çok rijit olduğu ve olayın sadece bir yüzünü aktardığı yönünde eleştirilere maruz kaldı. Oxford Sosyal Hareketlilik Projesi'nin bulguları örgün eğitimin sosyal mobiliteyi artırdığını ve özellikle devlet okullarının öğrencileri kültürel sermaye ile donattıklarını göstereli çok oldu. Zaten çocuklarının geleceğini garantiye almak isteyen fakirler için okuldan başka bir alternatif de var mıydı ki? Kültürel sermaye sadece hiyerarşik bir şekilde yeniden üretilmiyordu kısacası, aynı zamanda geniş kitlelere de yayılıyordu. Oyun hileli olabilirdi ama maç kazanılamaz da değildi. Toplumu oluşturan bireylere manevra alanı bırakmayan ve sürekli kendi kendini

Determinizm: "Coğrafya kaderdir" şeklindeki argüman. Tek bir yapısal faktörün her şeyi belirlediğine inanıp istisnaya yer vermemek.

tahkim* eden mekanik bir sistemden bahseden Bourdieu, determinizmini uzun cümleler ve süslü kelimelerle saklayamamış gibi gözüküyor bu kez.

Kaldı ki kapitalist toplumların işçi sınıflarını işçiliğe mahkûm etmekten kârı olup olmadığı da tartışmalı. Yukarı hareketliliği imkânsız kılan bir sistem, işçi sınıfı katılaştırmak gibi bir risk de taşıyor çünkü. R.W. Connell'e göre devletler tam da bu yüzden proletaryayla burjuvazi arasında bir yaşam formülü arıyor; bu sınıfın kendini tekrar üretmesini bırakın amaçlamayı, bizzat sabote etmek istiyor. Zira sosyal hareketlilikten mahrum bırakılması durumunda emekçilerin patlamaya hazır bir bombaya dönüşmesini Batı yirminci yüzyılın ilk yarısında acı bir şekilde tecrübe etti. Bir taraftan Birinci Dünya Savaşı ve 1917 Ekim Devrimi sonrası yükselen solun yarattığı istikrarsızlaşma, öteki taraftan buna reaksiyoner bir cevap olarak çıkan faşizm ve Nazizmin yarattığı yıkıntı, devletleri sosyal politikalar vasıtasıyla toplumsal mutabakatı sağlamlaştırmaya, yani bir refah toplumu inşa etmeye yöneltecek. Bir başka deyişle toplumsal istikrar hiç de Bourdieu'nün iddia ettiği gibi "İşçisin sen işçi kal" şiarıyla sağlanabilecek bir şey değil. Bir orta yol bulup yeni bir sınıfsal ilişki yaratmak elzem.

Nesiller boyu süren elitlerin hemen yok denecek kadar az olduğu ülkemizde (unutmayın, Türkiye'de adı olan gerçekte yoktur; gerçekte var olan problemler ise hiçbir zaman dile getirilmez!) eğitimin bu dönüştürücü etkisini görmek aslında daha kolay. Özellikle son yirmi yılda her tarafı paralı üniversitelerin sarması genel bir üniversite sınavının hedeflediği eşitliği

* Ar. "hüküm"den, h-k-m: ta*hkim*, güçlendirme, pekiştirme; hakem kelimesi de aynı kökten gelmektedir.

yaralamış olabilir ancak Amerika'nın en parlak üniversitelerindeki gibi binayla soyadlarını paylaşan öğrencilere rastlamıyoruz en azından. Gene ne kadar monşer edebiyatı yapılırsa yapılsın Cumhuriyetimizin herkese az çok eşit şartlarda eğitim verdiğini de bugün kimse reddedemez. Doksanlı yılların ve 2000'lerin başında başörtülülere yapılan açık ayrımcılık ise kültürel sermayenin okullarda yeniden üretilemediğinin bir kanıtı aslında. Eğer Türkiye'de hâkim bir elit kültür olsaydı ve bu, okullarda tekrar üretilebilseydi başörtülülerin okuldan uzaklaştırılmasına da gerek kalmazdı zaten. Unutmayalım, Bourdieu'nün sembolik şiddetinin sembolikliği gizliliğinden geliyor; gene Illich'in *saklı* müfredatındaki italiğe de dikkat etmek gerek.

Neden Argo Kullanırız?

Demek ki alt sınıflar bir yandan daha iyi şartlarda yaşamak için okulların sunduğu eğitimi almak, öte yandan da burada kendilerine enjekte edilen burjuva değerleri yüzünden hayata geriden başladıklarını kabul etmek zorunda. "Okuyup adam olma"nın bir bedeli olacak elbet ama alt sınıfların bu kültürel dominasyonu hiç direniş göstermeden kabul ettiklerini de düşünmeyelim.

Pratikteki eşitsizliği kültürel alanda konsolide etmek için icat edilen makbul konuşma biçimine bir alternatif olarak argo ve lehçede ısrar karşımıza çıkıyor. Mesela Amerika'da siyahilerin kasıtlı olarak "bozuk" bir İngilizce konuşmak suretiyle sisteme pasif bir direniş gösterdiklerini biliyoruz. ABD'nin suç başkenti Baltimore'daki zencilerin yoksulluk, uyuşturucu ve suç arasındaki sıkışmışlığını konu alan *The Wire* dizisinde konuşulan İngilizceyi düşünelim. *I must have gone* yerine *I must have went* gibi kasıtlı ve tutarlı dilbilgisi hatalarının yanı sıra beyazların kullanmayacağı birçok kelimenin tercih edilmesi, sistemin hırpaladığı bu siyahilerin kimliklerinin ısrarla altını çizmesi ve sosyo-ekonomik olarak eşit şartlarda dâhil olamadıkları sistemi protesto edişleri bir bakıma. Gene zencilerin *D'Angelo* gibi isimler ve *Stinkum* gibi lakaplar kullanması da bu beyhude direnişin bir ürünü.

Elimizde daha sistemli tespitler de var. Sosyolengüist William Labov'un 1972 yılındaki bulgularına kadar psikologlar Amerikan okullarındaki siyahilerin dil açısından eksik kaldığını düşünmekteydiler. Özgürlüklerine kavuştuktan sonra bile Jim Crow Yasaları'yla toplumsal ve ekonomik hayata eşit bir şekilde katılmaları engellenen siyahilerin çocukları okula zaten sınırlı bir kelime haznesi ile gelmekteydi ve dilbilgisi kurallarından bihaberlerdi. Bu eksiklikler de onların beyazlara nazaran daha başarısız olmaları sonucunu doğuruyordu. Labov ve meslektaşları ise siyahilerin konuştuğu dilin sofistike olmadığı argümanına karşı çıktılar. Problem, siyahi öğrencilerin beyazların egemenliğindeki bir kurumsal yapı olan okulda gene beyazlar tarafından sorulan sorulara karşı savunmaya geçmeleriydi. Bu yabancı ve tedirgin edici insanların kendileri hakkında bir

Resim 9. Amerika'da köleliğin kaldırılmasının ardından, siyahiler haklarından yararlanmasın diye Güney eyaletlerinin çıkardığı yasalara Jim Crow Yasaları adı verilmektedir. Bu yasalarla zencilerin beyazlarla aynı yerde bulunması, oy kullanması ve devletin sağladığı imkânlardan faydalanması engellenmiştir. 1939 yılında Oklahoma'daki bir tramvay terminalinde çekilen bu resimde, siyahiler ve beyazların sebillerinin bile ayrıldığını görüyoruz.

şeyler öğrenmesini engellemek için cevapları olabildiğince basit tutmaktaydılar; etnosantrik beyaz psikologların gözden kaçırdığı, okulun ırkçı ve mütecaviz bir kurumsal yapı olarak algılandığı gerçeğiydi.

Aynı öğrencilerin evlerine gidildiğinde bambaşka bir tablo ortaya çıkıyordu. Daha tanıdık bir ortamda siyahi öğrenciler bir anda açılıvermişler ve Labov ile takımına değerli doneler sunmuşlardı. Evet; dilbilgisi, sentaks, fonolojik, morfolojik, pragmatik ve semantik açıdan bunların beyazlardan daha farklı konuştuğu doğruydu ancak bu siyahi İngilizcesi (İng. *African American English*, AAE) daha az gelişmiş bir dil formu değildi. Bilakis bu değişiklik siyahi öğrenciler arasında bir kimlik meselesiydi; böyle konuşarak kendi etnik gruplarının sınırlarını çiziyorlardı. Değişik bir konuşma tarzı ile kendileri gibi olmayanları kolayca dışlamaları ve kendilerine özgü bir alt kültür yaratmaları mümkün oluyordu.

Alt grupların bu modifiye dili, dilsel pazarda bir *ayrım* (Fr. *distinction*) stratejisi aslında; hâkim grupları zayıf göstererek kendilerini onlardan farklı kılmanın bir yolu. Ancak bu, kendini avutmaktan başka bir şey değil; zira bu pazarda rekabet etmeyi reddederek sistemden kopmak, itildikleri ikincil pozisyonu içselleştirmek anlamına geliyor. "Siz beni kovmadınız, ben istifa ettim" tarzı bir avuntu "Güç bende" illüzyonu yaratabilir ama sonuç değişmiyor ne yazık ki.

Gene Fransa'da işçi sınıfların ağzı açık bir şekilde gırtlaktan konuşmayı erkeklikle özdeşleştirip makbul ve kapalı bir şekilde ağızdan konuşmayı kadınsı bulup hakir görmesi de buna benzer bir durum aslında. Kullanılan alternatif dilin erilliğinin önemli bir sonucu da hâkim konuşma formunun kadınlar tarafından daha rahat kabul görmesi. Hâkim dil erkekler tarafından kadınsı diye aşağılanıyor olabilir ama kadınların bu eleştiriye katılmalarının pek bir anlamı yok.

Hayat Okulu

Okulda verilen burjuva eğitimine alışamamanın ortaya çıkardığı bu tepki, bu bir nevi "karşı-hejemonik proje", alt sınıfların eğitimin avantajlarından yararlanamaması ve yegâne yükselme şanslarını elleriyle bir kenara itmeleri demek. İngiltere'deki mavi yakalı çocukların neden kendilerini gene mavi yakalı işlere mahkûm ettiklerini sorgulayan Paul Willis'e göre; itaatsizlik, isyan ve muhalefet üzerine kurdukları alt kültürle bu öğrenciler domine pozisyonlarını başka bir şekilde lanse etmeye çalışıyorlar. Bu alt kültürde sigara içmek, seks yapmak kadar bunları *yaparken görünmek* de önemli. Okulun değerlerine açıkça meydan okuma sadece yaramazlık yapma, okulu asma, hocalara eşek şakası yapma, iyi öğrencileri rahatsız etme ve birbirlerini ispiyonlamama ile sınırlı değil. Geldikleri işçi sınıfının değerlerine bağlı kalan bu öğrenciler elle yapılan işlerin kafayla yapılanlardan daha kıymetli olduğuna inanarak okulun kendilerine öğretmeye çalıştığı mesleki hiyerarşiyi de sonuna kadar reddediyor. Aklınıza John Lennon'ın *Working Class Hero*'su geldi hemen değil mi?

Bu bölümde adını ana ana bitiremediğimiz Pierre Bourdieu'ye göre okulun böyle değersizleştirilmesi ve öğrencilerin bu umursamaz ve isyankâr tutumu aslında kendilerine okul tarafından layık görülen geleceği bilinçsizce öngörmeleriyle alakalı. Doksan bin öğrenci üzerinde yapılan bir araştırma, Amerikan okullarında beyazlar başarılı oldukları oranda popüler olurken siyahiler

They hurt you at home and they hit you at school
They hate you if you're clever and they despise a fool
'Til you're so fucking crazy you can't follow their rules
A working class hero is something to be
A working class hero is something to be

John Lennon
Working Class Hero (1970)

ve Hispanikler için popülerlik standardının ortalama notlar almak olduğunu gösteriyor. Alternatif bir sistemin ters yüz edilmiş matematiği, dezavantajın bir tercihmiş gibi lanse edilmesini dikte etmiş olsa gerek bu öğrencilere. Böylece muhtemel bir yenilgiyi kendilerinin tercihi gibi gösterme şansları olacak. Willis'in öğrencilerinin büyük bir kısmı hakikaten de kendi rızalarıyla tesisatçılık, duvarcılık ve makine operatörlüğü gibi işlere kayacak. Ancak yetmişlerin regresyon batağındaki ekonomisinde işsizlikle boğuşmaya başlamaları bir yıldan fazla sürmeyecek ne yazık ki; direniş başarılı olmuş olabilir ama elimizde tipik bir Pirus Zaferi var. Sisteme karşı geleyim derken kendini bir anda makinenin en önemsiz dişlisi olarak bulmak; işte bu kısa isyanın ironik çıktısı.

Pirus Zaferi:
Oldukça pahalıya patlayan, aslında hezimetten farksız olan zafer. Heraclea (MÖ 280) ve Asculum (MÖ 279) muharebelerinde Romalıları mağlup eden ancak verdiği ağır kayıplar sonrası savaşı kaybeden Epir Kralı Pirus'tan esinlenerek yaratılmış bir kavramdır.

Okula karşı gösterilen bu direnişin daha ufak yaşlardan başladığını, Amerika'da siyahi öğrencilerin daha anaokulundaki ilk aylarından itibaren geri düşmeye başlamasından anlıyoruz; siyahlar ve beyazlar arasındaki fark bir noktada dördüncü sınıf ve sekizinci sınıf öğrencileri arasındakiler kadar açılacak. Roland Fryer ve Steven Levitt'e göre bu, okulların kötülüğünden değil; ileride iş hayatında kendilerine karşı ayrımcılık gösterileceğini anlayan öğrencilerin çalışmakta bir mantık görememesinden kaynaklanıyor. Hem habitus hem de ırklarının yaratacağı komplikasyonların daha çok ufak yaştan beri farkında olan öğrencilerin işi salmasına pek de şaşmamalı. Aileleri de kendileriyle aynı fikirde olsa gerek; zira bu araştırmayı yapanlardan biri olan Fryer, üniversiteyi kazandığı zaman babasının kendisine "Ne kadar eğitim aldığın ya da ne kadar başarılı olduğun beni hiç ilgilendirmiyor, çünkü sen hep bir zenci (İng. *nigger*) olarak kalacaksın" dediğini yıllar sonra bile unutamamış.

İşçi sınıfına mensup isyankâr lise öğrencilerinin etkili bir karşı hegemonya geliştirememesinin en önemli nedenlerinden biri kendileri ezilirken başkalarını da ezmeye çalışmaları. İsyanları, toplumsal gruplar arasındaki ilişki dengelerine değil, kendilerini içinde buldukları konuma. Kullandıkları maço ve eril dilden ve ataerkil, cinsiyetçi ve de ırkçı tavırlarından güçlünün güçsüzü ezmesiyle bir problemleri olmadığı belli; krallığı yıkmak değil, kral olmak istiyorlar kısacası. Sistemin özüne ateş etmeyen bu tip direnişlerin müttefik bulması ve alternatif bir dil yaratması pek olası değil.

Fernand Braudel'in yıllar önce de belirttiği gibi, kapitalizmin en büyük numarası kolayca adapte olabilmesi ve sürekli kendini yenileyebilmesi. Bu sinsi sistemin bir başka özelliği de kendisine karşı yönelen tepkileri ustalıkla ehlileştirip zararsız bir alana hapsetmek. Bir örnek vermek gerekirse 1960'ların çiçek çocuklarının farklı yaşam tarzlarının aslında hegemonik söyleme karşı açılmış bir isyan bayrağı olduğu ve İkinci Dünya Savaşı sonrası kapitalist toplumlarının hâkim kültürünü reddederek birlik, beraberlik ve uyum mitini yıkmayı amaçladığını söyleyen Dick Hebdige gibi sosyologlar, ilk başta radikal ve tehlikeli bulunan bu alt kültürlerin zamanla sistem tarafından absorbe edildiğine de dikkat çekmeyi ihmal etmiyorlar. Girişimciler tarafından bir ürüne ve tüketilecek bir stile dönüştürülen bu kültürler tutarlı bir "karşı hegemonya" oluşturma şansını yitirip manasız, pastel ve zamanı gelince de kitsch bir stile dönüşmekte gecikmiyor. Bir isyan hareketi daha radikalliğinden arınıp hadım edilirken geriye kötü hippi filmleri, Che Guevara tişörtleri ve *ciao bella*'larla devrim yaptığını sanan pötiburjuva çocuklar kalıyor.

Pötiburjuva:
Yüksek burjuvayı taklit edip onun ahlakını alan ufak tüccarlar ve varlıklı köylüler. Küçük burjuva (Fr. *petit*: Ufak).

Politik Doğruculuk İfade Özgürlüğünü Kısıtlar mı?

Son yıllarda ülkemize Batı'dan hızlı bir şekilde ithal edilen politik doğruculuk da kelimelerin değer yargılarını şekillendirmesiyle alakalı aslında. Konuşurken kullandığımız "yüklü" (İng. *loaded*) kelimelerin meşrulaştırıcı ya da kınayıcı etkisinden dem vuran Bourdieu, dominant ideolojileri şekillendirmede bunların başat rolüne de dikkat çekiyor. Mesela seksenlerden sonra freni patlamış bir kamyon gibi hayatımıza giren neoliberal değerlerin ekonomik pazarla ilgili kullandığı terimlere bir bakalım: Özgürlük, açıklık, esneklik, dinamizm, büyüme, birey, bireycilik, çeşitlilik, otantiklik, gelecek, demokrasi. Ve bunları neoliberalizmin sürekli alanını kısıtlamaya çalıştığı ve "çözüm değil, sorun" olarak gördüğü devletle ilişkilendirilenlerle karşılaştıralım: Kısıtlama, katılık, arkaik, geçmiş, tekdüze, sabit, kapalı, müşterek, suni, otokratik, totaliter. Binlerce kez duyduğumuz ve zihnimize nakşedilmiş bu anahtar kelimelerin tiranlığı sistemi eleştirmeyi güçleştiriyor.

İşte politik doğruculuk tam da bu tip yanlı bir diskurun seslendiği bilinçaltını prangalarından kurtarmaya çalışıyor. Globalleşen dünyada farklı etnik, coğrafi ve dinî kökenlerden gelen insanların kadın-erkek bir arada çalışmaya ve kamusal alanı kullanmaya mecbur kalması, tarım toplumundan gelen kavram ve değerlerin hızlı bir şekilde sorgulanmasını gerekli kılıyor. Artık herkesin en azından temel haklarda eşit olduğu; bireyler arasındaki hiyerarşik ilişkilerin sabit hukuki güvencelerle değil, pazarlığa açık sosyo-ekonomik farklılıklar ve değişik sermaye türleri ile belirlendiği bir dünyada eskisi gibi konuşamayız. Örneğin Fransızcada "dolandırıcı" anlamına gelen *grec* kelimesi artık kullanılmıyor; gene dilimizde de negatif çağrışımlara sahip etnik ve dinî sıfatların bulunduğunu biliyoruz. "Eril dil" olarak tanımlanan bir konuşma biçimi de kadının erkekten daha aşağı olduğunu ima edebilecek hemen her şeyi içeriyor.

William Ogburn'un "kültürel gecikme" (İng. *cultural lag*) kavramını ilk ortaya atışından bu yana tam yüzyıl geçti belki ama gene de hatırlatmaktan imtina etmeyelim: Kültürel değişimler fiziksel değişimlerin gerisinden gelmeye mahkûmdur. Artan popülaritesine ve özellikle sol cenahtaki kanaat önderlerinin tam desteğine rağmen politik doğruculuk Batı'da bile geniş kitleler tarafından benimsenmiş değil. Stephen Hawkins ve meslektaşlarının 2018 yılında altı odak grubunda sekiz bin kişiyle gerçekleştirdikleri görüşmelerin sonucu, her 5 Amerikalıdan 4'ünün politik doğruculuğun ülke için bir problem olduğunu düşündüğüne işaret ediyor. Gençlerde bile bu oranın yüksek olmasını şaşırtıcı bulursanız (yirmi dört yaş altında %79, yirmi dört-yirmi dokuz yaş arasında %74) bu tip bir dil polisliğinin korumasını beklediğiniz azınlıkların daha da muhalif olduğunu görene kadar bekleyin. Beyazlar arasında %79 olan oran Asyalılarda %82, Hispaniklerde %87 ve Kızılderililerde %88'e çıkıyor; olaya beyazlardan daha sıcak bakan tek azınlık olan siyahilerde bile her 4 kişiden 3'üne gına gelmiş. Siyasi doğruculuğun yarattığı bu yeni dili, mavi yakalılardan çok beyaz yakalıların desteklediğini görüyoruz. Yılda 50.000 dolardan az kazananlarda karşı çıkma oranı %83 iken çıta 100.000'e çıktığında oran %70'e düşüyor. Eğitim de önemli bir faktör; oran üniversiteye hiç gitmemişler arasında %87, master ve doktora eğitimi alanlarda %66. Politik doğruculuğun siyasi bir yanı da var; muhafazakârların neredeyse tamamı (%97) bu akımdan hazzetmezken bu oran liberallerde %61'e geriliyor. Tek bekçisi kendilerini progresif aktivistler olarak adlandıranlar ancak burada bile her üç kişiden biri (%30) karşı görüş bildirmeden duramamış.

Bu oranlara bakanlar politik doğruculuğun da elitlerin dil pazarını manipüle ederek ayrı bir lisan yaratmak yönünde bir girişimi olduğunu düşünebilir. Zaten bu kadar az destek bulan bir şeyin medya ve akademide bir anda hâkim paradigma haline gelmesi de bu dili kullanmayı reddeden alt sınıfların maça geriden başlamayı gene daha baştan kabul ettiklerini gösteriyor. Bu açıdan bakıldığında politik doğruculuğun birbirine zıt iki sonucu bir arada doğurduğunu görüyoruz. Bir yandan dili yüklü kelimelerden arındırıp bilinçaltındaki ayrılıkçı görüşleri temizleyerek kamusal alanı daha eşitlikçi bir yer haline getiriyor. Ancak öteki taraftan da alt sınıflara yabancı gelen yeni bir dili norm haline getirerek bu kültürel sermayeye sahip olmayanların statüye erişme imkânını kısıtlıyor.

Bu iki doğrultudan hangisinin galip geleceğini zaman gösterecek; biz şimdi başka bir soruya odaklanalım: Politik doğruculuk, tartışma alanını ve ifade özgürlüğünü kısıtlayan bir aşırılık mı? Yoksa dili düzenlemek daha eşitlikçi bir kamusal alan ve çalışma ortamı yaratmak için gerekli mi?

Kanımızca politik doğruculukla ilgili ilk problem uçlara çekilince radikal bir hal alması ve ortaya çıkan uzlaşmaz tavrın, direkt çıkarı olduğu durumlarda bile yeniliklere karşı direniş göstermeyi âdet edinmiş geniş kitlelerin tepkisini çekmesi. İnsanlara her gün değişen bu yeni dile adapte olmaları için pek de bir süre tanınmıyor; yukarıdan bakan, küçümseyici ve didaktik tavırların pek alıcı bulamaması normal.

Bu tavır bir süre sonra kendisini imtiyazlı gören avangart bir azınlığın kamusal alan üzerinde Demokles'in kılıcı gibi sallanmasına da yol açabilir. "Doğru konuşmak" hususunda gösterilen aşırı hassasiyet bir süre sonra sorunun samimi bir şekilde konuşulmasını engelleyen bir otosansür mekanizmasına dönüşebilir. Jordan Peterson'ın yaptığı gibi Mao'dan söz etmek adaletsiz olur belki ama tarih bize yasakların çoğu zaman değişimin lehine kullanılmadığını ve ilk başta hangi saiklerle konurlarsa konsunlar bir süre sonra özgür bir tartışma ortamını ortadan kaldırıp müesses nizamı tahkim etmeye yaradıklarını gösteriyor. Kısacası altta yatan faktörler değil de kelimelerin kendisine odaklanmak "-mış gibi yapmak" anlamına geldiğinde, etrafta korkudan buna itiraz edecek kimse kalmamış olabilir.

Sadece kullanılacak kelimelerin değiştirilmesi, problemin çözüldüğü yanılsamasını da yaratabilir. Bilim adamı yerine bilim insanı demenin kimseye bir zararı yok ancak bu, kadınların akademide eşit şartlarda mücadele ettiği anlamına gelmiyor. Amerika'daki son ırkçılık karşıtı gösteriler de ortada pejoratif kelimelerin dilden çıkarılmasıyla çözülemeyecek daha derin sorunlar olduğunu gösteriyor. Politik doğruculuğun sorunları gidermekte ilk adım olmaktan çok son kerte olabileceği ihtimalini gözden kaçırmamak lazım. Unutmayalım, sevimli olan etkili olmak zorunda değil.

Bu yeni dili kimin belirleyeceği de muamma. İşin sonunda kendine öz hassasiyetler yaratmış ufak grupların ortaya çıkması olası. Böyle kaotik bir durum tüm toplumun üzerinde uzlaşması gereken sorunların konuşulamamasına yol açabilir. Her grubun kendi makbul kelimeleri etrafında oluşan bir hassasiyetler manzumesi yaratması, ortak bir tartışma alanı kalmaması ve uzlaşma şansının ortadan kaybolması demek olabilir. Türkiye'de sık görülen "problemi tartışmak yerine halının altına süpürme" metodunun bir kez daha hayata geçtiğini görebiliriz. Ayrıca bazen de bu grupların kırmızı çizgilerinin ve makbul kelimelerinin sadece kendilerini ilgilendirmediğini görüyoruz. Son güncellemeden bihaber olduğundan "yanlış" kelimeler kullanan pek çok kişi bir anda kendisini sosyal medya mecralarında linç edilirken buluyorsa bunun nedeni biraz da bu birbirine paralel lengüistik evrenler.

Fakat tüm bunlar kelimelerin incitici olabileceğini ve bazı önyargıları beslediği gerçeğini değiştirmiyor. Psikolojiden ya da reklamcılıktan anlayan herkes insanların düşüncelerinin nasıl bilinçaltı faktörler tarafından etkilendiğini biliyor. Dolayısıyla bir orta yol bulmak zorundayız ancak yapıcı bir stratejiyle. Yani otonom gruplar yaratıp dışlayıcı bir dil oluşturmaksızın ve her gün evrilen bir dile insanların uyum sağlamasının zaman alacağını kabul ederek. Bunun nasıl yapılacağını söylemek zor; şimdilik bağcıyı dövmektense üzüm yemeyi amaçlamamız gerektiğini belirtelim. Diyalog kanalları açık olduğu sürece, fiziksel ve sosyal şartlardaki değişimlerin şu hep geride kalmaya çok meraklı kültürel transformasyonlara dönüşmesinin mümkün olacağı kanaatindeyiz. Unutmayalım, eğer güç kullanma şansına sahip değilseniz insanları ikna etmenin tek yolu onlarla konuşmak. Tabii amacınız "karşı" mahalleye konuşmaksa. Eğer değilse Frenklerin deyimiyle koroya vaaz verirken vasatlık şöminesinin konforunun tadını çıkarın. Bizim lafımız cefakâr misyonerlere, statükocu vaizlere değil!

Jordan Peterson'ın Cathy Newman röportajında da söylediği gibi orijinal fikirler ortaya atmak için bazen insanları kırmayı ve gücendirmeyi de göze almak gerekiyor hiç şüphesiz. İnsanlar rahatsız olmasın ya da toplumsal ahenk bozulmasın diye insanların saçma da olsa görüşlerini yansıtmasına, yeni fikirlerle flört etmesine, kısacası deneyip yanılmasına izin vermezsek seküler bir ahlakı dinin yerine koymuş ve modern bir Engizisyon gibi hareket etmiş olmaz mıyız? Bu konuyu Birinci Bölüm'de incelediğimize göre, bir soruyla kapatalım: Dünya'nın evrenin merkezinde olmadığını söyleyen Galilei ve Bruno, kadın haklarını savunan ilk feministler, Tanrı'nın bir yaratıcı değil, evrenin doğal ve fiziki yasalarının bütünü olduğunu iddia eden Baruch Spinoza, aklın vahiyden üstün olduğunu söyleyen İbn Rüşd ve daha nice filozof, aktivist ve bilim adamının sesleri hep aynı gerekçeyle, düzen ve ahenk adına susturulmaya çalışılmamış mıydı?

Newman'ın Peterson'ın laflarını çarpıtmak için çok uğraştığı ve tepki çeken röportaj.

III

NEDEN DEDİKODU YAPARIZ?

"Asla antropolog olamayacaksın; çünkü dedikodudan hoşlanmıyorsun, diğer insanların hayatlarındaki detaylarla pek de ilgili sayılmazsın."

Margaret Mead girişte alıntılanan cümleyi kurduğunda kızı Mary Catherine Bateson henüz bir çocuktu. Suçu Dickens ve Scott romanları ile ilgili sorulara cevap verememek ve ondokuzuncu yüzyıl roman karakterlerinin hayatlarını tüm detaylarıyla bilen annesini hayal kırıklığına uğratmaktı. Gerçi hangi anne ile kız arasında buna benzer bir diyalog yaşanmamıştır ki? Keskin zekâsını, sıradışı teorilerini ve geniş entelektüel dünyasını kızına da aktarmak isteyen Mead gerçekten yakınmış ve üzülmüş müydü; yoksa aslında kızını manipüle ederek istediği kıvama gelmesine ortam mı yaratmıştı? Bilemiyoruz, zaten bizi de ilgilendirmiyor. İkinci seçenek doğruysa başarılı olmuşa benziyor; zira Mary Catherine de anne ve babası gibi ünlü bir antropolog olup hakkındaki bu pesimist tespiti boşa çıkaracak. Daha da önemlisi, yıllar sonra yazdığı otobiyografisinde belki de bu içine oturan cümleye yer vermekten ve annesinin "merak"ını övmekten kendini alamayacak.

Hiç kimse kabul etmek istemese de dedikodu hayatımızın önemli bir parçası. Hemen hepimiz etrafımızda ne olup bittiğini, çevremizdeki insanların neler yaptıklarını merak ediyor; daha sonra da bunun üzerine yorum yapmak için yanıp tutuşuyoruz. Birçoğumuz dediklerimizin doğru olduğunu ve bu yüzden dedikodu kapsamına girmediğini, diğerlerimiz amacımızın insanları karalamak değil tahlil etmek olduğunu ve gene bazılarımız da arkasından konuştuğumuz kişilerin suratına da aynı görüşleri tekrarlayabileceğimizi iddia ederek ahlaki yükümlülükten kurtulmaya çalışacak ama herkesin farkında olduğu bir gerçek var: Dedikodu yapmadan duramadığımız. ABD'de yapılan bir çalışma insanların günde elli iki dakikalarını dedikoduya ayırdıklarını göstermiş. Bu rakamın ülkemizde daha yüksek çıkacağını, her iki ülkede de yaşamış biri olarak ancak bir tahmin olarak sunabilirim; zira elimde Türkiye ile ilgili bir çalışma yok.

Peki, neden? Niçin tanıdığımız ve hatta tanımadığımız insanların arkasından yorum yapmak ihtiyacı hissediyor ve hatta bundan haz alıyoruz? Dedikoducu çaktırmadan kendi çıkarını empoze eden sinsi bir propagandacı mı? Yoksa dedikodu, cemiyeti ahenk içinde bir arada tutan bir kaynaştırıcı mı? Dedikodunun kapsamına ne girer? Dedikodu yaparken hangi kurallara uymalıyız? Kim daha çok dedikodu yapar? Kadınlar mı, erkekler mi? Fakirler mi, zenginler mi? İşte bu bölümde cevabını arayacağımız sorular.

Dedikodu Deyince Tam Olarak Ne Anlamalıyız?

Öncelikle dedikodunun bir tanımını yapıp belirli özelliklerini sıralayalım. İlk olarak, dedikodu olabilmesi için konuşulan kişinin orada olmaması lazım. Ancak bu, tek başına yeterli değil. Her arkadan konuşmanın illa negatif olmadığını da ekleyelim. Amerika'da 467 deneğin konuşmalarının iki üç gün boyunca, her 9.5-12 dakikada bir 30-50 saniyesinin elektronik olarak kayıt altına alındığı bir çalışmada, Megan L. Robbins ve Alexander Karan başkası hakkında yapılan konuşmaların dörtte üçünün nötr olduğunu saptamış. Ve sadece %15'i olumsuz. Yani "Kimse başkalarının gizli erdemleriyle ilgili dedikodu yapmaz" diyen Bertrand Russell o kadar da haklı değil. Tabii bu, Amerikan toplumu; benzer bir durumda tablo Türkiye'de nasıl olur şu anda bilemiyoruz.

Batı ile toplumumuzun dedikoduya bakışındaki temel bir fark da ortaya çıkmış oldu böylece. Biz dedikoduyu negatif bir şey olarak algılıyoruz otomatikman. Bu bölümde dedikodu ifadesi tüm arkadan konuşmalar için kullanıldı; zira üzerine yaslandığımız literatür şemayı böyle kurmuş. Negatif dedikoduyu ise "çekiştirme" olarak adlandırdık.

Bir ikinci şart da dedikodunun gizli bir şekilde yapılması. Tam da bu "yok"luktan dolayı insanlar başkaları hakkındaki görüşlerini daha rahat bir şekilde dile getirebiliyor. Ancak gene de dediklerini karşısındakiyle arasındaki ilişkiye göre ayarlamak zorunda olduğu gerçeğini de gözden kaçırmayalım. Araştırmalar yalan bilgi yaymanın pek de kolay olmadığına işaret ediyor; zira her ne kadar bahsettiği kişinin kendisine bir karşılık vermesinden endişelenmese de dedikoducu kendi inanılırlığını zedelememek zorunda. Dinleyici nezdindeki güvenilirliğini korumalı ki dedikodu kariyerine devam edebilsin.

Belki de belirtilmesi gereken en önemli nokta, dedikodunun sadece bir bilgi aktarımı olmadığı. Bilginin yanı sıra kişisel bir yorum da içermeli. Hangi yorumun dedikodu olduğunu belirleyen şey ise bağlam. "Dün Ahmet ile Ayşe'yi gördüm" cümlesini düşünün. Bu ikisinin karı-koca ya da kardeş olmaları durumunda ortada masum bir cümle var. Ancak iki eski sevgili ya da daha önce flört etmiş iki arkadaş iseler işin rengi başka. Ya da Ahmet'in, Ayşe'nin kavgalı olduğu Fatma'nın yeni ayrıldığı sevgilisi olduğunu düşünün. İşler karıştıkça dedikodunun müşterisinin arttığını göreceksiniz. Ancak bu kadar magazinsel ilişkilerin olmadığı durumlarda bile dedikodu yapanların kendi aralarında oluşturdukları dil ve paylaştıkları ahlak anlayışı bu basit cümlenin birçok mana içermesi anlamına gelebilir.

Antropolog ve sosyologlarca dedikodunun amaçsız (İng. *idle*) olduğunun ısrarla altının çizilmesi de bundan. Konuşmanın geneli dışında bir şey söylemiyormuş gibi görünmeniz dedikoduyu gizlemekte önemli bir faktör aslında. Mesela işe aldığınız birinin özelliklerini bir toplantıda rahat bir şekilde dile getirebilirsiniz; bu, dedikodu olmaz. Ancak işe girenin siyasi görüşünden bahsederseniz işler değişir. Böyle bir şey yaptığınız açığa çıktığında kendinizi nasıl savunurdunuz? Adayımız işyerindeki genel "ahenk"i bozacak kadar farklı bir görüşe sahip değilse geriye tek bir ihtimal kalıyor. O cümlenin kurulduğu anda lafın oraya geldiği. Herhangi başka bir amaç gütmeden, istemsizce verilmiş bir bilgiden daha masum bir şey olabilir mi ama?

Sürüden Ayrılanı Kurt mu Kapar?
Değer Yargılarını Empoze Etmek

İnsanların neden dedikodu yapmadan duramadıklarına ilk kafayı yoran antropologlar olmuş. Değişik kültürlerin bu inatçı dedektifleri birileri hakkında konuşmanın fonksiyonu üzerine tahlil yaparken ikiye ayrılıyorlar. Birinci grupta dedikodunun bir grup için ne ifade ettiğini açıklamaya çalışanlar var. 1940'ların başında Makah Kızılderililerini gözlemleyen Elizabeth Colson'a göre, dedikodunun amacı, bunlardan sapanları eleştirerek ve ayıplayarak üzerinde uzlaşılmış değer yargılarını sağlamlaştırmak. Nasıl "hafifmeşrep" davranan bir kadını eleştirirken aslında amaç namus kavramını tahkim etmekse ya da nasıl ideolojik grupların "satılmış" ya da "dönek" gibi kötülemeleri aslında grubun diğer üyelerinin ortodoks görüşlere sadık kalması için verilen bir gözdağıysa burada da dedikodu ve yaftalama, normun ne olduğunu grup üyelerine bildirmeye yarıyor aslında.

Son örneklerden de anlaşılabileceği gibi, dedikodunun ahlak kurallarının tanımında ve eğer tanımlılarsa pratiğe nasıl döküleceğinde oynadığı rolü görmek için seksen yıl öncesinin Kızılderililerine bakmaya gerek yok. Kendi hayatımızdan da örnekler bulabiliriz. İlk olarak kuralları tanımlamaya bakalım. Temel ahlaki kurallar üzerinde genel bir uzlaşma olduğunu varsayabilirsiniz ancak bu her zaman doğru değil. Değişen şartlar bu tanımlara tekrar göz atmak durumunda bırakabilir bizi. Örneğin kadınların davranışları hakkında yüzlerce ve belki binlerce yıldır yürürlükte olan toplumsal müzakere, son yüzyılda evden çıkmaları ve işgücüne katılmalarıyla derinden sarsıldı. Şu anda bu alanda büyük bir kakofoni ve sert bir mücadele var. Sokakta sakız çiğnemeleri ya da sigara içmelerinin ve hatta yüksek sesle gülmelerinin bile ayıp sayıldığı ortamlar hâlâ olsa da birçok yerde kadınlar artık daha rahat davranabiliyor. Bu yeni duruma muhalif olanlar toplumun empoze ettiği ideal kadından uzaklaştıklarının altını çizen hikâyeleri dönüşüme sokarak modern kadınların ahlakını tartışmaya açmayı yeğliyorlar.

Toplumun nezdinde "özgür kadın"dan "hafif kadın"a giden bu köhne yol çok kısa bir patika aslında ama biz işin burasıyla ilgilenmiyoruz. Kadınları örnek olarak seçmemizin nedeni ülkemizdeki en sık ve en boş ahlaki tartışmaların onlar üzerinden yapılıyor olması. Burada altını çizmeye çalıştığımız esas şey tartışmaya açılan toplumsal değerlerin dedikodu yoluyla düzenlenmesi. Kuralların tanımı şayia aracılığıyla yapılmaya çalışılıyor. Dedikodu yoluyla gerçekleşen bu baskı sürecine bazen modern kadınların da katıldığını üzülerek gördüğümüz zaman aklımıza Konfüçyüsçülükten Hıristiyanlığa hemen bütün ahlak sistemlerinde karşımıza çıkan o "Altın Kural" geliyor: "Sana yapılmasını istemediğin şeyi başkasına yapma."

Digression'da bir dünya markası olduğumuzu kanıtladıktan sonra ve gene cümle aralarında yargı dağıtmayı ihmal etmediğimize göre kaldığımız yerden devam edebiliriz. Dedikodunun değişen şartlara göre kuralların yeniden tanımında nasıl bir rol oynadığına değindik. Gelin şimdi de tanım üzerinde uzlaşma olsa bile teorik kuralın pratiğe nasıl döküldüğünü tetkik edelim. Zira nasıl hukuk sadece kanunları hatmetmek değilse, ahlak da sadece kuralları ezbere bilmek anlamına gelmiyor. Uygulamada birçok gri alan çıkacak karşımıza ve bu alanlarda toplumsal üyeler arasında "makul"u belirlemek için sıkı bir pazarlık başlayacak.

Gelin bir örnek verelim. Daha önce gençlerin oturduğu bir apartmanda ikamet ettiğinizi ve evinizde dinlediğiniz müziğin zaten kendileri de iki haftada bir ev partisi veren komşularınızı rahatsız etmediğini farz edelim. Taşındınız ve daha sakin bir yaşam sürmeye alışmış bazı yaşlı komşularınız bir anda size pek de yüksek gelmeyen müziğin sesinden rahatsız olmaya başladı. Kapınızda sürekli polis ya da zabıta bittiğini ancak bunların da müziğin desibelini kanunun izin verdiği ölçüde bulduğunu farz edelim. Hikâyemiz çeşitli varyasyonlarla devam edebilir, mahzuru yok. Müziğin sesi aslında çok yüksek olabilir ancak kapıyı açarken kıstığınız için ölçüm düşük çıkmıştır. Ve gene siz bu durumun farkında olabilir ya da olmayabilirsiniz. Bunların argümanımız için hiçbir ehemmiyeti yok, önemli olan son koşulumuzu hatırlamak: Haklı ya da haksız, her halükârda pozisyonunuzdan taviz vermek istemiyorsunuz. İş inada bindi, ön lob otomatik pilotta, hakkaniyet sizlere ömür.

Neden? Çünkü kendinizi haklı hissediyorsunuz. Düne kadar problem olmayan bugün sıkıntı yaratıyor. Peki, ne yapacaksınız? Birinci olasılık umursamamak ama bu, apartmandaki komşuluk ağlarından dışlanmak, yani cemiyetten şutlanmak demek. Eğer gözünüz kesmiyorsa bu gri alandaki kabul edilebilir davranışı belirlemek için yapılan güç mücadelesine iştirak etmek zorundasınız. Rahatsız olan yaşlı komşularınız, sizin yaşam tarzınızı eleştiren ve büyüklerinize saygısızlığınızdan dem vuran hikâyeleri dolaşıma sokarak davranışınızın kabul edilemez olduğunun altını çizecek. Ve muhtemelen kendileriyle aynı önceliklere sahip komşulardan da destek görecek. Siz de kendi versiyonunuzu geliştirmelisiniz. Komşunuz eski kafalı, fazla hassas ve hatta biraz da baskıcı. Üstelik kapıya kadar polis çağırmak komşuluk adabına sığar mı? Hem bizzat kanun bu yükseklikte müzik dinlemeye izin vermiyor mu? Artık hem hukuka hem de edebe referans verdiğinize göre, komşular arasındaki güç ilişkilerini de göz önüne alarak kendinize müttefikler bulmak ve bir kamuoyu oluşturmak kalıyor geriye. Biraz siyasete benzedi değil mi? Doğru, karşımızda apartman çapında da olsa bir nevi lobi ve yasama faaliyeti var. Sonuçta kazanan tarafın versiyonu kural haline gelecek ve kaybeden taraf ya gruptan dışlanmayı ya da detayları netleştirilmiş bir kurala riayet etmeyi göze alacak.

İşlerin ters gitmemesi ve yukarıdaki gibi bir güç mücadelesinde biraz da utanç dolu bir yenilgi almamak ya da kontrpiyede kalmamak için de dedikodu yapmak gerekebilir. Başkası hakkında konuşurken öne sürdüğünüz ahlaki yargının kabul görüp görmediğini gözlemleyerek belirli bir kişinin ya da cemiyetin değer yargılarını anlayabilirsiniz. Örneğin bir lise öğrencisi "Babası, Zeynep'in arkadaşlarıyla tatile çıkmasına izin vermiyor" diyerek kendi babasının böyle bir durumda nasıl tepki vereceğini önceden tahmin edebilir. Baktınız olmuyor, bir de şansınızı annenizle deneyebilirsiniz. Buradan çıkacak sonuç, aile ortamındaki beklentiyi yansıtacaktır. Aileden daha geniş bir grubu göz önüne almak gerekirse, Mustafa'nın yakın zamanda işten çıkarılmış arkadaşlarından birine 20 bin lira borç vermediğinin dedikodusunu yapıp arkadaş grubunuzdaki insanların tepkilerinden benzer bir durumda onların sizden ne beklediğini anlayabilirsiniz. Böylece siz de onlardan ne bekleyebileceğinizi anlamış olursunuz. Burada sorun sadece borç verilip verilmeyeceği değil; hangi şartlarda, hangi arkadaşlara, ne miktarda borç verileceği. Dedikodu, grup üyelerinin bu çetrefilli sorulara cevap verdiği bir anket niteliği taşıyarak sizi ileride benzer bir durumda hata yapmaktan alıkoyacaktır. Böyle bir sondaj, şüphesiz borç isteyip de reddedilmekten ya da vermek istemediğiniz bir borcu aslında olmayan bir dayanışma hissinden dolayı vermek zorunda kalmaktan evla olsa gerek.

Ahenkperestler* Göreve: Cemaatin Uyumunu Sağlamlaştırmak

Gelin Colson'ın değerlendirmelerine biraz daha yakından bakarak devam edelim ki dedikodunun ahlaki kuralları tahkim etmesinin arkasındaki mekanizmayı daha berrak bir şekilde görme şansımız olsun.

Amerikan hükümeti ile özel bir anlaşma yaparak rezervasyonlarına çekilen Makah yerlileri, modernite ile tanışan tüm ilkel kabileler gibi özünü yitirmek tehlikesiyle karşı karşıya. Okulda ve işyerinde tanıştıkları ve grup dışı evliliklerle gittikçe daha fazla benimsemeye başladıkları Batı kültürü içinde eriyip gitme ihtimali karşısında endişeliler. Ama bu, sadece kültürel bir muhafazakârlıktan kaynaklanmıyor. Hükümet ile yaptıkları anlaşmanın Makah kimliğine sahip olanlara getirdiği bazı ekonomik avantajlar da var. Modern devletin vatandaşlarını ehlileştirirken hep kuvvete değil, bazen de rüşvete başvurduğunu bir kez daha hatırlayalım.

Kızılderili Rezervasyonu: Amerikan hükümetinin yaşam alanlarını gasbettiği yerlilere tahsis ettiği geniş topraklar. Buradaki yasalar diğer eyaletlerinkinden farklı olabilmektedir; tam da bu yüzden birçok Kızılderili kabilesi kumarhane işletmeciliği yapmaktadır.

Tam da hükümetin sağladığı bu ekonomik ayrıcalıklar yüzünden hem kendi kimliklerini koruma hem de bu kimliğe sahip olanları belirli bir sayıda tutmak durumundalar. Dedikodu işte tam da bu noktada, pastadan pay alacakları belirlemede devreye giriyor. Colson'a göre, yerlilerimiz sürekli birbirlerini ayıplayarak grup bilincini oluşturan değerleri sağlamlaştırıyor. Bu değerlere sahip olmayanların yerilmesi sonucu, tam da modernitenin herkesi birbirine benzetmeye başladığı bir dönemde diğer Kızılderililerden ve Amerikalılardan ayrıksı bir Makah kimliği de korunmuş oluyor. Bunu Amerika'daki Ermeni diasporasının

* Far. *perestiden*: tapmak; ahenge tapan. Putperest: puta tapan. Zanpara: zenperest, yani kadına tapan. Kulamparacı: Far. *gulam*: oğlan; *gulamperest*: oğlana tapan.

Ermeni Meselesi'ne belki de Ermenistan'daki soydaşlarından bile fazla önem vermesine benzetebiliriz; zira ancak böyle ortak bir ülkü ve bunun getirdiği dışlayıcı dil sayesinde diğer Amerikalılardan ayrışmayı başarıyorlar.

Colson'ın gözlemlerini daha sistematik bir şekilde inceleyen ve geliştiren Max Gluckman'a göre, dedikodu sadece bir grubu diğerlerinden ayrıksı kılmakla kalmıyor. Onu daha sıkı bir arada tutmak adına üstlendiği başka fonksiyonlar da var. Bunlardan biri, grup içerisindeki sıkıntıları dışarı renk vermeden gidermek. Başka bir ifadeyle, grup üyeleri arasındaki rekabet ve anlaşmazlıkları açık çatışmalara dönüşmeden ima ve dokundurma gibi örtülü ve daha münasip yollarla çözmek. Grubun ortak hedef ve değerler etrafında ayakta kalması ancak böyle ikiyüzlü bir "ahenk ve dostluk" imajı sayesinde mümkün olabiliyor zira.

Henri Alexandre Junod ve Meyer Fortes gibi antropologların çalışmalarının da gösterdiği gibi, grupta herkesin dostluk içinde olması, kurban kesme başta belirli ritüellerin işe yaraması için ön koşul olarak kabul ediliyor. Yani grup içinde anlaşmazlık olması durumunda işlerin yolunda gitmeyeceği inancı birçok toplumda yerleşmiş görünüyor. Kitleler için sloganlaştırırsak: Münafıklığın âlemi yok!

Dedikodu grup üyeleri arasındaki eşitliği sağlamak için de kullanılıyor. Üyeleri arasında oturmuş sınıf farklarının olmadığı bu tip basit toplumlarda, statü ve ayrıcalık aslında bir tek potlaç gibi âdetler sayesinde edinilebiliyor [bkz. Beşinci Bölüm]. Ziyafet ve hediye vermek suretiyle, yani cömertlikle gösterebiliyorsunuz üstün konumunuzu başka bir deyişle. Ancak modern hayatın getirdiği ekonomik olanaklar bu cömertlik şovlarını herkes için mümkün kılınca bu sistem işlemez hale gelecek. Colson'ın araştırmasını yaptığı yirminci yüzyıl ortalarına geldiğimizde sanayileşmenin imkânlarıyla zenginleşen sıradan bir Makah da potlaç ziyafeti verebilir. Herkesin elini cebine atabildiği bir yerde ısmarlamanın pek de bir havası yok kısacası. Buna statü gözetilmeden yapılan evlilikler de eklenince geçmişe bakarak statü belirlemek zorlaşacak. Kabile reisinin kızının sıradan biriyle evlendiği bir yerde, kimin elit kimin avam olduğu belirsiz hale gelecek.

Daha önce mümkün olmayan bir toplumsal geçişlilik var karşımızda yani. Kimin üst sınıfı oluşturduğu sorusunun kesin bir cevabının olmadığı bir ortamda dedikodu çok önemli bir rol oynayacak. Elitliğin ne olduğu sorusuna herkes kendi işine gelen bir standartla cevap vererek sıfırdan başlayan bu statü yarışında ailesinin toplumsal konumunu yükseltmeye çalışacak. Birkaç dakikalığına kendinizi onların yerine koyun, ne yapardınız? Söyleyelim. Reis soyundan geliyorsanız kabile reisliğinin atadan geçtiğinin altını çizin. Eğer normal bir Kızılderili iseniz bu tanım işinize gelmiyor demektir, o zaman da argümanınız hazır: İlk kabile reisinin köle bir kadından geldiğini ve dolayısıyla reis torunlarının bilakis düşük bir toplumsal tabakaya ait olduğunu savunun. Eğer atalarınızın arasında şifacı ya da balina avcısı varsa ("doktor ya da mühendis" olacak değil ya) hemen statüyü bu mesleklerle ilişkilendiren hikâyeler yayın. Zenginseniz statünün cömertlikten geldiğini iddia edin ve halka zengin bir sofra kurun ki ekonomik sermayeniz toplumsal sermayeye dönüşsün. Eğer o kadar paranız yoksa bu ziyafeti verenleri sonradan görmelikle suçlayın. Gerçek elitin toplumsal konumu herkes tarafından zaten bilindiğine göre, ziyafetle ispatlanmaya çalışılması aslında o statünün olmadığına işaret sayılmalı ama değil mi? Güzel bir argüman fakat kimileri de sizin hakkınızda cimri dedikodusu çıkartabilir. Birinin statü hevesini bu yöntemlerden hiçbiriyle kıramazsanız da son bir silahınız var: Büyücülük suçlaması; zira bu, alt sınıflarla özdeşleştirilen bir faaliyet. Tüm bunları aklınızda tuttuysanız Kızılderili rezervasyonu sizi bekliyor, artık gıybet kazanını büyük bir keyifle fokurdatabilirsiniz.

Görüldüğü gibi, dedikoduyu sadece diğerlerine karşı avantaj elde etmek için kullanmadınız. Esas amaç başka birinin sizden daha üstün bir konuma gelmesini engellemek. Dedikodu ile sağlanan bu katı eşitlik anlayışının Makahlar için ne kadar önemli olduğunu, balık avlama hakkı için Washington eyaletine açtıkları bir davada görüyoruz. Davayı kazanmak için balık avlanacak nehirde aralarından bir ailenin mevrus* hakları olduğunu iddia etmeleri gerekince enteresan bir şekilde bunu yapmaktan kaçınacaklar. Yani aralarındaki eşitliği bozup toplumsal ahengi zedelemektense davayı kaybetmeyi yeğleyecekler.

Aslında benzer bir ahenkperestliği Türk toplumunda görmek de mümkün; zaten dedikodu da toplumsal hayatımızda hâlâ çok önemli bir yer tutuyor bundan dolayı. Tırmanmaya takatimizin olmadığı yerde başkalarının paçasından çektiğimiz birçok örnek bulmak mümkün ama hemen aklımıza gelen bir tanesi oldukça ilginç. 1990'lı yıllarda devletin İngiltere'ye gönderdiği doktora öğrencileri iki tip burs almaktadır. Burslardan biri ötekisine göre çok daha fazla olduğu için bir kısım öğrenci eğitim hayatını iyi şartlarda sürdürürken diğerleri zorluk içinde kalmışlardır. Haliyle bakanlığa başvurup bu hatanın düzeltilmesini isterler. Ancak sıkı durun. İstedikleri kendi burslarının artırılması değil, diğerlerinin burslarının da kendi seviyelerine çekilmesidir. Burada hemen bir kindarlık ya da işgüzarlık aramayın. Muhtemelen para isteseler alacakları cevabı çok iyi bildiklerinden en azından diğer öğrencilerin avantajlarını ortadan kaldırmayı ve belki de kendilerine nispet yapılmasını engellemeyi amaçlamış olsalar gerek. Eşitlik ve ahenk tekrardan tesis edildiğine göre, artık hep beraber kuru fasulyeye kaşık sallayabilirler. Bollukta değil, yoklukta eşitlenmek Türk toplumunun vazgeçemediği prensiplerinin başında geliyor hepinizin bildiği gibi.

Dedikodunun Kuralları

İşte tam da bu nifak alerjisi ya da ahenkperestlik dedikodunun belirli kurallara sahip olması sonucunu doğuruyor. Zira her ne kadar bazıları tarafından zaman kaybı ve boş konuşma olarak

* Ar. "vâris"ten, v-r-s: me*vrus*, vârisi olunan.

Avrupa'nın göbeğindeki çağdışı kan davalarını konu alan bir şarkı: *Disamistade* – Fabrizio de André

addedilse de adam çekiştirmenin önemli bir toplumsal işlevi var. Bakalım bu kurallar neymiş? İlk olarak, dedikoduya herkes katılamaz, sadece grup üyeleri iştirak edebilir. Kelimenin İngilizcesinin etimolojik kökeninin akrabalık ve arkadaşlık ilişkisine işaret etmesi de bu yüzden. Orijinal anlamı birinin çocuğuna vaftiz babalık/annelik yapan kişi olan *gossip* kelimesi* ondördüncü yüzyılda "arkadaş, dost, komşu" manasını kazanmış ve ancak ondokuzuncu yüzyılda bugünkü hüviyetine bürünmüş. Yabancıların dedikodudan dışlanması karşısında en büyük sıkıntıyı çekenler de antropologlar. Aralarında yaşadıkları insanlardan bilgi almak için onların güvenlerini kazanmak ve dedikodu halkasına girmek zorundalar ancak bu, öyle pek kolay bir iş değil. Maria Pitzalis Acciaro'nun Sardinya dağlarındaki Mamoiada köyünde yaşadıkları buna güzel bir örnek. Antropoloğumuz 1970'lerde otuz kişinin ölümüne yol açarak ortalığı kasıp kavuran kan davası (Sar. *disamistade*) hakkında soru sorduğunda adalılar ölümlerin tesadüf olduğunu ve dış mihrakların köyü karıştırmak istediğini söyleyerek bir yabancıya sırlarını açmak istemediklerini gösterecekler. Yıllar sonra aynı köylülere daha basit sorular soran Chris Wickham da benzer bir inkâr duvarına çarpacak. Aradan onca zaman geçtikten sonra da suskunluklarını koruduklarına göre, olay sadece cinayetleri örtbas etmek olmasa gerek; köylüler dışarıdan gelenlerin işlerine burnunu sokmasından rahatsız. Mafya filmlerinden aşina olduğumuz *Omertà* sadece Güney İtalya ile sınırlı değil kısacası.

Gluckman'ın ortaya koyduğu ikinci kurala göre, birini ayıplamak ancak bir grup birliğine yönelik ise hoş görülür bir faaliyet. Burada hakaret ile dedikoduyu birbirinden ayırmak şart.

* İng. *God*: Tanrı + *sibb*: akraba.

Dedikodu, çatışmaları ima ve dokundurma gibi saklı biçimlerde çözmeye çalışıyor. Birinin ayıbını suratına vurmak ise grup içinde tartışma ve uyumsuzluk yaratma potansiyeline sahip. İşte tam da bu yüzden ya insanların "arka"sından konuşmak ya da bir yanlışı karşımızdakinin yüzüne söylüyorsak bunu dikkatli bir şekilde yapmak zorundayız. Ayıplamayı maharetle yapmayan ve karşısındakine hakaret eder konuma düşen birinin bir anda başkalarının hedefine dönüşmesi, yani avcı iken av olması an meselesi. Neden? Çünkü açık bir zıtlaşma yaratarak grubun ahengini bozdu. Bu riski almamak için yaymaya çalıştığınız dedikoduyu ilk önce birkaç kişiyle paylaşmakta yarar var ki onların tepkilerinden söyleyeceklerinizin grupta ahenk mi, çatışma mı yaratacağını tahmin edebilin. Ve dolayısıyla görebileceğiniz tepkiyi de ölçebilin. Bu ufak odak grubunda onay aldıktan sonra artık zehri damardan verebilirsiniz; attığınız okun size geri dönme ihtimali oldukça azaldı.

Kısacası neyi, nerede, nasıl diyeceğini bilme maharetini göstermek çok önemli. Bunun için de grubun değerlerine hâkim olmak lazım ki bu da Gluckman'ın üçüncü kuralı zaten. Ayrıca bu değerlerle aşinalık, dedikoduya katılma imtiyazı gibi grup üyeliğini belirleyen bir şey olarak da karşımıza çıkıyor. Zira ancak bu üyeler hassas dengelere dayanan bir ima gücünü kullanabilirler. Açıkça dile getirilmesi sakıncalı eleştirileri lisan-ı münasip ile dolaylı yoldan, kimseyi kırmadan ve dolayısıyla grubun uyumunu bozmadan dile getirmek usta bir strateji gerektiriyor ve dışarıdan gelip grubun iç dinamiklerinden bihaber olan diğerlerinin bu oyunda hiç şansı yok.

Kol Kırılır Yen İçinde Kalır

Gluckman'a göre, dedikodunun yararlarından biri de grupların kendi liderlerini seçme ve değerlendirme işini açık bir muhalefete başvurmadan, yani ahenk testisini kırmadan yapabilmeleri. Hakikaten Papua Yeni Gineli Kwangalarda kabile reisinin itibarının tamamen dedikoduya dayalı olduğunu görüyoruz. Kendi aralarında yaptıkları dedikodular hep sümen altı da edilmiyor ayrıca. Sıklıkla gerçekleştirdikleri toplantıların bir anda mahkemeye dönüşmesi pek fazla zaman almıyor. Dedikoduların masaya yatırıldığı bu hüküm yerlerinde, hem liderler hem de "adı çıkan" diğer kabile üyeleri, fısıltı gazetesine meydan okuyup isimlerini temize çıkarmak zorundalar.

Şimdi biraz da şu kabilelerden bir yakamızı kurtaralım ve modern toplumlara gelelim isterseniz. Hatta direkt ülkemize bakalım. Dedikodunun Türk siyasetinde de önemli bir rol oynadığını görmek mümkün. Türkiye'nin demokratik bir ülke olamamasının önündeki en büyük engellerden birinin problemlerin açıkça konuşulamaması olduğunu teslim edersiniz herhalde. Biraz indirgemecilik olacak ama "Nerede çokluk orada bokluk", "Ağzı olan konuşuyor" ya da "Sus ki adam sansınlar" gibi lafların yerleştiği bir toplumda insanların birbirlerinin görüşlerini saygılı bir biçimde dinleyip karşı argümanlar üretmesi ya da daha Osmanlıca tabirle fikir teatisi yapması pek mümkün görünmüyor. Bu son cümleye şüpheyle yaklaşanları, birbirlerini sürekli "şerefsiz"likle suçlayan demagogları ya da en ufak tartışmayı atışmaya çeviren sosyal medya kullanıcılarını hatırlamaya davet ediyoruz.

Bu tartışma kültürünün eksikliğine siyasal kutuplaşma da eklenince Türk siyasi kültüründe her partinin ya da görüşün kendini bir "dava" olarak algılama eğilimine sahip olması normal, her ne kadar ortada pek öyle ülkü ve prensipleri uğruna ölenleri göremesek de. İşte böyle bir ortamda siyasi gruplar içerisindeki "çatlak ses"lerin hemen ihanet olarak addedilmesi işten bile değil. Genel Merkez'i eleştirdiği için partisinden ihraç edilenleri tek tek saymaya gerek yok. Parti kongrelerinde çıkan tekme tokatlı kavgalar da siyasi tarihimizin olağan olgularından. Bunları hatırlamayan genç okuyucularımız, Alparslan Türkeş'in vefatının ardından yapılan 1997 tarihli MHP kongresinin ya da Mustafa Sarıgül'ün Deniz Baykal'a meydan okuduğu 2005'teki

CHP kongresinin videolarına bakabilirler. 2000 yılında partisine rağmen cumhurbaşkanlığına adaylığını koyan Sadi Somuncuoğlu'nun dayak yemesini ve Abdullah Gül'ün 2018 yılında cumhurbaşkanlığı adayı olmaya çalışmasının AKP tabanında ters karşılandığını da hatırlatmış olalım. Başbakanlıktan istifa ederken Ahmet Davutoğlu'nun kendisine vefasızlık yapıldığı yönündeki açıklamasını detaylandırmaktan imtina etmesi bize en yüksek konumdakilerin bile ikilik yaratmaktan kaçınmak durumunda kaldıklarını gösteriyor.

İşte böyle bir siyasi kültürde muhalefetin Makahlarınkine benzer bir gramere sahip olması gerekir ki dışarı "ahenk ve uyum" imajı verilebilsin. Bu yapılamadığı zaman seçmenin kafasında birbirine düşmüş ve kendi çıkarından başka bir şey düşünmeyen bir yapı izlenimi doğuyor çünkü. Hakikaten de 1970 ve 1980'lerde Deniz Baykal'ın başını çektiği parti içi muhalefete verilen "hizip"çilik ismi de Türkçede hep pejoratif anlamda algılanmıştır; oysa bu kelime Arapça "taraf" ya da "parti" anlamına gelmektedir ve illa da negatif bir anlam taşımak zorunda değildir.

Bu eğilimin bir parçası olarak siyaset hep "fısıltı gazetesi" üzerinden yürüdüğü için Ankara'da gazetecilik aslında "kulis" haberlerinden ibaret. Liderlerin açıkça eleştirilemediği ortamlar karnından konuşan sıyasetçileri doğuruyor doğal olarak. Gene iç tatsızlıkları dışarı vurmanın ihanet olarak adlandırılıp disiplin kurullarınca cezalandırıldığı bir ortamda, yapılacak en ideal şey ince imalarla gazetecilere pas verip kendi eleştirilerinizi bağımsız bir gündem haline getirmeye çalışmak. Uluslararası ilişkilerden bir terim ödünç almamız gerekirse bir "vekâlet savaşı" (İng. *Proxy war*) yani.

Tabii bir şeye tapmak onu elde etmek anlamına gelmiyor. Bu kadar ahenk vurgusuna rağmen ne Makahlarda ne Türk toplumunda ne de Ankara siyasetinde bir uyum gözlemlemek mümkün. Ama çok da şaşırmayın, zira bir şeyin adını çok duyuyorsanız muhtemelen bu, cisminin yerinde yeller esmesindendir.

Ve bazen de bir şeyden çekinmek ondan korunmaya yetmez. Hayriye Hanım'ın diline "Aman Ali Rıza Bey, ağzımızın tadı bozulmasın" cümlesini dolarken Reşat Nuri'nin aklındaki ironi de bu olsa gerek.

Dedikodu ve Kişisel Çıkarlar

Colson ve Gluckman'ın modelinde dedikodu toplumsal bir fonksiyona sahip görünüyor. Zaten Gluckman'ın da aralarında bulunduğu yapısal-işlevci antropologlar her şeyi grubun dengesini ve birlikteliğini sağlamlaştırıcı olgular olarak açıklamaya çok meraklılar. Söz konusu din mi, hemen ortak davranış biçimleri ve semboller vasıtasıyla insanları bir araya getirdiğinden, onları daha rahat kontrol altında tuttuğundan, bireylere duygusal konfor sağladığından bahsederler mesela. Dolayısıyla dedikodunun da benzer bir toplumsal işlev üzerinden değerlendirilmesi normal. Ancak grubu baz alan bu bakış açısına itiraz eden Robert Paine gibileri de var.

Kanadalı antropolog dedikodunun toplumsal fonksiyonlarını reddetmiyor. Evet, dedikodu ahlak değerlerini üyelere empoze edip grubun birliğini sağlamlaştırıyor olabilir ama esas mevzu bu değil. Merkezde olması gereken birey Paine'e göre; zira dedikoduyu o yapıyor, cemaat değil. Ve bunu kendi çıkarlarını korumak için yapıyor; kısacası karşımızda birliktelik kovalayan bir ahenkperest değil, bilakis bu ahengi bozma pahasına kendisini düşünen bir fırsatçı var. Söz konusu ister Makah yerlileri olsun ister Yunanistan'daki Sarakatsani çobanları, dedikodu ve ayıplamanın esas amacı diğerlerine kara çalıp kendi itibarını artırmak aslında. Dedikodunun cemaatte zıtlaşma mı, işbirliği mi yaratacağı ise Gluckman'ın düşündüğünün aksine önceden belirli bir şey değil. Etki her iki yönde de olabilir.

Paine'e göre, dedikodunun sadece cemaat içinde yapıldığı da yanlış bir saptama. Üyeler cemaat dışında da çıkar ilişkileri kurmak zorunda. Kompleks ekonomik ve toplumsal yapılara sahip modern zamanlarda çalışan-patron, kiracı-ev sahibi ve üretici-tüketici arasındaki zorunlu ilişkiler, bireyi cemaatin dışında da bilgi almaya zorluyor. Paine'in altını çizdiği bir başka nokta da dedikodunun bir "bilgi yönetimi" (İng. *Information management*) olduğu. Antropoloğumuz bu kavramı, tüm sosyal ilişkilerin âdeta bir tiyatrodaki gibi sahnelendiğini düşünen Erving Goffman'ın "izlenim yönetimi"nden (İng. *Impression management*) esinlenerek icat etmiş olsa gerek. Goffman'ın modelinde çevremizdeki insanların bizimle ilgili izlenimlerini belirli rollere ve pozlara bürünerek yönetmeye çalışıyoruz, Paine'inkinde ise bizimle ilgili dolaşan haberleri.

Grubun içerisindeki bilgi akışını kendi lehine manipüle etmeye çalışan birinin yapması gereken ilk şey başkaları hakkında ileride kullanabileceği bilgiler edinmeye çalışmak. Ama bunu yaparken dışarı verdiği bilginin kendisini zor durumda bırakmamasına da dikkat etmek zorunda. Son olarak, bir olay hakkında kendi versiyonunun olabildiğince ve herhangi bir değişikliğe uğramadan yayılmasını sağlamak. Gördüğünüz gibi esas mevzu sanıldığı gibi gizlilik değil. Bilakis topluma verilen mesajın dedikoducunun çıkarının bozulmadan yayılması. Bunun için de birey ince bir strateji geliştirmeli ve bunu titizlikle uygulamalı.

Gluckman'ın Paine'in argümanlarına itiraz ettiğini de ekleyelim. İlk olarak dedikoduyu yapan birey olabilir ancak bunu cemaatin belirlediği kurallar çerçevesinde yapmak durumunda. Ayrıca bireylerin kişisel çıkarlarını gözettiğini göstermek cemaatin önemsiz olduğu anlamına gelmez. Nasıl evlilik kurumunu insanların çocuk ya da seks yapmak istemesiyle açıklamıyorsak, nasıl kapitalizmi yatırımcıların para kazanma isteği ve işçilerin maaş alma arzusu ile izah etmiyorsak burada da bireysel saiklere işaret etmek cemiyeti resimden çıkarmak için yetmemeli.

Paine'in birey bazlı modeli üzerinden gidersek karşımıza sinsi bir stratejisyen, karanlık entrika dehlizlerinde yolunu maharetle bulan bir politikacı çıkıyor. Kısacası sizi esir alan katı değerleriyle toplum olabilir ama tasmayı vuran birey. Ve tıpkı siyasette olduğu gibi, çok başarılı olursa insanlar üzerinde kontrolsüz bir güce sahip olabilir duayen bir dedikoducu. Sözün bir iktidar aracı olarak kullanılabileceğini tekrar tekrar kanıtlamamıza gerek yok herhalde.

Tarım Toplumunun Beklentileri "Yeni Türkiye" ile Karşılaşınca

Peki, hangi yaklaşım doğru? İkisi de; her iki bilim adamının da haklı olmasının önünde bir engel yok. Sabini ve Silver'ın da belirttiği gibi, sonuçlarla amaçları birbirinden ayırırsak, bireyi ve grubu odağına alan iki zıt teorik eğilimi bir potada eritme şansına sahibiz. Amaçlar mercek altına alındığında insanların kişisel çıkarları doğrultusunda dedikodu yaptığı argümanı mantıklı görünüyor. Sonuçlara yöneldiğimizde ise Gluckman'ın öne sürdüğü cemaat uyumu doyurucu bir sav olarak karşımıza çıkıyor.

Colson ve Gluckman'ın belirttiği gibi dedikodu bireyleri baskı altına alıyor hakikaten de. Etrafınızda fısıldananları düşünün. Eleştirilenlerin çoğu kez üzerinde anlaşılmış ahlaksızlıklar olmadığını, birçok kez farklı şeyler yapanların da gıybetten nasibini aldığını göreceksiniz. Bizimki gibi hızlı değişen toplumlarda grup beklentileri, yeni sosyo-ekonomik şartların getirdiği olanaklar ve dayattığı zorlamalarla uyum içinde değil. Bir kez daha Ogburn'un "Kültürel Gecikme"sinden dem vurmak zorundayız. Marc Bloch'un da belirttiği gibi, birçoğumuz dünyayı hâlâ bir iki nesil öncesinin tarım toplumuna göre dizayn edilmiş beklentilerle yaşıyoruz. Ufak yaşlardan beri bize normun bunlar olduğu öğretiliyor. Bu da aslında en masum yeniliklerin bile tedirginlik yaratması ve sanki ahlaksızlıkmış gibi eleştirilmesi demek. Ufak bir kasabada alışılmadık bir atiklik gösteren bir girişimcinin paragözlükle suçlanması ya da yaşına ve cinsiyetine uygun olmayan bir işte çalışan birinin yadırganması gibi. Altın plak aldığında babasını arayan Sezen Aksu'nun aldığı cevabın

"İyi güzel de keşke okulunu bitirseydin" olduğunu hatırlayıp gülümseyelim ve başımıza gelen bir olayla devam edelim.

Olmaz Öyle Saçma Tarih programına gelen sorulardan biri de "Tarihten para kazanmaya utanıp utanılmadığıydı." Programın ücretsiz bir platformda yayımlandığı gerçeğini bir kenara bırakalım ve bir anlığına bir tarihçinin tarihten çok para kazandığını farz edelim ve burada neyin yanlış olduğunu bulmaya çalışalım. Aslında sorun insanların kafasındaki akademisyen imajı: Halk için karşılıksız bilim üretmesi gereken, cübbesini süpürge eden fedakâr ve cefakâr biri. Gerçekte böyle biri hiç oldu mu pek emin değiliz ama bu arketipe yakın bir akademisyen profilinin bir elli yıl öncesinin değerleriyle oluşturulduğunu söyleyebiliriz. Sosyal sermayenin ekonomik sermaye karşısında bu kadar ezilmediği zamanlarda bir entelektüelin parayla ilişkisi sorgulanabilir bir yere kadar. Ancak insanların maaşlarının arasında onlarca kat fark olduğu, gelir eşitsizliğinin her geçen gün arttığı ve akademisyen maaşlarının kendilerinden beklenen toplumsal statüyü korumayı imkânsız hale getirdiği neoliberal bir dünyada bu tip bir eleştiri geçmişe yönelik bir nostalji olabilir en fazla; o da grup dışından gelme koşuluyla.

Grup içinde, yani akademide bu yönde açık bir eleştiri olmasa da dedikodu çarklarının döndüğünü tahmin etmek zor değil. İşte bu da grubun ayrıksı olanı tekrar merkeze çekme girişimi aslında; bir nevi Makah Kızılderililerinin ayıplamayla herkesi eşitleyip grubun ahengini koruma isteğine paralel bir tepki. Eleştirilere aldırmayıp yaptığınız işte başarılı olursanız zamanla fısıltıların kesildiğini ve başkalarının da yavaş yavaş peşinizden geldiğini göreceksiniz zaten. İki sene önce bataklık olarak tabir edilen bir mecrada bugün birçok işinin ehli akademisyene rastlamanız bundan. Zira akıntıya karşı kürek çekmek imkânsız. Hangi entelektüel, hangi bilim adamı yüzlerce yerine yüz binlerce kişi tarafından izlenmek, okunmak istemez ki?

Arkadan Konuşma ve Cadı Avı

Birinci Bölüm'de değinmiştik, belki biraz tekrar olacak ama dedikodunun sosyo-ekonomik neden ve sonuçlarının en iyi belgelenmiş örneği olduğu için cadı avına dönmek zorundayız. Dedikodunun gruptan ayrılanları dizginlemek ve böylece uyumu tekrardan tesis etmek için kullanıldığını en güzel Protestan dünyasının bu üç yüzyılında gözlemleyebiliyoruz. Avrupa yerine Protestan dememizden işkillendiyseniz dikkatli bir okuyucusunuz. Film ve bilgisayar oyunları başta, popüler kültürde sürekli karşımıza çıkan bu konuyla ilgili yerleşmiş bazı yanlış bilgileri düzeltmenin tam zamanı, biraz konudan sapmak pahasına da olsa.

1. Cadı avı sanıldığı gibi Ortaçağ'da değil, 1450-1750 arasında karşımıza çıkan bir olgudur ve özellikle onaltıncı ve onyedinci yüzyıllarda toplamda yüz binin üstünde davaya ve elli bin-yüz bin arasında kişinin idamına neden olmuştur.

2. Cadı avı Avrupa'nın her yerinde değil; daha çok İngiltere, Almanya, New England ve Fransa'nın belli bölgeleri başta, ağırlıkla Protestan dünyasında görülen bir şeydir. Basit bir nedenle: Cadılığın ölümü hak eden bir suç olması için Ortaçağ'daki inanışa ek olarak bunların şeytanla bir anlaşma yaptığı inancının oturması gerekmektedir. Basit bir büyücülükten söz etmiyoruz kısacası burada. Şeytanla anlaşırsan onu Allahu Teala'nın katına çıkardığın için müşrik olursun zira. Bu noktada Protestan dünyada cadılık soruşturmalarını yerel ve laik mahkemeler yaparken Katolik dünyasında bu işi Engizisyon ele almıştır. Ve bu sonuncularının yargıçları olan ilahiyatçılar, cadılara atfedilen suçlamaları hayal ürünü olarak görmektedir. Hıristiyan teolojisinde bir yere oturan şeyler olmadığı için mürekkep yalamış insanların bunları kabul etmeleri biraz zordur. Ortada bizzat bir itiraf olduğu zaman dahi popüler hayal gücünün bu zırvalarına inanmaktansa itirafçıların deli olduğuna hükmetmeyi tercih etmişlerdir.

Avrupa onaltıncı ve onyedinci yüzyılda büyük bir değişim geçirmektedir. İlk olarak Coğrafi Keşifler, insanların dünya algısını ve tüketim biçimlerini değiştirmekle kalmamış; aynı zamanda yarattığı zenginlikle ufak ufak yeni bir ekonomik sistem ve toplumsal düzen tesis etmeye başlamıştır. Üstüne üstlük Martin Luther ve Jean Calvin'in görüşlerinin yayılmasıyla dinî olarak da bölünmüş ve hatta iman uğruna birbirinin kanını akıtmaya başlamıştır. Tüm bunlara onaltıncı yüzyıl boyunca artan nüfus nedeniyle topraksız kalan ve yaşam şartları kötüleşen kitleleri ve tarihçilerin "Küçük Buz Çağı" dediği onyedinci yüzyılda ortalama sıcaklıkların düşmesini eklerseniz neden her yerde karşınıza iç savaşlar, kıtlıklar ve otoriteye karşı isyanların çıktığını daha iyi anlarsınız.

İşte böyle kaotik bir ortamda cemaatlerin eskisi gibi yaşaması, yeniliğe sırtını dönüp atalarının âdetlerine sığınması imkânsızdır. Bunu, teknolojinin sürekli hayatımızı kolaylaştıracak yenilikler sunduğu günümüzdeki bir durum gibi düşünmeyin; eski toplumlar yenilikten rahatsız olan yapılardır, özellikle hızlı olanlardan. Zira insanlar atalarından kalan örf ve âdetlerin hangisinin işe yarayıp hangisinin yaramayacağını bilemezler, moral çıpaları kalmamıştır. Bu da varoluşsal bir endişeye yol açmıştır. İşte hızlı değişimlerin yarattığı bu tip bir endişe, insanların birbirini suçlamasına yol açacaktır. Bu genelleme, son elli yılın Türkiye'sinde neden karşıt görüşlü insanların birbirlerinden her türlü kötülüğü, ihaneti ve ahlaksızlığı beklediğini de kolaylıkla açıklayabilir.

Üstelik nefret çarkları dönmeye başladığında ilk önce korumasız ve kolay hedefler seçilir, sahipsiz kadınlar gibi. Hakikaten de tarihçilerin hesaplamalarına göre, cadılık suçlamasıyla karşılaşanların %85'i kadındır. Ama her kadın değil. Ebelik, aktarlık ya da şifacılıkla ekonomik olarak kendi ayakları üzerinde durmaya çalışanlar, bekâr ya da dul oldukları için mülk edinme potansiyeli olanlar ve diğer yollardan bağımsız bir birey olarak yaşamaya çabalayanlar. Ataerkil topluma bunlardan daha büyük bir meydan okuma olabilir mi? Bir erkeğin korumasından mahrum olan bu kadınlar, "ideal kadın" prototipinden uzaklaşma hatasına düştüklerine göre, başlarına gelenleri hak etmemişler midir ama? Kriz zamanlarında toplumların farklıya tahammül etmemekte kararlı olduğunu bilmek için tarihçi olmaya gerek yok; Birinci Bölüm'e göz atmak bir fikir sahibi olmaya yetecektir.

Bu "farklı" kadınların toplumsal algıda yarattıkları rahatsızlığı bunlara yöneltilen fanteziyle karışık suçlamalarda da görmek mümkündür. Ortada âdeta ideal kadının bir tersine çevrilmesi var. İdeal kadın çocuk yapıp ona bakmak suretiyle sağlıklı ve de imanlı nesillerin yetiştirilmesine katkıda bulunurken cadılar çocukları zehirlemekte, annelerin sütünü ya da âdet kanamasını kesmektedir. Ahlaklı kadın sağ eliyle yerken bunlar sol elleriyle tiksindirici yemekler tüketmekte, Hıristiyanlığın sembollerini kirletmeyi kendilerine görev edinmektedir. Örnek Hıristiyan kadınından beklenen bellidir: Örtünmesi, günümüzde hanım hanımcık diye tabir edebileceğimiz bir ölçülülükle davranması, cinselliğini bastırması ve iyi bir mümin, anne ve eş olması. Buna karşılık cadılar sarkık memeleriyle çırılçıplak bir vaziyette, penise benzeyen süpürgeler üstünde resmedilmektedir. Allah'a şirk koşma pahasına ruhlarını sattıkları şeytanın anüsünü öpecek kadar iğrenç bir şehvet içinde kıvranmakta değiller midir?

Suçlanan kadınların büyük bir çoğunluğunun elli yaşının üstünde olmasını açıklarken tarihçilerin saydıkları nedenler arasında cinsel olarak tecrübeli kadınların erkeklerde yarattığı tedirginlik de vardır. Bunların acilen başka bir erkeğin egemenliği altına alınıp toplumun (tüm karar alıcılar erkek olduğu için aslında daha çok erkeklerin) endişeleri giderilmelidir. Bu yapılamadığında dedikodu çarkları dönmeye başlayacak ve akıl almaz suçlamalar en zayıf halkaya yöneltilecek. Gecenin zifirî karanlığında bilinmeyen mekânlarda yüzlerce binlerce cadının katılımıyla gerçekleşmesine rağmen bir kişinin bile görmediği fantastik Şabat buluşmalarına yüzlerce yıl boyunca inanılması, cemiyetlerin ortak endişeleri, korkuları, değerleri ve fantezileri hakkında bize çok şey söylemekte değil midir?

Resim 10. Cadılar, 1510 (ağaç baskı), Hans Baldung Grien, Metropolitan Sanat Müzesi, New York.

İnsanı Hayvandan Ayıran Atılım

Her ne kadar sanıldığı gibi evrim fikrini ilk ortaya atan o değil, Jean-Baptiste Lamarck olsa da Charles Darwin'in yüz binlerce yıllık bir sürecin sonunda çevredeki şartlara adapte olarak evrildiğimizi ispatlamasının üzerinden yüz yetmiş yıl geçti. Reddiyecileri ne kadar ısrarcı olursa olsun, bilim adamlarının o günden beri elde ettikleri tüm bulgular, *Civilization IV*'de biyolojiyi keşfedince duyduğumuz şu cümleyi haklı çıkarıyor: "Hayatta kalan, türlerin en güçlüsü değil, değişime en çok cevap verenidir."* Doğal seçilim yöntemiyle şartlara daha uygun genlere sahip canlılar daha çok türerken uyum sağlayamayan türler daha az türeyip zamanla yok oluyor.

Avantajlı genlerin daha sık aktarımına dayanan bu milyonlarca yıllık süreçte insanoğlunun beyni büyüyecek ve büyüyen beynini doyurmak için mide ve bağırsakları kısalacak. Atalarımız daha az enerji harcamak için iki ayağının üstünde durmaya (ve dolayısıyla bel fıtığı olmaya) başlayacak ve ateşi bulduktan sonra daha az ihtiyaç duyacağı sivri dişlerinin yerini bugünküler alacak. Gittikçe büyüyen kafatası doğum kanalından geçemediği için on iki ay erken doğmak zorunda kalacak. Bu erken doğumun dayattığı yirmi yıla yakın bir büyüme ve gelişme süreci de ortaya aile kavramının çıkmasına yol açacak. Listeyi uzatabiliriz ancak bunu yapmıyoruz; mevzu az çok anlaşılmıştır herhalde.

Kendisini diğer hayvanlardan üstün kılan evrimi sırasında insanoğlunun kazandığı en önemli niteliklerden biri de dil. Homo Sapiens, adı üstünde "Bilge Adam."** Bilmek için de aktarması lazım. Zoologların bulguları aslında hayvanların da seslerini kullanarak haberleştiklerini gösteriyor; köpekler sadece bizi korkutmak için havlamıyor yani. Özellikle insansıların (İng. *ape*) birbirlerine yaklaşan tehlikeli bir hayvanı haber verebildiklerini ya da buldukları

* Sanıldığının aksine, bu ifade Darwin'in eserlerinde ya da kişisel yazışmalarında hiç geçmemektedir.

** Lat. *sapere*: bilmek, bilge olmak.

bir yiyeceğin yerini söyleyebildiklerini biliyoruz. Ancak hepsi bu! Bizim gibi kompleks cümleler kurup soyut düşünemiyorlar.

Bilim insanları şempanzelere konuşmayı öğretmeye çalıştılar ancak nafile! 1950'lerde Keith ve Catherine Hayes'in bizzat kendi çocuklarıyla birlikte yetiştirdikleri ve konuşma terapisi verdikleri Viki hepi topu üç beş kelime öğrenebildi. Durum işaret diline dönünce biraz daha iyileşecekti; belki de sorun bilişsel bir yetersizlikten ziyade şempanzelerin insanların çıkardığı sesleri çıkaramamasıydı. Ancak burada da sonuç hüsrandı: Altmışlı yıllarda Washoe adlı bir şempanze Amerikan İşaret Dili'nden üç yüz elli işareti öğrenmişti öğrenmesine ama dilbilimciler ikna olmayacak ve Washoe'nin yaptığının sembol kullanmaktan öteye gitmediğini iddia edeceklerdi. Noam Chomsky ile dalga geçmek için Nim Chimpsky adı verilen bir başka şempanze ise umulanı vermek beri gelsin, üstüne fazla gidilince etraftakilere saldırmaya başlayacaktı.

Seksenlerde Kanzi daha da etkileyici başarılara imza atacaktı. Kelimelere karşılık gelen sembollere basarak iletişim kuran pigme şempanzemiz çetrefilli sorulara yüksek oranlarda doğru cevap verebilmekte, birçok eşyayı birbirinden ayırt edebilmekte, talimatları anlayabilmekte ve isimleri ve fiilleri yan yana getirerek derdini anlatabilmekteydi. Ancak gene de ortada iki üç kelimelik basit cümlelerden fazlası yoktu. İstediği şeyleri belirtmekten, talimatları yerine getirmekten ve sorulara tek kelimelik cevaplar vermekten öteye gidemiyordu ve bir bebeğin aksine kendiliğinden konuşmaya çalışmıyor, etrafındaki eşyalara isim takmaya çabalamıyordu. Kısacası hâlâ gerçek bir dil yeteneğine sahip olduğu söylenemezdi [bkz. Renkli Resim 11].

Peki, ne oldu da insanoğlu türler arasında en yakın akrabasının bile kazanamadığı konuşma özelliğini kazandı? Evrim sürecinde tesadüfi faktörlerin de etkisiyle, kompleks bir dil geliştirmemizin arkasında daha kalabalık gruplar kurma zorunluluğu var aslında. Az kişiden oluşan gruplarda sosyal hayvanlar birbirlerini "tımar" edebiliyor ve endorfin salgılamasına yol açarak

Tımarlama (İng. *Grooming*): Sosyal hayvanların birbirlerinin vücutlarını temizlemesi ve bitlerini ayıklaması. Tımarlama hayvanların birbirlerine güvenmesini kolaylaştırarak toplumsal bağları ve aile yapılarını güçlendiriyor [bkz. Renkli Resim 14].

kendine dost ve müttefik bulabiliyor. Sevgilinizin koynunda kendinizi ne kadar mutlu hissettiğinizi hatırlayın. Ona artık güvenebilirsiniz. Kendinizi onun koynuna sokacak kadar ekspoze ettiğinize göre güveniyorsunuz da zaten.

Tımarlama sayesinde salgılanan hormonların türlerin üremesi için oldukça önemli olduğunu da unutmayalım. Stresin erkeklerin sperm sayısını azalttığı deneylerle kanıtlandı; gene stres altındaki kadınların daha zor hamile kaldıklarını görüyoruz ki bu, çalışan kadınlar için önemli bir sorun teşkil ediyor. "Çocuk da yaparım kariyer de" lafı her zaman doğru olmayabilir kısacası. Çocuğu olmadığı için evlat edindikten sonra birden hamile kalan kadınların durumunu da stresi önleyen salgılarla açıklamak mümkün; çocuksuz kalma endişesi kalkar kalkmaz doğurganlaşan kadınlar bir anda kendilerini iki çocukla bulabilirler araştırmalara göre.

Ayrıca tımarlama, grup üyelerinin bir gün içerisinde günlerinin onda biri ile beşte biri arasında zamanlarını alıyor; bu da tıpkı üyelik ücreti gibi beleşçiliği zorlaştıran bir şey. Zira bu kadar yatırım yaptıktan sonra gruptan kovulmayı göze alamazsınız. Üstüne üstlük beleşçilerin tek başına kalma korkusuyla birden fazla grupla sosyalleşmesi de zaman yetersizliğinden dolayı zorlaşacaktır.

Ancak tımarlama metoduyla ittifaklar kuran türleri kısıtlayan iki büyük engel var. Birincisi, kurdukları ittifakların takibini yapan beynin neokorteks (düşünmemizi sağlayan) kısmının ebadı ki bu, evrim sonucu beynimizin büyümesi ile hallediliyor. Zaten aksi takdirde vücudun %2'sini oluşturduğu halde enerjinin %20'sini tüketen bir organın büyümesinin bir mantığı olmazdı. Ancak ikinci problem biraz daha çetrefilli:

Zaman. Bir gün içinde ancak belirli sayıda türdeşimizi tımar edebiliriz. Bu sorun insanlarda daha da aşılması zor bir hal alıyor, çünkü insanlar insansılardan daha kalabalık gruplar oluşturabiliyorlar (150-"Dunbar sayısı"). Bu büyüklükteki bir grupta tımarlama yoluyla ilişki kurmak zamanımızın %40'ını bu işe ayırmak ve dolayısıyla açlıktan ölmek demek. Eğer evrim devreye girmezse tabii.

İşte kompleks dil, insanın bu engelleri aşmasına yardımcı oluyor. Az önce adı geçen Dunbar sayısına ismini veren psikolog ve antropolog Robin Dunbar'a göre, dedikodu insan türünün birbirini görmeden tımar edebilmesini ve böylece daha fazla sayıda insan içeren bir ittifaklar sistemini kurabilmesini sağlıyor. Hem de bunu yaparken elleri diğer işler için serbest kalıyor; oldukça ucuz ve etkili bir yöntem yani. Ayrıca tek tek gözlem yapmanın mümkün olmadığı kalabalık gruplarda dedikodu; üyelerin itibarı, güvenilirliği ve kabiliyetleri hakkında bir fikir verdiğinden işbirliğini bozan mızıkçı üyeleri ve dışarıdan sızanları saptamayı da mümkün kılıyor.

İşte bu "sesli tımarlama" (İng. *vocal grooming*) zamanla kompleks bir dil yaratacak. İnsanların dedikodusunun primatların tımarlamasının yerini aldığını gösteren önemli delillerden biri de dilin hikâye anlatma doğrultusunda evrildiği gerçeği. 2014 yılında yayımlanan bir makalede Till Nikolaus von Heiseler, dilin ilk olarak hikâye anlatmak için evrildiğini ve ancak ondan sonra diğer işler için kullanılmaya başladığını ispatlıyor. Dilin temel ögelerinin kelimeler değil de cümleler olduğunu belirten Alman "factotumuz"a* göre, insanlar sadece gerçek bir objeye denk gelen isimleri değil, hisleriyle edindikleri tecrübeleri yansıtan fiil ve sıfatları da kullanarak konuşuyorlar. Bu da bir eylemin ancak sentaksı içinde ve bir bağlam doğrultusunda mana kazanması anlamına geliyor.

Bu ne mi demek? İnsanlar hayvanların aksine mevcut olmayan bir şey hakkında da konuşabiliyorlar. Bir şempanze yaklaşan

* Lat. *facere*: yapmak, *totum*: her şey, her işten anlayan. Osm. hezarfen; Far. *hezar*: Bin. Gr. *polimat*; πολύς: polús: çok + μάθη, mathēs: öğrenilen şey.

bir kartalın adını zikrettiğinde türdeşleri çıkardığı sese değil, o anda orada olan kartala tepki veriyor. Oysa insanoğlunun beyninin başka bir yerinde geliştirdiği dil o anda mevcut olmayan üçüncü kişiler hakkında bilgi paylaşmayı mümkün kılıyor ki dilin aslında alametifarikası da bu. Dedikodu yani. Zira mevcut bir tehlike ya da fırsata elimizle göstererek de dikkat çekebiliriz ancak başka bir yerde ve geçmişte gerçekleşen bir şeyi jestlerimizle anlatmamız mümkün değil (sessiz filmde zamansal kavramları tarif etmenin zorluğunu düşünün). Hakikaten de Corballis ve Suddendorf'un çalışmaları da bize dilbilgisinin episodik bilgi (tecrübe ettiğimiz olaylar, karş. semantik bilgi: Dünya ile ilgili edindiğimiz genel bilgiler) aktarımındaki sorunları çözmek doğrultusunda geliştiğini gösteriyor.

Uzun lafın kısası, bırakın boş ve zararlı bir aktivite olmayı, dedikodu insanoğlunun evrimsel gelişiminin, yani diğer türlerin çok da ötesinde bir yetkinlikle doğaya hükmetmesinin anahtarı. Dedikodusuz bugünlere gelemezdik ve bundan sonra da dedikodusuz yolumuza devam etmemiz zor görünüyor. Tüm modern imkânlara rağmen hâlâ birbirimizle dayanışmaya ihtiyacımız var. O yüzden WhatsApp gruplarında saatler geçiriyor ve fırsatını ilk bulduğumuz anda akrabalarımızı, arkadaşlarımızı ve tanıdıklarımızı kıyasıya çekiştiriyoruz. Ya da "analiz ediyoruz" desek daha doğru olur belki.

Zalimin Zulmü Varsa Mazlumun Fısıltısı Var

Michel Foucault'nun söylem ile iktidar arasındaki ilişkiyi göstermesinin hemen ardından birçok sosyal bilimci sözlü iletişimin siyasi fonksiyonlarını ön plana çıkarmaya başladı. Bir hikâyenin nasıl anlatıldığı, bir kavramın nasıl açıklandığı, bir bilgi yığınının hangi saiklerle hâkim paradigmalara dönüştürüldüğü bir anda araştırmaların odak noktası haline geldi. En çok bilinen örnekten gidersek Doğu ile ilgili Batı'daki metin ve siyasi söylemleri inceleyen Edward Said, inşa edilen bir Doğu algısının nasıl emperyalizmle iç içe olduğunu göstermeyi başardı. Uysal, edilgen ve Batı'yı temsil eden erdemlerin tam tersi özelliklerle (tembellik, keyfilik, duygusallık, kadercilik) donanmışçasına resmedilen bir Doğu'nun Batılı devletlerin yardımına ihtiyacı vardı. Bilginin siyasi bir şekilde üretilmesiyle yaratılan önyargılar aslında pamuk, elmas, altın gibi metalar uğruna yapılanları bir anda ahlaki bir sorumluluk kisvesi altında yeniden paketlemeyi başarmıştı. Yüz elli yıl sonra Irak'a demokrasi götürmenin gerekmesi gibi, bu geri kalmış Doğululara da medeniyetin yararları öğretilmeliydi; silah ve kanla olsa bile. "Beyaz Adamın Yükü" (İng. *The White Man's Burden*) büyüktü; para ve açgözlülüğün motorunu yağladığı emperyalizm âdeta bir sosyal sorumluluk projesine dönüşmüştü. Bu ikiyüzlü tavrın Mehmet Âkif gibileri medeniyeti tek dişle kalmakla suçlamaya itmesi çok da şaşırtıcı değil takdir edersiniz.

Söyleme politik bir güç atfeden benzer bir yaklaşımla James C. Scott da dedikodunun, ezilen sınıfların, yöneticilerine direnmesinin bir aracı olduğundan dem vurdu. "Zalimin zulmü varsa mazlumun Allah'ı var" deyişinden de anlayabileceğimiz gibi, insanoğlu adaletsizliğe çıplak güçle karşı koyamadığında daha sinsi yollar geliştirmekten geri durmuyor. Bu atasözünde iş öteki dünyaya bırakılmış. Dini, toplumların afyonu gibi görenler, hâkim sınıfların yönettiklerini oyalamak için böyle hikâyeler uydurduklarını düşünebilir ancak umut veren bu tip argümanların ezilenlere psikolojik bir rahatlık verdiğini de unutmayalım. Nihayetinde kitabın birçok yerinde de belirttiğimiz gibi beşer, doğa ve kader karşısındaki çaresizliğini kabul etmemek için elinden geleni yapıyor. Ama konumuz bu değil, dağılmadan ilerleyelim.

Yukarıda bahsettiğimiz sinsi yollara birkaç örnek verelim: Fabrika işçilerinin makineleri sabote* etmesi ya da iş yavaşlatması,

* Sabotaj kelimesinin bu makine dişlileri arasına atılan tahta ayakkabılardan [Fr. *sabot*] geldiği sık tekrarlanan yanlış bir bilgidir.

orada burada karşımıza çıkan ama pek ehemmiyet atfetmediğimiz ufak hırsızlıklar, petrol tanklarına şeker karıştırılması, vergisini ödeyemeyen köylülerin topraklarını terk etme tehdidi* veya yukarıda da belirttiğimiz gibi beddua ile işi Yaradan'a havale etmek. Mazlumun bir de dedikodusu var Scott'u takip edersek. Ezilenler ezenlere hiçbir zaman tam olarak ne düşündüklerini söylemezler; zira tek tek bireylerin konuşmasının getireceği siyasi (tutuklanma), ekonomik (işsiz kalmak) ve toplumsal (dışlanma ve oyunbozan olarak algılanma) sonuçlar olacaktır. Ancak susmaları sömürülmelerine rıza gösterdikleri anlamına gelmez. İşte böyle bir ortamda fısıltı gazetesi, ezilenlerin ezenleri eleştirmeleri için mükemmel bir aygıt haline gelebilir. Yavaş yavaş oluşturulan ve Scott'un "gizli senaryo" (İng. *hidden transcript*) dediği söylem, kriz anlarında açık bir muhalefete dönüşüp bir anda hâkim sınıfların yerleştirdiği hegemonik fikirleri tehdit eder hale gelecektir. İdeolojik üstyapı üzerinde sürekli bir mücadele olduğunu belirten Scott, ezilenlerin ezenlerin hegemonik kültürünü öyle koşulsuz kabul etmediklerinin altını çiziyor kısacası. Suskunluğu onayla, kaçınılmaz karşısındaki ataleti rızayla karıştırmamak gerekiyor.

Eşeğin aklına karpuz kabuğu düşürmüş olmayalım ama yönetici sınıfların yapması gereken, bu gizli senaryoyu zamanında algılamak ve ona göre önlem almak. Hegemonik değerlerin değişimi sessiz ve yavaş olduğu için bunu başaramayan çok olacaktır, başaramazsa ödeyeceği bedel de yüksek. Dipten gelen dalgayı göremezlerse egemenler, meşruiyet zeminlerini kaybetmek ve tüm sistemin çökmesi riskiyle karşı karşıya kalabilirler çünkü.

Bilindik bir örnekten gidelim ki daha iyi anlaşılsın. Fransız İhtilali'ni hazırlayan zihinsel transformasyonu genelde Aydınlanma filozoflarına bağlıyoruz. Hakikaten de hükümdarın

* Sadece nüfusun az olduğu ve işgücü sıkıntısının yaşandığı yerlerde işe yarayabilecek bir tehdit. Marshall Hodgson'a göre Nil ile Ceyhun nehirleri arasında kalan İslam dünyasının merkezî topraklarında kast şeklinde bir aristokrasinin gelişmemesinin nedenleri arasında bu işgücü sıkıntısı da vardır.

yetkiyi Tanrı'dan aldığı ve dolayısıyla hukuki kısıtlamalardan ıtlak* edilmiş olduğu anlayışını yıkan bu filozoflar olmuştu. Bir taraftan akılcılığı savunurken öte yandan kralın yetkisinin toplum tarafından bir sözleşme ile (Fr. *contrat social*, toplumsal sözleşme) kendisine devredildiğinin ve dolayısıyla geri alınabileceğinin altını çizecekler, böylelikle hem Kilise'nin hem de monarşinin meşruiyetini derinden sarsacaklardı. Ancak Robert Darnton'ın titiz araştırmaları bize Fransız halkının bunlardan ziyade kral ve Kilise ile dalga geçen ucuz romanları okumayı tercih ettiklerini gösterdi. İşte bazıları pornografik ögeler içeren (*Thérèse Philosophe*) ve hatta ütopik bilim kurgu (Mercier'nin *L'An 2440*'u) türünde olan bu romanlar sayesinde halkın otoriteye olan bakışı değişecekti. Kralın iktidarsızlığı, kraliçenin iffetsizliği ve Kilise'nin hokkabazlıklarını konu alan ve kaçak yollarla edinilebilen bu *pulp fiction*'lar tam bir *désacralisation*, yani kutsallığını yitirme sürecini tetiklemişti. Eskiden kralın tek bir dokunuşla sıraca (Lat. *scrofula*) hastalarını iyileştirebileceğine inanan yığınların yerini, sorgulayan tepkili bir kitle almıştı; Fransız İhtilali işte bu otorite kaybının bir sonucuydu.

Scott'un birkaç paragraf önceki görüşlerine çeşitli eleştiriler de geldi tabii ki. Janet Abu-Lughod, Tuulikki Pietilä ya da Niko Besnier gibi araştırmacılar, her fısıltının hegemonik bakış açısını sorgulamadığının altını çizdiler. Yönetenleri ve onların itibarını hedef aldığında bile dedikodu sistemin kendisini eleştirmek zorunda değil. Elimizde çoğu zaman sisteme bir alternatif önermeden, onu manipüle etmek amacıyla yapılmış örnekler var.

Tabii dedikodu bir direniş dahi olsa belirli bir yoğunluğun altında kaldığı durumlarda pek etkili olmayacaktır. Hatta yöneticiler hakkında negatif bir imaj oluşturmasına rağmen sistemi kökünden sarsmak yerine onu güçlendirdiği bile söylenebilir. Şikâyet etmek ve söylenmek aynı zamanda harekete geçmemek

* Lat. *absolvere* edilmiş, yani serbest bırakılmış, kurtarılmış. Ayrıca bkz. Osm. mu*tlak*, Fr. *absolut*.

demektir çünkü. Hedef sömürünün kendisi olmadığı, hükmedenlerin itibarları olarak kaldığı sürece sistem sarsılmayacaktır. Birçok çürümüş rejimin ayakta kalmasını bu dozaj düşüklüğü ile açıklayabiliriz.

Dedikodu bazen de hâkim güçlerin emrine girebilir. Yöneticiler haklarındaki kanaati manipüle etmeye bayılırlar. Bugün bunu medyayı kullanarak çok rahat bir şekilde yapabiliyorlar; bu imkânın olmadığı daha ufak ya da daha eski toplumlarda devreye dedikodu giriyordu. Kendisine "fısıltı gazetesi" denmesi ve magazin dergilerinin ve tabloid gazetelerinin satış rekorları kırması, medya ile dedikodu arasındaki bağlantının hemen herkes tarafından fark edildiğinin ispatı olsa gerek. Muktedirlerin kamusal imajlarını güçlendirmek için kendileri hakkında çıkardığı şayialar her zaman pozitif olmak zorunda da değil. Örneğin Karen Brison'a göre, Papua Yeni Gineli Kwanga kabilesinin önde gelenleri kara büyü yapabildikleri yönündeki dedikoduları desteklemektedir; amaçları rakiplerinin yüreğine korku salmak ve itibarlarını artırmaktır. Yönetici kesimlere benzer şekilde insanüstü ve zalimane bir kudret atfeden söylentiler tarihten bugüne gelebildiyse bunun arkasında da benzer bir hesap var muhtemelen.

Kadınlar Daha mı Fazla Dedikodu Yapar?

Altın günleri, hamam sefaları, kuaför koltuğunda bigudili kafalar, şatafatlı düğünlerin ve "Yine kim ne almış?" balkonlarının kem gözleri... Dedikodu denince aklımıza ilk gelen imgeler hep kadınlarla ilgili [bkz. Renkli Resim 3 ve 6]. Peki, bu ne kadar gerçekçi bir tablo? Hakikaten kadınlar, erkeklerden daha mı çok dedikodu yapıyor? Yoksa erkek egemen toplum gene haklarını mı yiyor? Yapılan araştırmalara bakılırsa hayır. Hımmm, bilim bu kez önyargılarımızı doğrular sonuçlar çıkarmışa benziyor. Ezber bozamadığımız için biraz hayal kırıklığı yaşıyoruz. Ama saptamayı bu kadarla bırakırsak haksızlık etmiş, bilimin olanaklarını Anadolu irfanına kurban etmiş oluruz. Gelin bakalım neden kadınlar daha fazla dedikodu yapıyormuş ve iki cinsiyet arasındaki dedikodu pratikleri birbirinden ne ölçüde farklıymış?

İlk olarak, her ne kadar son yarım yüzyılda kendilerini özgürleştirmek yolunda önemli adımlar atsalar da kadınlar toplumsal tepkilere daha duyarlı. Yüzyıllardır kamusal alandan dışlanan bu cins-i latifin toplumsal rolü erkek egemen bir toplum tarafından belirleniyor. İhmalkâr bir anne ve babaya toplumun verdiği tepkilerin aynı yoğunlukta olup olmadığını sorun kendinize. Ya da kendi cinsiyetinden beklenmeyecek bir davranış sergileyen erkek ve kadına uygulanan yaptırımları.

Bu toplumsal baskı kadının her kelimesinde kendisini hissettiriyor, konuşma stratejisini bile değiştiriyor. Erkeklerle kadınların apayrı lisanlar konuştuğunun altını çizen Deborah Tannen'ın araştırmaları, cinsiyetlerin konuşurken farklı hedefleri olduğunu gösteriyor. Erkekler birbirleriyle rekabet etmek ve sorun çözmek için sohbet ederken kadınlar duygularını paylaşıp birbirleriyle bağ kurmaya çalışıyorlar. Bu da erkeklerin sosyal ilişkilerinde zıtlaşmaktan ve kendilerini ifade etmekten çekinmemeleri anlamına geliyor; kadınlar ise gün içinde deyim yerindeyse karnından konuşup açık çatışmadan kaçınıyor. Kadınların sürekli erkeklerin kendilerini dinlemediğinden, erkeklerin de kadınların boş konuşup kafa şişirdiğinden şikâyet etmesinin temeli de bu aslında.

Kadınların birbirini çekiştirirken erkeklerden farklı metotlar kullandığını da biliyoruz. Yapılan araştırmalar, birbirlerini ya fiziksel görünüşleri ya da iffetleri üzerinden yargıladıklarını gösteriyor ki burada cinsel bir rekabet var aslında. Erkeklere göre daha sınırlı sayıda çocuk sahibi olabilen ve bu yüzden de çocuklarına yatırım yapabilecek partnerler arayan kadınlar, rakiplerini eleyebilmek için iki şey yapıyorlar: 1. Fiziksel görünüşleri üzerine negatif yorumlar yapıyorlar ki bu çiftleşme pazarında rakiplerinin itibar kaybetmesi demek. 2. İffetsiz dedikodusu çıkarıyorlar ki burada da amaç erkeklerin boynuzlanma korkusunu azdırmak.

Hatırlatalım, evrimsel psikologlara göre memelilerde iç döllenme erkeklerin çocuklarının gerçekten babası olup olmadıklarını bilememelerine yol açıyor (İng. *paternity uncertainty hypothesis*) ve bu yüzden erkekler uzun ilişkilere girecekleri partnerlerini seçerken güvenirliğe büyük önem atfetmekte.

Sıkça karşımıza çıkan bir başka yanlış algı da erkeklerin daha "dolu" konular hakkında konuşurken kadınların "boş" konuştukları. Oysa yapılan araştırmalar bunun sadece erkekle kadının bir arada olduğu durumlarda gerçekleştiğini gösteriyor ki böyle anlarda zaten erkeklerin kadınlardan çok daha fazla konuştuğunu görüyoruz. Erkeklerin dedikodu yaparken iş hayatı, akademi, ahlak, sanat gibi konulara %0-5 yer verdiğini saptayan araştırmalar, aynı oranın ortamda kadınlar varsa %15-20'ye kadar yükseldiğini gösteriyor. Tannen'ı takip ederek kadınların böyle karma ortamlarda sözü erkeklere bıraktığını ve geri çekildiğini de eklersek, ortada tam da yelelerini gösterme bazlı bir ikiyüzlülük var yani. Etrafta bir kadın yoksa her erkeğin de gönül rahatlığıyla kabul edeceği gibi, bu tip ani entelektüel transformasyonların hedefi kadınları etkilemek aslında. Bir kez daha erkeklerin rekabet etmek, kadınların ise bağ kurmak için konuştuğunu görüyoruz.

İşte tam da bu bağ kurma merakı kadınların yaptığı dedikodunun erkeklerin yaptığı dedikoduya göre daha negatif algılanması sonucunu doğuruyor. Frederick George Bailey'nin verdiği örnekten gidecek olursak, Fransa Alpleri'ndeki dört yüz nüfuslu Valloire köyünde erkeklerin yaptığı konuşmalar *bavarder* fiiliyle karşılanıyor; yani arkadaşça bir ortamda iyi niyetle haber ve fikir alışverişi yapmak olarak görülüyor. Kadınların arasındaki benzer diyaloglar ise daha pejoratif algılanıyor ve "kötü lakırdı" (Fr. *mauvaise langue*) olarak adlandırılıyor. Ortaçağ İtalya'sından kalan dokümanlardaki dedikoduların tamamının erkekler tarafından yapılması da biraz bu süreçle alakalı. Chris Wickham'ın da belirttiği gibi, erkeklerin diyalogları toplumsal itibarı (İt. *fama*) etkilediği için kaydedilmeye değer. Ancak kadınların kendi özel alanlarında yaptığı dedikodu öyle değil; bunlar "meşruiyetini kaybetmiş" (İng. *delegitimized*), toplum için bir anlam ifade etmeyen şeyler. Yukarıdaki iki örnek, feminist yazar Andrea Dworkin'in "Kadınların yaptığı dedikodu hemen her yerde aşağılık ve banal olarak alaya alınırken erkeklerin dedikodusu, hele hele kadınlar üzerineyse, teori, fikir ya da olgu olarak adlandırılıyor" şeklindeki serzenişini haklı çıkarır nitelikte. Ama belki de buna o kadar şaşırmamak gerek. Zira binlerce yıldır kamusal alandaki itibarın ölçü birimi olan erdem erkeklikle özdeşleştirilmiş. Kelimenin kökeninden bile belli bu.*

Elena Martinescu'nun araştırmaları kadınların dedikodunun gücüne de daha çok inandıklarını gösteriyor. Olumsuz dedikodular kadınların moralini daha fazla bozarken olumlular daha çok motive ediyor ki bu da kadınların toplumsal rollerine ve ilişkilerine biçtikleri önemle uyumlu bir veri. Diğer insanlarla ilişkilerini onlarla bağ kurmak doğrultusunda yöneten ve toplumun baskısını üstünde daha fazla hisseden kadınların dışarıdan nasıl gözüktüklerine ve diğerlerinin kendileri hakkında ne düşündüğüne ekstra önem göstermesi çok da şaşırtıcı değil. Aksi tarzda davranmanın bir de bedeli var çünkü. Marjorie Harness Goodwin'in çocuk ve genç kızlar üzerine yaptığı çalışmalar; toplumun beklentilerine aykırı davranan kızların arkadaşları tarafından bir buçuk ay dışlandığını, erkeklerde ise benzer bir durumun yaşanmadığını gösteriyor.

Zaten erkeklerin toplumsal statüleri, başkalarının kendileri hakkındaki kanaatleri tarafından da belirlenmiyor. Erkekler başardıklarıyla, savaşabildikleri kadar varlar; toplumsal bağlarıyla değil. Bu yüzden de toplumun kendileri hakkında ne düşündüklerini kadınlar kadar önemsemek zorunda değiller ki Penelope Eckert'e göre daha az dedikodu yapmalarının nedeni de tam olarak bu.

---

* Lat. *vir:* adam + *-tus*, *virtus:* adamlık; Tür. er+dem.

Dedikodu güce erişmek için bir silah da olabilir. Biraz aşağıda detaylandıracağımız gibi, araştırmalar işyerinde astların üstleriyle ilgili sürekli dedikodu yaparken tersinin doğru olmadığını gösteriyor bize. İşte kadınların daha fazla dedikodu yapmasının bir başka nedeni de güç ve statüden marjinalize olmaları. Bu marjinalizasyon onları güce erişmek için arkadan dolaşmaya zorluyor kısacası.

Ancak Robbins ve Karan'ın yukarıda da andığımız araştırması, erkeklere göre kadınların sadece nötr dedikodu söz konusu olduğunda daha bir öne çıktığını gösteriyor. Negatif ve pozitif dedikodu, yani arkadan yerme ve övme söz konusu olduğunda cinsiyetler arasında pek bir fark yok yani. Olay kötü niyetse iki taraf da eş suçlu. Toplumsal algıda dedikodudan kastın genelde çekiştirmek olduğu düşünüldüğünde, halkın irfanıyla bilimin bulguları bir kez daha uyuşmazlık göstermiş gibi görünüyor. Kadınların nötr dedikoduda öne çıkmaları ise toplumsal ilişkiler üzerine daha fazla kafa yormaları ki bundan yukarıda zaten bahsetmiştik.

Kısacası kadınlar daha çok dedikodu yapıyorsa bu, toplumun diğer üyeleriyle erkeğe nazaran daha fazla bağ kurma ihtiyacı hissetmeleri. Ve fark negatif dedikodudan kaynaklanmıyor. Aslında erkekler de kadınlar kadar çok çekiştiriyor insanları. Hatta nötr ve pozitif dedikoduyu daha az yaptıklarını düşünürsek dedikodu başına düşen kötü niyet sayısı daha fazla. Aslında kadınlardan daha art niyetliler yani, boşa çenelerini yormuyorlar. Bu son cümleyle sanırım balonu biraz uğraşarak da olsa patlattık ve ihaleyi bir kez daha ataerkil sisteme yıktık. Mutluyuz, gururluyuz. Aşırıya kaçmışsak ne yapalım, herkes zamanının esiridir. Bugünün ikon kırıcılarının yarının ikonaları olmayacağını kimse garanti edemez.

Peki, Ya Fakirler?

Alt ekonomik grupların daha fazla dedikodu yaptığı yönünde de oturmuş bir algı var aslında. Bu kısmen, fakirlerin tembel ve aylak olduğu için fakir olduklarını öngören Viktoryen bir burjuva ahlakından kaynaklanıyor olabilir. Biraz açıklayalım. Modernite öncesinde Avrupa'da toplumun en üst tabakasını oluşturan aristokratlar bu fiziki egemenliklerini bir kültürel hegemonyaya dönüştürmek istediklerinde, yüzlerce yıllık geleneği bahane göstermek ve sadece atalarını öne sürmekle yetinebilirlerdi. Toplumun elitleriydiler, çünkü dedeleri de öyleydi. Sanayi Devrimi sonrası bir anda zenginleşen burjuvazinin ise böyle bir bahane kullanma şansı yoktu. *Goriot Baba*'yı okuyanlar bu *nouveau riche*'lerin* zenginliklerini toplumsal statüye çevirirken yaşadıkları sıkıntıları hatırlarlar.

Kendi egemenlik dönemi gelince burjuva yeni bir kültürel hegemonya oluşturmak zorundaydı. İlk önce aristokrasi ile özdeşleştirilen şeyleri kadın ve çocuklara atfetti. Çikolata, şeker ve renkli giysiler artık bir statü göstergesi değildi. Daha sonra bir statü objesi olarak soyunu sopunu öne süremeyeceği için "çalışma"yı ön plana çıkardı. Zengin olmuştu, toplumun eliti olmayı hak ediyordu ama çaldığı çırptığı, fahiş fiyatla sattığı, siyasetçilerle iş tuttuğu, rüşvet verdiği ya da haydi daha insaflı olalım iyi pazarlık ettiği ve belki de şansı biraz yaver gittiği için değil. Kendini yetiştirip çok çalıştığı için. Weber'in Protestan Ahlakı dediği şeyle de uyuşan bu zihniyeti en berrak haliyle burjuva ailelerinin çocuklarına müzik ve sanat aşılama merakında görebilirsiniz. Bir dakikasını boş geçirmeyen ve daha çocukluktan itibaren kendini geliştirmek için her şeyi yapan bir birey... Günümüz beyaz yakalısının el kadar bebeleri bale ve piyano kurslarında süründürmesinin arkasında da benzer bir endişenin yatmadığını söylemek güç. Çoğumuzun senede on saat dinlemediği bir enstrümanı ya da sahnede üç kere izlemediği bir sanatı çocuklarına dayatmasını başka türlü açıklayamıyoruz ancak konu dağılmasın diye bu kısmı fazla uzatmayacağız.

---

* Fr. yeni zengin, sonradan görme. Karş. *vieux riche*.

Bu ahlak anlayışının bir yan ürünü de fakirlerin fukaralıklarını hak ettikleri. "Fakirler, çünkü disiplinsiz ve tembeller." Alternatif argümanlara da bakalım ki bu mantığın hali vakti yerinde olan insanlar için neden bu kadar önemli olduğunu daha rahat anlayalım: "Fakirler, çünkü neoliberal sistem dünya kaynaklarının adaletli dağıtılmasının önüne geçiyor", "Fakirler, çünkü hayata eşit şartlarda başlamadılar", "Fakirler, çünkü sosyal sermaye eksikliği kendilerini dezavantajlı bir duruma sokuyor" (bkz. İkinci Bölüm). Hangi gruptaki önermeler daha rahatlatıcı sizin takdirinize bırakıyoruz.

İşte benzer bir mantıkla disiplinsizlik ve ahlaki zayıflık atfettiği fakirlere dedikoduculuğu da yakıştırmakta gecikmiyor orta sınıflar. Oysa bölümün açılışında da bahsettiğimiz Robbins ve Karan'ın 2019 tarihli araştırması durumun hiç de öyle olmadığını gösteriyor. Demek ki fakirlerin dedikoduya meyilleri daha fazla değil.

Ancak alt-üst ilişkisi bütün toplum üzerinden değil de bir işyerindeki işbölümü üzerinden kurulursa durum değişiyor. Elena Martinescu'nun deneyleri "güçsüz" insanların "güçlü" insanlara göre daha çok dedikodu yaptıklarını kanıtlıyor. Eleanor Roosevelt'in "Büyük insanlar fikirler, ortalama insanlar eşyalar, ufak insanlar diğerleri hakkında konuşur" lafının arkasında bir mantık var kısacası. Nietzsche'nin *Schadenfreude*'yi (milli sporumuz olan başkasının mutsuzluğuna sevinme) iktidarsızların intikamı olarak görmesinde de…

Güçsüzlük toplumsal desteğe daha çok muhtaç olmak demek. Tıpkı kadınlar gibi onlar da toplumsal ilişkileri daha fazla önemsedikleri için dedikoduya daha sık başvuruyorlar. Güçlü insanlar ise toplumsal baskılara daha dirençli ve hedeflerine ulaşmak için gerekli aygıtlara daha rahat erişebiliyorlar, o yüzden dedikoduyla prestij kazanmak zorunda değiller. Ayrıca kendilerinden alt konumdaki insanları çekiştirmek kendi toplumsal statülerini tehlikeye atabilir. Kaldı ki Magee ve Smith'in araştırmalarının da gösterdiği gibi, güçsüzlerin neyi, nasıl, neden yaptığı güçlülerin pek de umurunda değil. Oysa tam tersi durumlarda edilgen konumdakiler daha dikkatli olmak zorundalar.

GÖRDÜĞÜNÜZ GİBİ DEDİKODUNUN BİRÇOK toplumsal ve bireysel işlevi var. O yüzden de kaçınılmaz. Sosyal ve politik bir varlık olan insan dedikodu yapmadan duramaz. Kendisini hayvandan ayıran o eşsiz merak duygusunu zapt etmesi imkânsız.

Ancak değişen zamanların başka bir dedikodu ekonomisi dikte ettiği de bariz. Artık dedikoduyu eskisi gibi yapamayız ve ona anneannemiz gibi tepki veremeyiz. Zira artık cemiyet bazlı bir toplumda yaşamıyoruz. Birey olmak için elimizde çok daha fazla enstrüman var. Artık tek başına geçinmek, evi çekip çevirmek, çocuk ya da kariyer yapmak mümkün. Eskisine göre çok daha bağımsızız, çevremiz bizi daha az ilgilendiriyor kısacası. Para üzerinden dönen bir ekonomi sübjektif kişisel ilişkilerin yerini objektif etkileşimlerin alması demek. Bunun getirdiği yalnızlıktan ve ruhsal boşluktan şikâyet edebilirsiniz ama avantajlarından faydalanmaktan da imtina etmiyorsunuz.

Bu bağımsızlık sizi sadece özgürleştirmiyor, hata yaptığınızda tekrar başlama şansı da veriyor. Artık eskisi gibi tek bir kurşununuz yok; bir yerde sıfırı çekerseniz, biraz zor olur belki ama başka yer ve koşullarda hayatınıza tekrar başlayabilirsiniz. Eskiden tek bir hata, hakkınızda çıkan tek bir laf, onurunuza tek bir çizik tüm hayatınızı mahvedebilirdi. Köyde kaçırılmış ve sırf "adı çıktı" diye sevmediği ve hatta kendisine karşı kaçırma eylemiyle şiddet uygulamış biriyle bir ömür geçirmek zorunda olan bir genç kızı düşünün. Ya da gözünün bebeği kızını hanesine tecavüz eden birine vermek zorunda olan bir babayı. Köy toplumundaki tek şansı evi çekip çevirip çocuk büyütmek olan bir annenin talihindeki tepetaklak oluşu. Ya da ailesinden biri vuruldu diye gidip birini öldürmek ve hayatının geri kalanını ya hapiste ya da ölüm korkusuyla kaçarak geçirmek zorunda olan genç bir adamın yerine koyun kendinizi. Acımasız bir itibar pazarında kan revan içinde hem kendisinin hem de ailesinin pozisyonunu korumak zorunda. Geleceğini ve hayatını rüzgâra savurmak pahasına.

Bu sistem yüzyıllarca devam ettiyse bunun nedeni, tarım toplumlarında pek bir geleceğin de olmaması aslında. Ama son iki yüzyılın getirdiği sarsıcı değişim bireylerden oluşan bir toplum yarattı ve binlerce yıllık refleksleri manasız kıldı. Artık insan çok daha hareketli, çok daha özgür ve sırf bu yüzden de çok daha yorgun.

Bugün artık namus ve kan davaları azalıyorsa bunun bir nedeni insanların tek bir toplumsal paradigmaya sıkışmış olmamaları. Bir yerde hakkınızda doğru ya da yanlış bir şayia çıkarsa başka bir yere gidebilirsiniz. Artık tek bir itibar havuzu yok. Dolayısıyla başkalarının isteklerine göre yaşayıp birey olma şansını ıskalamanın manası da. Anneannelerinizin sabanları, pullukları hayatınızdan çıkmış olabilir ama esas kurtulmanız gereken onların değer yargıları, bunu unutmayın.

Topluma bu kadar kolay taviz vermeyin. Başkalarının hakkınızda ne düşündüğünü o kadar da önemsemeyin. Orijinalin ve yeninin övüldüğü bir çağda sürünün peşine takılmayın. Vasatlık denizinin sakin sularında Sirenler'in volta attığını unutmayın.

Ancak bu, dedikodu yapmayın da demek değil. Grubun birey üzerindeki baskısı azalmış olabilir ancak bu, dedikodunun toplumun temeli olduğu gerçeğini de değiştirmiyor. Kaldı ki bireysel bazda da vazgeçilmez. İnsanı rahatlatan bir yanı olduğu da kuşkusuz. Çevremizle bağ kurmamıza, komplekslerimizi kusmamıza, fantezi ve hayallere dalıp rahatlamamıza yardımcı oluyor.

Dedikodu yapın ancak sadece size iyi hissettirdiği sürece ve bunun bir egzersiz olduğunu asla unutmadan. Mutlulukları çoğaltmaya, acıları azaltmaya yaradığı müddetçe faydalı olan bu egzersizden, grubun üstünüzde baskı kurmasına yol açıyorsa kaçının. Israrcı olurlarsa kem gözlülerin suratına *Candide*'in şu sözlerini çarpın: *Il faut cultiver notre jardin.* Meraklı seyyahımızın bu dinginci hayat felsefesini İstanbul'da karşılaştığı bir Türk'ten öğrendiğini de ekleyin. Ve artık Ferrari'lerini satan adamlardan, güneye yerleşenlerden ve Leo Buscaglia'dan bıkın ve Voltaire'in bu muhteşem kitabını okuyun.

Bölümü illa tek cümlelik bir sloganla bitirecek olursak, "Birbirinizi dinleyin, başkalarını değil."

IV

ERKEKLERLE KADINLAR NEDEN FARKLI MESLEKLER SEÇER?

"Evi idare etmenin zorluklarını anlayan kadın bir ülkeyi yönetmenin zorluklarını anlamaya daha da yaklaşır."*
Margaret Thatcher (1979)

"Erkekler *yapıldıktan sonra* hikâyesi anlatılabilecek işleri hep kendilerine saklarken kadınlara *yapılırken* hikâye anlatılabilecek işleri vermeye çalışacaklar."**
David Graeber, *Bullshit Jobs* (2018)

Türkiye'de insanların en sık müdahil olduğu alanlardan biri kadınların kamusal alandaki tercihleri. Yolda içtiği sigaradan giydiği eteğin boyuna, okurken ya da çalışırken taktığı başörtüsünden hamileliğinde kayınpederine gözüküp gözükemeyeceğine ve hatta dışarı çıkıp çıkamayacağına kadar "cins-i latif"in hemen her hareketi toplumun değişmez hâkimi erkekler tarafından düzenlenmekte. Kadın âdeta evden dışarı adımını attığı an korunmaya muhtaç ikinci sınıf bir vatandaş ve daha da kötüsü gözetlenmesi gereken bir tehlike unsuru olarak görülüyor.

Kadının toplumsal hayata katılmasını zorlaştıran bu anlayışın en çok sıkıntı yarattığı alan meslek dağılımı. Sanayi Devrimi sonrası artan niteliksiz işgücü talebi nedeniyle binlerce yıldır

* *"Any woman who understands the problems of running a home will be nearer to understanding the problems of running a country."*

** *"Men will always take for themselves the kind of jobs one can tell stories about afterward, and try to assign women the kind you tell stories during."*

hapsolduğu evden kafasını çıkartabilen kadının eşit bir şekilde çalışma hayatına entegre olduğunu söyleyebilmek ne yazık ki hâlâ mümkün değil. İlerleyen sayfalarda da belirteceğimiz gibi araştırmalar kadınların işyerlerinde hâlâ kendilerini dezavantajlı bir konumda bulduğunu gösteriyor. Bu negatif ayrımcılığı patronların işe alma tercihlerinden kadın-erkek maaşları arasındaki farklara, çalışma ortamında erkek egemen bir kültürden cinsiyetlere layık görülen unvanlara kadar birçok alanda gözlemlemek mümkün.

Ayrımcılığın tezahürlerinden biri cinsiyetlerin "fıtrat"ındaki farkların bir sonucu olarak, bazı mesleklerin bazı cinsiyetler tarafından yapılamayacağı fikri. Bu fikir basit bir işbölümünden daha fazlasını ima ediyor aslında; kültürel bir eşitsizliği doğa ile eşitleyerek sabitliyor ve tartışma dışı kılıyor. Dolayısıyla muğlak kalmaya mahkûm bu "fıtrat" kavramı cinsiyetlere pek de adil davranmıyor: Erkeklere layık görülmeyen daha az kalifiye mesleklerken kadınların sürekli kafalarını çarptıkları şu meşhur "cam tavan"ın (İng. *glass ceiling*) ulaşmayı engellediği pozisyonlar hep yüksek ücretli olanlar. Çok az erkeğin "hemşire" olamamaktan hayıflanacağını varsayabiliriz; peki, aynı şeyi 1980 gibi yakın bir tarihte Harvard'da kadrosu verilmeyen Theda Skocpol gibi dünya çapında bir siyaset bilimci için söylemek mümkün mü? [bkz. s. 190.]

Peki, gelelim sorumuza: Neden bazı meslekler kadınlara layık görülürken bazıları erkeklerin tekeline bırakılmış? Bu işbölümü tarihsel olarak nasıl bir gelişim ve değişim göstermiş? Ataerkil toplumun baskısı azaldığında bile neden kadınlarla erkekler farklı mesleklere yönelmekte ısrar ediyor? Hakikaten kadınların yapamayacağı işler var mı? Erkeklerin egemenliğindeki işlere bulaşan kadınlar kimler? Modern toplumda kadınların işgücüne daha fazla katılması nasıl gerçekleşti?

Erkekler neden her işin başına bir erkek getirmeye eğilimliler? Çalışan kadın neden erkeği tedirgin ediyor? Bu tedirginlik bugün gerçekten son buldu mu? Erkekler neden çocuklarıyla daha az ilgilenir? Yüzyıllarca temel fonksiyonu annelik olarak görülen kadının bir anda iş hayatına atılması aile düzeninin bozulması ve çocukların ihmal edilmesi anlamına mı geliyor?

Saban ve Kadının Küme Düşmesi

Statik tarımsal kültür değerlerinden vazgeçememekten ve kozmopolit bir şehir yaşamının gerektirdiği zihinsel transformasyonu gerçekleştirememekten kaynaklanan anakronik* tavırların kökenini, binlerce sene öncesinde, insanların yüz binlerce yıldır sürdürdüğü avcı toplayıcı yaşamdan yerleşik hayata geçmesinde aramak gerek.

İnsanlık geliştikçe daha rahat yaşadığımızı düşünüyoruz ama avcı toplayıcı yaşamın o kadar da kötü olmadığını savunanlar da var. *İnsanlar Arasında Eşitsizliğin Kökenleri Üzerine Söylev* (Fr. *Discours sur l'origine de l'inégalite parmi les hommes*) adlı eserinde medeniyetin insanları yozlaştırdığını savunan Jean-Jacques Rousseau, vahşi insanın basit ve eşitlikçi yaşamına övgüler düzmekten kendini alamamıştı. Avrupa'nın dışına hiç çıkmayan filozofumuzun iki yüz yetmiş yıl önceki bu idealleştirmesinden fazlasına, gözleme dayanan çalışmalara odaklanınca da benzer saptamalara rastlıyoruz. Örneğin Marshall Sahlins ilkel toplumların pek de yokluk içinde yaşamadığına işaret ediyor. Huysuz antropoloğumuzun "müreffeh toplumlar"** (İng. *affluent society*) adını verdiği avcı toplayıcılar refaha "Zen yolu" ile, yani daha az talep edip ellerindeki imkânlar ile beklentilerini dengeleyerek ulaşmaktaydılar. Üç beş saat avlanmanın yettiği ve kalan zamanın dinlenmeye ve eğlenmeye ayrıldığı bu tip bir yaşamın hamarat modern toplumun eğilimlerine taban tabana zıt olduğunu, Harari'nin *Sapiens* kitabının ve "güneye yerleşmek" ya da "Ferrari'sini satmak" gibi klişe hayallerin beyaz yakalılar arasında büyük bir popülariteye kavuşmasından da anlayabiliriz. Daha iyi fiziki koşullarda yaşıyor olabiliriz ancak ağır bir iş yükü altında ezildiğimiz de kesin.

---

* Gr. ἀνά [ana: karşı] + χρόνος [kronos: zaman], zamanla uyuşmayan.

** Ar. "refah"tan, r-f-h: mü*reffeh*.

Kendilerini yormadan aza kanaat getiren avcı toplayıcılarda, yerleşik toplumların bir başka temel ögesi olan hiyerarşi de oldukça yüzeyseldi. Cinsiyetler arasında işbölümü yok değildi; erkekler avlanırken kadınların toplayıcılık ve çocuk bakımında uzmanlaşması, fiziksel farklılıkların dikte ettiği bir şeydi. Ancak bir yere kadar! Toplumsal yapının basitliğinin bu işbölümünün katı bir şekilde kendini göstermesine ve kalıcı bir eşitsizliğe yol açmasına engel olacağı aşikârdı. Toplumsal cinsiyet alanındaki çalışmaları temel alan yeni arkeolojik akımlar, klasik arkeolojinin sadece erkeklerin uğraştığını iddia ettiği avcılık, alet yapma ve kaya sanatı gibi alanlarda kadınların da faaliyet gösterdiğini ispatladı. Ancak bu sefer de bu feminist arkeologlar aşırıya kaçmış ve erkeklerin de kadınlara atfedilen işleri yaptığını görmezden gelmişlerdi. Paul Bahn'ın da belirttiği gibi, kadının alet yapıp yapmaması bize aslında pek bir şey öğretmiyordu; kadın-erkek arasındaki işbölümü hakkında daha derin analiz yapmak istiyorsak arkeolojiye değil, etnografiye dönmeliydik.

Peki, öyle yapalım ama burada da durum ideal olmaktan uzak; zira modern çağlara ulaşmayı becermiş avcı toplayıcı kavimlerin son iki yüzyıldaki gelişmelerden ne kadar etkilendiği, daha doğrusu yüz binlerce yıl önceki örnekleri ne kadar temsil edebilecekleri tartışmalı. Modernitenin değmediği kimse yok! Ancak çok da söylenmemek gerek, zira tarihçiler ve antropologlar ellerindeki veriye kanaat getirmeye alışık olmalılar. Bugün hâlâ Güney Afrika'daki Kalahari Çölü'nde avcılık ve toplayıcılıkla uğraşan !Kung halkını inceleyen etnograflar da erkek avcı ve kadın toplayıcı arasındaki işbölümünün o kadar sert olmadığına ve rollerin çoğu kez değişebildiğine dikkat çekmekte; kadınların avlanmaya iştirak ettiklerini ve çocukların da her iki cinsiyet tarafından yetiştirildiğini biliyoruz. Durumun on binlerce yıl önce de böyle eşitlikçi olduğunu farz etmekte sakınca görmeyenler çok. Hatta daha ileri gidip bu toplumlarda cinsiyetler arasında illa bir önem sıralaması yapılacaksa bunun kadınların aleyhine değil, bilakis lehine olduğunu; bitkiler üzerine uzmanlıklarının onları vazgeçilmez kıldığını iddia eden bilim adamları bile mevcut.

Ataerkillik (İng. *patriarchy*): Ailenin reisinin baba olduğu aile sistemi. Karşıtı olan anaerkil toplumun (İng. *matriarchy*) gerçekte hiç var olup olmadığı bir tartışma konusudur.

Anayanlılık (İng. *matrilocality*): Kocanın karısının ailesinin yanına taşındığı aile sistemi. Karş. Atayanlılık (İng. *patrilocality*)

Anasoyluluk (İng. *matrilineality*): Doğan çocukların annenin soyuna ait sayıldığı aile sistemi. Karş. Atasoyluluk (İng. *patrilineality*)

Bugün de anayanlılık ve anasoyluluğu genelde daha basit ekonomik sistemlere sahip toplumlarda görüyoruz. Cherokee, Choctaw, Hopi, Seneca, İrokualar, Navajo ve daha birçok Kızılderili kabilesi, Güney Amerikalı Kogi ve Carib yerlileri, Sri Lankalı Tamil ve Müslümanlar, Panama'nın Kuna halkı, ileriki sayfalarda karşımıza çıkacak Trobriand Adaları sakinleri, Volkswagen'in bir arabasına ismini veren Kuzey Afrika Touaregleri (Osm. Tevârik), Senegal Nehri'nden Batı Afrika'nın birçok yerine dağılan Sererler, Hindistan ve Güneydoğu Asya'nın adını daha önce duymadığınız etnik grupları ve hatta Basklılar ve belki bilgisayar oyunlarından hatırlayacağınız İskoçya Pictlerinden oluşan uzun bir liste yapmak mümkün. Biraz daha uzatmak istersek Orta ve Güney Afrika'da Angola, Zambiya, Malawi ve Mozambik'ten geçen bir "Anayanlılık Kemeri"nden bile bahsedebiliriz belki. Ama bu etnografik karmaşayı fazla detaylandırmadan ne demek istediğimizi tekrar etmek en iyisi sanırım. Bu toplumlar genelde üretimde başat rolün kadınlar tarafından oynandığı marjinal ekonomik yapılar; erkeğin lehine olan bir eşitsizlik üreten ataerkil, atasoylu ve atayanlı bir toplum oluşturacak sofistikasyonda bir üretim biçimine sahip değiller.

Şimdi tekrar tarihsel arka plana dönelim. Kadın ile erkek arasındaki eşit ilişkiyi bozacak gelişme yaklaşık on-oniki bin yıl önce tarıma geçilmesi olacak. İşin ironik yanı, kendilerini dezavantajlı bir konuma sokacak bu süreci başlatan bizzat kadınların kendisiydi; sosyolog Elise Boulding'e göre, bitkiler üzerindeki deneyimleri sayesinde tek taneli buğdayı (İng. *wild einkorn*) ehlileştiren onlardı. Aslında ilk başta tarlayı eken, evcilleştirilen hayvanların sütünü sağan ve bundan peynir yapan kadınlardı ancak tam anlamıyla tarıma geçilmesiyle, yani sabanın ve sulama sistemlerinin ortaya çıkmasıyla tarla nöbeti erkeklere geçecekti. Kadın kendini bir anda çocuk büyütmek, yemek yapmak ve sepet ve kap kacak üretmekle, kısacası gene tarımla artık aile mülkiyeti olarak karşımıza çıkmaya başlayan "ev"in yükümlülükleri ile baş başa bulacaktı. Üstüne üstlük artan yiyecek arzı çocuk yapmayı da kolaylaştırmıştı; "Doyuramam" kaygısıyla eskiden ortalama her dört yılda bir doğuran kadınlar şimdi her iki yılda bir, hatta belki de her yıl hamile kalmaya başlamışlardı. Tarih boyunca kadınların menopoz öncesi dönemlerini hayatlarını riske atma pahasına da olsa bir nevi "bebek fabrikası" gibi geçirecekleri dönem başlamıştı artık.

Hamilelik, lohusalık ve bebek bakımı gibi kendisini eve bağlayan sorumlulukları artan kadın, artık toplumun ayakta kalması için ihtiyacı olan yiyeceği sağlamakta da herhangi bir rol oynamıyordu. Kendisini bir anda ikinci sınıf buluvermesine pek de şaşırılmamalıydı; nihayetinde güce giden yol toplumun midesinden geçmiyor muydu? Bundan böyle çarşıda meydanda boy gösteren ve önemli kararları alan hep ama hep erkekler olacaktı.

Doğurmazsan Kadın Değilsin

"Kadın eşittir doğurmak" prensibini en güzel yarı göçebe Nuerlerin kısır gelinleri ailelerine geri gönderme âdetinde görmek mümkün. Meşhur İngiliz antropolog Evans-Pritchard bu geri dönen kadınların hayvan sürüsüne sahip olabildiklerine, istedikleri kadınla evlenebildiklerine ve aileye gelen başlık parasından pay alabildiklerine dikkat çekiyor. Altını çiziyoruz, istedikleri kadınla! Ancak hemcinsleriyle kurdukları bu yeni ailenin devam edebilmesi için de her şey düşünülmüş. Bunlar dışarıdan getirdikleri bir erkek hizmetçiyi damızlık olarak kullanabiliyor. Bu erkeklerin doğan çocuklarda hiçbir hak iddia edemediğini belirtmeye sanırız gerek yok. "Koca" rolüne bürünen bu kısır kadınlar tam bir erkek yaşamı sürdürebilirler kısaca. Birden fazla eş alabilir ve bunlardan biri kendilerini aldatırsa tazminat talep edebilirler. Dahası da var; öldükten sonra ruhları ıstırap çeker ve bu yüzden de kabileye hastalık getirirlerse, geride bıraktıkları karılarıyla erkek kardeşleri ya da onların oğulları evleniyor ve bu evlilikten doğan çocuklar da bu koca rolündeki kadınların oluyor. Erkeklere yapılan muamelenin aynısı! Antropologların "hayalet evlilik" dedikleri ve Güney Sudan'da yaygın olan bu garip âdetin detaylarına girmeden ana fikrimizin altını çizelim: Nuerlerde doğurmadığı ve "annelik" rolüne bürünmediği noktada kimsenin kadınlık vasfını taşımasına gerek yok!

Tarımla birlikte ortaya çıkan kişisel mülkiyet kavramının insan grupları arasındaki eşitsizliği artırdığını ve toplumsal hiyerarşiyi kuvvetlendirdiğini de unutmamak gerek. Ellerine geçen her şeyi az çok eşit paylaşan avcı toplayıcıların aksine, tarımla birlikte belirli bir toprak parçasına bağlanan bu yeni toplumlarda sadece zenginler ve fakirler yoktu. "Vahşi"lerimiz belki Rousseau'nun idealize ettiği kadar asil olmayabilirlerdi ancak zorunluluktan da olsa daha eşitlikçi bir toplumda yaşadıkları kesindi.

Yerleşik yaşamla yeni alet ve üretim tekniklerinin kullanılmaya başlaması mesleki "uzmanlaşma"yı getirecek; şehirlerin ortaya çıkmasıyla da bu uzmanlaşma savaşçı, kâtip, din adamı gibi imtiyazlı toplumsal sınıflar yaratacaktı. Buğdayın faturası eşitlik olmuş, müreffeh toplumların huzur ve ahenk dolu günleri geride kalmıştı. Ayrıcalıklı sınıfların tarımla oluşan zenginliğin kaymağını nasıl tekellerine aldıklarını, arkeologların buldukları iskeletler üzerinden anlamak da mümkün. Dişleri normal halka göre çok daha sağlıklı olan Miken krallarının boylarının da ortalama

7.5 santim daha uzun olması ve Şili'deki mumya kemiklerinde dört kat daha az lezyon bulunması boşuna değil. Bazıları sürekli kıtlık korkusuyla belini büküp nasırlı elleriyle tarlayı sürerken diğerleri yan gelip yatmakta ve tıka basa doymakta anlaşılan!

Paranın Sahneye Çıkışı ve Kadının Eve Hapsedilişi

Kadınlara esas darbeyi vuran ve Sümerlerden Yunanlara birçok toplumda eve hapseden süreci tamamına erdiren, paranın tedavüle girişi oldu. Parlak kariyerine rağmen huysuz ve siyasi kişiliği nedeniyle Amerikan üniversitelerinin istenmeyen çocuğu ilan edilen David Graeber'in bize hatırlattığı gibi, ilkel toplumlar aslında sanıldığı gibi takas yapmıyorlardı. Caroline Humphrey başta konunun uzmanı antropologlar bu patates verip ayakkabı alan insanlardan oluşan toplumları bir türlü bulamayacaklardı. David Graeber'e göre Adam Smith'ten beri ekonomistlerin bu hiçbir yerde izine rastlanmayan ütopik toplumlardan bahsetmelerinin nedeni ekonomiyi, sosyal ve ahlaki kurallardan bağımsız ve devlet ve toplumdan ayrı, otonom bir alan olarak gösterme uğraşıydı. Tekrarlaya tekrarlaya kendileri de inanmış ve herkesi inandırmışlardı. İşte size *textbook*'ların gücü!

Peki, takas yoksa mallar nasıl el değiştiriyordu? İlk toplumları oluşturan bireylerin arasında değiş tokuş borçlanma üzerinden yapılıyordu. Yani aralarında bir kredi sistemi vardı ve takas sadece tanımadıkları, toplum dışı insanlarla yapılan bir şeydi. Sırayla yemek ısmarlamak gibi bir kültürden bahsediyoruz kısacası ya da "Sen benim sırtımı kaşı, ben de senin sırtını kaşıyayım" tarzı bir karşılıklılıktan [bkz. Beşinci Bölüm].

Graeber'in "insan ekonomisi" dediği ve toplumun fertlerinin birbirine yardım etmekle yükümlü oldukları bu sistemde bir şeyi parayla almak mümkün değildi. Boncuk, istiridye kabuğu, tüy, köpek ve balina dişi gibi süs eşyaları ve inek gibi metalar genelde bir şey satın almak için değil, insanlar arasındaki ilişkileri düzenlemek ve devam ettirmek için el değiştiriyordu.

Örneğin gelin almak için ödenen başlık parası ya da bir kan davasını önlemek için verilen kan parası işlevini görüyorlardı. Anlaşmalar yapmak, cenazelerde ağıt yakanları teselli etmek ve takipçi kazanıp maiyetini genişletmek ancak bu sembolik metaların el değiştirmesiyle mümkün olabilmekteydi. Bu "toplumsal çipler"in (İng. *social currency*) finansal bir değeri yoktu; mesela bir ayakkabı almak için kullanılmıyordu. Ayakkabıya ihtiyacı olan bunu yapan bir tanıdığına gidiyor ve ondan istiyordu, bir gün onun da kendisinden bir şey isteyebileceğini bilerek. Vermemek de birinden bir şey alıp daha sonra bu iyiliği karşılıksız bırakmak da insanın itibarını kaybetmeye yol açacağından sistem mükemmel bir şekilde işliyordu. Para gibi bir aracıya ihtiyaç kalmıyordu.

Bu mükemmel sistemi değiştiren ve ahlaki bir sorumluluğu (yardımlaşma) ahlaki bir yüke (borç, faiz vs.) çeviren ise savaş, devlet ve pazarın birbirini tahkim eden bir ittifak halinde ortaya çıkmasıydı. Bu ne demek şimdi değil mi? Şu: Fetih demek vergi demekti, vergi de paranın kullanıldığı bir pazar. Nakit böylece "insan ekonomileri"nin yerini alacak ve aynı cemiyeti oluşturan insanların ilk kez birbirlerine bizim bildiğimiz anlamda borçlanmasına neden olacaktı. Burada artık karşılıklı beklentilerin arkasında garantör olduğu bir kıyaktan değil, ölçülebilir ve geri ödenmemesi durumunda hukuki sonuçları olan bir miktardan bahsediyoruz.

Ekonomi parasallaştıkça artan borçlar büyük bir ahlaki şoku da beraberinde getirmişti. Antik Çağlardaki birçok radikal toplumsal hareketin ilk hedefi borçların ve yükümlülüklerin sıfırlanması ve faizin yasaklanması olacaktı. İnsanlar arasındaki bire bir ilişki kopmuştu, borç batağına düşenlerin dayanacak kimsesi kalmamıştı. Çaresizlik içinde karılarını ve çocuklarını köle olarak satmaya ya da borçları karşılığında rehin olarak vermeye başlamışlardı. Borca gark olmuş ailelerin kadınları başkalarının hizmetçisi veya cariyesi olacak kadar şanslı değillerse kendilerini genelevlerde bulacaklardı. Bu, toplumsal düzenin krize girmesi demekti. İnsan komşusunu nasıl böyle metalaştırabilmişti?

Paranın yaygınlaşmasının dikte ettiği bu onur kumarında başarılı olan zenginler hemen çizgiyi çekmeliydi. Kendi kızları ve kadınları bir meta olarak alınıp satılamazdı. Peki ama bunu tüm dünyaya nasıl ilan edeceklerdi? Onları eve kapatarak, dışarı çıktıklarında da örtünmelerini sağlayarak. Belki bugün bize saçma gelecek ama ilk kez Bronz Çağı'nın sonlarına doğru (MÖ 1200) karşımıza çıkan kadınların bu izolasyonunu, o günün mantığı içinde onları korumak için yapılmış bir şey olarak görmek gerek. Zaten bunun ilk gerçekleştiği Asur'daki yasalara göre, cezalandırılması gereken kafasını açan "iffetli" kadınlar değil, örtünüp "namuslu" gözükme derdine düşen "iffetsiz"ler ve kölelerdi. İlki zaten pek olası bir durum da değildi; öyle ya, hangi aklı başında kadın örtüsüz dışarı çıkıp fahişe gibi dolaşmayı göze alırdı ki?

Kadının Eve Hapsedilişinin Kültürel Kodifikasyonu

Kadının kamusal alandan dışlanması sürecinin birçok kültürde değişik tezahürlerini görmek mümkün. Tüm dinlerin artık tamamen ev ve aile üzerinden tanımlanacak olan kadının "anne" işlevine dikkat çekmesi bir tesadüf değil. "Cennet anaların ayaklarının altındadır" hadis-i şerifinin de, Hıristiyanlığın Hz. Meryem özelinde ideal "anne"yi överken Hz. Havva üzerinden "baştan çıkarıcı" bir kadının toplum için tehlikesine dikkat çekmesinin de mantığı bu. Ve bu, dönemin üretim ilişkileri düşünüldüğünde tahmin edilebilir bir sonuç aslında. Tarım toplumlarında kadının rolü artık yiyecek sağlamak değil, ailenin devamı için çocuk üretmek zira.

Bu "baştan çıkarıcı kadın" ya da *femme fatale* arketipini aslında erkeğin sürekli boynuzlanma korkusuyla yaşamasına bağlayabiliriz. Bu korku o kadar büyük ki erkeklerin çok eşliliğe daha yatkın olduğunu iddia eden Richard Dawkins gibi bazı bilim adamları, bu eğilimin altında erkeklerin çocuklarının kendilerine ait olduğuna hiçbir zaman emin olamamalarının yattığını göstermekte tereddüt etmemiş. "Madem bu çocuk benim değil, öyleyse olabildiğince türemeliyim" şeklinde mekanik bir düşünceyi şüphesiz kültürel faktörlerin bir yere kadar dengeleyeceğini hatırlatalım; amaç insanları tamamen içgüdüleriyle hareket eden şuursuz hayvanlar gibi göstermek değil, biyolojik unsurların da hesaba katılması gerektiğinin altını çizmek.

Erkek egemen toplumun kadınları takdir etmek zorunda kaldığı durumlar olabilir ancak cinselliklerini reddetmek şartıyla. Mesela Fransa'yı kurtaranın bir kadın olmasını, o kadının bakire olduğunun altını ısrarla çizerek dengelemek lazım. El değmemiş, kirlenmemiş, hemcinslerinin aksine cinsiyetinin zayıflıklarını reddetmiş bir Jeanne d'Arc daha az rahatsız edici. Gene İslam dininin şu hep pesimist Hıristiyanlığın aksine, cinselliği özünde kötü bir şey olarak görmemesi ve bunun sonucunda bakireliği bir ibadet olarak değerlendirmemesi de belki neden neredeyse hiç kadın evliyamızın olmadığını açıklayabilir. Dinen rahibelere gerek olmayabilir ancak toplumların kadınları baş tacı etmek için bakirelere ihtiyacı var gibi görünüyor. Speküle etmeden duramadım!

Tek tanrılı dinlerden önce insanların metafizik ihtiyaçlarını gideren mitolojide de kadının bu "problem" çıkarma potansiyelinin altı defalarca çizilmiş aslında. İnsanlığın başına tüm fenalıkları getiren kutuya boşuna "Pandora"nın kutusu demiyoruz. Zeus'un emriyle Hephaistos'un yarattığı bu "ilk" kadın, eğer merakına yenik düşüp tanrıların kendisine verdiği kutuyu açmasaydı kötülük diye bir şey hiç olmayacaktı.

Tanrıların Gılgamış'a rakip olsun diye yarattığı Enkidu'yu hem baştan hem yoldan çıkaran Şamhat da bir kadındı. Gılgamış'ın yolladığı bu tapınak fahişesi yüzünden yabani kahramanımız medeniyetin büyüsüne kapılacak, dostları vahşi hayvanlar da bu yüzden kendisinden yüz çevirecekti. Enkidu artık özünden kopmuş, kendini şehrin *décadence*'ına (sefahat) kaptırmıştı. Sonradan dost olduğu Gılgamış'la maceradan maceraya koşacak olsa da ölüm döşeğinde Şamhat'a lanet okumasından kendisiyle geçirdiği şehvet dolu haftadan pişman olduğu sonucunu çıkarabiliriz. Her ne kadar Tanrı, Şamhat'ın uyarısıyla geri adım atacak olsa da hikâyenin mesajı aslında açık: Kadın ayartıcıdır.

Gene Truva Savaşı'nı çıkaran Hera, Athena ve Afrodit'in arasındaki kıskançlık değil miydi? Bu üç tanrı arasındaki hasedi harlayan Eris'in, yani nifak tanrıçasının bir kadın olması da herhalde tesadüf olmasa gerek. Kadınların tanrıça olduklarında bile başımıza iş açmadan duramadıklarını düşünenleriniz olabilir ama Yunan ilahlarının tek tanrılı dinlerin adil ve rahim* ilahlarına benzemediklerini ve genelde zalim, kaprisli ve dengesiz olduklarını hatırlatalım.

Toplumun ahengi için tehlikeli görülen kadının cinselliğinin ve kamusal alandaki davranışlarının tüm din ve ahlak sistemleri tarafından titizlikle düzenlendiğini görmek hiçbirimizi şaşırtmamalı. Poligamik** İslam toplumlarındaki Harem kültürü, kadının kamusal alandan dışlanması hususunda akla gelen ilk örnek ancak hemen iki şerh düşelim. Birincisi, kadınların eve kapatılarak ya da başı örtülerek erkeklerin şehvetli bakışlarından uzak tutulması sadece İslam dinine özgü bir durum değil. Eski filmlere aşina olmayanlar Sicilya'dan Rusya'ya uzanan bir coğrafyada köylü kadınların başını örttüğünü fark etmemiş olabilir ancak seyahatnamelerdeki tarif ve çizimler bize Osmanlı gayrimüslimleri arasında da örtünmenin yaygın olduğunu gösteriyor. İnanmayanlar, Ayasofya başta Bizans mabetlerinde zarafetle gözlerimizi kamaştıran ikonalardaki Hz. Meryem ya da İmparatoriçe Theodora tasvirlerine bakabilir. Ya da eğer hiçbir rahibe ile karşılaşmamışlarsa Kilise'ye giren Ortodoks kadınlarına dikkat edebilir.

* Ar. r-h-m'den, me*rh*a*m*etli.

** Gr. πολύς, polús: çok + γάμος: gámos: evlilik, çok eşlilik.

Gene Çin'de de kadın ile erkek arasındaki ayrımın oldukça sert olduğunu biliyoruz. Kadınların sadece potansiyel gelinler ve geleceğin anneleri olarak yetiştirildiklerine en güzel örnek, Çin'deki "ayak bağlama" âdeti. Ufak ayaklı kadınların güzel bulunduğu ve daha rahat koca bulduğu bu kadim medeniyette dört-dokuz yaş arasındaki kızların ayakları acılı bir operasyona tâbi tutulurdu. Ufak parmaklar kırılıp tabana doğru itildikten sonra pamuk bandajlarla sıkı sıkıya bağlanan ayak yavaş yavaş yeni bir şekil almaya başlardı. Her değiştirilişinde bandaj daha da sıkılaştırılır ve sonunda aşağıdaki resimdeki gibi bir görüntü ortaya çıkardı. Tabii enfeksiyon riskleri de cabası! Çekicilik adına dişlerini karartan Japon kadınları da [bkz. Renkli Resim 1] hatırlayıp insanların güzellik anlayışlarının ne kadar sübjektif olduğuna mı şaşıralım, yoksa güzellik uğruna çekilen/çektirilen acılara mı darlanalım bilemiyorum ancak bu uygulamanın belki de en can yakan kısmı kadını düşürdüğü "meta" konumu.

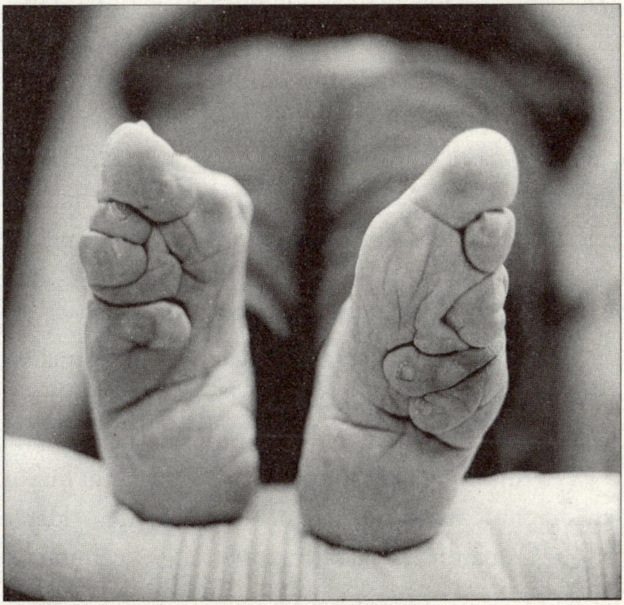

Resim 11. Ayak bağlama.

Kamusal Alanda Kadının Görünmezliği

İkinci şerhimiz, kadınların bu eve hapsediliş sürecinin sadece inanç sistemleri ile değil; üretim ilişkileri, aile yapıları ve toplumsal hiyerarşi gibi sosyo-ekonomik parametrelerle de alakalı olması ya da başka bir deyişle yer ve zamana göre değişiklik göstermesi. Basit bir örnek vermek gerekirse, İslam'ın ilk yıllarında deve üzerinde savaşa katılabilecek kadar kamusal alanda yer alabilen Müslüman kadınların, onaltıncı yüzyıl İstanbul'unda tamamen ortalıktan çekildiklerini görmek mümkün. Mesela Yahudi doktor Domenico'nun yazdıklarından, hekimlerin Harem'e alınmadıklarını ve teşhislerini uzaktan yapmak zorunda olduklarını biliyoruz. Ottaviano Bon'dan Joseph de Tournefort'a birçok Avrupalı gözlemci, Harem'e kabul edilseler bile hekimlerin kadınlara dokunmasına izin verilmediğini ve nabza bile ipek olmadan bakamadıklarını yazacaklar ama söz konusu Harem olunca yazılanların ne kadarı fantezi, ne kadarı abartı, ne kadarı doğru bilmek zor. Son olarak, Harem'deki kadınlardan biriyle görüştüğünü iddia eden Venedik elçisi Marco Venier'in bile bunu ancak bir perde arkasından yaptığını belirtelim.

Gene sanılanın aksine eşcinsellik gibi mevzulara açıkça değinen, bunları espri konusu yapan ve hatta bizzat seks üzerine odaklanmaya çekinmeyen elyazmalarının başta sultan Osmanlı erkeklerinin "mahrem"inden* hemen hiç bahsetmediğini de ekleyelim. Bugün İstanbul Üniversitesi Kütüphanesi'nde kayıtlı *Dafiü'l-Gumûm ve Rafiü'l-Humûm* adlı eserde "g.t gibi azîz ve nefîs bir nesne var mıdır" tarzı cümlelerle karşılaşmak vaka-yı adiyedenken televizyon dizilerinde ve kitsch romanlarda tüm haşmetiyle arz-ı endam eden hanım sultanların isimlerini bile aslında ya Avrupa kaynaklarından ya da vakfiye gibi hukuki belgelerden öğrenmemiz de işte tam bu çekinceden. Her zaman müteredditt Osmanlı kaynaklarının sessizliği yüzünden birçok

* Ar. "haram"dan, h-r-m, harem ile aynı kökten, ma*hrem*.

sultanın annesinin ismini hâlâ bilmiyoruz. Valide sultan isminin bile aslında "valide-yi sultan", yani "padişahın annesi" ifadesinin bozulmuş hali olması da bize Osmanlı toplumunda kadının sadece oğlu üzerinden tanımlandığını gösteriyor. "Kadının adı yok" hakikaten.

Kamusal bir deklarasyon olan ismin kadınlara çok görüldüğü bir başka toplum da Romalılar. Birçok medeniyetin aksine üçlü bir isim sistemi geliştiren bu kadim halkın çoğu kez kızlarına kişisel isim (Lat. *praenomen*) vermeyi ihmal ettiklerini görüyoruz. Babalarının evinde fazla durmayan bu kızlar gelin gittikleri ailelerde klanlarının (Lat. *gens*) ismiyle anılıyorlar; örneğin Jül Sezar'ın iki kız kardeşinin, Marius'la evlenen halasının ve Pompeius'la dünya evine giren öz kızının adı aynı: Iulia, yani Iulius'un dişi versiyonu. Eğer aynı çatı altında birden fazla aynı klandan insan varsa devreye aile adı (Lat. *nomen gentilicum*) giriyor ve Iulia bir anda Iulia Caesar oluveriyor.*

Aslında mantık basit ve bu tercih kadının toplumdaki ana görevini yansıtmaktan başka bir şey yapmıyor: Aile ismini bir sonraki nesillere taşımak. Lévi-Strauss'un evliliğin bir kadın ile bir erkek arasında bir ilişki değil, iki erkek arasında bir kadını içeren bir alışveriş olduğu savı göz önüne alındığında bu ismi, el değiştiren "meta"nın etiketi olarak görmek bile mümkün. Bu tip evliliklerin esas amacı aileler arasında bir ittifak kurmak olduğuna göre, gelinin kamu nezdindeki isminin bunu yansıtması şart ki Iulius'lardan mı, Brutus'lardan mı alındığı kesin olarak bilinsin. Bu koşul sağlandıktan ve konu komşu iki erkek arasındaki anlaşmadan haberdar edildikten sonra evin içinde çeşitli takma isimlerle çağrılmasında bir mahzur yok.

* Sezar'ın kişisel ismi Gaius idi. Sezar'ın ve İmparator Augustus'un ardından bir unvan halini alan ve bugün salatadan doğum şekline kadar değişik anlamla karşımıza çıkan Sezar isminin o zamanlar Kayser diye okunduğunu ve Kayseri şehrinin isminin buradan geldiğini de ekleyelim. Aynı unvanın Grekçesi olan Sebastos ise Sivas'a ismini vermiştir.

Eksik Etekler ve Hatalı Mamuller

Böylelikle eve hapsedilen kadının birçok meslekten ekarte edildiğini tahmin etmek çok da zor olmasa gerek. Kamu önünde yeteneklerini ispatlaması beklenen erkeğin aksine kadının "sınanmamış"lığı insanların kafasında onu "eksik erkek"e çevirmekte gecikmeyecek. "Eksik etek" ve "saçı uzun aklı kısa" gibi lafların âdetlerine körü körüne bağlı bir köylü zihniyetini yansıtmakla yetindiğini düşünmeyin! Bu eksikliğin tıbbi temele oturtulması basit bir iş dağılımından ortaya çıkan yapay bir eşitsizliğin nasıl yavaş yavaş zihnimize işlendiğini göstermesi açısından manidar. Aristoteles'e göre, bir insanın kız olarak doğması rahme düşüşte bir sıkıntı yaşanmasıyla alakalı; çiftlerin çok yaşlı ya da genç olması, aralarındaki yaş farkının fazla ya da birinin sağlıksız olması gibi faktörlerden kaynaklanan bu sıkıntıların sonucu bir nevi hatalı imalat yapılıyor yani. Gene Antik Çağ'dan beri kadının cinsel organının erkek cinsel organının içeri kaçmışı ya da dışarı çıkamamışı olarak görüldüğünü biliyoruz. Havva'nın Âdem'in kaburga kemiğinden yaratıldığını düşününce çok da şaşırtıcı değil aslında. Bu görüşe göre, erkeğinkinin aksine soğuk olan kadın vücudu bu organları dışarı itmeye kâdir olamamış. Bu sıcak/soğuk karşıtlığında bile kadının fiziki olarak erkekten aşağı görüldüğü bariz; belki daha da enteresan olanı Avrupa'da birçok doktorun, ağır bedensel faaliyetler sonucu vücudu ısınan kadınların bu organları dışarı itip bir anda erkeğe dönüştüğü vakalardan bahsetmesi.

Kadınlar Ülke Yönetebilir mi?

Bütün bu sınırlamalara rağmen kadınların kafalarını kapıdan uzatabildikleri birçok örneğe rastlamak mümkün. Toplumun en üst katmanlarından, kadın hükümdarlardan başlayalım ki başbakanlığa gelir gelmez yaptığı ve girişte alıntıladığımız açıklamasında Margaret Thatcher haklı mıymış görebilelim.

Tarihî kaynakların büyük bir kısmının yöneticilerle ilgilendiği düşünülürse zurnanın zırt dediği yerin bu olduğu anlaşılır. Bazı toplumlarda kadınların hükmetmesine izin verildiğini görüyoruz ancak bazı sınırlamalarla. İlk olarak, genelde bu bir "son çözüm" olarak karşımıza çıkıyor; yani tahta geçecek erkek kalmadığı durumlarda. *Crusader Kings* oyununda veraset yasası *Male Preference* olan krallıklarla oynayanların da gayet iyi bildiği gibi, bu zorunlu tercih hep belirli sıkıntıları da beraberinde getirecek. Mesela erkek vârisi olmayan Kutsal Roma Cermen İmparatoru VI. Karl, Frank Hukuku'nu (İng. *Salic Law*, Fr. *loi salique*) çiğneyip topraklarını kızı Maria Theresa'ya bırakabilmek için uzun diplomatik manevralara girişmek zorunda kalmıştı. Verdiği tavizlere rağmen ölümünün ardından tahtın diğer müddeileri ile bir savaş çıkmasının önüne geçememişti. Üstüne üstlük seçimle gelen imparatorluk tacı hukuken bir kadına ait olamazdı; iki asırlık bir tekelden sonra kısa süreyle de olsa Habsburg Hanedanı'nın kontrolünden çıkacaktı. Bu sorun birkaç yıl sonra Maria Theresa'nın kocasının imparator seçilmesiyle aşılacaksa da Prusya Kralı Büyük Friedrich'in açtığı savaş bölgenin en gelişmiş eyaletlerinden Silezya'nın kaybı ve ekonomik yıkım demekti.

Gene Frank Kralı Şarlman'ın imparator ilan edilmesi (800) de İstanbul'daki beklenmedik gelişmenin bir sonucuydu. İmparator VI. Konstantin'in annesi bağımsız hareketlerinden sıkıldığı oğlunu öldürtüp imparatorluğu tek başına yönetmeye kalkınca uzun saçlı bir kafayı Roma'nın kadim tacına layık görmeyen papa, imparatorluk tahtının boş olduğuna hükmetmekte ve dönemin en muktedir hükümdarı Şarlman'a Konstantin'in tacını giydirmekte gecikmeyecekti. Tarihçiler Batı Kilisesi'nin başının, Roma mirasıyla pek de ilgilenmeyen Şarlman'a neden imparatorluk tacı giydirdiği hakkında hâlâ bir fikir birliğine varmış değil. Ancak her ne kadar Henri Pirenne gibileri karşı çıksa da bazıları, III. Leo'nun İtalya'nın önemli bir kısmının hâkimi olan Bizans gibi bir gücü karşısına almasının arkasında İstanbul'u bir kadının yönetmesinin yattığını iddia etmekten kendini alamamış.

Dikkat çekilmesi gereken bir ikinci nokta ise başa geçen kadınların topraklarını "erkek gibi" yönetmek zorunluluğunu hissetmeleri. Sadece İngiltere Kraliçesi Elizabeth'in evlenmeyi reddedip kızoğlankız ölmesinden bahsetmiyoruz; kadın hükümdarların erkek olmadıklarını gizlemek için kırk takla attıklarına dair birçok başka kanıtımız var. Firavun Hatshepsut'un heykellerinde takma sakalla ve göğüsleri belirgin olmayan bir şekilde tasvir edildiği ve adının hiyerogliflerde erkek belirteçleriyle yazıldığı birçok uzman tarafından altı çizilen bir detay. Bizans'ın ilk imparatoriçesi İrene'nin kendisine *Basilissa* değil de *Basileus* dediği de. "İmparator" kavramının askerî kökeni* düşünüldüğünde ve yukarıda anlatılan Şarlman'ın taç giymesi hatırlandığında yerinde bir önlem! Son yıllarda bu kullanımın sikkelere özel olduğunun ve dönemin belge ve tarihlerinde dişi unvanın kullanıldığının gündeme getirildiğini ekleyelim ancak bu, argümanımızı kuvvetlendiren bir düzeltme. Niye mi? Herkesin elinde dolaşan sikkelerin kamuoyunu, imparatoriçenin kadın olduğunu zaten bilen memurların elinden çıkmış belgelerden ve elit bir zümreye hitap eden elyazmalarından daha fazla etkileyeceği tartışılmaz bir gerçek çünkü.

Ancak müesses nizamın hassasiyetlerine ters düşen bu durumu halkın dikkatinden kaçırmak için basit bir imaj çalışmasından öteye gidildiği durumlar da var. En acayip örnek her zaman olduğu gibi Afrika'dan. 1624-1663 arasında bugünkü Angola'da bulunan Ndongo-Matamba'yı yöneten Kraliçe Njinga meşruiyet problemini çözmek için kendisine erkeklerden oluşan bir harem kurmakla kalmayacak, maiyetindeki erkeklere kadın kıyafeti giydirecekti. Bu zoraki "travesti"lerin aynı odalarda beraber yatmak durumunda kaldıkları saray nedimelerine dokunmaları durumunda ölümle cezalandırılmaları, bunların tam bir kadın rolüne sürüklendiklerinin ispatı. Kraliçe âdeta karnavallarda görmeye alıştığımız türden bir "rolleri ters yüz etme"yi (İng. *role*

* Lat. *imperare*: komuta etmek.

inversion) devreye sokuyor kısacası. Kendisinden sonra beş kraliçe daha tahta geçtiğine göre, erkek kıyafetleri içinde bizzat savaşlara katılan Kraliçe'nin bu "cinsiyet değiştirme" taktiği başarıya ulaşmış görünüyor.

Benzer bir uygulamayı Güney Afrika'daki BaLobedu kabilesinin "yağmur kraliçe"lerinde de görüyoruz. Tahtı "gasp" eden Njinga'nın aksine, taçlarını yağmur yağdırabilme kerametine borçlu olan bu kraliçelerin hükümdarlıklarının önünde herhangi bir yasal engel yok. Ancak gene de bunların erkek gibi gözükmeleri, daha da spesifik olmak gerekirse birden fazla kadın alıp bir harem kurmaları şart. Bu kadınların kraliçenin vasallarından seçilmesi olayın diplomatik boyutuna da işaret ediyor tabii. Lévi-Strauss'un "Her evlilik bir ittifaktır" görüşü bir kez daha akıllara geldi değil mi? Doğru ancak ufak bir farkla: Gene bir kadının el değiştirdiği bu alışveriş bu sefer iki erkek arasında gerçekleşmiyor; meta gene kadın olabilir ancak en azından oyuncular tamamen erkek değil.

Kadına açıkça yönetme hakkı tanıyan bu gibi toplumlar tarihte hep azınlıkta kalmış. Osmanlı da dâhil birçok toplumda kadınların yönetime katılması hep erkekler üzerinden kurgulanmış. Kendilerine biçilen en iyi rol "her başarılı sultanın arkasındaki kadın" olmak. Bir cariyenin çocuk sahibi olur olmaz statüsünün değişmesi ve prestijinin artması da bundan. Ancak bu rolde de fazla aktif olmaları hoş karşılanmıyor; siyasete direkt müdahil olan saray kadınları, çağdaş kalemler tarafından acımasızca eleştirilecek. Eleştirenlerin hepsinin erkek olduğunu atlamayalım ki kaynakları hiç eleştirmeden, harfiyen kabul eden bazı tarihçilerin düştüğü tuzağa düşüp Osmanlı'nın kadınlar tarafından yıkıldığı gibi saçma argümanlara sarılmayalım. Daha önce *Bunu Herkes Bilir*'de etraflıca incelediğimiz gibi, padişahların çoğunun hayatı boyunca İstanbul ile Edirne'den çıkmadıkları bir dönemde kadınların yönetimini eleştirmek pratikten değil, "fıtrat"tan yola çıkan bir argüman. Bir sürü erkeğin arasında var olmaya ve muhtemelen de oğlunun hayatını kurtarmaya çalışan şehzade annelerinin hedef tahtasına konmasının ardında kendi gibi olmayana karşı derin bir tahammülsüzlükten başka bir şey yok.

Din Adamı Yerine
Din İnsanı Diyeceğimiz Günler Gelecek mi?

Toplumların daha alt katmanlarında da kadınların dezavantajlı olduğunu tek tek meslek bazında göstermeye gerek yok. Ancak belirli meslekler özel bir direniş göstermişe benziyor. Dinî kurumların hiçbirinde kadınların önemli rollere bürünmediklerini biliyoruz. Bu dışlamanın nedenini dinin temelinde aramak mümkün. Din en baştan itibaren erkek egemen bir alan olarak çıkıyor karşımıza. İlk tapınakların av hayvanlarının azaldığı bir dönemde yeryüzünün gönlünü almak için yapıldığı doğruysa, ilk inananların ve rahiplerin de avlanan erkekler arasından çıkması normal aslında. Göbeklitepe'nin erkekler tarafından erkekler için inşa edildiğini söylüyor Karl W. Luckert bize. Ve hatırlatıyor: "Dinlerin en az şoven olanları bile, cinsiyetler arasında eşitliği kabul etmeye en yatkın olanlar bile erkekler tarafından ya kurulmuş ya da idare edilmiştir."

Basit bir işbölümünden kaynaklanan bu ilk baştaki dışlama, önce tarıma ve daha sonra da hiyerarşik farkların oturduğu şehir yaşamına geçilmesiyle daha da açık bir şekilde ifade edilmeye başlayacak. Dinin kendi alanından toplumun tamamına yayılan sembolik bir küme düşme bekliyor kadını. Yahudilikte "Beni kadın olarak yaratmayan âlemlerin rabbi yüce Allah'ım, sana hamd ü senalar olsun" şeklinde bir dua olduğunu biliyoruz. Ama bu başka bir konu. Bizim için önemli olan ilk tapınaklardaki ayinlerden beri erkeklerin din adamlığını tekellerine almış olması.

Bu dışlanmanın en önemli nedeni dinin toplumsal bir mekanizma olması ve evin dışında icra edilmesi. Özellikle hadis aktarımında Hz. Ayşe'nin başat rolüne rağmen ilerleyen yüzyıllarda kadınların İslam dini için önemli rol oynamamalarını başka türlü açıklamak da mümkün değil zaten. Eğer bu mantık doğruysa kadının evden kafasını çıkartmasının dinî hiyerarşide kriz yaratması da olağan aslında. Gelenekle özdeşleşmiş bir fenomen olduğu düşünülürse dinin bu konudaki muhafazakârlığını bir yere kadar anlamak da mümkün. Gelin kadınların bu alanda en çok yol kat ettiği Batı toplumlarına bir göz atalım ki nereden nereye gelinmiş görmemiz kolaylaşsın.

Hıristiyanlıkta kadınlar başrahibe (İng. *abbess*) olarak manastırları yönetebiliyor ama bunlar dahi bir erkeğin denetimi altında faaliyet gösteriyorlar. Zaten kelimenin etimolojisi bile Antik Yunanca "baba"dan geliyor ve aslında başrahibin dişi hale getirilmişi, yani yeni bir kelime bulma ihtiyacı bile duyulmamış. Bunların dinî fonksiyonları da erkek muadillerine göre sınırlı. Vaaz veremezler; evlilik, vaftiz ve günah çıkarma gibi sakramentleri idare edemezler; kimseyi papaz ilan edemezler.

Yukarıdaki cümlelerin ardından, ortalıklarda dolaşan şu "Kadın Papa" hikâyesinin efsane olduğunu söylemeye de gerek yok sanırım. Alain Boureau'nun 1993 tarihli kitabında çürüttüğü bu hikâyenin basit bir şehir efsanesi olmadığını ve köklerinin onüçüncü yüzyıla dayandığını da ekleyelim. Dokuzuncu yüzyılda yaşadığı iddia edilen bu kadın papanın hikâyesi, daha sonra başta Protestanlar olmak üzere Katolik Kilisesi'nin düşmanları tarafından propaganda malzemesi olarak kullanılacak ve ondokuzuncu yüzyılda basılan Fransızca bir kitap ile de modern okuyucunun dimağına nakşedilecek.

Bizim için ilginç olan, hikâyenin kadınların din adamı olmak için uygun olmadığının altını çiziyor olması. Sevgilisinin peşinden girdiği Katolik Kilisesi'nin tepesine kadar yükselen Ioannes Anglicus (İngiliz Joan) en sonunda şehvetine yenilecek ve üstüne üstlük günah dolu gecelerinden bir de çocuk peydahlayacak. Baştan çıkaran kadın motifi bir kez daha karşımıza çıkıyor kısacası. Bu çocuğu bir de gidip en kutsal dinî törenlerden birinde doğurması, kadının günaha yatkınlığının ve ahlaki düşkünlüğünün ritüelistik bir sonucu olarak çıkarılıyor karşımıza âdeta. Hikâye, Ortaçağ insanını o kadar etkisi altına alacak ki kendisinden sonra gelen papalar Joan'ın doğum yaptığı sokaktan geçmemeye özen gösterecek ve yeni seçilen papaların cinsel organlarını kontrol etmek için ortası delik özel bir koltuk yapılacak. Din adamı olmak için olmazsa olmaz şartın ne olduğuna bundan güzel bir hatırlatma olabilir mi?

Kadınların din adamı olmak yönünde en fazla yol kat ettiği Batı'da bu ataerkil anlayışa karşı ilk başkaldırılar ancak ondokuzuncu yüzyılın sonuna doğru belirecek. Mesela Elizabeth Cady Stanton ve yirmi altı Amerikalı kadından oluşan bir komitenin 1895'te yazdığı "Kadınların İncil'i" (İng. *The Women's Bible*) kitabında, kadın ile erkeğin eşit yaratıldığı ancak daha sonradan bu eşitliğin İncil'i yazan erkekler tarafından çarptırıldığı iddia edilmiş. Daha birkaç yüzyıl önce erkekle kadının birbirine ihtiyacı olduğundan bahseden kısımların İncil'den çıkarıldığı hesaba katıldığında çok da uçuk bir argüman değil. Ancak Stanton ve arkadaşları daha da ileri gidip elimizde Tanrı'nın erkek olduğunu gösteren hiçbir done* olmadığını bile iddia edecek. Öyle ya, Tanrı tüm insanları kendi suretinde yarattıysa neden erkek olmak zorunda olsun ki?

Bir sonraki yüzyılın ikinci yarısında zincirlerinden boşanan feminist tepki, kadınların kamusal alanda etkinliğini artırmasına yol açtı açmasına ama "din insanı" demek zorunda kalacağımız günler henüz pek yakın görünmüyor. Kilise (ve daha da sert bir şekilde sinagog ve cami) binlerce yıllık direnişini başarıyla günümüze taşımayı başardı, ufak tefek tavizler vermek zorunda kalsa bile. Anglikan Kilisesi 1992'de dışarıdan gelen baskılara dayanamayıp kadınların papaz olmasına izin verince birçok üyesini Roma'ya kaybediverdi mesela. Ama bu onları durdurmamışa benziyor; zira 2005 yılında kadınlara piskoposluk yolunu

* Fr. *donner*: "vermek"ten veri; karş. Lat. *dare*: "vermek" fiilinin edilgeni *datum*, çoğ. *data*.

bile açacaklar. 2014 ile 2018 arasında atananların neredeyse yarısının kadın olması, teorideki reformun pratiğe de dönüştüğü hususunda şüphe bırakmıyor.

Kadın din adamları konusunda Aziz Petrus'un halefleri ise daha muhafazakâr. 1977'de, Hz. İsa hiçbir kadını havarisi olarak kabul etmediğine göre, kadınların papazlığa kabul edilmesinin söz konusu olmadığını ilan etmekten çekinmeyecekler. Gene 2002 yılında asi piskopos Rómulo Antonio Braschi tarafından papaz atanan yedi Arjantinli kadın da kısa bir süre sonra aforoz edilecek ve Roma'nın bu konuda taviz vermeyeceği tüm dünyaya bir kez daha ilan edilecek. Kadim başkentlerin ataerkil inatlarını küçümsememek lazım!

Kadınlar Okulda

Dinde durum böyle; peki, eğitim? Genç kızların geç yaşlarda evlendiği ve diğer yerlerdeki kadınlara nazaran görece özgür olduğu Avrupa'da, kadınlar tek tük de olsa karşımıza öğrenci olarak çıkabiliyorlar. Ama burada bile bunların üst sınıflardan geldiklerini ve eğitim kurumlarında ikinci sınıf muamele gördüklerini hatırlatalım. Mesela döneminin önemli entelektüellerinden olan ve İbranice, Keldanice, Arapça ve Süryanice dâhil on dört dil bilmekle kalmayıp bir de üstüne bir Habeşçe grameri yazan Anna Maria van Schurman'a (1607-78) Utrecht Üniversitesi'nde derslere katılma izni verilecek ancak bir perdenin arkasında durma koşuluyla. Onyedinci yüzyılda Juliana Morell ve Elena Cornaro Piscopia ve bir sonraki yüzyılda Laura Bassi gibi doktora alanlar ve hatta üniversitede ders verenler bile çıkacak karşımıza ancak gene de bunların istisnai örnekler olduğunu unutmayalım.

Sanayi Devrimi'nden sonra bile durum pek değişmişe benzemiyor; sayıları her gün atan üniversitelerde kadınlara hâlâ tek tük rastlıyoruz. Amerikalı astronom Maria Mitchell, Rus matematikçi Sofya Kovalevskaya, radyoaktivitenin mucidi Marie Curie, ele avuca sığmayan Rosa Luxemburg, ilk doğum kontrol kliniğini açan, bir kadının elinden cinsellikle ilgili satırlar çıkmasını hazmedemeyenler tarafından *İzdivaçta Aşk* (İng. *Married Love*) kitabı defalarca sansürlenen paleobotanist Marie Stopes ve Akdeniz tarihçilerinin başucu kitaplarından birini yazan Amerikalı coğrafyacı Ellen Churchill Semple doktora tezlerini savunanlardan bazıları. İleride Amerikan Coğrafyacılar Birliği'nin başına da geçecek bu sonuncusunun Leipzig Üniversitesi'nde diğer erkek öğrencilerle oturmasına izin verilmediğinin ve dersleri yandaki ayrı bir odadan takip ettiğinin altını çizelim. Van Schurman'dan bu yana geçen üç yüzyılda Protestan hassasiyetlerinde pek bir değişme olmamış anlaşılan! Uzun lafın kısası, kadınların üniversitelerde boy göstermesi için yirminci yüzyılı beklememiz gerekecek ancak burada bile feminizmin bastırması olmasaydı önleri açılmazdı. 1929'da Virginia Woolf'un *Trinity College*'ın kütüphanesinin kapısından nasıl yanında erkek olmadığı için geri çevrildiğini hatırlayın.

Amerika'da da durum pek farklı değil. Amerika'nın en prestijli üniversitesini örnek almak gerekirse Harvard Üniversitesi kız öğrencilerin taleplerine karma eğitime geçerek değil, Harvard'ın hocalarının ders verdiği ve diplomalarını rektörün imzaladığı ayrı bir yüksekokul tesis ederek karşılık vermeyi seçecek ilk başta. Kız öğrencileri almak zorunda kaldığında ise bunu peyderpey ve müterredditane yapacak.* İstanbul'da Muzaffer Şerif'ler, Niyazi Berkes'ler, Pertev Naili Boratav'larla okuyan Belkıs Vassaf'ın Amerika'da Harvard'a değil; Radcliff College'a gitmek zorunda kalmasının sebebi işte bu ayak sürüme aslında. Ancak kız öğrencilerin mücadelesi okula kaydolmakla bitmeyecek. Hocalarımdan Judith Tucker'ın 1960'lı yıllarda hâlâ ayrı bir kütüphaneye gitmek zorunda kaldığını ve spor salonunu sadece haftanın bir günü belirli saatlerde kullanabildiğini duyunca şaşırmıştım şaşırmasına ama küçük dilimi yutmak için 1977'ye

* İlk kız öğrenci kabul eden Eğitim Fakültesi'ni (1920) Tıp (1945) ve Hukuk (1950) fakülteleri izleyecek.

kadar "dört erkeğe bir kadın" oranının gözetildiğini öğrendiğim günleri beklemem gerekecekti.

Değişik zamanlarda, farklı coğrafyalarda kadınların karşımıza yazar olarak çıktıkları da olmuyor değil; her ne kadar bunların çoğu elit kökenli olsa da. Fransız prensesi Marguerite de Navarre'dan Li Qingzhao'ya（李清照）uzun bir liste yapabiliriz ama bu, kitabı bir özel isimler orjisine çevirmekten başka bir fayda sağlamaz. Sadece bunların çok istisnai figürler olduğunun altını çizelim. Eğitim almayı başarmış az sayıda kadının bile çoğu zaman eserlerini mahlasla yazdıklarını biliyoruz. Açık açık kendi ismiyle yazma cesaretini gösterenlerin nasıl bir toplum baskısına maruz kaldıklarını hayal etmeyi size bırakıyoruz.

Yazmak gibi evde icra edilebilen ve dolayısıyla kadınların egemen erkekleri rahatsız etmeden meşgul olabilecekleri bir başka uğraş da müzik hiç kuşkusuz. Hemen her toplumda karşımıza kadın bestekârlar çıkıyor. Onsekizinci yüzyılda yaşamış ve aslında hakkında pek fazla bir şey bilmediğimiz Dilhayat Kalfa, Osmanlı'daki onlarca kadın besteciden sadece biri. Gene onbirinci yüzyılın Hildegard von Bingen'i karşımıza sadece bir müzisyen olarak değil, aynı zamanda mistik bir aziz olarak çıkıyor ve Ortaçağ'da müziğin en önemli hamisinin Kilise olduğunu bir kez daha hatırlatıyor. Kısacası Osmanlılar için saraylar neyse Hıristiyanlar için de mabetler o; Aydınlanma filozofları ne kadar iftira atarsa atsın ve Marx ne kadar afyon derse desin, dinin sadece halkları uysallaştırmakla yetinmediğini, birçok kereler kültürün taşıyıcısı olduğunu hiç aklımızdan çıkarmayalım.

Sıra Müslüman kadın yazarlara gelince durum burada da pek iç açıcı değil. Arada tek tük okuyan ve hatta yazan kadınlar çıkıyor ancak tarihçilerin hemen bunların üstüne atlaması bile bize aslında elimizdeki örneklerin ne kadar sıradışı olduğunu gösteriyor. Ama göz kararıyla hükme varmayalım derseniz sahneye İsmail Erünsal'ı davet etmek isterim. Osmanlı kültür tarihinin duayen tarihçisi de Osmanlı kadını arasında okuma oranlarının yok denecek kadar az olduğuna dikkat çekiyor. Medreselere* kadın kabul edilmediğini biliyoruz. Sıbyan mekteplerinde eğitimin Kuran ve ilmihalle sınırlı olduğu göz önüne alındığında geriye bir tek özel ders seçeneği kalıyor ki bu da ancak elit ailelerin kızları için geçerli. Hakikaten de eli kalem tutan Osmanlı kadınlarının büyük bir kısmı üst tabakalardan. Cins-i latif kültür ve ilim hayatından tamamen dışlanmış. Cumhuriyet'in en büyük başarısının kadın eğitimi alanında olduğu tartışmasız bir gerçek.

Gene hekimliğin prestijli bir meslek olarak ortaya çıktığı onyedi ve onsekizinci yüzyıllarda halkın tedavi yeteneğine güvendiği kadınlar tamamen bu meslekten dışlanacak. Protestan Avrupa'yı kasıp kavuran cadı avının temelinde formel eğitim almış erkek hekimlerin "kocakarı" ilaçlarıyla halkı iyileştirmeye çalışan bu kadınlara karşı duyduğu kini gören Mary Daly gibi tarihçiler de var. Her ne kadar bu son teori pek kabul görmese de erkeklerin tıbbı tamamen domine etmeye başladığını görüyoruz; onsekizinci yüzyılda Fransa, İngiltere ve Almanya'da ebelerin alanına bile tecavüz etmekten çekinmeyecekler. Bazı tarihçiler erkek ebelerin ortaya çıkışını kadınları tıp alanından çıkarma isteğiyle açıklarken böyle bir stratejiyi reddeden diğerleri de modern tıbbın teknik ve aletleriyle donatılmış eğitimli doktorları yeğleyenin bizzat hamile kadınlar olduğunu söylüyor.

Amazonlar Gerçek mi?

Elimizdeki tüm veriler erkeklerin hem savaşa hem de şiddete daha meyyal olduğunu gösteriyor. Amerika'nın birçok şehrinde cinayetlerin dörtte üçünden fazlası erkekler tarafından işleniyor ve genelde gene diğer erkekler hedef alınıyor mesela. Evrimsel psikologlar bu eğilimi erkeklerin üreme fırsatlarının

* Ar. ders'den, d-r-s, me*dres*e, ders yapılan yer.

kadınınkilerden farklı olmasıyla açıklıyorlar. Senede en fazla bir tane çocuk yapabilen kadının aksine, erkekler bulabildikleri partner kadar çocuk yapabiliyorlar. Ama ortada bir handikap da var: Memeliler iç döllenmeyle türediği için çocuklarının kendilerine ait olduğundan da hiçbir zaman emin olamıyorlar [bkz. s. 136.] Bu da genlerini bir sonraki nesle aktardıklarından emin olmak için sürekli kendilerine yeni cinsel partnerler aramaları demek. Bu arayışın doğurduğu rekabet, ister Afrika savanalarında olsun ister Chicago ve Detroit sokaklarında, onları daha fazla kaynak elde edebilmek için risk almaya itiyor. Wilson ve Daly'nin genç, işsiz ve bekâr erkeklerin şiddete daha yatkın olduğu (İng. *young male syndrome*) yönündeki bulguları da şiddetin kökeninde cinsel rekabetin olduğunu onaylıyor. Üreme fırsatları arasındaki bu farkın aileye bağlılıktan konuşma stiline birçok farklı alanda etkisini hem bu bölümün hem de kitabın değişik yerlerinde daha detaylı açıklayacağız; burada şimdilik erkeklerin evrimsel olarak şiddete daha düşkün ve risk almaya daha yatkın olmalarının onları doğal savaşçılar haline getirdiklerini belirtmekle yetinelim. İnsanlık tarihinde kadınların bir araya gelip silaha sarıldığı ve başka yerleşimlere saldırdığı örneklere rastlamıyoruz.

Tabii biyolojinin ve evrimin her şeyi açıklayamayacağının altını çizelim gene de. Kültürel ve teknolojik faktörlerin en azından modern çağda kadınların silah tutmasını kolaylaştırdığını teslim etmek gerek. Modern ordularda kadınlardan oluşan özel birliklere rastlamak mümkün; hem de sadece sanayileşmiş Batı ülkelerinde değil, en beklenmedik yerlerde çıkacaklar karşımıza. Ondokuzuncu yüzyılın ortasında Qing Hanedanı'nı neredeyse alt eden Taiping İsyanı'nda, Kızıl Ordu'da keskin nişancı ve hatta pilot olarak, İngilizlere karşı bağımsızlık savaşı veren ve adını bir yüzyıl önce silaha sarılmış başka bir kadından, Jhansili Rani'den alan Hint birliklerinde ve İspanyol İç Savaşı'nda *miliciana* olarak Cumhuriyetçi saflarında...

Ancak her şeyin mümkün olduğu, binlerce yıllık ezberlerin tartışmaya açıldığı şu modern zamanlarda bile hâlâ istisnai kalan bir şeyi, birkaç yüzyıl geriye gittiğimizde hiç göremiyoruz doğal olarak. Savaş teknolojisi ve tıptaki gelişmelerin kadınların fiziksel dezavantajlarını azaltmadığı yüzyıllarda muharebe meydanlarının erkeklere özel yerler olarak kalması gayet doğal. Kadın savaşçılara rastlıyoruz ama agresif bir şekilde organize olan savaşçı kadın gruplarına denk gelemiyoruz.

Aklınıza hemen Amazonlar gelmiş olmalı ancak burada efsane ile gerçeğin birbirine karıştığını hatırlatalım. Bunların bir mit değil, gerçek olduğu tezi ilk kez 1861 yılında Johann Jakob Bachofen tarafından atıldı. Erkek egemen ataerkil toplumlardan önce kadın egemen bir anaerkil evre olduğuna da dikkat çeken İsviçreli akademisyenin bu görüşleri Wagner'den Engels ve Marx'a birçoklarının ilgisini çekti. Ancak bir problem vardı; Herodotos başta antik yazarların metinlerinde adı geçen bu toplumla ilgili hiçbir delil yoktu. Ta ki yakın zamana kadar. Ukrayna'da yapılan arkeolojik kazılar MÖ ilk bin yılın ortalarına tarihlenen kadın savaşçı mezarları (kurgan) buldu. Bu mezarlarda sadece silah bulunsaydı kesin bir şey söylemek mümkün olmazdı; bunlar, bir nedenle silahla gömülmüş ancak savaşçı olmayan kadınlar da olabilirdi. Ancak bazı iskeletlerde kafaya alınan darbelerin ve bıçak yarası izlerinin de bulunması bu ihtimali ortadan kaldıracaktı. Rus arkeolog Guliaev'e göre, bu kadınlar hafif atlı birlikler olarak hizmet veriyor ya da savaşçı kocaları seferdeyken yerleşimlerini korumakla görevli olmalılar; Bachofen'in yaptığı gibi bir anaerkil toplumdan söz etmek hâlâ mümkün değil yani. Heredotos'un Grekler tarafından mağlup edildikten sonra kuzeye göçüp İskitlere katıldığını yazdığı Amazonlarla bu kadınların aynı insanlar olduğunu ispatlamak da zor. Ancak bir efsane bile olsalar bunların kökeninin savaşa giden bu Sarmat kadınları olabileceği ortada. Her halükârda bizi ilgilendiren, erkeklerin aksine bunların gidip başka yerleşim yerlerine musallat olmak amacıyla bir araya gelmedikleri. Amaçları saldırı değil, savunma.

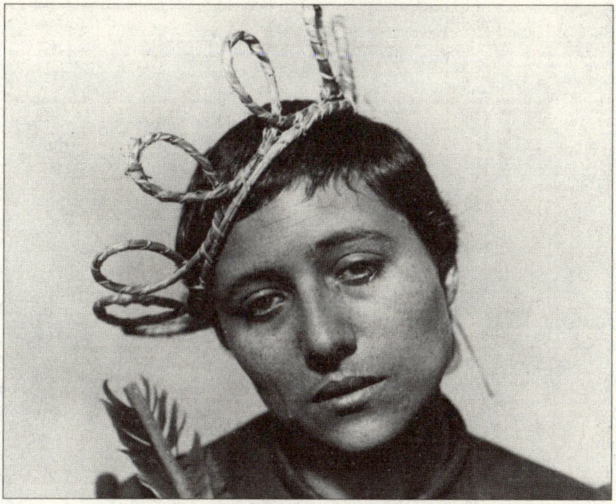

Resim 12. *La Passion de Jeanne d'Arc* (1928)
Yön. Carl Theodor Dreyer.

Gelelim tarih kitaplarında kendine yer bulmayı başarmış kadın savaşçılara, yani kuralı bozan istisnalara. En tepeden başlayalım. Heredotos'da karşımıza çıkan bir başka cengâver* figür de göçebe İskit boylarından Massagetaların kraliçesi Tomris. Halikarnas tarihçisinin korkusuz bir kumandan olarak lanse ettiği bu göçebe hükümdar, Hehameneşi İmparatorluğu'nun kurucusu Büyük Daryuş'u muharebe meydanında mağlup edip Yaradan'ına gönderen kişi olma şerefine nail olacak.

Ortaçağ Avrupa'sında eline süpürge yerine silah alan kadınlara tek tük rastlamıyor da değiliz. Torinolu Adelheid, Lorraineli Beatrice, Conchesli Isabelle ve Luigi Pirandello'nun *Enrico IV* adlı oyunundan hatırladığımız Canossalı Matilda bunlardan bazıları. Ama bir tanesi bizzat muharebelere de katılmış olabilir. Güney İtalya ve Sicilya'nın fatihi Robert Guiscard'ın karısı Sichelgaita (1040-1090). Birçok kez yanında sefere çıktığı kocası kendisine Trani kuşatmasını emanet edecek kadar güveniyor. Valerie Eads'e göre, bu gözü pek kadının aktif olarak savaşa katılıp katılmadığını

* Far. *âverden*: götürmek, cengâver: savaş getiren, savaşçı.

Resim 13. Jeanne d'Arc'ın hayattayken yapılan tek resmi, 1429 yılında Parlamento kayıtlarının yanına Clément de Fauquembergue tarafından çizilmiş. Kahramanımızın saçlarını kısa kestiğini Engizisyon kayıtlarından biliyoruz ancak bu, kafasındaki ideal kadın imajına ters düştüğü için olsa gerek, kâtibimiz ilave yapmadan duramamış.

tam olarak saptayamıyoruz. Ancak deniz savaşlarına iştirak ettiğine göre bu pek de olasılık dışı değil; zira ufacık gemilerin birbirine kenetlendiği bir ortamda sıcak çatışmadan uzak durmak pek de kolay olmasa gerek. Ayrıca bir keresinde okla yaralandığını da unutmayalım. Kendisi de babası imparator ile seferlere katılan (çatışmadan uzak durmak koşuluyla) ve askerî konularda verdiği detaylarla bazen tarihçileri şaşırtan Anna Comnena'nın Sichelgaita'yı hayranlıkla andığını da ekleyelim. Savaştan kaçan Norman askerlerini kargıyı kapıp geri döndürmesi, sıradışı eğitimiyle çağdaşlarının arasından sıyrılmayı kendisi de gayet güzel beceren bu Bizans prensesini ziyadesiyle etkilemişe benziyor.

Kılıç kuşanıp er meydanına balıklama dalan bir kadın arıyorsak çok uzaklara bakmamıza gerek yok. Ama feodal piramidin biraz daha aşağı katlarına göz gezdirmemiz gerekebilir. Orada bir köylü kızını, Dreyer'in Jeanne d'Arc'ını (1412-1431) bulacağız. Ancak sürekli melekler ve azizlerle konuşan bu bakirenin bizzat savaşması ve hatta uygulanacak stratejiyi yönlendirmesi dönemin koşullarında o kadar istisnai gelmiş ki hikâyesi efsaneleşmiş; bunu da aklımızdan çıkarmayalım. Eline kılıç almış ve namlı şövalyelere ve şanlı düklere söz geçirmiş bir köylü kızı toplumun hâkimi erkeklerin pek hoşuna gidecek bir şey değil. Kriz dönemlerinde geçici olarak tahammül edilebilir ancak, sadece o kadar.

Zaten İngilizlerin eline düşünce kendisine yöneltilen suçlamalardan biri de erkek gibi giyinmek ki Ortaçağ ilahiyatçılarına göre bu zındıklık demek. Jeanne ilk başta af dileyip bundan vazgeçecek ancak daha sonra hapishanede tecavüze uğrama korkusu onu tekrar savaş kıyafeti giymeye zorlayacak. Ve "hata"sında ısrar etmesi zındıklık suçlamasının ve yakılmasının önünü açacak. Son bir şey daha ekleyelim: Daha birkaç sene önce ordularının komutanlığını bu köylü kızına devretmekten çekinmeyen VII. Charles'ın fidyesini ödemeyip Jeanne'ı düşmanın insafına bırakması, başı sıkışınca en radikal fikirlere açık olan elitlerin istikrar sağlanır sağlanmaz tekrar geleneksel zihniyetlere teslim olmalarına tarihte bulacağımız en güzel örneklerden biri. Bu sinsi Fransa Kralı'na *Bien-Servi** lakabı verilmesi boşuna değilmiş demek!

Yukarıdaki örneklerde kadınların asker olarak karşımıza çıkmasını Ortaçağ Avrupa'sının savaş bazlı tarihiyle ilişkilendirebiliriz; ortalığı kan götüren bu yüzyıllarda hâkim yönetici sınıfın

* Fr. iyi hizmet görmüş.

savaşçı şövalyeler olması boşuna değil. Aynı Avrupa gibi, yönetimin imtiyazlı bir savaşçı sınıfın elinde olduğu Japonya'da da kadınların diğer coğrafyadaki örneklere göre savaşla daha fazla haşır neşir olduklarını görüyoruz. Samuray ailelerine mensup olan ve *Onna-muşa* adı verilen bu kadınlar [bkz. Renkli Resim 2], *naginata* denen bir çeşit baltalı kargı ve *kaiken* denen hançer taşırlardı. Bunlar genelde kalelerin iç bölümlerinde ya da çeşitli arka hizmetlerde kullanılırdı. Ancak bizzat muharebe meydanlarında karşımıza çıktıkları da olmuyor değil; hatta onaltıncı yüzyılda sadece kadınlardan oluşan birlikler bile mevcut. Gene ninjaların arasında da onyedinci yüzyıldan itibaren kadınları bulmak mümkün.

Peki, İslam dünyasında durum neydi? İslam'ın ilk yıllarında Hz. Muhammed'in zevcesi Hz. Ayşe'nin Mekke halkına hitap ederek Hz. Ali'yi eleştirmekle kalmadığını, bayraktarlığını yaptığı bir iç savaşın kilit noktasında deve üstünde muharebeye bizzat katılmaktan da imtina etmediğini biliyoruz ancak daha taşların yerine oturmadığı bir dönemde, istisnai bir itibara sahip biri üzerinden genelleme yapmak ne kadar doğru tartışılır. Biraz daha ileri bir tarihe, daha tanıdık bir coğrafyaya uzanmak gerekirse, onüçüncü yüzyıl Anadolu'sunun "Bacıyan-ı Rum" teşkilatının varlığı tam anlamıyla ispatlanamadı; bunu not düşerek başlayalım. Bazı tarihçiler bacıyan isminin hacıyan ya da bahşıyan kelimesinin yanlış yazılması olabileceğini öne sürerken Fuad Köprülü bunların varlığı hususunda ısrar etmekte. Gene son zamanlarda medyanın sıklıkla gündeme getirdiği Faslı Seyyide el Hurra (Leyla Ayşe binti Ali) da aslında fiilen seferlere katılan bir korsan değil, kocası öldükten sonra yönetimi kendisine kalan Tatvan'ı Endülüslü korsanların merkezi haline getiren ve muhtemelen Oruç ve Turgud reislerle de ittifak halinde İspanyollara kök söktüren bir hükümdar. Kısacası tarihsel bir olgudan çok, zamanımızın ruhuna uyması için tahrif edilmiş bir gerçeklikten bahsediyoruz. Her ne kadar Atlantik korsanlığının altın çağında Hıristiyanların arasında kadın korsanlar tek tük karşımıza çıksa da cinsiyetlerin birbirinden daha sıkı bir biçimde ayrıldığı İslam dünyasında bunun bir örneği yok.

Seyahat etmenin zorluğu kadınların karşımıza seyyah ve tüccar olarak çıkmalarını da engellemişe benziyor. *Sultanın Casusları*'ndan bunların bilgi sızdıran muhbirler olarak çok önemli roller oynadıklarını da biliyorsunuz. Bu çok şaşırtıcı da değil, gizli konuşmaların yapıldığı kişisel alanlara kadınlar hâkim zira. Zengin müşterilerinin ne dedikleriyle her zaman çok ilgili fahişeler, güzelliğiyle güçlü erkeklerin aklını başından alan metresler, saraylara satılmış cariyeler… İstihbaratçılar daha iyi bilgi kaynağı bulabilir mi hakikaten? Ancak bunlar casus değil, muhbir; onca yıllık arşiv çalışması sonucunda sahada faaliyet gösteren sadece bir kadın casusun kaydına ulaşabildim ki bu da muhtemelen uydurma bir hikâye. Konunun diğer uzmanları da benden daha başarılı değil bu konuda. Echevarria Bacigalupe Hollanda İsyanı'nda (1568-1648) iki örneğe rastlarken Alain Hugon onaltıncı yüzyıl Fransa'sında faaliyet gösteren İspanyol ajanları arasında sadece bir kadına rastlamış. Ama Avrupa'da kadınların kamusal alanda daha rahat faaliyet gösterdiklerini de unutmayalım. Uzun lafın kısası, trenin yaygınlaşması sonucu seyahatin kolaylaşması Lady Carlisle ve Mata Hari gibi figürlerin önünü açacaksa da Sanayi Devrimi öncesi istihbarat operasyonları erkeklerin tekelinde.

Çapkın ve de Kaçak Travestiler*

Ve son olarak kılık değiştirenler. Tarih kitaplarında cinsiyetlerinin getirdiği kısıtlamaları aşmak isteyen birçok kadının erkek kıyafetlerine büründüğünü görüyoruz. Jeanne d'Arc'dan yukarıda zaten bahsettik, diğerlerine geçelim. Anne Bonny gibi kadın korsanların "ellerinin hamuru"yla erkek işine karıştıklarını kıyafetleriyle unutturmaya çalışmalarına pek şaşırmamak gerek ancak daha kompleks nedenler de mevcut. Gelin Bizans'ın meşhur "travesti"

* Lat. *trans*: ötesinde, karşısında + *vestire*: giyinmek, zıt giyinme. Vestiyer de aynı fiilin Fransızcasından gelmektedir.

rahibelerine bir göz atalım mesela. Beşinci yüzyılın ikinci yarısında yaşayan Pergeli Matrona, yirmi beş yaşındayken tek kız çocuğunu bir dula bıraktıktan sonra kocası kendisini bulmasın diye saçlarını kesip hadım kılığında İstanbul'daki manastırlardan birinde inzivaya çekilmişti. Bir gün kendisine neden kulaklarının delik olduğu sorulunca neredeyse foyası meydana çıkacaktı; Allah'tan köle olduğu ve efendisi tarafından bir kadın gibi giydirilip küpe takmaya zorlandığı gibi zekice bir cevap vermeyi başarabilmişti. Durumu bir rüya ile de olsa (ne kadar inanırsanız artık) fark edecek olan manastırın başkeşişi kaçak travestimizi eninde sonunda Suriye'de bir kadınlar manastırına gönderecekti. Sürgünde aziz statüsüne kavuşunca başkente dönmesi mümkün olacak ve burada kendisi gibi kocalarından kaçan kadınlara kucak açan bir manastır kurmayı başaracaktı. Gene bir başka örnekte, babasıyla birlikte manastıra giren Meryem adlı bir Bizans kadını gayrimeşru bir çocuğun babası olmakla bile suçlanacaktı.

Kendini aklamak yerine gerçek ortaya çıkmasın diye ceza ve eziyete katlanan Meryem'e yöneltilen zina suçlaması asılsız olabilirdi ancak tersi durumlar da mevcuttu. Onsekizinci yüzyıl Siena'sında kadın kılığına girerek birçok kadınla beraber olan çapkın Caterina Vizzani'nin hikâyesi belki de bunlardan en ilginci. Giovanni Bordoni adıyla birçok kalpler fetheden bu yirmi beş yaşındaki gencin kadavrası lezbiyenliğin anatomik bir kökü olup olmadığını merak eden Profesör Giovanni Bianchi'nin incelemelerine konu olmuş ancak sonunda ne cinsel organlarda bir bozukluk gibi "doğadan kaynaklanan bir yanlış" ne de "hayal gücünde bir rahatsızlık" bulunabilmişti. Meraklı bilim adamımıza ise bu üçüncü cinse isim bulmaktan başka yapacak bir şey kalmamıştı.

Aslında erkek kılığına bürünmek manastıra girmekten çok oradan çıkmak için kullanılabilecek bir yöntemdi. Onyedinci yüzyılda Catalina de Erauso'nun yaptığı da işte tam buydu. Kısacık saçları, özel bir sıvıyla kuruttuğu göğüsleri ve sürekli değiştirdiği ismiyle önce İspanya'da, sonra da Yeni Dünya'da maceradan

Resim 14. Atlantik sularını kasıp kavuran İrlandalı kadın korsan Anne Bonny (1697-yak. 1721).

maceraya koşacak; sonunda yakalandığında da darağacından kaytarmak için tıpış tıpış Eski Kıta'daki manastırına dönecekti. Hapishaneler, savaşlar ve düellolarla geçen; korsanlar, haydutlar ve binbir türlü karanlık figürle süslü; muhtemelen biraz da abartılı hikâyesini de işte bu zorunlu emeklilik yıllarında kaleme almıştı.

Üçüncü Cinsiyetle Yakınlaşmalar

Cinsiyete özel meslekler olduğu gibi mesleğe özel cinsiyetler de var. Kraliçenin maiyetine girmek için kadın kılığına girmek ve aynı odada kaldıkları nedimelere el sürmemek gibi ağır koşullarda çalışmaya zorlanmış erkeklerden yukarıda söz etmiştik. İşlevlerine göre cinsiyetleri yönetilen bir başka grup da *Farinelli* ya da *Harem Suare* gibi filmlerden hatırlayacağımız hadımlar.

Hadım olmak için gereken tıbbi prosedürün detayları eski toplumlarda insan bedeni üzerinde nasıl kolayca radikal kararlar alınabildiğini gösteriyor. Şiddetin yaşamın doğal bir parçası olduğu; çocuk ölümlerinin, salgınların ve kıtlıkların Azrail'i kapıda hazır beklettiği yüzyıllarla ölümün adının bile "Allah ağzından alsın" lafı ile karşılandığı günümüz arasında çok da şaşırtıcı olmayan bir mantalite farkı! Zaten birçok kişinin bu operasyona gönüllü olması eskiden insanların güç ve para için ne kadar gözlerini karartabileceğinin en güzel kanıtı. Ayrıca Birinci Bölüm'de de belirttiğimiz gibi, onsekizinci yüzyıl öncesi devleti "öldüren" bir devletti, "yaşatan" değil; dolayısıyla insan bedeni üzerindeki bu tip aşırı tasarrufları vaka-yı adiyeden saymak gerekiyor.

Midesi sağlam olmayanları uyararak ameliyatın detaylarına geçelim. Uzak bölgelerden saraya getirilen çocukların cinsel organları (bazen sadece testisler) "sabuna sürülmüş ipek iplikler" vasıtasıyla bağlanıp usturayla alınıyor. Oluşan yara önce kül ve sıcak kumla, daha sonra da kızgın yağla dağlanıyor ve enfeksiyon kapmaması için zavallı çocuk üç gün tuvalete çıkmaktan men ediliyor. Üç gün sonra idrarını yapabildiği takdirde başarılı geçtiği anlaşılan bu ameliyatı atlatanlar için sıkıntı ne yazık ki burada bitmiyor. Hayatlarının geri kalanını idrar yolu iltihapları ve damlamadan kaynaklanan keskin bir amonyak kokusu ile geçirmek zorunda kaldıkları yetmiyormuş gibi, testosteron eksikliği, ellerin ve kolların aşırı uzaması, obezite, köselik, aşırı zayıflık, erken cilt kırışması ve son olarak kemik erimesi (osteoporoz) gibi bir sürü komplikasyonla mücadele etmek zorunda kalıyorlar.

Genç yaşta geçirdikleri acılı bir ameliyat sonrası erkeklikleri yok edilen hadımları tarih boyunca birçok coğrafyada değişik roller üstlenirken görüyoruz. Bizans'tan Osmanlı'ya, Hindistan'dan Çin'e, Roma'dan Sümerlere, Asurlardan Sasanilere hemen tüm imparatorluklarda karşımıza çıkan hadımların erkekle kadın arasındaki "sınırsal" (İng. *liminal*) pozisyonları, bunları içlerinde kadınların da bulundukları saraylarda görev yapmak için ideal hale getiriyordu. Mahreminizi bu cinsel güçleri alınmış erkeklere teslim etmenizde pek bir sakınca yok yani. Çocuk yapıp aile kuramadıklarından hükümdarlarına ve dolayısıyla devlete sadakatleri de daha güçlü oluyor haliyle. Bunların "köle" statüsünde olmasının bir başka avantajı da istendiği zaman kolayca ortadan kaldırılabilmeleri.

Devlet yönetimi ile hükümdarın hane halkı arasındaki sınırın net çizilmediği yıllarda, monarka olan yakınlıkları bunların saray dışında da önemli rollere soyunabilmelerini mümkün kılmış. Tarih boyunca birçok ünlü komutanın arasında hadımları görmek mümkün: Iustinianos'un meşhur generali Narses, Osmanlılarda "hadım" lakabı taşıyan paşalar, onbeşinci yüzyılda Ming donanması ile Hint Okyanusu'nda keşiflere çıkan meşhur Zheng He (鄭和, Arapçası Hacı Mahmud) ve daha niceleri... Erkekliği alınmış birinin komutan olarak boy göstermesi ilk başta yadırganabilir diye önce bunları saydık ancak hadımların kısmetlerini sadece orduda aradıkları sanılmasın. Bazen bir Ortodoks patriği, bazen üst düzey bir bürokrat, bazen meşhur tarihçi Sima Çian (司馬遷) gibi bir entelektüel ve hatta kâğıdı borçlu olduğumuz Cai Lun (蔡伦) ve karekök almayı bulan Jia Xian (賈憲) gibi bir bilim adamı olarak hemen her yerden kafayı çıkarıyorlar. Kibele kültünün rahipleri Galluslar gibi karmaşık ritüellerle kendi kendini hadım eden din adamlarına da rastlıyoruz, sesleri kalınlaşmasın diye iğdiş edilen kilise vokalistlerine* de ki bu uygulamanın Avrupa'ya Bizanslılardan geçtiğini hatırlatalım.

Aslında hadım edilmek birçok toplumda taht üzerindeki hakkını kaybetmek anlamına geliyordu; yöneticinin tüm uzuvları yerli yerinde olmalıydı zira. Sırf bu yüzden Bizans'ta birçok talihsizin "İmparator olacağım" diye çıktığı yolda kendilerini amonyak kokarken bulduğunu biliyoruz. Ancak gene de hadım olduğu halde tahta geçmeyi başarmış bir örnek var elimizde: İran'daki Kacar Hanedanı'nın kurucusu Ağa Muhammed (hük. 1789-1797).

Aslında hadımların yaptığı işlerin en azından bir kısmının kadınların uzmanlık alanına girdiğini söyleyebiliriz. Örneğin *castrato*'ların iğdiş edilmelerinin sebebi bunların soprano, kontralto ve mezzosoprano gibi kadınlara mahsus aralıklardaki seslerini kaybetmemeleriydi. Ergenliğe girmeleri engellenirse sesleri kalınlaşmazdı. Kadınların sahneye çıkmasının normal karşılanmadığı bir kültür için acımasız ama dâhiyane bir çözüm. Gene Harem'in bekçileri olarak karşımıza çıktıklarında, kadınlara duyulan güvensizliği bir kez daha tüm çıplaklığıyla gözler önüne seriyorlar. Hükümdarlar, kadınlarının denetim ve eğitimini sağlayan dişi Harem görevlilerinin başına bir erkek atamaktan kendilerini alamamışlar.

Yirminci Yüzyılın En Önemli İcadı

İster çocuk büyütmek olsun ister dikiş-nakış gibi ev için gerekli eşyaların üretimi, modernite öncesi kadının işgücü genelde evle sınırlıydı. Haneye liderlik edecek bir erkeğin kalmaması durumunda kadınların tarlaları ve hatta dükkânları devraldıkları olurdu ancak bunlar hep geçici çözümlerdi.

* Bunlara *castrato* (çoğ. *castrati*) denirdi ki bu da İtalyanca *castrare*, yani iğdiş etmek fiilinden gelir.

Fabrikaların ortaya çıkmasıyla artan niteliksiz işçi ihtiyacı bu durumu tamamen değiştirecekti; kadınlar bir anda dışarıda çalışma fırsatı bulmuştu. Burada fırsat kelimesini Latinlerin ifadesiyle "bir tutam tuzla" (Lat. *cum grano salis*) zikredelim; zira fabrikalardaki şartlar oldukça kötüydü ve bu ilk kadın işçiler genelde alt ekonomik gruplardan geliyordu, yani fakir ailelerden.

Aslında Sanayi Devrimi'nin Avrupa'da gerçekleşmesini mümkün kılan faktörlerden biri de işgücüne katılacak bir kadın nüfusunun bulunmasıydı. Burada kadınların sadece üretime katılmasından değil; evden çıkıp başka bir yerde, yani fabrikada çalışabilmelerinden bahsediyoruz ki Avrupa ile diğer coğrafyalar arasındaki bu farkın kökeni tarihçilerin onaltıncı yüzyıl sonlarına tarihlediği farklı bir evlilik âdetinde yatıyor. Batı Avrupa Evlilik Örüntüsü (İng. *Western European marriage pattern*) denen bu eğilime göre, dünyanın birçok coğrafyasında kızlar ergenliğe erişir erişmez evlendirilirken Orta Avrupa ve İskandinavya'dan geçen ve Napoli, Endülüs ve İrlanda'yı dışarıda bırakan bir çizginin batısında kadınların oldukça geç evlendiğini ve çiftler arasında yaş farkının oldukça az olduğunu görüyoruz. Hiç evlenmeyen ya da dul kalınca bir daha evlenmeyen kadın sayısı da çok yüksek "Hajnal Çizgi"sinin solunda kalan bu toplumlarda. Modernite öncesi yıllarda, bu garip örüntü ailelerin daha kocaya gitmemiş kızlarını başka evlere hizmetçi olarak göndermesi sonucunu doğuracak ancak halihazırda bir kadın işçi havuzunun bulunmasının esas etkisini ondokuzuncu yüzyılda göreceğiz. 1838 yılında İngiltere'deki tekstil fabrikalarında çalışanların sadece %23'ü erkekti mesela, bu oran Katalunya'da %30'lar civarında. Eğer ilk kapitalistlerin emrine amade kadınlardan (ve çocuklardan) oluşan böyle ucuz bir işgücü olmasaydı zaten ilk elli senesini sendeleyerek geçiren Batı sanayileşmesi mümkün olmazdı. Çin'in sanayileşemeyip Avrupa'nın sanayileşmesinin ardında bu işgücünü gören Jack Goldstone da bu kanaatte.

Sanayileşme sadece çalışan kadınların değil, evde kalıp çalışmayanların da hayatını değiştirecekti. Artık bunların iş tanımı farklıydı; birer "ev kadını"ydılar. Artan üretim ve yaygınlaşan nakit ekonomisi bunların eskiden evde ürettiği şeylerin satın alınabilmesini kolaylaştırmıştı; kocaları da dışarıda iş bulunca ev bir üretim merkezi olmaktan çıkacaktı. Bu noktada bazı mimari değişiklikler de devreye girmekte gecikmedi. Düz camın (İng. *plate glass*) icadıyla pencerelerin büyümesi bahçenin evin bir uzantısı olarak algılanmasının önünü açtı. Leonore Davidoff'a göre bu, evdeki yaşamı dışarıdakinden soyutlayan bir gelişmeydi. Gene aynı dönemde salon yerine ufak kişisel odalarda vakit geçirilmeye ve bir odadan bir odaya geçmeyi sağlayacak koridorlar inşa edilmeye başlayacaktı (Versailles'a gidenlerin en çok şaşırdığı şeylerden biri, metresinin odasına gitmek için kralın, kraliçenin odasının içinden geçmek zorunda olmasıdır herhalde). Şehir dışında şık mahallelerin ortaya çıkması, orta sınıf kadının ekonomik hayatın merkezinden çekilmesini daha da hızlandıracaktı. Evin pis işleri için hizmetçi tutabilecek bu ev hanımlarının görevi artık örnek çocuklar yetiştirmek için çırpınmaktı. Ve işte tüm mağrur ama mahzun cakasıyla karşımıza Viktoryen burjuva kadını çıkmıştı. Bugünkü versiyonlarına *The Stepford Wives* (1972/5, 2004) ya da *The Help* (2011) gibi kitap ve filmlerden aşina olduğumuz bu kadınların ekonomik katkı üretmek için kırk takla atan fakir cinsdaşlarıyla aralarındaki fark yüzyıl boyunca gittikçe artacaktı.

Kadınların fabrikalarda ve atölyelerde çalışmaya başlamasının binlerce yıllık bir zihniyeti hemen değiştirdiği düşünülmemeli. Şu her zaman muhafazakâr köylülerin kızlarının çalışmasına pek sıcak bakmaması yüzünden, ABD'de işverenler bekâr kızların çalışarak disiplin edineceğini ve üstüne üstlük bir de çeyiz parasını çıkaracağını iddia etmek zorunda kalacaktı. Görüldüğü gibi, kadının evden çıkması ve işgücüne katılması ancak nihai bir amaca hizmet ettiğinde, yani evliliğe ulaşmak için kullanılan geçici bir araç olduğunda kabul edilebilirdi. Kadının fonksiyonu hâlâ annelik, sermayesi ise hâlâ "iffet"iydi; ailelerin ahlaki endişelerini gidermek için fabrikalara kızların sıkı bir denetim altında yaşayacağı yatakhaneler bile inşa edilecekti.

Bütün bu teşviklerine rağmen aslında işveren de pek istekli sayılmazdı. Artan talebi karşılamak için başvurulan bu çözüme hep geçici gözüyle bakacak ve ilk başta önerilen az iş çok para formülü yerini yavaşça ezici koşullar ve ikinci sınıf bir muameleye bırakacaktı. Bu ikinci sınıf statünün toplumun hassasiyetleri çerçevesinde çıkarılan ayrımcı yasaklarla perçinlenmesi de uzun sürmedi; erkek egemen toplumun ısrarcılığını hafife almak olmazdı.

Daha da acı olanı, kadınların evden çıkmasının cinsiyet ayrımını pek de hafifletmemesiydi. Şaşırtıcı olmayan bir şekilde, kalitesiz ve az ücretli işler hemen kadınsı bulundu. Dönemin sosyal yapısı düşünüldüğünde bu pek eşitlikçi olmayan kararın arkasında bir ekonomik mantık da yok değildi. Fiziksel efor isteyen bir işte kadınlar erkeklere göre yetersiz kalıyorlardı; ayrıca üç beş yıl sonra, tam tecrübe kazandığı çağda evlenip gidecek bir genç kıza yatırım yapmanın manası neydi ki?

Ancak kültürel faktörler de etkisini göstermekteydi. Evde hizmet eden kadın stereotipi, kamusal alanda sekreterlik, hizmetçilik, garsonluk ve hatta fahişeliğe dönüşmekte gecikmeyecekti. Yirmibirinci yüzyılda da kadınların en çok yoğunlaştığı mesleklerin sırasıyla hemşirelik, sekreterlik, kişisel asistanlık, çocuk bakıcılığı, temizlikçilik ve resepsiyonistlik olması hizmetkâr stereotipinin zihinlere nasıl kazındığının bir göstergesi.

Ne kadar özgürlük naraları atarsa atsın, Batı'da bile 1960'lara kadar norm "ev hanımı" idi. Birçok kadının hayatlarının belirli bir döneminde işgücüne katıldıkları doğruydu ancak "bir dönem" ifadesinin altının çizilmesi de şarttı. ABD'de bile 1900'den önce on dört yaş üstü kadınlar arasında çalışma oranı sadece beşte birdi ve bu %20'nin içinde beyazların oranı oldukça azdı. Sanayileşmiş ülkelerde kadınların işgücüne daha eşit şartlarda ve artan oranlarda katılımı yüzyıl boyunca peyderpey gerçekleşecekti. İlk kırılma Birinci Dünya Savaşı sonrasında, bir "tüketim" furyasının kasıp kavurduğu 1920'lerde gerçekleşti. Kadınları hedef alan reklamlardan da gözlemleyebileceğimiz ve radyo ve sinema ile yayılan bu "tüketim" modası hane giderlerinin artmasına neden olacaktı. Daha çok tüketmek isteyen ev hanımları artık belki de dışarıda bir yerlerde iş bulmalıydı. Bu tüketim çılgınlığına bir dur diyen 1929 Ekonomik Krizi bile kadın çalışan oranlarını düşürmeye yetmeyecekti. 1939'da orduların bir kez daha seferber edilmesiyle ortaya çıkan işgücü açığı bunun daha da artmasına neden olacaktı. Erkeklerin cepheye gitmesiyle meydan, daha doğrusu fabrika ve ofisler, kadınlara kalmıştı.

Kısacası artık yeni bir döneme giriliyordu. "Çalışan kadın"ı ikinci sınıf addetmekten yavaş yavaş vazgeçilmesinin ardında yatan en önemli faktör, ev hanımlarının işini kolaylaştıran icatların yaygınlaşmasıydı. Katıldığım televizyon programlarından birinde yirminci yüzyılın en önemli icadının buzdolabı olduğunu belirttiğimi ve buna şaşıran Özge Uzun'a "Eğer buzdolabı olmasaydı şu anda karşımda oturuyor olamazdınız" dediğimi hatırlayanlarınız olacaktır. O gün havada kalan bu açıklamayı; Coen-Pirani, Léon ve Lugauer ile Cavalcanti ve Tavares gibi ekonomistlerin çalışmalarıyla desteklemek mümkün. Ve şu cümleyi kurmak da: Elektrikli ocak (1892), süpürge (1901), tost (1909), kahve (1884), bulaşık (1886) ve çamaşır makineleri (1908), buzdolabı (1913), blender (1922), mikser (1908), derin dondurucu (1947) ve mikrodalga (1967) gibi aletler ve donmuş ve hazır gıdalar olmasaydı bugün kadınların büyük çoğunluğu hâlâ evde kocalarının yolunu bekliyor olurdu.

Ufak bir ekleme: Bunların icadı kadar ucuzlaması da önemli; ABD'de yıllık %8.3 gibi yüksek bir orandan bahsediyoruz. Biraz daha spesifikleşmek gerekirse ekonomist Jaroslav Vanek'in hesaplamaları 1919 yılında 1.660 dolara satılan bir buzdolabının fiyatının yirmi yıl sonra 170, bir on yıl sonra da 150 dolara kadar düştüğünü gösteriyor (fiyatlar 1963 yılına göre revize edilmiştir). Bu trend etkisini göstermekte gecikmeyecek; 1930 yılında evlerin sadece %14'ünde buzdolabı varken bu oran on sene içinde %44'e çıkacak, bir on yıl sonra da %80'e ulaşıp neredeyse iki katına erişecek.

1940'lı yıllarda ABD Kırsal Elektrik Kurumu'nun (*Rural Electrification Authority*) yaptırdığı bir çalışma, on yedi kiloluk çamaşırın makine sayesinde dört saat yerine kırk bir dakikada yıkandığını ve gene elektrikli ütünün de dört buçuk saatlik işi bir saat kırk beş dakikaya indirdiğini saptamıştı. Keith Bryant'ın hesaplamaları daha muhafazakâr bir zaman tasarrufuna işaret ediyor. 1925 ile 1968 arasında yemek ve temizliğe ayrılan zamanın 2.93 saatten 2.02 saate ve tüm ev işlerine harcanan vaktin 7.35 saatten 6.31 saate gerilediğini görüyoruz; bu, %14'lük bir düşüş demek. Ev hanımlarının yükünü azaltan bir başka faktör de yüzyılın ilk çeyreğinde elektrik, sifonlu tuvalet ve sıhhi tesisatın yaygınlaşması. 1890 yılında ABD'de her dört evden birinde musluk suyu, her sekiz evden birinde de elektrik bulunmaktayken 1950 yılında %74 ve %83 gibi yüksek oranlara ulaşılacak. Stanley Lebergott'a göre, 1900 yılında haftada 58 saatini ev işine veren Amerikan kadını, üç çeyrek yüzyıl sonra bunlara sadece 18 saatini ayırmaktaydı [bkz. Renkli Resim 12].

Kadınları özgürleştiren bir başka önemli gelişmenin de doğum kontrol hapı (1960) ve tüp bebek (1978) olduğu sıkça dile getirilmekte. Ancak David Edgerton gibi yeni teknolojinin eskisini unutturmaması gerektiğinde ısrar eden uzmanların burada frene basmayı salık verdiğini hatırlatalım gene de. İlk olarak, doğum kontrolü için hap tek yöntem değildi. Prezervatifler uzun süredir piyasadaydı mesela. Eski çağlarda hayvan bağırsağından yapılırken 1930'lardan itibaren lateks olarak karşımıza çıkıyorlar. Bunların özellikle İkinci Dünya Savaşı'ndan sonra yaygın olarak kullanıldığını biliyoruz; 1949 İngiltere'si için 49 milyon olan rakamlar, 1960'larda 150 milyonu bulacaktı. Gene her ne kadar yasak olsa da kısırlaştırma, kürtaj ve hem kauçuk hem de

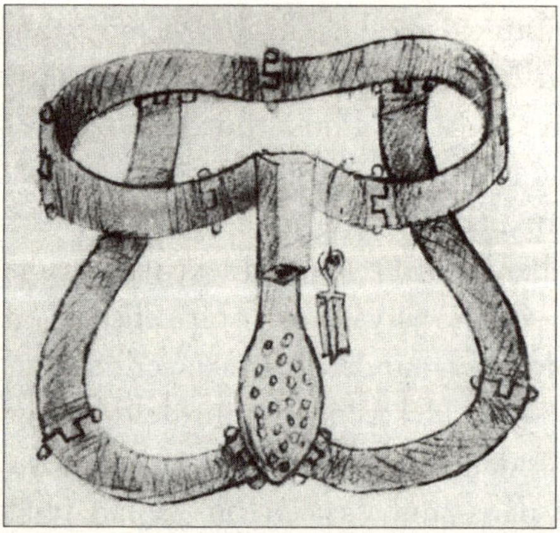

Resim 15. Bekâret Kemeri
Konrad Kyeser, *Bellifortis* (1405)
Göttinger MS Philos. 63, VDI-Verlag, Düsseldorf (1967).
Efsaneye göre Doğu'ya giden Haçlı şövalyelerinin kendilerini aldatmasın diye eşlerine zorla giydirdikleri bu demir külot kaynaklarda karşımıza ilk kez onbeşinci yüzyılda çıkıyor. Ancak o dönemden hiçbir *chastity belt*'in günümüze kalmaması bu kaynakların ne kadar güvenilir olduğunu sorgulatır bir olgu. Bilinen ilk kullanım, mastürbasyonu önlemek amacıyla ondokuzuncu yüzyılda gerçekleşmiş.

kimyasal gebelik önleyiciler mevcuttu. İnsanoğlu eski çağlardan beri işlevli-işlevsiz birçok garip metoda başvurmaktan çekinmemekteydi. Mısırlılar timsah dışkısı kullanırken Aristoteles sedir ağacı yağı tavsiye ediyor mesela. Her zaman bizi şaşırtmayı başaran Casanova ise spermin rahme girişini engellemek için yarım limon kullanırmış. Daha sistemli gitmek gerekirse gelin bakalım Bizans kadınları nasıl çözümler üretmişler: Bitkisel yağlar, fitiller, bal, şap, beyaz kurşun veya zeytinyağına bandırılmış yün supozituvarlar (İng. *vaginal pessary*) ve her ne kadar pek işe yaramasa da kedi ciğeri ya da dişi aslan rahminden yapılan ve sol ayağa bağlanan fildişinden bir tüp içine konan muskalar (Buna da şükür, en azından iddia edildiği gibi bekâret kemeri giymeye zorlanmıyorlardı!). Ayrıca çocuk üretimini kısıtlamak için seksten kaçınma, dışarı boşalma (Lat. *coitus interruptus*) ve emzirmeyi uzatma gibi yöntemler de köylülerin dâhice bulduğu şeylerdi.

Resim 16. "Kaç çocuğun olacağına sen karar verebilirsin. Planlı Ebeveynlik [Kurumu], doğum kontrolü ve kısırlık hizmetleri ile ilgili bilgi vererek size yardımcı olabilir."

Ancak Edgerton'ın kaçırdığı iki nokta var. İlk olarak, hap dışındaki doğum kontrol yöntemlerinin başarı yüzdesi daha düşük. Hiç işe yaramayan garip çözümleri bir kenara bıraksak ve modern tıbbın önerdiği alternatifleri ele alsak bile hap rakiplerine fark atıyor. Ayrıca prezervatif gibi önlemlerde kadınların partnerlerini ikna etmesi gerek ki ataerkil bir toplumda bunu yapmak biraz zor olabilir. Tek başına verdiği bir karar olduğu için doğum kontrol hapı kullanmak kadının vücudu üzerinde tam bir kontrol sağlaması, yani gerçekten özgürleşmesi demek.

Son olarak, metodolojik bir uyarı yapmadan geçmeyelim. Doğum kontrol hapının yaygınlaşmasıyla kadınların erkek işlerine el atması aynı döneme denk geliyor olabilir. Ancak bu, ikisi arasında bir ilişki olup olmadığını ve varsa bu ilişkinin yoğunluğunu bilmemiz anlamına gelmiyor. Neden? 1. Birbirinin peşi sıra gerçekleşmesi iki olgunun alakalı olduğu anlamına gelmez. 2. Böyle bir alaka kurulsa bile hangisinin sebep, hangisinin sonuç olduğuna dikkat etmek gerekir. 3. Sebep-sonuç ilişkisi doğru kurulduğunda dahi ortada başka sebepler olabileceği unutulmamalıdır (feminist hareketler, tüketim toplumunun ortaya çıkışı, demokrasi ve kürtajın yaygınlaşması gibi).

Yukarıda bahsettiğimiz teknolojik gelişmelerden, kadınların işgücüne eşit şartlarda katılmasını sadece materyal faktörlerle açıkladığımız sanılmasın. Hiçbir icat tek başına bu denli büyük bir toplumsal transformasyonu gerçekleştiremez. Başlatabilir, önemli bir itici kuvvet olabilir ancak bu ağır yükü tek başına sırtlanamaz. Kısacası kadınlar hak ve eşitlik taleplerini örgütlü bir biçimde gündeme getirmiş olmasalardı, bu hızlı değişimin gerçekleşmesi imkânsızdı. Sezar'ın, pardon Aurelia'nın hakkı Aurelia'ya!

Kadınlar Neden Erkeklerden Daha Az Maaş Alır?

Tüm iyileşen şartlara ve yükselen çalışma oranlarına rağmen kadınlar gene de birçok iş kolunda kendilerine karşı oluşan direnci yenmek zorunda kaldılar. 1980 gibi geç bir tarihte kadın olduğu için Theda Skocpol'un Harvard Üniversitesi'nde kadrosunun reddedilmesi, bize en liberal ortamlarda bile muhafazakâr tavırların kendilerine sığınak bulabildiğini ispatlamakta. Skocpol'un ısrarı sonucu oluşturulan teftiş kurulu, ünlü siyaset bilimcinin hakkını en sonunda teslim edecekti etmesine ancak gene de bu olay "Zararın neresinden dönülse kârdır" mantığıyla geçiştirilemeyecek kadar ciddi. Türkiye üniversitelerinin de hâlâ erkek egemen bir yer olduğu gerçeğini kanıtlamak için üniversite rektör ve dekanlarının içindeki kadın sayısı oranlarının %10'un altında kaldığını belirtmek sanırım yeterli olacaktır.

Kadınların yüksek mevkilere ulaşması da sanıldığından daha uzun süreceğe benziyor. Lafı uzatmayalım, hâlâ kadın CEO'ların haberleri yapıldığına göre (2015'te Fortune 500 şirketlerinin CEO'larının sadece %4.6'sı kadındı, bu rakam beş sene sonra ancak %7.4'e çıkabildi), bu görünmeyen "cam tavan" hâlâ tam anlamıyla aşılmış değil. Günümüz ekonomisinde başarı için gerekli kriterlerin kadınlar lehine değişeceğini iddia eden Helen Fisher haklı çıkarsa bu daha da önemli bir problem halini alacak.

Kadınların erkeklerden daha az maaş alması sadece birçok araştırmacı tarafından dile getirilen değil, aynı zamanda kamunun gittikçe daha fazla gündemine aldığı bir gerçek. Kadınların en çok ön plana çıkarıldığı ekranlar söz konusu olduğunda bile bu fark kendini gösteriyor. Örneğin 2017 yılında BBC'nin erkek yıldızlarına kadınlardan çok daha fazla maaş verdiğinin ortaya çıkması üzerine ufak bir skandal patlamakta gecikmeyecekti: En çok kazanan yedi kişinin tamamının ve yılda 150.000 poundun üstünde kazananların üçte ikisinin erkek olması adil mi? Gene sinema sektöründe de benzer bir adaletsizlik olmalı ki (kadınların maruz kaldığı tacizlerden bahsetmiyoruz bile) *Sherlock* dizisinin başrol oyuncusu Benedict Cumberbatch bundan sonra kadın yıldızların kendisi ile aynı ücreti almadığı projelerde yer almayacağını ilan etme ihtiyacını hissetmiş.

Peki, neden kadınlar daha az kazanıyor hakikaten? Jacob Mincer ve Solomon Polachek'in başını çektiği bir grup ekonomiste göre, kadınların evdeki yükü onları kendilerini yetiştirmeye daha az vakit ayırmaya itiyor. Kulağa ilk başta mantıklı geliyor, evle iş arasında mekik dokumak zorunda kalan kadınların işleri erkeklere göre daha zor. İş arkadaşlarınızı gözlemleyin mesela. Evle ilgili bir problemle erkekler mi daha çok muhatap oluyor, kadınlar mı? Hangi cinsiyet, eşleri ve çocukları tarafından daha çok aranıyor; ailesine ve evine daha çok zaman ayırmak mecburiyetinde kalıyor? İdeal bir dünyada karşımıza çıkmasını bekleyeceğimiz adil bir işbölümünden hâlâ çok uzakta olduğumuzu göreceksiniz.

Kadınların ailelerine ve ev işlerine daha çok zaman ayırdıklarını kabul etsek bile gene de yukarıdaki argümanda birkaç problem var. İlk olarak, bu her iş için doğru olamaz; örneğin bir aktrisin performansı ev işlerinden etkilenmeyecektir. Ancak burada da kadınların daha az maaş aldıklarını yukarıda belirtmiştik. Kaldı ki Litvanya gibi bazı Avrupa ülkelerinden gelen veriler, erkeklerden daha eğitimli ve en az onlar kadar tecrübe sahibi oldukları halde kadınların hâlâ az maaş alan sektörlerde çalıştıklarını gösteriyor.

Demek ki olay sadece kadınların kendilerine profesyonel anlamda daha az yatırım yapması değil. Ayrıca aileye ayrılan zamanın dışında erkeklerin de meşgul oldukları başka faaliyetler olabilir; hayat iş ve evden ibaret değil nihayetinde. Üstüne üstlük daha az saat ayırabilmek daha az verimli olmak değil; öyle olsaydı yılların sekiz-beşçiliğinin yerini esnek çalışma saatleri almazdı. Bazen de kabahati işverenlerinin katı tutumlarında ve kültürel kodlar sebebiyle muhtemelen erkeklere gösteremeyecekleri acımasız bir anlayışsızlıkta aramak gerekebilir.

Kadınların daha az maaş almalarını gene onların "güvenli" tercihleriyle açıklayanlar da var. Erkek güzellik yarışmaları gibi faaliyetleriyle âdeta Orhan Kemal'in *Tersine Dünya*'sı ile Fellini'nin *La città delle donne*'sini (1980) hayata geçiren aktivist ve akademisyen Warren Farrell, kadınların esnek, az riskli ve kendilerine daha uygun kariyer opsiyonlarını tercih ettiğine dikkat çekiyor. Az risk, az kazanç; bir başka deyişle dengeli bir yaşamı dolgun bir maaş bordrosuna tercih etmek...

Kadınların zam istemekte zorlanması da cinsiyetler arası maaş farkını açıklamada kullanılmış. Babcock, Laschever, Small, Gelfand ve Gettman gibi bilim adamlarının çalışmaları bize erkeklerin patronlarıyla pazarlık etmelerinin kadınlardan dört kez daha olası olduğunu gösteriyor. Bu iddia, sosyal psikolog Philip Blumstein ve sosyolog Pepper Schwartz'ın lezbiyenler üzerine bulgularıyla da enteresan bir paralellik gösteriyor. Bu ikiliye göre, lezbiyenler daha az seks yapıyor ve bunun nedeni heteroseksüel ve gay ilişkilerde inisiyatifi alanın hep erkek olması ve kadının rolünün teklif edilen seksi ret ya da kabul etmekle sınırlı kalması. Lezbiyen ilişkilerde ikisi de kadın olan çiftlerden hiçbirinin seksi başlatmak konusunda yeterince atak olmaması sorunun temelini oluşturuyor.

Bu teorinin özellikle seks olarak neyin tanımlanacağı noktasında çok fazla eleştirildiğini not düşüp bir de dilbilim cephesinden yardım alalım. Deborah Tannen'ın çalışmaları kadının erkeğe göre daha az iddiacı bir dil kullandığını ve isteklerini karşı tarafın üzerine daha az empoze ettiğini gösteriyor. Kadınların konuşmayı çevreleriyle bağ kurmak için kullandığını belirten Tannen'ın bulguları, erkeklerin kendilerini statü ve para, kadınların ise toplumsal ilişkiler üzerinden tanımladığını belirten psikologların argümanlarıyla da eşleşiyor.

Bütün bu paralelliklere rağmen gene de çok acele edip kadınların az maaş almasının kabahatini hemen onlara yıkmayalım. Hannah Riley Bowles, Linda Babcock ve Lei La'nın araştırmaları patronların zam isteyen kadınlara farklı davrandıklarını gözler önüne seriyor. Nobel ödüllü ekonomist Gary Becker, kadınların karşılaştığı çifte standartları patronların, iş arkadaşlarının ve hatta müşterilerin bir kısmında görülen "ayrımcılık eğilimi"yle (İng. *taste for discrimination*) açıklıyor. Gene Edmund Phelps de her an çocuk sahibi olup yatırımları boşa çıkarabilecek kadınların patronlar tarafından bir risk olarak görüldüğünün altını çiziyor. Eşimin üç ay önce iki numarası olarak transfer edildiği şirketten hamile kaldığı için bir anda kovulduğunu hatırladığımda, ondokuzuncu yüzyıldan beri sermaye sahiplerinin zihnen pek değişmediğini görmek beni fazla da şaşırtmıyor.

Özetle, aslında iki tarafın da içselleştirdiği bir durum söz konusu ancak tüm sömürü ilişkileri de hem ezenin hem de ezilenin kabul ettiği bir "kültürel hegemonya" kurulabildiği zaman pekişmiyor mu zaten? Marksistlerin büyük filozofu Antonio Gramsci'ye bir selam çakıp devam ediyoruz.

Kadınlara Has Meslekler

İşyerinde çekilen bu zorlukları bir kenara bırakıp tamamen kadınlarla özdeşleştirilen mesleklere yönelelim. Burada ev hanımlığıyla olan devamlılık hemen göze çarpıyor. Fabrika dışında kadınlara hem kendilerinin hem de patronların layık gördüğü işler, yukarıda da belirtildiği gibi hep "hizmet" sektöründe. Bu işlerin getirisinin az olması, erkeklerin bu alanlara yönelmemesine yol açacak ve bir süre sonra da karşımıza neredeyse tamamen kadınların yaptığı tezgâhtarlık ve hemşirelik gibi meslekler çıkıverecek. Bir kez bu eşleşme gerçekleşince patronlar da bunları yükselme şansı olmayan ikinci sınıf meslekler olarak görme eğilimine girecekler. Hep aynı mesleklere "doluşturulan" (Barbara Bergmann'ın *crowding* teorisi) kadınların maaşları da haliyle düşük kalacak.

Georgetown Üniversitesi'nden Carnevale, Strohl ve Melton'un 2011 yılında Amerikan Nüfus Sayımı İdaresi'nin (*Census Bureau*) verilerinden derlediği rapora bakınca hâlâ kadınların bakma, yetiştirme ve beslemeyle, erkeklerin ise mantık ve analizle özdeşleştirilebilecek mesleklere yöneldiğini görüyoruz. Giddens ve meslektaşlarının bu rapordan derlediği tablodan da görüldüğü gibi, aradaki maaş uçurumu da cabası; en çok kazanan 10 mesleğin 8'i erkekler tarafından domine edilirken en az kazanan 2 tanesi (anaokulu öğretmenliği ve psikolojik danışmanlık) de kadınlara bırakılmış.

Kadınların Domine Ettiği Meslekler			**Erkeklerin Domine Ettiği Meslekler**		
Meslek	**Ort. Maaş ($)**	**%**	**Meslek**	**Ort. Maaş ($)**	**%**
Anaokulu Öğretmenliği	36.000	97	Deniz Mimarisi ve Müh.	82.000	97
Sağlık Yardımı Hizmetleri	56.000	96	Makine Müh. ile İlgili Teknolojiler	80.000	94
İletişim Bozukluklarıyla İlgili Hizmetler	40.000	94	İnşaat Hizmetleri	70.000	92
Aile ve Tüketici Bilimleri	40.000	93	Elektrik ve Makine Tamir ve Teknolojileri	57.000	91
Hemşirelik	60.000	92	Endüstriyel Ür. Tek.	65.000	91
İlkokul Öğretmenliği	40.000	91	Makine Müh.	80.000	90
Beslenme Bilimleri	46.000	89	Maden ve Mineral Müh.	80.000	90
Özel İhtiyaç Hizmetleri	42.000	88	Elektrik Müh. Tek.	68.000	90

Kadının daha az kazanmasının yan etkilerinden biri de kocalarına ekonomik olarak bağlı kalmaları. Bu da ev işlerinin büyük bir çoğunluğunun onlar tarafından üstlenilmesi anlamına gelmekle kalmayacak, bazı durumlarda çalışmalarının ekonomik bir rasyonelinin kalmamasına neden olacak. Ev işleri ve çocuk bakımı için alınacak yardım ve iş hayatında faaliyet göstermek için harcanacak paranın (kıyafet, dışarıda yemek vs.) çalışan kadının maaşına denk gelmesi ve hatta geçmesi durumunda, ev hanımlığı çalışmaktan daha rasyonel görünüyor. Özellikle ülkemizde birçok kadının çocuk sahibi olduktan sonra işten ayrılmasının arkasında da bu ekonomik verimsizlik var aslında.

Kadınların bu kadar az kazandıran mesleklere yönelmelerinin altında aile, okul ve sosyal çevreden gelen telkinler ve kadın rol modellerin olmaması gibi faktörlerin önemli rol oynadığı çokça altı çizilen bir gerçek. Gene de kadınların Batı'da özellikle 1990'lardan sonra bu alanlarda da kendini göstermeye başladığını fark ediyoruz ancak bu, Amerika'da bile birçoğunun hâlâ mağaza ve ofiste çalıştığı gerçeğini değiştirmiyor. Demek ki gidilecek daha çok yol var. Gene de erkek-kadın maaşları arasındaki uçurumun da 1979'da %37'den 2014'te %17'ye düştüğünü eklemekte yarar var.

Ancak ufak bir fren yapmamız ve cinsiyetler arasındaki meslek farklarının sadece ayrımcılıktan kaynaklanmadığını da eklememiz gerek. Bir dayatma şüphesiz var ancak psikologların sosyal bilimcilerin revizyonist teorilerine bazen mesafeyle yaklaştıklarını ve biyolojik faktörlerin altını çizmekte ısrar ettiklerini belirtelim. Burada biraz kızılca kıyamet koptuğu için [bkz. Birinci Bölüm] detaya çok girmeden özetleyelim. Bir tarafta insan beyninin "boş bir levha" (Lat. *tabula rasa*) olduğu ve gruplar arasında gözlemlenebilen farkların tamamen kültürel olduğunu iddia eden başını antropologların çektiği bir grup var ki bunların argümanlarını yukarıda az çok özetledik. Öte yanda ise insanın belirli bir formata sahip olarak doğduğunu iddia eden E. O. Wilson, Steven Pinker, David Geary gibi sosyobiyolog ve psikologlar bulunuyor. Bunlar erkek ve kadının daha doğuştan itibaren bazı farklılıklar gösterdiğini ve bu farklılıkların daha sonraki tercihlerini etkilediğini birçok deneyle göstermeye çalışıyorlar. Kültürel faktörlerin önemini reddetmiyorlar ancak ilk gruptakiler gibi her şeyin kültürle açıklanamayacağının, biyolojik farkların da önemli olduğunun altını çiziyorlar.

Bu farkların meslek tercihlerine yansıması da normal tabii bunlara göre. Pinker'a göre, meslek sınavları bize erkeklerin gerçekçi, teorik ve araştırmacı meşgaleler peşinde koşarken kadınların daha sanatsal ve sosyal mesleklere yöneldiğini gösteriyor. Hakikaten de elimizde kadınların şans verilse bile bazı mesleklere yönelmeyeceğini gösteren araştırmalar var. Mesela toplumsal cinsiyet farkının azaldığı ülkelerde kadınlarla erkekler arasındaki farkların da azalmasını beklersiniz değil mi? Öyle ya, toplumun üstümüze giydirdiği ideal kadın ve ideal erkek gömleği olmadığı zaman karakter özelliklerimiz ve tercihlerimiz arasında bariz bir fark kalmaması lazım. Enteresan bir şekilde durum pek de öyle değil. Gijsbert Stoet ve David Geary toplumsal cinsiyet farkının az olduğu ülkelerde kız öğrencilerin bilim, teknoloji, mühendislik ve matematik bölümlerini (STEM) tercih etmediklerini gösterdi; hem de bu alanlarda erkeklerden daha başarılı oldukları halde (İng. *educational-gender-equality paradox*).

Demek ki her şeyi kültüre bağlamakta acele etmemeliyiz. Zira kadınla erkeğin arasındaki farkların tamamen toplumun empoze ettiği rollerden kaynaklanmadığını gösteren araştırmalara son yıllarda daha sık rastlar olduk. Örneğin yetmiş altı ülkeden seksen bin kişiyi baz alarak yaptıkları çalışmada Armil Frank ve Johannes Hermle, toplumsal cinsiyetler arasındaki eşitliğin artmasıyla sanıldığı gibi erkek ve kadının tercihlerinin birbirine daha fazla benzemediğini, bilakis daha da farklılaştığını saptayalı daha üç yıl bile olmadı. Gene aynı sıralarda Erik Mac Giolla ve Petri J. Kajonius'un araştırmaları bize bu tip ülkelerde beş büyük karakter özelliğinin (duygusal denge/nörotiklik, dışa dönüklük, açıklık, uyumluluk ve sorumluluk) hemen hepsinde cinsiyetler arası karakter farklarının azalmak yerine arttığını gösterdi. Bu bulgulardan enteresan bir sonuç çıkıyor. Bugüne kadar kadınla erkeği birbirinden farklılaştırdığı düşünülen baskıcı ataerkil toplum belki de tam tersi bir işleve sahipti.

Gözden kaçırılmaması gereken bir başka nokta da tarihî süreçte bazı mesleklerin bir cinsiyetten diğerine kayabileceği. Mesela hemşirelik hem erkekler hem de kadınlar tarafından yapılan bir meslekken onyedinci ve onsekizinci yüzyıllarda erkeklerin bu alandan tamamen çekildiğini görüyoruz. Yukarıda da değindiğimiz gibi, ebelik söz konusu olunca bunun tam tersi gerçekleşmiş. Bir mesleğin bir cinsiyetten diğerine geçişinde en önemli faktörün prestij ve kazanç olmasına herhalde siz de pek şaşırmadınız. Paranın ve statünün kokusunu alır almaz erkeklerin müdahale edip kadınları bu alanlardan çıkardıklarına, çıkaramadıklarında da arka plana ittiklerine şahit oluyoruz. Mesela aslında kadınlara özgü bir meslek olan dokumacılık Ortaçağ Avrupa şehirlerinde loncalar tarafından sert kurallarla düzenlenir hale geldiyse bu, dokuma tezgâhı alanındaki teknolojik gelişmelerin olduğu kadar, canlanan tekstil endüstrisinin de bir sonucuydu. Her ne kadar son yıllarda yapılan çalışmalar eski yatay tezgâhların (İng. *horizontal loom*) yerini alan dikey tezgâhların (İng. *vertical loom*) öyle sanıldığı gibi sadece erkekler tarafından kullanılmadığını ve kadınların da üretim sürecine dâhil olmaya devam ettiğini gösterse de bu bizi ilgilendirmiyor; zira erkeklerin esas dokumacı olarak bu alana el koyduğu savı hâlâ geçerliliğini koruyor.

Kadınların para ve statü getiren mesleklerden dışlanması daha basit ekonomilere sahip toplumlarda bile kendini gösteriyor aslında. Mesela Bantularda kadınlar demir üretiminin hemen her aşamasında (cevherin ayrılıp yıkanması, kömürün hazırlanması, demircilere yemek hazırlanması) yer alabilirken demirin ergitilmesi ve şekillendirilmesi tamamen erkeklere düşüyor.

Ekonominin temelini oluşturan demirin üretiminin sadece belirli aileler ve klanlar tarafından gizli ritüellerle yapıldığını, kısacası önemli bir imtiyaz olduğunu da ekleyelim.

Çocuk da Yaparım Kariyer de: Yan Çizen Erkekler ve Evrimle Modernite Arasında Sıkışmış Kadınlar

Kadının işyerinde kabulü aslında iki aşamada gerçekleşti. İlk aşama, evlenmemiş kızların evlenene kadar çalışmasıydı. İhmal edecek kimseleri olmadığı için bunda bir sorun yok; çeyiz için para biriktirdiklerine, yani toplumun üstüne titrediği ideal aileyi kurma yönünde birkaç adım attıklarına göre, bu desteklenebilir bir şey bile olabilirdi. Ancak çocuklu kadınların çalışmasına pek de bu gözlerle bakılmayacak uzun süre. ABD'nin Ulusal İşgücü Konseyi'nin (*National Manpower Council*) hazırladığı 1957 tarihli rapordaki ankete göre, Amerikalıların çalışan kadınla bir sıkıntısı bulunmamakta ancak aynı vizeyi çocuğu olan evli kadınlara vermiyorlar.

Kadınların bugün bile toplumun dayattığı iki ideal arasında sıkıştığı bir gerçek: İyi bir anne ve başarılı bir iş kadını. Hem çocuk hem de kariyer yapmak çalışan kadınların en önemli problemlerinden biri. Ve Serdar Erener'in "Özgür Kız"ı ne kadar dağlarda bayırlarda şarkı söylerse söylesin, gerçek hayatta bunu toplumun kuşkucu ve yargılayıcı gözleri üstündeyken yapmak daha da zor olsa gerek. İşlevi bireyleri toplumsal rollerine ikna etmek olan gelenek ve göreneklerin en modern iş kollarında bile etkisini göstermesi, fiziksel şartlarda iyileşmelerin ya da söylemdeki değişimlerin mantalitede bir transformasyon anlamına gelmeyeceğine işaret ediyor. İlla da örnek istiyoruz diyorsanız bir senaryo grubunda fikirlerine karşı çıkılacağı zaman Bengü Üçüncü'ye defalarca anne olduğu hatırlatılabiliyor; hem de hemcinsleri tarafından, hem de üzerinde tartışılan konu hikâyedeki anne karakterini oluşturmakken. Anne olmanız annelik hakkında konuşmanıza bile engel kabul edilebiliyor yani. Bu satırları okuyan çalışan annelerin birçoğunun gene aynı kem gözlü hemcinsleri tarafından "Bravo hem çalışıyorsun hem de çocuk yetiştiriyorsun!" cümlesine sıklıkla maruz kaldıklarına da bahse gireriz. Peki, kaç kere bir iş mülakatında, "Yakın zamanda çocuk yapmayı düşünüyor musunuz?" sorusu ile karşılaştınız? (Bu soruyu sormak ABD'de artık yasadışı, onu da hatırlatalım).

Kısacası toplumun kadını önce anne olarak görme eğiliminin, çalışan kadınların üzerinde büyük bir yük oluşturduğu kesin. Batı bile bu "ikinci aşama"ya geçmek için yirminci yüzyılın son çeyreğini bekleyecek. Ve bu, kadınların örgütlenerek haklarını talep etmeleriyle gerçekleşecek. Türkiye'de de şartlar hızla değişse bile günümüzde en modern Türk erkeğinin dahi Amerika'daki "*stay-at-home dad*"ler* karşısında hafifçe irkilmediğini kimse iddia edemez; binlerce yıllık alışkanlıkların değişmesi için şık sloganlar ve dik duruşlardan daha fazlasına, nesillerin geçmesine ihtiyaç var belki de. Sosyal medyadaki ilk hareketlenmelerin ileride daha aktivist süreçleri içereceğini öngörebiliriz; nihayetinde Batı'da da kadınlara bakışın erkeklerin rızasıyla gerçekleşmediği ortada.

Tabii bir de işin evrimsel boyutu var. Tüm primatlarda, hatta memelilerde görülen ama insanda kendisini daha fazla belli eden bir eğilime göre, erkekler çocuklara daha az yatırım yapmaya programlanmış evrim sürecinde (İng. *parental investment theory*). Bjorklund ve Pellegrini ile David Geary'nin çalışmaları birçok farklı kültürde kadınların çocuklarına erkeklerden daha fazla ihtimam gösterdiğine dikkat çekiyor. David M. Buss'a göre, bunun üç nedeni olabilir. Birincisi, erkeklerin çocuklarının kendilerinden olduğuna hiçbir zaman tam anlamıyla emin olamamaları (İng. *paternity uncertainty hypothesis*) ve bu yüzden sınırlı kaynaklarını başkasının evladı için harcama riski. Nihayetinde çocuğu karnında taşıyan kadın; birden fazla erkekle bile

* Karısı çalışırken kendisi evde kalan baba.

birlikte olsa, çocuğun başka bir kadından olmadığını biliyor. Üstüne üstlük memelilerde içten döllenme olması ve insanlarda kadının yumurtlama ânının tam olarak belli olmaması,* erkeklerin işini daha da zorlaştırmış görünüyor; kendisiyle birlikte olsa bile çocuğu bir başkasından yapmış olabilir. Muhtemelen bu endişeyi gidermek için, Daly ve Wilson'un sorularına yanıt veren kadınların beşte dördü çocuklarının kendilerine değil, babalarına benzediğini söylemiş; kadının akrabalarında ise bu oran %66'ya düşüyor. Gene erkekler bebek fotoğrafları arasından kendilerinin fotoğrafına göre biçimlendirilmiş olanları beğenirken kadınlarda bu eğilim daha az görülüyor. Aile içi şiddet üzerine yapılan araştırmalar da erkeklerin kendilerine benzeyen çocukları ile daha pozitif ilişki kurduklarını gösteriyor. Boynuzlanma korkusu çok evrensel bir şey kısacası.

Bir başka neden ise erkeklerin kadınlara göre çok daha rahat bir şekilde çocuklarını terk edebilmesi (İng. *abandonability hypothesis*). İçten döllenme ile türediğimiz için karnında dokuz ay çocukla kalakalan kadın; erkek için durum farklı, istediği zaman çekip gitmekte serbest. Hakikaten de içten döllenen türlerin %86'sında ebeveynlik rolüne kadınların soyunduğunu görüyoruz.

Üçüncü neden ise çocuklarına yatırım yapan erkeklerin daha fazla üreme şansını heba etmeleri (İng. *mating opportunity cost*). Çocuğu karnında taşıyan kadınlar ancak belirli sayıda türeyebilirken erkekler bulabildikleri kadın kadar çocuk yapabilirler. III. Murad'ın yirmi bir çocuğu gözünüzde büyümesin, bunlar sadece hayatta kalanlar. Karşı cinse düzenli erişimi olan bir erkek bu sayıyı doğru bir planlama ile yüzlere çıkarabilir. Çocuğunun kendisinden olup olmadığından da hiçbir zaman emin olamadığı düşünüldüğünde evrimsel olarak olabildiğince çok çocuk yapmaya programlanmasına şaşmamalı. Bu eğilim de erkeği çocuğuyla

* İpuçlarını doğru okuyan erkeklerin bu dönemi tahmin edebileceğini gene de ekleyelim. Yapılan araştırmalar kadınların üreme döneminde erkeklere daha çekici gözüktüklerini belirtiyor.

ilgilenme konusunda daha çekimser yapacak. Bu sürede başka çocuklar yapıp DNA'sını bir sonraki nesle daha fazla geçirebilecekken neden geride kalıp zaman harcasın? Hele hele çocuğa annesinin bakmak zorunda olduğunu bildiğine göre…

Hakikaten yapılan araştırmaların hepsinde, erkeklerin ilerideki cinsel yaşamlarında daha fazla sayıda partner aradığını görüyoruz. Buss and Schmitt'in bulgularına göre, erkekler önlerindeki bir yıl içinde 6 cinsel partner arzularken kadınlar 1 tane ile yetiniyorlar. Süre üç yıla çıktığında rakamlar 10 ve 2, ömür boyu olduğunda ise 18 ve 4-5 olarak değişiyor. David Schmitt'in altı kıtadan 13.551 kişiyle yaptığı çalışma da bu bulguları destekliyor. Sonuçların kültürden kültüre değişmeyişi bunun evrensel bir olgu olduğunu akla getiriyor haliyle.*

Şüphesiz bunlar üstünden gelinemeyecek farklar değil, ezici bir biyolojik determinizmin kollarına atılmaktan çok olası açıklamaları özetlemekti amacımız. Zaten modern hayatın bize birçok kez içgüdülerimizin tersine hareket etmemizi dikte ettiğini hepimiz biliyoruz. Cinsellik gibi en temel şeylerde bile geçerli bu. Mesela aynı evrimci bakış açısı erkeklerin kadınlara nazaran daha fazla kişiyle birlikte olmak istediğini söylüyor olabilir ancak Batı ülkelerinde yapılan araştırmalar, ekonomik olarak özgürleştikçe kadınların da kocalarını artan oranda aldatmaya başladıklarını gösteriyor. Kısacası insan sadece doğasına indirgenemez ve kültürün etkisini de azımsamamak gerekir, sosyal ve toplumsal iklim müsait olduğunda insanoğlunun doğasının dikine gitmekte pek bir problem görmediğini de unutmamalı. Zaten bu evrimsel saiklerle ortaya atılan her teorinin tutmamasından da belli (örn. eş yoksunluğu / *mate deprivation* ve Trivers-Willard hipotezleri).

Ancak gene de kadınla erkek arasındaki bu evrimsel fark, biyolojik dürtüler ve sosyo-ekonomik gerçekler arasında sıkışmış

* Çocuk bakımına karşı bu farklı tutumlar, kadınla erkeğin birbirinden beklentileri ve flörtleşmenin seyrini de direkt etkiliyor ancak şu anda konumuz bu değil. İlgilenenler için bu konuda geniş bir literatür olduğunu belirtmekle yetinelim.

kadının işinin ne kadar zor olduğunu gözler önüne seriyor. Ve kendilerini kamusal alanda eşit bireyler olarak kabul ettirmenin zorluğunu da. Hakikaten de bugün bile en gelişmiş ülkelerde dahi çocuklu kadınların işyerinde eşit bir muamele görmediklerini belirtelim. Ekonomistler çocuklu anne ile çocuksuz annenin iş koşullarını karşılaştırarak "annelik cezası" (İng. *motherhood penalty*) denen bir kavramdan bahsediyorlar nicedir. Kimseyi istatistik denizinde boğmadan birçok çalışmanın çocuklu kadınların daha az maaş aldığına işaret ettiğini tekrarlayalım. 2000'lerin başında yapılan iki çalışma ABD'de annelerin çocuk başına maaşlarının %5 azaldığını saptarken Ann Crittenden, çocuklu ve çocuksuz kadınlar arasındaki maaş farkının kadın ve erkek arasındakinden daha fazla olduğunun altını çizmiş. Ve olay sadece para da değil, birçok araştırma çocuklu kadınların işinin ehli olmadığı imajını verdiğini gösteriyor. Devreye bir velet girer girmez denklem değişiyor; hamile yöneticilerin işine bağlı olmayan, otorite kuramayan ve daha az güvenilir ancak buna karşılık daha duygusal ve sıcakkanlı olarak değerlendirildiklerini görüyoruz ki bu son özelliklerden dolayı daha az rasyonel olduğu algısı da oluşmuyor değil.

Bu durumun nedeni hakkında da farklı görüşler mevcut. Robert Frank kocalarının kariyerleri ve çocukların ihtiyaçları doğrultusunda kadınların kendi kariyerlerini ikinci plana ittiklerini ve fazla kalifiye oldukları pozisyonlara ve daha az maaş aldıkları işlere razı geldiklerini iddia ediyor. Gary Becker gibiler ise çocuk bakımının getirdiği yükümlülüklerin annelerin işlerine daha az zaman ayırmasına neden olduğuna dikkat çekiyor ancak buna karşı çıkan Anderson, Binder ve Krause gibileri de var. Kadının işyerinde ayrımcılığa uğradığını belirten ekonomistler de mevcut. Bunlardan Correll, Benard ve Paik'in laboratuvarda yaptığı çalışmalar esas problemin toplumun kafasındaki ideal "anne" ile ideal "işçi" imajı arasındaki tezattan kaynaklandığını ispata uğraşıyor.

Çalışan Anneler Çocuklarını İhmal Eder mi?

Oyunbozan bir pesimizmin pençesinde kıvranan bir tarihçiden terakki sarhoşu kitlelere ters köşe bir soru: Hakikaten çalışan kadınlar çocuklarını ihmal ediyor olamazlar mı? Modern zamanlarda olduğumuz için sözü tabii ki ilahiyatçılara değil, psikologlara bırakıyoruz. "Bağlanma Teorisi"nin (İng. *attachment theory*) kurucusu John Bowlby'ye göre bebek ve ufak çocukların sağlıklı bireyler olarak yetişmesi için anneyle samimi, sıcak ve sürekli bir ilişki kurmaları şart. Zira özellikle altı ay ila iki yaş arasında bebekler stresli durumlarda bağlanabilecekleri birine muhtaçlar. Bu, onların hayatta kalma içgüdüleri ile ilgili bir durum; birine bağlanarak büyüyen bebeklerin hayatta kalma şansı arttığı için doğal seleksiyon ile bu ihtiyaç zamanla doğamızın bir parçası olmuş. Daha sonraki yıllarda, çevrelerindeki diğer tanıdık kimselerin de bu işlevi görebileceğini ekleyelim. Bizim için önemli kısım, bu tip bir "annelik"ten mahrum büyüyen çocuklarda ileriki yıllarda depresyon ve uzaklaşım (İng. *withdrawal*) gibi sendromların görülebilecek olması.

Bowlby'nin ortaya attığı ve Mary Ainsworth'un sahada test ettiği bu fikirleri çalışan kadınlar aleyhine kullananlar olduysa da bu yanlış bir bakış açısı. Açıkça bir analığın (İng. *substitute mother*) da aynı işlevi görebileceğini belirtiyor Bowlby ki allomatural (anne dışı) bebek bakımının ya da ortak anneliğin norm olduğu toplumlardan gelen veriler de bunu doğruluyor. Jeremy Holmes'a göre teorinin hiçbir yerinde bu görevi bir erkeğin de üstlenemeyeceği belirtilmemiş, anneliğin gerektirdiği görevleri titizlikle yerine getirebilirse tabii.

Modern annenin üstündeki baskıyı azaltmak adına ekleyelim: Çocuğun her zaman yardıma ve bakıma muhtaç bir birey olduğu modern dünyanın en büyük yanılgılarından biri. Kendini geliştirmesi ve sağlıklı bir birey olarak yetişmesi için hayatı olabildiğince kendi kendine deneyimlemesi şart, en azından ilk yıllarını geride bıraktıktan sonra. Aile ile vakit geçirmenin önemini yadsıyor değiliz. Ancak burada hedef alınanın sadece anne ile vakit geçirmek olmadığını atlamayalım ve ekleyelim: Önemli olan geçirilen zamanın süresi değil, kalitesi.

1980'lerin Küba'sında 4.299 çocuğun yıllar içindeki gelişimini inceleyen bir deneyin sonuçları, kendi kendine geliştirilen o andaki problem çözme yeteneği ile bir ebeveynin idaresi altında ya da daha yetenekli bir arkadaşla birlikte gerçekleşebilecek potansiyel gelişim arasındaki farkın (Lev Vygotsky'nin *zone of proximal development* kavramı), çalışan anne çocuklarında daha fazla olduğuna işaret ederek bu savı destekliyor. "Bu ne demek şimdi?" derseniz, "Problem çözme yetenekleri birbirine eşit çocukların, kendilerinden daha yetenekli biri tarafından yönlendirildiklerinde gösterdikleri gelişimin, eğitim seviyesi daha yüksek olan annelerin çocuklarında daha fazla olduğunu görüyoruz" diye basitleştirebiliriz. "Gene olmadı havanız batsın, bunun halkçası yok mu?" diye biraz daha huysuzlanırsanız haklısınız: Annesi çalışan çocuklar verilen eğitimi daha rahat alıyor ve gelişime daha açıklar.

Kısacası anneliğin bir takometresi yok; tüm gün evde oturup çocuğun ensesinde boza pişirmenin çocuğa ne katacağı tartışılır. Ekonomik özgürlüğü olmayan ve kendi hayallerini gerçekleştirememiş bir annenin evladıyla ne kadar pozitif bir ilişki kurabileceği de tartışmalı.

Kaldı ki eğer mevzu eksiklikse sadece annenin değil, babanın yokluğunun da çocuklar üstünde kötü etkiler bıraktığını belirten çalışmalar da mevcut. Ache yerlilerinde babasız çocuklar arasında ölüm oranı %45'e kadar çıkarken babalı çocuklarda bu oran %20'de kalmış mesela. Norman Dennis ve George Erdos'un binlerce çocuk üzerinde yaptığı gözlemler, büyüdükleri evde bir baba figürü olmayanların daha sonra davranış bozukluğu gösterdiğini ortaya koyuyor. Ana-babalı büyüyüp yaşıtlarına göre daha kötü beslenen, daha erken ölen ve daha sık işsiz kalan bu çocuklar, okulda daha başarısız ve suça daha teşne oluyorlar. Üstüne üstlük, kötü birer anne-baba olma ve nesillerce içinden çıkılamayacak bir kısır döngü yaratma ihtimalleri de daha yüksek.

Ancak boşanma, suçlu ebeveyn, yalnız anne gibi aile yapısıyla alakalı faktörler yerine disiplin, şefkat, etkileşim gibi aile içi süreçlere odaklanan bilim adamlarının bu sonuçlara itiraz ettiğini de belirtelim. Mesela 1926-1933 Boston'u arasında doğan 232 çocuğu inceleyen Joan McCord, çocuğu suçtan uzak tutanın baba değil, anne olduğunun ve baba figürünün ancak ergenlik sonrasında önem kazandığının altını çizerken aksi yönde bir argümanla David Geary, babaların çocukların eğitim hayatında anneden dört kat daha önemli olduğunu söylüyor. Van Voorhis, Cullen, Mathers ve Gamer ise olaya daha değişik bir açıdan bakıp çocukları suça itenin "dağılmış aileler"den ziyade (İng. *broken homes*), huzursuz aileler (İng. *bad homes*) olduğunu iddia etmiş. Fagan ve Wexler'in çalışmaları da suça bulaşmakta çevresel faktörlerin aile içi etkenlerden daha önemli olduğuna işaret ediyor. Bir diğer sosyolog John J. Rodger'a göre ise tek bir anne tarafından büyütülen çocukların yaşadığı esas sıkıntı, fiziki bir baba yokluğundan ziyade boşanmanın yarattığı psikolojik problemler ve tek ebeveynle büyümenin getirdiği ekonomik zorluklar.

Üvey evlat olmanın bazı tehlikeleri beraberinde getirdiğini gene de ekleyelim. Bir kez daha Daly ve Wilson'a başvuracak olursak, 0-2 yaş arası çocukların üvey anne-baba elinde hayatını kaybetme oranı ABD'de 100, Kanada'da 70 kat daha fazla.

Tartışmayı uzatmak mümkün ancak şu kadarını belirtmekle yetinelim. Annenin çalışması ya da boşanmasının çocuklar üzerinde direkt bir negatif etki yarattığını ispatlamak zor. Önemli olan huzurlu bir aile yaratabilmek ve buradaki birçok değişkenden çalışan annenin fiziki yokluğu aslında kompanse edilebilecek bir şey.

KADINLA ERKEĞİN KAMUSAL ALANDAKİ rolünün farklılaşmasının uzun bir tarihi var. Tarım toplumları kompleksleştikçe kadını evine, erkeği de köy/şehir meydanına, pazara ve muharebeye itmiş gibi duruyor. Güçlü ile güçsüz arasında sert bir hiyerarşiyi zorunlu kılan ekonomik ve teknolojik şartların dayattığı bu on bin yıllık düzenin, sanayileşmeyle hızlı bir değişim geçirdiği de aşikâr. Ancak kitabımızın birçok yerinde tekrarlandığı gibi, materyal şartlardaki değişiklikler hemen kültürel transformasyonlara yol açmıyor. Modern insan anne-baba ve ninelerinin kafa yapısı ve âdetleriyle çocuk ve torunlarının dünyasında ayakta kalmaya çalışıyor.

Bu zihinsel ve kültürel senkronizasyon probleminin en güzel örneklerinden biri kadın-erkek ilişkileriyse, bu ilişkilerdeki krizin en sert yaşandığı yerlerden biri de son çeyrek yüzyılda büyük bir toplumsal ve ekonomik dönüşüm geçirmiş ülkemiz. Kadının sürekli gergin ve kutuplaşmış bir siyasi ortamın merkezinde kalması, zaten oturmuş bir tartışma kültürünün olmadığı Türkiye'de bu mevzuyu sağlıklı bir şekilde konuşmayı daha da müşkül kılıyor. Kamusal alanın yeni şartlara göre nasıl düzenleneceği hususundaki bir tartışmanın hem tarihsel süreci hem de toplumsal cinsiyetlerin görev dağılımı hakkında yapılan antropolojik, sosyolojik, ekonomik ve psikolojik çalışmaları dikkate alması şart. Bunu sadece spektrumun solundakilere değil, sağındakilere de söylüyoruz aslında. Modernitenin getirdiği köklü değişim karşısında muhafazakârlık geleneğin harfi harfine tekrarından çok daha fazlası olmak zorunda. Zaten harfi harfine uyduklarını söyleyenlerin bile o geleneğin ne olduğundan bihaber olmaları da biraz bundan.

Tartışmanın taraflarının argümanlarını bir dogmaya bağlı olarak sürdüremeyeceklerinin, toptancı ve pozitivist bir bakış açısından ziyade, kadınla erkek arasındaki ilişkilerin geçmişten günümüze, ekonomiden sosyolojiye, biyolojiden kültüre birçok farklı yönünü tek tek masaya yatırarak tartışmanın elzem olduğunun altını çiziyorum. Bunu daha iyi yapabilmeniz adına mayınlı bir araziyi sizin için haritalandırmak hususunda elimden geleni yaptım. Gerisi artık size kalmış. Bundan sonra bana düşen tek şey bir sonraki bölüme geçmek.

V

NEDEN HÂLÂ ISMARLIYORUZ? YA DA HESAPSIZLIĞIN HESAPLILIĞI

"*Do ut des.*"

"Veriyorum ki veresin" anlamına gelen ve hukukçulara tanıdık gelecek Latince ifadeden de anlaşılacağı gibi hiçbir "verme" karşılıksız değildir. Kim ne kadar aksini söylerse söylesin; birine hediye verirken ya da bir şey ısmarlarken aslında muhatabımızdan bir geri dönüş bekleriz; bu, Tanrı olsa bile. Karşılıksız bir "verme" eylemi tam da bu yüzden atasözlerine, kutsal kitaplara, aşk romanlarına ve dinî hikâyelere mahsus bir şey aslında. Gerçekte olandan çok olması gereken, arzu edilen… Kendi yapmak istemediğimiz ama başkalarını yapmaya ikna etmeye çalıştığımız binlerce şeyden biri; ikiyüzlü egoistliğimizin pek de mahirane gizlenmemiş bir tezahürü.

Meraklanmayın; insanın çıkarcı çifte standartçılığının her yerde karşımıza çıktığı bir dünyada, bu bölümün amacı ne "Diğerkâmlık diye bir şey yoktur" şeklinde basit bir önermenin köpürtülmesi ne de "Verirken alırız"* diyen Aziz Françesko'yu ya da benzer ahlaki yönlendirmeleri eleştirmek değil. Bilakis insanlar arasındaki hediye alışverişlerinin nasıl bir matematiği olduğunu ortaya koymak. Ve ilk başta alakasız gibi görünen birçok soruya cevap vermek: Yemek sonrası neden hesap ödeme

* İt. *nel dare che noi riceviamo.*

yarışına gireriz? Rasyonel insan niçin hâlâ ısmarlama peşinde? Hediye değiş tokuşu nasıl bir itibar savaşına dönüşür? Anarşik ortamlarda hediyeleşme nasıl güven ve işbirliği tesis eder? Hediye niçin reddedilmez?

Evlilik de aslında iki aile arasında bir hediyeleşme değil mi? Neden düğün altınlarına isim yazılır? Niçin komşudan gelen tabak boş gönderilmez? Ayrıldığımız sevgiliye hediyelerini niçin iade ederiz? Alman hesabı neden kültürümüzde kabul gören bir metot değil?

Kan davası ile hediyeleşme arasındaki ilişki ne? Erkekler neden yol sormaktan kaçınır? Bazı kadınlar neden erkeklere yemek ısmarlatmak istemez? Tabuların toplumsal işlevi nedir? Neden artık eskisi gibi kimse istifa etmiyor? Neden "kazan" kaldırılır? İşte karşınızda hesapsızlığın hesaplılığının bir tahlili.

Komşunun Tabağı Neden Boş Gönderilmez?

Hediye vermenin hiç de din kitaplarının bize söylediği gibi çıkardan âri bir faaliyet olmadığını ilk fark edenler, değiş tokuşların en saf biçimini aralarında yaşadıkları yerlilerde inceleyen antropologlar olmuş. Toplumsal örgütlenmeleri en çıplak haliyle gören onlar olduğu için bu normal bir şey. Bundan tam doksan sekiz yıl önce Batı Pasifik'teki Trobriand Adaları'nda yaşayan halkların aralarında yaptıkları kolye ve bileklik değiş tokuşunun ticaretle açıklanamayacak bir mekanizması olduğunu gözlemlediğinde Bronisław Malinowski'nin ilk başta kafası karışmıştı. Hiçbir ekonomik değeri olmayan bu bileklik ve kolyeleri birbirine vermek için ada halkları okyanus sularında onlarca, hatta yüzlerce kilometre yol gidiyorlardı. Üstüne üstlük bu hediyelerin dekoratif bir anlamı da yoktu; çoğunluğu takılamayacak kadar ufak ya da büyüktü. Herhangi bir kutlama esnasında takanlara sorulduğunda da çoğundan alınan cevap, bunların başkasına ait olduğuydu. Demek ki sahip olduklarıyla caka satmaları gibi bir durum söz konusu değildi.

Leh antropoloğumuzun kafasını karıştıran soru şuydu: Yerliler bu değersiz objeleri değiş tokuş yapmak için neden okyanusun tehlikeli sularında derme çatma kanolarla hayatlarını tehlikeye atıyorlardı? İşte bu sorunun cevabını verdiğimizde hediyeleşmenin toplumsal fonksiyonunu da keşfetmiş olacağız.

İlk olarak, bu değiş tokuşun hiç de öyle rastgele olmadığının ve ritüel ve büyüyle desteklenen bir sistemi olduğunun altını çizelim. Bu sisteme göre kırmızı kabuklu kolyeler hep saat yönünde kuzeye yol alırken beyaz kabuklu pazubentleri saatin tersi istikametinde ve güneye götürülmekteydi. Ayrıca hediyeyi alan bunu uzun süre elinde tutamazdı, kendisi de hemen yolculuğa çıkıp başka biriyle alışverişe girişmeliydi. Kısacası bu iki eşyanın sürekli sirkülasyonda olduğu tam bir çemberden söz ediyoruz.

Malinowski'nin "Kula halkası" (İng. *Kula ring*) dediği bu sistemde değiş tokuşun rastgele kişiler arasında olamayacağını ekleyelim. Sadece belirli insanlar belirli insanlarla değiş tokuş yapabilirdi; zira Kula halkasında faaliyet göstermek belirli imtiyaz ve statülere hak kazanmak demekti. Basit bir toplumsal örgütlenmesi olan bu kabilelerde medeni toplumlarda görüldüğü türde sert bir sınıfsal tabakalaşmanın üstünde yükseleceği başka bir temel yoktu; işte tam da bu yüzden elitlerin kendilerini diğerlerinden ayırması ancak bu tip ritüelistik âdetlerle mümkündü.

Herhangi bir ekonomik mantığı olmayan ve kâr amacı gütmeyen değiş tokuşları başka coğrafyalarda da görebiliyoruz. Yeni Gine'nin güney kıyılarında yerliler hayvan değiş tokuş yapmak için uzun seyahatleri göze almaktaydı. Kuzeydoğu Sibirya'daki bir Yukaghir düğününde akrabalar birbirlerine geyik veriyorlardı; aynı şeyin el değiştirmesinin ne manası vardı? Görüldüğü gibi, ilkel insanların algısında "mal", fayda ya da çıkar sağlayan bir şey değildi; karşımızda Lévi-Strauss'un ifadesiyle güç, itibar, statü, sempati ve his gibi parametrelere sahip başka bir sistemin gerçekleri var.

Çocuklar üzerinde ilk araştırmaları yapan eğitim psikologlarından biri olan Susan Isaacs'in "sahip olma" hissinin içgüdüsel bir şey olmadığı yönündeki saptamasını da hatırlatmak gerek. Eğer biyolojik bir ihtiyacımızı karşılayan yiyecek ve içecek gibi temel maddelerden konuşmuyorsak, sahip ile mal arasında objektif bir ilişki yok; insanlar ellerindeki eşyaya diğer insanlarla olan ilişkileri çerçevesinde bakıyorlar aslında. "Bende var" önemli bir kriter değil ama "Onda yok" öyle. Sahip olma hissi sosyal bir ihtiyaç kısacası. "Kıskananlar çatlasın!" Hakikaten de ne kadar zengin ya da başarılı olursak olalım, sürekli kıskanacak ya da kıskandıracak birilerini bulmamız biraz da bu izafi bakış açısından kaynaklanıyor. Ne kadar reddedersek edelim, "Komşunun tavuğu komşuya kaz görünür" atasözü aslında hepimizi bağlıyor.

Toplam Yükümlülükler Sistemi

Kula sistemine bir giren bir daha çıkamamaktaydı; Malinowski'nin esprili anlatımıyla "Bir kez Kula'daysan hep Kula'dasındır." Aklınıza Michael Corleone de gelmiş olabilir. İşte bu devamlılığın da etkisiyle olsa gerek, Marcel Mauss yaklaşık yüzyıl önce hediye vermenin yarattığı sorumluluk ilişkisi üzerine eğilecekti. Meşhur sosyolog Émile Durkheim'ın yeğeni olan Fransız düşünüre göre, hediyeler teoride gönüllü olsa da pratikte karşı tarafta bir beklenti yaratmaktaydılar. Hediyeyi alan ile veren arasında bir bağ da yaratan hediye verme işlemi, birtakım hak ve sorumluluklar tesis ederek toplumsal yapıyı güçlendirmeye yarıyordu. Polinezya, Melanezya ve Amerika'nın kuzeybatı sahilleri gibi değişik coğrafi bölgelerde birçok kabilenin hediyeleşme pratiklerini incelemekle kalmayıp Roma, Hint, Cermen ve Çin yasalarını da mercek altına alan Mauss, tüm bu toplumların hediyenin bir ruhu olduğuna inandıklarını ve sürekli ilk donöre dönmek isteyen bu ruhun karşılıklı bir hediyeleşme yarattığını saptamıştı.

Renkli Resim 1. Tarih boyu insanlar güzel gözükmek adına birbirinden ilginç yollara başvurdu. Yukarıda dişlerini siyaha boyamış Myanmarlı bir Akha kadınını görüyorsunuz. Japonya başta birçok Asya ve Okyanusya toplumunun başvurduğu bu yöntem, kadınları daha güzel, olgun ve medeni göstermek amacını taşıyordu.

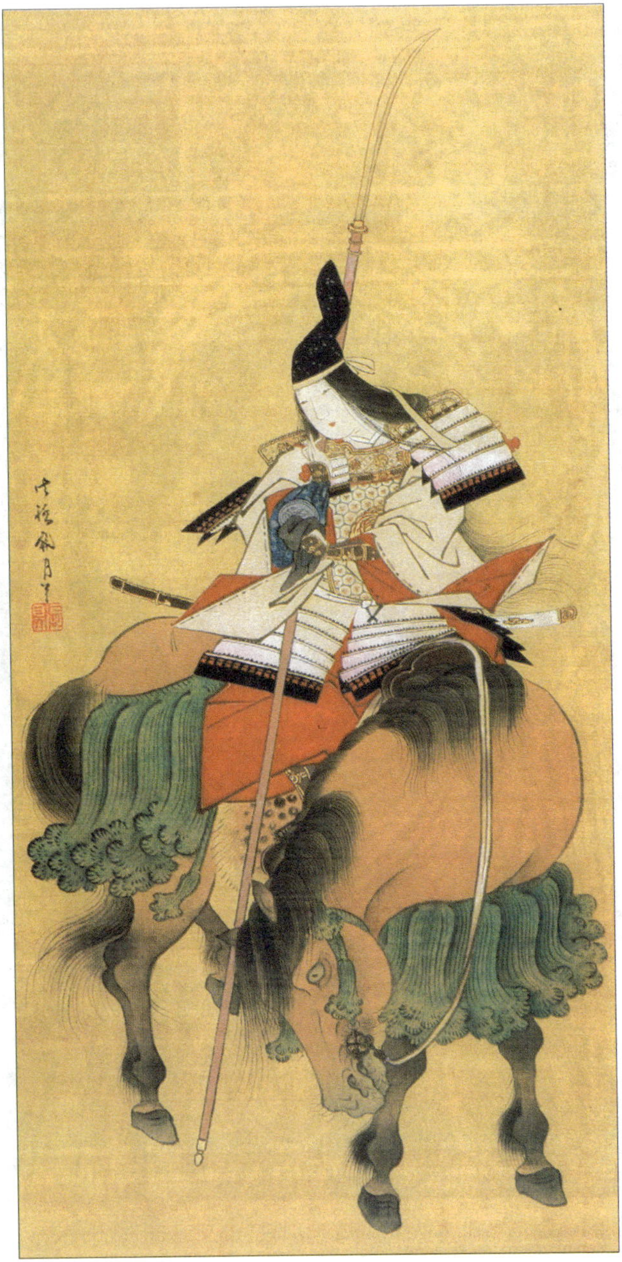

Renkli Resim 2. Onüçüncü yüzyılın korku saçan kadın samurayı Tomoe Gozen.
Kangetsu Şitomi (1747-1797), Tokyo Milli Müzesi.

Renkli Resim 3. Dedikodu yapan iki kadın.
Nederlandse Spreekwoorden (Felemenk Atasözleri), Pieter Bruegel, 1599.
"De een rokkent wat de ander spint."
"Birinin eğirdiğini diğeri [örekeye] sarar."

Renkli Resim 4. Sforza tarot kartları, onbeşinci yüzyıl.

Renkli Resim 5. Topkapı Sarayı'nın avlusunda pilav ve zerdeye saldıran yeniçeriler. Levnî, *Sûrnâme-yi Hümâyûn*, 1729-1730.

Renkli Resim 6. Charles Haigh-Wood'un *Gossip* isimli bu yağlı boya tablosunda dedikodu yapan üç kişinin de kadın olduğu gözlerden kaçmıyor.

Renkli Resim 7. *Kaptan Cook'un Ölümü*, George Carter (1781-4). Antropologları ateşli tartışmalara sürükleyecek bu olaydan sadece birkaç sene sonra yapılmış tabloca, saldırganlaşanın sanılanın aksine yerliler değil beyazlar olduğunun altı çizilmiş.

Renkli Resim 8. Babür Şahı Ekber, İslam, Hinduizm ve Zerdüştlüğü harmanlayarak Din-i İlahi adında yeni bir din yaratmıştı. Minyatürde, halk arasında yayılmayan bu dinin az sayıdaki takipçisinden biri olan Ebu'l-Fazl'ı, Şah'a *Ekbername* adlı eseri takdim ederken görüyoruz.

Renkli Resim 9. *Üç Müneccim*, Basilica di Sant'Apollinare Novo, Ravenna, yak. 565.
Gökteki yıldızlardan İsrail halkına yeni bir kral doğacağını haber alan üç müneccim soluğu Beytüllahim'de alır ve henüz doğmuş İsa'ya hediyeler getirip saygılarını sunar. İncil'deki metinde "doğucan gelen üç bilge adam"dan bahsedildiği için, mozaiklerde İran kıyafetleriyle tasvir edilmişler.

Renkli Resim 10. 1948 tarihli De Beers Reklamı.
A Diamond is Forever sloganı ilk kez bu reklamda kullanılmıştır.
Nikolay Tsikovskiy'nin *Maine'nin Kayalık Kıyısıda Balayı* adlı eserinin altında
pırlanta ile aşk ve balayını ilişkilendiren bir metin bulunmaktadır.
Sol altta ise çeyrek, yarım, bir ve iki karatlık dört pırlanta görüyorsunuz.

Renkli Resim 11. Bilim adamları çok uğraşsalar da maymunları insanlar gibi konuşturmayı başaramadı. Resimde bir tanesinin katalogdaki semboller aracılığıyla meşhur şempanze Kanzi ve kız kardeşiyle iletişim kurduğunu görüyoruz.

Renkli Resim 12. Çamaşır makinesinin ev hanımlarının yükünü nasıl hafifleteceğinin altını çizen bir reklam.

Renkli Resim 13. *The Gossips*, Norman Rockwell (1948).
Bu meşhur dergi kapağında bir şayianın hızla yayılışı konu alınıyor.
İlk ve son karakterin aynı kişi olduğunu gözden kaçırmayın; yaşlı kadın
kendi başlattığı dedikoduya şaşırmadan duramıyor.

Renkli Resim 14. Sosyal hayvanlar birbirlerini tımarlayarak (İng. *Grooming*) güven ağları oluşturur ve toplumsal bağları sağlamlaştırırlar. Resimde yaşlı bir babunu genç türdeşinin bitlerini ayıklarken görüyoruz.

Renkli Resim 15. Fal bakan çingene (*L'indovino*), Bartolomeo Manfredi, 1616/7.

Renkli Resim 16. Bir Cadının İncelenmesi (*Examination of a Witch*), Tompkins Matteson, 1853. Salem'deki cadı avını konu alan bu yağlı boya resimde, hâkim huzurunda bir kadının vücudunda şeytani izler aranıyor.

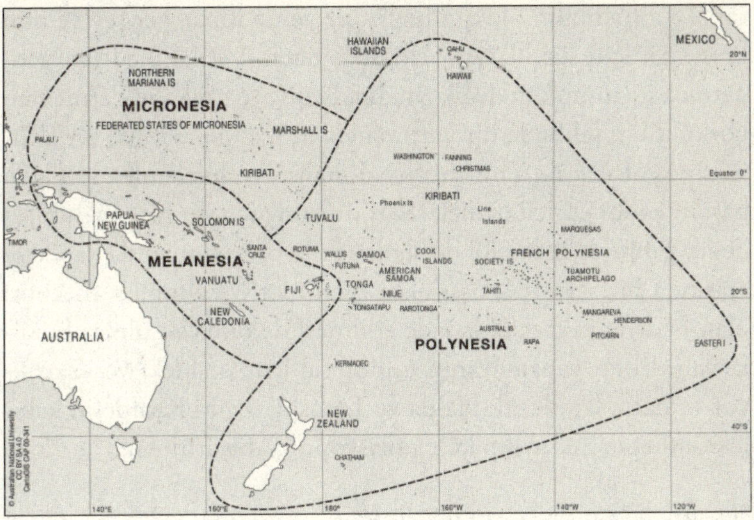

Harita 1. Polinezya ve Melanezya.

Mauss'un "toplam yükümlülükler sistemi" (Fr. *prestation totale*) adını verdiği bu sistemin nasıl çalıştığını daha basit kelimelerle anlatalım. Safa'nın Bengü'ye verdiği hediye Safa'nın ruhundan bir parça taşıyor. Dolayısıyla Bengü bu hediyeyi Polat'a verdiğinde dahi hediyedeki ruh esas sahibine, yani Safa'ya dönmek istiyor. Bunun gerçekleşmesi için Bengü'nün, Polat'tan aldığı hediyeyi tekrar Safa'ya geri vermesi lazım. Aksi takdirde, ruhları kızdırdığı için başına kötü bir şey gelebilir. Gördüğünüz gibi halka tamamlandı. Doğaüstü güçler sağ olsun!

Hediye verme, hediye alma ve alınan hediyeyi iade etme. Mauss'un "karşılıklılık" (Fr. *reciprocité*) üzerine kurduğu sistemi oluşturan üç yükümlülük bunlar. Ve bu üç yükümlülüğün siyasi bir fonksiyonu da var. Rekabet içindeki şefler sürekli ziyafet vererek cömertliklerini sergilemek zorunda; aksi takdirde onur ve itibarlarını kaybederler ki servet biriktirme imkânlarının kısıtlı olduğu bir dünyada bu ikisi her şey demek. İsminize leke sürülürse çekip gidebileceğiniz bir yer yok çünkü. Parayla kendinize yeni bir hayat da kuramazsınız. Herkesin içinde yaşadığı topluma mahkûm olduğu böyle bir yerde itibar her şey ve onu korumak için sürekli hediyeleşmek gerek. Verilen hediyeyi reddetmek de mümkün değil; zira bu, hediyeye mukabele etmekten korkulduğu şeklinde bir yoruma yol açarak gene itibar zedelenmesine yol açacak. Yani "hediye döngüsü"ne girmemek yenilgiyi baştan kabul etmek demek. Bazı durumlarda bu bir mağlubiyet değil, galibiyet ilanı gibi de algılanabiliyor; o zaman da kabileler arasında bir savaş çıkması olası. Verilmesi ve alınması mecburi olan hediyenin fazlasıyla iade edilmesi de olmazsa olmaz kurallardan. Bunu yapamayanın toplumsal hiyerarşideki yeri sarsılıyor ve hatta Kwakiutl, Haida ve Tsimshian gibi Kızılderili kabilelerinde borçlu sayılıp köle pozisyonuna düşürülüyor.

Bir Kredi Sistemi Olarak Birbirinin Sırtını Kaşımak

Para kullanmayan toplumlarda insanların birbirleriyle yardımlaşarak ihtiyaçlarını karşılaması da benzer bir karşılıklılık ilkesine dayanıyor aslında. Geçen bölümde de bahsetmiştik, bir kez daha tekrarlayalım: Eski toplumların para yerine takas ile alışveriş yaptığı bir mit. Ekonomiyi siyaset ve ahlaktan ayrı, otonom bir alan gibi gösterme uğraşındaki liberaller Adam Smith'ten bu yana ne derse desin, antropologlar henüz kendi içinde takas ile alışveriş yapan bir topluma rastlamadı. Takas aslında birbirini tanımayan kabilelerin bir araya geldikleri zaman kullandıkları bir şey; yeterli güven ortamının oluşmadığı, birbirlerine yabancı insanların bir kereye mahsus olmak üzere eşya değiş tokuş yaptığı, ritüellerle de desteklenen mecburi bir çözüm yani.

Klasik ekonomi teorisi bize, paranın *henüz* bulunmadığı toplumlarda, patatese sahip ancak ayakkabıya ihtiyacı olan Ahmet'in tam tersi durumda olan Mehmet ile bir değiş tokuş ilişkisine girdiğinden bahsediyordu. Oysa Caroline Humphrey'nin bulgularını tekrar gündeme getiren Graeber'e göre, bu toplumlar tamamen uydurma; zaten bu, sürekli papağan gibi birbirlerini tekrarlayan ekonomi kitaplarının takastan her laf açtığında

"Şimdi bir toplum hayal edelim" demesinden de belli. Dünya üzerinde kültürü incelenmemiş toplum kalmadı gibi bir şey; neden hâlâ hayal ediyoruz, niçin direkt gözlemlemiyoruz ki? Çünkü gerçekte iç değiş tokuşlarda takas kullanan bir toplum yok ve muhtemelen hiç olmadı.

Antropologların bu konudaki bulguları net. Birbirini tanıyan insanlar değiş tokuş yapmak için takası değil, hediyeleşmeyi kullanıyor. Ahmet'in ayakkabıya ihtiyacı varsa bunu Mehmet'in yanında dile getiriyor ve Mehmet hemen ona elindeki fazla ayakkabıyı veriyor. Mehmet'in ihtiyacı olan bir şeyin Ahmet'te olmasına gerek yok, önemli olan karşılıklılık ilkesi sayesinde Ahmet'in ona borçlanması. Bir gün o da Mehmet'e gerekli bir şey verip bu borcundan kurtulabilir, bu borcun aynı kategoride olması koşuluyla tabii. Patatese ayakkabı, mızrağa elbise verirken kimse tereddüt etmez. Ancak iş bugün patates alıp yarın inek vermeye gelince böyle eşitsiz bir değiş tokuşa kimse razı olmayacaktır; zira bu toplumlarda henüz banka gibi tefeci ve de gayet ikna edici finansal kurumlar yok.

Görüldüğü gibi hediye insanlar arasında bir kredi sistemi işlevini görüyor. Herkes birbirini tanıdığı için hediye üzerinden bir borçlanma yaratılabiliyor; çetelesinin sayısal bir birim (şu kadar akçe, florin, dolar, solidus vs.) üzerinden tutulmaması bir şeyi değiştirmez. Zaten para bulunduğunda bile çoğu zaman kapalı gruplarda bir hesap birimi olarak kullanılacak. Onaltıncı yüzyılda eline duka almış insan sayısı çok azdır mesela, gene bugün bankadaki milyonlarımızı cebimizde taşımıyoruz.

Hediyeleşme para kullanmayan bu toplumlarda âdeta zorunlu bir hal alıyor; mesela bir yerli diğerinin kolyesini beğenirse, genelde beklenen bu kolyenin beğenene önerilmesi. Kolyesini vermek istemeyenlerin bu diyalogdan alınlarının akıyla çıkmaları için tek bir yol var: Kolyenin başkasından alınan bir hediye olduğunu söylemek. Çivinin çiviyi söktüğü anlardan biriyle karşı karşıyayız gene.

En Ulu Hediye: Kadın

Başlıktaki iddialı ifade yerliler arasındaki akrabalık ilişkilerini tutarlı bir yapı olarak inceleyen Claude Lévi-Strauss'a ait. Modern kulaklarınıza biraz şok edici gelebilir ancak politik doğruculuk tarafından prangalara vurulmadığı yıllarda sosyal bilimlerin taşıdığı endişe gerçeğe ulaşmaktı, şirin gözükmek değil. Gerçi bu zamanlarda da kadını bir meta gibi analiz eden fikirlerin en azından Anglosakson dünyada reddedildiğini eklemeliyiz. Ama Marshall Sahlins'e göre, bunun nedeni politik doğruculuktan ziyade, insanın bir meta gibi kabul edilmesine karşı gelişen bir alerji; ekonomik olgularla (mal) sosyal olguları (akrabalık) birbirinden ayırma hususundaki Anglosakson inadı.

Oysa ilkel kavimler söz konusu olduğunda böyle bir ayrımdan bahsetmek biraz zor. Drahoma/çeyiz ya da başlık parası gibi âdetler vasıtasıyla iki aile arasında evlilik öncesi bir para değiş tokuşu olması; Cermen dillerinde hediye ve evlilik kelimelerinin aynı kelime ile karşılanması; evlenecek çiftlerin aileleri arasında kimin düğün, kimin nişan yapacağı, hangi eşyayı hangi tarafın alacağı gibi sorunları detaylı bir şekilde çözen bir işbirliğinin bulunması bize hep evliliğin toplumsal olduğu kadar ekonomik bir boyutunun da bulunduğunu gösteriyor.

İşin sosyal boyutuna gelince, Fransız antropoloğumuzun evliliği iki aile arasında oluşan bir ittifak olarak gördüğünden geçen bölümde bahsetmiştik. Bir kadının bir aileden diğerine gönderilmesi aileler arasında kalıcı bağlar oluşması demek. Strauss'un bu teoriye verdiği ittifak* isminin aynı zamanda yüzük anlamına gelmesi boşuna değil yani. Peki, bu bağ ve ittifak arayışının temelinde ne yatıyor? Ensest tabusu. Bu tabu insanın doğadan kültüre geçmesini de tanımlıyor: "Ondan önce kültür, olmayan bir şeydi; ondan sonra doğanın insan üzerindeki hâkimiyeti sona erdi." Doğal yaşamının üstüne daha kompleks bir

* Fr. *alliance*, ok. alyans.

yapı empoze ederek yeni bir düzen yaratan bu yasak, insanın hayvandan ayrılmasındaki kilometre taşlarından biri.

Spesifik yasak ve kuralları toplumdan topluma ve zamandan zamana değişse de ensest tabusuna evrensel bir olgu olarak her yerde rastlıyoruz. Kiminle beraber olabileceğimiz toplumdan topluma farklılık gösterdiğine göre, akrabalık kavramı da artık doğal (aynı kandan gelme) değil, kültürel bir olgu olarak karşımıza çıkıyor. Bizi ilgilendiren kısım bu değil ama. Önemli olan, hemen her toplumda erkeklere grup içinde bazı kadınlarla cinsel ilişkiye girmenin yasaklanmış olması. İlkel toplumlarda birinin tek başına hayatta kalması zor olduğuna göre, evlenecek kadın bulmak için diğer gruplara yönelmek elzem demek ki. İşte burada karşımıza gene Mauss'un "karşılıklılık" ilkesi çıkıyor. Tıpkı hediyede söz konusu olduğu gibi, kadınlar geri dönüş beklentisiyle dışarı verilirse bir taraftan genç kızlar elden çıkarılmış, öte yandan da genç erkeklere uygun bir eş bulunmuş olacak. Kız kardeşlerini başka bir aileye gelin veren erkekler karşılığında onların kız kardeşlerini eş alacaklar ki ensest ilişkiye gerek duymadan soylarını devam ettirebilsinler.

İki aile arasında ittifaka yol açan evliliğin ufak hediyeleşmelerle başlamasına da pek şaşırmamalıyız. İcbar* edici bir otorite olmadan kalıcı bir ittifaka soyunan iki aile önce değersiz objeleri değiş tokuş yapacak ve bu döngünün sonunda kadın "en ulu hediye" (Fr. *suprême cadeau*) olarak karşımıza çıkacak. Gelin bir örnekle anlatalım. Batı Brezilya'daki göçebe Nambikwara yerlileri genelde birbirlerinden çekinmektedir. Aralarında pek fazla bir işbirliği olmayan bu kabileler birbirleriyle temasa geçmek zorunda kaldıklarında barışı sağlayacak şey hediyeleşmedir. Herkesin hâlâ birbirinden tedirgin olduğu bir ortamda iki kabilenin üyeleri herhangi bir beğeni ya da şikâyet belirtisi göstermeden sessizce hediyeleri inceler. Ortada herhangi bir pazarlık yoktur; zira bu, ince hesapların yapıldığı bir ticaret değil, hediyelerin el değiştirdiği

* Ar. "cebr"den, zorlayıcı, me*cbur* bırakan.

ve kabileler arasında karşılıklı ilişkilerin kurulmaya çalışıldığı bir ritüeldir. Bu hediyeleşmelerde bazen işlerin yolunda gittiği ve bir sonraki aşamaya geçildiği de olmaktadır. Kabilelerdeki erkeklerin birbirine bacanak olmasına karar verilebilir; yani birbirlerinin kız kardeşleri ile evleneceklerdir. Savaştan değiş tokuşa, değiş tokuştan akrabalığa hızlı bir geçiş... En sonunda kadınların el değiştirdiği bir alışveriş, "düşmanlığı ittifaka, endişeyi güvene, korkuyu dostluğa" çevirmeyi başarmış gibi görünmektedir.

Daha mekanik bir başka örnek için Myanmar'daki Konyak Naga kabilelerine bakalım. Burada evlenme çağına gelen erkek, başka bir kabileden bir kızı gözüne kestirdiğinde ona gelenek tarafından belirlenmiş ufak bir hediye verir. Kız da ya başka birinden hediye aldığından dem vurarak bu teklifi reddedecek ya da hediyeyi kabul edip sonunda kendisinin el değiştireceği bir hediyeleşmenin önünü açacak. Ancak çok flörtif bir ortam hayal etmeyin; cevap verirken seçilecek cümleler bile gelenek tarafından az çok belirlenmiş. Ortada gene dikkatle orkestre edilmiş bir ritüel var yani.

Bugün de görücü usulü evliliklerde benzer bir hediyeleşme döngüsünün var olduğunu biliyoruz, bu yüzden aceleyle modern-ilkel diye ayrımlar yapmayalım. Ayrıca hediye sadece evlilik gibi kurumsal kadın-erkek birlikteliklerinde katalizör görevi görmüyor. Birçok modern ilişkinin de genelde bir hediye ile başladığını biliyoruz. Gene ayrıldığımız sevgililerimizin hediyelerini iade ettiğimizde aslında aramızdaki son bağı da kesmiş oluyoruz. Sevgili, verdiği hediyede mücessem hale geliyor, ete kemiğe bürünüyor; âdeta hediyeye bir ruh ithaf ediyoruz. En çıplak hislerimizde hep putperestlik ve animizm emarelerine rastlamamıza hâlâ şaşırıyor muyuz?

Ceza Yoksa Neden Kurallara Uyalım?

Malinowski'nin Kula halkasının bir sistem içerisine oturttuğu değiş tokuş, bir yandan da toplumun üyeleri arasında ortaklık ve işbirliği tesis ederek toplumsal yapıyı sağlamlaştırmaktaydı.

Tek tek bireyler bu yapının farkında değildi belki, herkes kendi yükümlülüğünü biliyordu sadece. Ancak nesiller boyu deneyimlenen pratiklerle ortaya çıkan ve mit, büyü ve geleneğin çeşitli ritüel ve seremonilerle güçlendirildiği bu sistem; değişik ırk, kültür ve kabilelerden gelen ve farklı diller konuşan binlerce insanı hayatları boyunca sürecek bir ilişkiye sokuyordu. Kalıcı kurumlara sahip olmayan ve okyanusun birbirinden ayırdığı ada halklarının ortak bir bütün oluşturması ancak bu sistemin yarattığı karşılıklı sorumluluklar yumağı ile mümkündü. Değiş tokuşun sürekliliği ilişkileri sağlamlaştırırken kurallara uyulmaması durumunda kaybedilecek olan itibar, bir ceza mekanizması olarak görev yapacak ve böylece birbirinden kopuk adalılar arasında gerekli güven ağları tesis edilmiş olacak.

Cezayir'deki Kabiliye bedevilerini inceleyen Pierre Bourdieu de benzer bir sonuca ulaşmış görünüyor. Fransız antropoloğa göre, hükümranlık ilişkilerini açık şiddete başvurmadan süreklileştirmek için gerekli kurumlar bulunmadığından, bu kabileler arasındaki güç ilişkileri daha kişisel ve nesnel yöntemlerle sabitlenmek zorunda. Gene İkinci Bölüm'de bahsettiğimiz "sembolik şiddet" kavramına geri dönüyoruz. Daha kompleks yapılarda hukuk ve mülkiyetle kendini gösteren toplumsal ayrıcalıklar, burada hediye vererek kendisine borçlu bırakma suretiyle gerçekleşiyor.

Hediyeleşme devletsiz toplumlarda ahenk içinde bir işbirliği yaratsa da Hobbes, Locke ve Rousseau gibi düşünürlerin tasvir ettiği türden bir toplumsal sözleşmeden bahsetmediğimizi belirtelim. Marshall Sahlins'in de dediği gibi, hediye döngüsünün farkı kişisel güç kullanma yetkisinin kamuya devredilmemesi; yani meşru güç kullanma yetkisinin kendisinde olduğunu iddia eden bir merkez ya da baş* oluşmuyor bu durumda. Toplumsal sözleşmenin tarafı olan bireyler kendilerini daha üstün bir mekanizmanın içine dâhil etmekte bir sıkıntı görmezlerken hediye döngüsünün yarattığı işbirliği, tek bir çatı altında toplanmayan ve birbirinden

* Anarşi: Gr. "Anarchos"dan, a-: yokluk eki+ archos: baş; başsızlık.

Toplumsal Sözleşme: İlk toplumlarda herkesin eşit olduğunu, daha sonra insanların güvenlik gibi nedenlerle özgürlüklerinin bir kısmını bir otoriteye (tek ya da birden fazla kişi) devrettiğini iddia eden teori. Hobbes gibiler bu haklardan bir kez vazgeçildi mi, hiçbir şartta sözleşmeden geri adım atılamayacağını savunurken Locke ve Rousseau tiranlaşırsa yöneticinin meşruiyetini kaybedeceğini ve isyanın hak olacağını iddia etmektedir.

ayrı kalan gruplar arasında gerçekleşiyor. Toplumsal sözleşme özgürlükten ve eşitlikten feragat anlamına gelirken hediye döngüsü tam aksine grupları birbirinden ayrı tutuyor. Daha üstün üçüncü bir güç yaratıp buna yönetme yetkisi vermekten kaçınarak toplumsal sözleşmenin taraflarının vazgeçtiği özgürlük ve eşitliğe bilakis sıkı sıkı sarılıyor. Kısacası ortada bizi korusun diye yaratılmış devletvari bir yapı yok!

Sahlins'e göre, Mauss'un şemasında hediye değişimi de savaşın bir başka yüzü aslında. Abartılı bir düşmanlığın tam karşısında abartılı bir jestler dünyası. Kaba kuvvetle değil, karşılıklı kıyaklarla yapılan bir güç mücadelesi. Merkezî yönetime sahip toplumların aksine tarafların güç kullanma hakkından vazgeçmediği ve birbirleriyle sürekli bir rekabet içinde olduğu bu anarşik dünyada gri renge pek yer yok; ya savaşın getirdiği komple bir güvensizlik ya da hediye değiş tokuşuyla sağlanan abartılı bir güven çıkıyor karşımıza. "Değiş tokuşlar barışçıl yollarla tatlıya bağlanmış savaşlar ve savaşlar başarısızlığa uğramış ticari muameleler" Mauss'un dünyasında. Ya da daha basit bir şekilde anlatmak gerekirse, bir tarafta akıl ve mantık, öteki tarafta en ham haliyle hisler sürekli birbirinin yerine geçiyor. Savaşı bitirip barışı getiren hediyeleşmede bir aksaklık olması tekrar savaşı getirebilir. Hediye döngüsü ikincisinin birincisine galip gelmesini mümkün kılan bir araç aslında; anarşinin farkında olmadan ortak bir akılla giderilmesi yolunda pek de bilinçli olmayan bir tercih. Zira insanlığın ilerlemesi ancak grupların "birbirini katletmeden rekabet etmenin ve kimseyi kimseye kurban etmeden vermenin bir yolunu bulmasıyla" mümkün olabilir.

Uluslararası Hukuk Ne Kadar Uygulanabilir?

Gelin, kendisine yetkiler devredilmiş üst bir makamın olmadığı yerlerde, ortak faaliyetlerin nasıl işbirliğini artırdığını görmek için daha anlaşılır örneklere bakalım. Modern uluslararası ilişkiler teorisinin en önemli tartışmalarından biri caydırıcı bir yaptırım ve zorlama mekanizmasının bulunmadığı devletlerarası ilişkilerde kuralların ne dereceye kadar uygulanabileceği ve işbirliğinin ne kadar mümkün olduğu. Kendine ait doğru düzgün bir ordusu ya da polisi olmayan Birleşmiş Milletler gibi uluslarüstü örgütler (İng. *supranational organizations*), anlaşmalara uymayan egemen devletleri ne ölçüde kontrol edebilir? Sadece savaş ve barıştan söz etmiyoruz; tüm dünyayı ilgilendiren konulardaki (savaş suçları, terörle mücadele, sera gazı kullanımı vs.) uluslararası anlaşmalar devletlerin tekil çıkarlarıyla çakıştığında bile bu tip organizasyonların ne kadar işe yaradıkları tartışmalı.

Realist teorisyenler basit bir indirgemecilikle bunların herhangi bir rolünün olmadığını ve uluslararası ilişkilerin anarşik bir sistem olduğunu söyleyip duruyorlar ancak gücün ve işbirliğinin gerçek doğasını anlamamaktan kaynaklanan aşırı bir yorum bu aslında. Tarihten örnekler bize merkezî bir yapının iradesini kabul ettiremediği yerlerde, ortak bir faaliyet üzerinden tanımlanan bir işbirliği alanının hep olduğunu gösteriyor. Bir örnek için İslam öncesi Arabistan'ındaki bedevilere bakalım. Birçok değişik kabile ve boydan oluşan ve birbirleriyle sürekli didişen bedevilerin yılın birinci, yedinci ve son iki ayında* savaşmaları yasaktı. Bu yasağı bozmanın öyle pek kolay olmadığını, Hz. Muhammed'in yolladığı silahlı bir grubun 623 Receb'inde Mekkelilere saldırmasının Medine'de yarattığı hoşnutsuzluktan da anlayabiliriz. Aslında bir pagan âdeti olmasına rağmen diğer kabileler arasında itibarlarının

* Zilkade'den Muharrem'e üç ay ve bir de Recep ayından oluşan bu dört aya "haram aylar" da denirdi.

sarsılacağını düşünüp canları sıkılan ensarın yüreğine su ancak bir ayet-i kerime (Bakara: 217) vasıtasıyla serpilebilecekti.

Mekke'nin 30 km doğusunda kurulan ve Hac faaliyeti ile iç içe olan Ukaz Panayırı da anarşik bir ortamda alışverişi ve uyumu artıran bir mekân olarak karşımıza çıkıyor. Herhangi bir üst otorite tanımayan bedevi kabileleri burada ticari ilişkilere girmekle kalmaz; spor, şiir müsabakaları ve çeşitli güç ve akıl gösterileri de yapardı. Gene kabileler arası savaşlarda esir alınanların fidye veya takas ile kurtarılması, borçlu ve alacaklıların birbirleriyle hesaplaşması, genelde Temim kabilesinden atanan bir yargıç eşliğinde davalıların aralarındaki anlaşmazlıkların giderilmesi, Bedevi kabileler arasındaki kan davalarına son verilmesi, evlilikler ve antlaşmalar yoluyla işbirliklerinin kurulması işte bu düzenli bir araya gelişlerde gerçekleşirdi. Buradaki anlaşmazlıkların savaşa yol açtığı da olmuyor değildi ama tarih de zaten hep zikzaklı bir yol değil miydi?

Eski Yunan'daki Olimpiyat da benzer bir işleve sahipti. Beş ya da altı gün süren oyunların bir ay öncesinden başlayan ve bir ay sonrasına dek süren kutsal bir ateşkes ilan edilirdi, aynı Ukaz örneğinde olduğu gibi. Olimpiyat da zaten atletizmden çok daha fazlasıydı; dinî törenlerin yapıldığı, şehir devletlerinin diplomatik anlaşmalar imzalayıp bunları ilan ettiği, ticari ilişkilerin tesis edildiği, kısacası işbirliği ve ortaklıkları mümkün kılan ve çözümsüzlüklerin giderildiği bir yerdi. Benzer örnekleri İzlanda'dan Orta Asya'ya geniş bir coğrafyada görebiliriz ancak konuyu uzatmamak için bir sonraki kısma geçiyoruz.

Digression'un Sultanları: Polisin Girmediği Yere Tabu Girer

Yukarıda doğaüstü güçlerden dem vurup hediyeleşme yoluyla toplum içinde ve toplumlar arasında nasıl sağlıklı bir işbirliği kurulabildiğinden bahsetmiştik. Gelin bunu biraz açalım. Bildiğiniz gibi, basit toplumsal yapılarda, yerleşmiş kurumların yükümlülüklerini yerine getirmeyenleri cezalandırması mümkün değil.

Yukarıda bahsi geçen kabilelerin polisleri, yargıçları, profesyonel orduları yok. E o zaman toplumsal işleyişi kolaylaştıracak kural ve âdetler nasıl tatbik edilecek? İşte böyle bir ortamda, tıpkı Hac ve Olimpiyat'ın antik bir Birleşmiş Milletler fonksiyonu görmesi gibi, doğaüstü güçlere olan inanç zorlayıcı bir nitelik kazanıyor.

Birçok tabunun temelinde bunu görebilirsiniz. Mesela Afrika'nın bazı coğrafyalarında göllerde balık avlamak yasak. Sadece yılın belirli bir gününde, o da kısıtlı bir süre için ve çeşitli ritüeller eşliğinde avlanmaya izin veriliyor. Bir anda göle hücum eden ve olabildiğince fazla balık yakalamak için hem birbirleriyle hem de zamanla yarışan yerliler düşünün. Bu tabunun nedeni aslında basit. Yakınlarda bu ufak gölden başka su birikintisi olmadığı için balıkların yeniden üremesine imkân vermek lazım. Yani aslında amacı modern toplumların kanunla ve kolluk kuvvetiyle uyguladıkları bir avlanma yasağını yürürlüğe sokmak. Modern dünyada pozitif bir hukuk anlayışı ile formüle edilmiş ve kurumsallaşmış bir kolluk kuvveti ile tatbik edilen kuralları, insanın hayal gücünü ve korkularını manipüle ederek de uygulamak mümkün. En azından bir yere kadar. Zaten basit toplumsal örgütlenmelerde daha iyi bir seçenek de yok.

Gene Kuzeybatı Amerika'daki Tsimshian kabilesindeki bir efsane Mauss'un hediye verme zorunluluğunun nasıl korku yoluyla tesis edildiğini gösteriyor bize. Hikâyeye göre, bir prenses su samuru diyarında kendi kendine hamile kalıyor. Köye döndüğünde ise babası şef bu yarı insan yarı samur yavruyu herkese tanıtmak için bir potlaç ziyafeti düzenliyor ve su samuru şeklinde rastlarlarsa torununu vurmasınlar diye herkese hediyeler dağıtıyor. Ancak unutkanlığa gelip bir şefin davet edilmemesi tüm işi bozacak. Hikâyenin gerisini

Potlaç: Kuzeybatı Pasifik bölgesinde yaşayan Amerika ve Kanada yerlilerinin bayramı. Bu bayramda kabile reisleri zenginliklerini göstermek için değerli eşyaları hediye olarak verirler ya da yok ederler.

tahmin edebilirsiniz; davet edilmeyen şef, su samuru toruna rastladığında onu tanımayıp canını alacak. İşte ihmalkârlığın bedeli!

Zorlanmayınca insanoğlunun en basit kuralları bile takip edemediğini askere giden herkes bilecektir. Bilmeyenler temel dinî kuralların ne kadar basit şeyler olduklarına bakabilirler. Öldürmemek, çalmamak ve komşunun malına göz dikmemek için Allah'ın gazabına ihtiyacı olması, insanoğlunun disiplinsizliğinin ve ahlaki zayıflığının en güzel kanıtı değil midir? Üç dört sene önce Diyanet İşleri Başkanlığı Din İşleri Yüksek Kurulu'nun kırmızı ışıkta geçmenin caiz olmadığı yönündeki fetvasına din ü diyanetle pek alakası olmayanların bile pozitif bakması, bize doğaüstü güçlerin empoze ettiği kuralların toplumsal ahengi düzenlediğinde herkes tarafından takdir edileceğine işaret olabilir.

Kan Davası, İstifa ve İtibar Pazarı

Malinowski ve Mauss'un bahsettiği sistemde hediyenin karşılığını verememek itibarını yitirmek demek. İtibar bugün de önemli bir kavram ancak daha basit toplumsal yapılarda belki de tek önemli güç kaynağı. Zira bu toplumlarda para, mülk ve unvan gibi kalıcı farklılıklar yaratacak kavramlar henüz oturmamış.

Örneğin bugün hırsızlık ve ahlaksızlık yaparak milyonlarca dolar kazanan biri dünyanın başka bir yerine gidip ismini değiştirebilir, yeni bir meslek edinerek ya da iş kurarak sıfırdan bir hayata başlayabilir. Oysa bir köy yerinde namusunu ve haysiyetini kaybeden bir kişinin karşılığında aldığı fazla bir şey yoktur: Az bir miktar para, birkaç hayvan, ekstrem durumlarda bir iki dönüm tarla. Gelin bir de kaybettiklerine bakalım. Adına bir kere kara çalınan birinin evlad ü iyali (çoluk çocuğu) bile artık o köyde rahat yaşayamaz. Benzer bir mantık kadınlar için de geçerli; töre cinayetlerinin temelinde de bir genç kızın "namus"una sürülen sözde lekenin tüm aileyi bağlaması var aslında.

Gene kan davalarının arkasında da benzer bir itibar endişesi yatıyor. Zorunlu bir hediye alışverişine paralel bir zorunlu can alışverişi var. A ailesinden biri B ailesinden birini öldürdüğünde toplum, B ailesinden birinin A ailesinden birini öldürmesini bekliyor. İşin daha da ilginci, bu biri herhangi bir kişi olabilir, ilk cinayeti işleyen olmasına gerek yok; tıpkı yerlilerin arasında A ile B arasında değiş tokuşu yapılan hediyelerin aynı olmasına gerek olmaması gibi. Önemli olan skorun eşitlenmesi. Hediyede bu pozitif bir yolla yapılırken kan davasında negatif bir durum ortaya çıkıyor belki ama mekanizma aynı.

Bu "can alışverişi" o kadar mükemmel bir sisteme bağlanmış ki fazladan adam öldüren ailenin mensupları sıranın karşı tarafta olduğunu biliyor. Ve nasıl yerli kabileler arasındaki otorite boşluğu hediyeler üzerinden bir itibar pazarı yaratmışsa, kan davasının da benzer bir otorite yokluğundan çıktığını biliyoruz. Bunların günümüzde artık sadece dağlık bölgelerde kalmış olması ve modern devletin fırsatını bulduğu her durumda müdahil olmaya çalışması da bu yüzden.

Güzel bir örnek için Arnavutluk'taki kan davalarının yarattığı sosyal problemlere eğilen *Prisioneros del Kanun* (İsp. Kanun'un Mahpusları) adlı belgeselden kısa bir parça izlemek yerinde olacaktır. QR kodunu kullandığınızda karşınıza çıkacak sekiz dakikalık parçada, öldürülme korkusuyla dışarı bile çıkamayan ve evde eğitim almaya çalışan bir gencin dramını izleyeceksiniz. Ahmet'in babası kavgada birini öldürünce aile için kâbus başlayacak. Bir anda anneannesiyle eve kapandığı yetmiyormuş gibi, potansiyel alıcılar tehdit edilecek ve evlerini satıp kaçmalarına izin verilmeyecek. Skor eşitlenmeden sırra kadem basmak yok! Sizi belgeselle baş başa bırakmadan önce, sadece 2012 yılında bin altı yüz ailenin böyle eve hapsolduğunu ekleyip geleneğin her zaman güzel bir şey olmadığını ve modern hayatta pek çok kez sırıttığını bir kez daha hatırlatalım.

Kanun: Ondokuzuncu yüzyılda yazıya geçirilen ve kökeni yüzler, hatta binlerce yıl geriye götürülen geleneksel Arnavut yasaları.

Kan davasını yasaklayan ve ağır cezalar koyan devletin çaresizliği karşısında devreye giren arabulucuların çalışma biçimleri bile bize aslında her iki aile tarafından da kabul edilen bir skor eşitleme mantığının devrede olduğunu gösteriyor. Gene aynı belgeseldeki başka bir örnekten gidelim. Kocasını öldüren ailenin kendisine yolladığı elçiyi evine almayan kızgın Bakushe Gjoka, kocasının katillerine oğlu yirmi yaşına gelene kadar rahat edebileceklerini, hakkını ancak ondan sonra arayacağını söylüyor. Aradan geçen zamanda katilin hayatını kaybetmesinin de etkisiyle olacak, daha sonradan fikrini değiştirecek ve arabulucuyu kabul edecek. Arabulucunun tavrı ise ilginç. Bakushe'den açıkça hakkından vazgeçmesini ve aileyi affetmesini istiyor, yani modern hukuktakinin aksine adaletin sadece merkezî idarenin tekelinde olduğunun hatırlatıldığı bir durum değil söz konusu olan. Daha da ilginci, ilk cinayeti işleyen aile hile yapıp Bakushe'nin oğlunu hemen öldürebilirdi ancak öyle yapmıyor, kendilerinden intikam alabileceği yaşa gelmesine müsaade ediyor. Zira geleneğin empoze ettiği birtakım kurallar var. Ailelerinden birinin ve hatta mevzu muhtemelen uzayacağı için birçoğunun Hakk'a yürüyeceği bir süreci erken bir şekilde sonlandırmak ilk başlarda parlak bir fikir olarak görünebilir ancak kuralları bozmanın ailenin onur ve itibarını tamamen kaybetmesine ve toplumdan dışlanmasına yol açacağını unutmayalım. Kimsenin gelecek nesilleri de külfet altına sokacak böyle bir ödeme planını kabul etmeye niyeti yok.

Neden Artık Kimse İstifa Etmiyor?

Modern dünyada insanların çok azının başarısızlıklarının ya da ahlaki düşüklüklerinin sorumluluğunu alıp istifa etmemesinin altında da benzer bir mantık yatıyor. Eskiden bir subay, memur ya da politikacıyı istifaya zorlayan ortak bir itibar havuzu bulunmaktaydı. Bunların elde ettikleri parayı kolay yoldan başka bir ülkeye götürmeleri, üstelik aynı okullardan mezun oldukları ve kısıtlı bir sosyal çevreye mahkûm oldukları için götürseler bile gurbet elde konforlu bir yaşam sürmeleri mümkün değildi. Bu da onları; toplumun, daha doğrusu meslektaşlarının ve kendileriyle aynı sosyo-ekonomik sınıftan gelen insanların kanaatlerini daha fazla dikkate almaya zorluyordu. Bir yere ve muhite çakılı kaldıkları için orada nasıl gözüktüklerini daha fazla önemsemeliydiler.

Bugün de istifa vakalarının Avrupa'da ülkemizden daha fazla olması sanıldığı gibi sadece demokrasinin gelişmiş olmasından kaynaklanmıyor kanaatimizce. Göçmenlerden oluşan ve herkesin her yere gelebildiği ülkemizin aksine, Avrupa'da nesilden nesle geçen bir itibar mekanizmasının olduğunu ve aile ve sosyal çevrenin ve okunan okulların, kariyer opsiyonlarını belirlediğini unutmayalım. Feodalitenin bir mirası olarak da karşımıza çıkan bu yapının muhafazakârlığını anlamak okuyucularımız için ilk başta zor gelebilir ancak genelde Türkiye'de yersiz bir şekilde hariciyecilere yüklenen bir elit devamlılığının bu ülkelerde azalarak da olsa hâlâ etkisini hissettirdiğini belirtelim.

Tabii bu açıklamalardan en fazla bir tanesi olabilir. Zira buna benzer bir aristokratik geleneğin olmadığı ABD'de adı skandala karışan siyasetçiler kariyerlerini onursuz bir istifa ile sona erdirmek zorunda kalıyor. Kişilere ve kahramanlara değil, ideal ve prensiplere dayanan bir cumhuriyetçi geleneğe sahip bir ülkede tek bir siyasetçinin çok fazla ön plana çıkamamasını olası bir açıklama olarak görmek mümkün.

Ismarlama ve Hiyerarşi

Kapalı toplumlarda hediyeleşme ile itibar arasındaki ilişkiyi gösterdiğimize göre, şimdi "hiyerarşi"ye odaklanabiliriz. Birinden karşılıksız bir şey almanın bedeli onun üstünlüğünü kabul etmek. Ayrıca hediyeye mukabele etmemek suçluluk kaynaklı bir bağ yaratıyor. Almancada bir hediye ya da kıyağa karşılık vermek demek olan *sich revanchieren* fiilinin kökünün rövanş anlamına gelmesi ve aynı kelimenin Fransızcasının (*revanche*) manasının intikam olması kimseyi şaşırtmamalı kısacası. Nietzsche'nin, müteşekkir bırakmanın bir tip intikam alma olduğunu söylemesi de. Bana verilen hediyeyle varlığıma yapılan, bir tecavüz. Mukabele ederek bu süreci tersine çeviriyor ve bir nevi intikam alıyorum aslında. Ya da başka bir ifadeyle, şartları eşitliyorum. Zira bunu yapamazsam hediyesini aldığım kişiye borçlu kalırım. Bu da aramızda benim altta kaldığım bir hiyerarşi oluşması demek.

Şimdi tekrar kabilelerimize dönelim ve Frenklerin *largesse*, atalarımızın alicenaplık, bizim ise cömertlik dediğimiz şeyin matematiğini en basit haliyle gözler önüne sermeye çalışalım. Merceğimizi doğum, ölüm, evlilik gibi törenlerde gerçekleştirilen potlaç pratiğine çeviriyoruz. Daha önce de gördüğümüz gibi, misafirlere hediyeler verilip kıymetli eşyaları amaçsızca yok ederek zenginlik gösterisi yapılan bu âdetin amacı, vererek itibar kazanmak. H. G. Barnett'a göre, potlaç utanç hissini örtmek için de kullanılabilir; yani herhangi bir olaydan dolayı itibarınızın zarar görmesi durumunda etrafa zenginlik saçarak durumu düzeltebilirsiniz.

Ve tabii ki bir rekabet de söz konusu. Bir kabile şefinin potlacına katılan diğer bir şefin daha sonra kendi davetini yapması ve daha fazla hediye verip halkını utandırmadan bu jeste karşılık vermesi bekleniyor. Ailelerin ve kabilelerin statüsünün sahip olduklarıyla değil, dağıttıklarıyla belirlendiği bir ekonomi. İşin içinde yok etmek de olduğuna göre daha doğru bir ifade kullanmak istersek *vazgeçtikleriyle*. Kazandığın kadar değil, sarf edebildiğin kadar önemlisin kısaca.

Konudan sapma pahasına sanatta da potlaçtakine benzer bir durumun olduğunu hatırlatalım. Pahalı eserlerin değeri işlevinden değil, işlevsizliğinden kaynaklanıyor aslında; hiçbir ihtiyacınızı görmeyen bir şeye para yatırarak toplumda prestij kazanıyorsunuz. Thorstein Veblen'in daha 1899'da belirttiği gibi, israf ile gösterişçi tüketim (İng. *conspicuous consumption*) genelde el ele gidiyor kısaca. Bu durum modern ve postmodern sanatın artık güzellik ve estetik gibi kaygılar gütmeyi reddetmesiyle daha da belirgin bir hal alacak; hoşumuza bile gitmeyen bir şeye servet ödüyoruz. Hatta bazen aldığımız şey bir "hiç" bile olabiliyor. Murat Ülker'in 2013 yılında 125.000 dolar verdiği boş çerçeveyi hatırlayın. O zaman özetleyelim: İşlevsiz şeylerin tek potansiyel işlevi sahiplerine prestij ve statü kazandırmak.

Konuya geri dönüyoruz. Karşı tarafın layıkıyla mukabele edemediği durumlarda kazanılacak itibardan daha büyüğü israf etmekte yatıyor. Zira verdiğiniz hediye karşı tarafı ne kadar ezerse ezsin, az da olsa elinize bir şey geçecek. Oysa gözünüzü kırpmadan değerli bir bakırı kırdığınızda ya da denize attığınızda; balık yağı dolu sandıkları, binlerce battaniyeyi ve hatta evlerinizi yakmakta hiç tereddüt etmediğinizde hiçbir iade beklemeden bir cömertlik şovuna girişmiş oluyorsunuz ki bundan daha büyük bir itibar kaynağı olamaz. Hediye vermek yerine yok ettiğiniz için kimseyi karşılık vermek zorunda bile bırakmayacak kadar alicenapsınız aynı zamanda.

Statü ayrılıklarının hediye ile sürekli yeniden hatırlatılmasının sekteye uğradığı durumlarda ortaya çıkan kaos, bu tip basit yapılı ve az nüfuslu toplumlarda gerçek statü farklarının olamayacağını da gösteriyor bizlere. Elizabeth Colson'ın Makah Kızılderililerini incelemeye gittiğinde karşılaştığı keşmekeşe bir kez daha odaklanalım. Hükümet ile bir anlaşma imzalayıp kendilerine ayrılmış rezervasyonlarda yaşamayı kabul eden Kızılderililer, sanayileşmiş modern ekonominin imkânlarından yararlanmaya başlayınca ziyafet vermek bir ayrıcalık olmaktan çıkmıştı. Toplumsal konumlarından bağımsız olarak herkes para kazanabiliyordu artık. Üstüne üstlük sınıflar arası evlilikler de başlamıştı. Kısacası hediye üzerinden kurulmuş sistem bozulmuştu, statü alicenaplık üzerinden belirlenemezdi artık. Ve sahneye dedikodu çıkıyordu; herkes işine geldiği gibi yeni bir üst sınıf tanımı yapmaya başlamış, bu yolla kendi ailesinin prestijini artırmaya çalışıyordu. Kimine göre insanın atasının kim olduğu önemli, kimine göre hayatta ne yaptığı. Bazıları cömertliğin statü belirttiğini belirtirken diğerleri buna cömertliğin sonradan görmüşlük olduğu argümanı ile cevap verecekler, belki de saklayamadıkları bir kıskançlıkla dişlerini gıcırdatarak [bkz. Üçüncü Bölüm].

Hediye vermek suretiyle gelişen bir rekabeti gözlemlemek için illa uzak diyarlardaki yerlilere konuk olmaya gerek de yok aslında, sadece buradaki örnekler göz alıcı bir çarpıcılık ve reddedilemeyecek bir belirginliğe sahip. Özellikle sınırları belirli küçük sosyal grupların liderliğine oynayanlar arasında kimin en şatafatlı düğünü/partiyi yaptığı da itibar getiren bir çekişme konusu olabilmekte. Özellikle ufak yerlerde bu tip kutlamalara tonla para harcanmasının izahı da burada yatıyor. Daha eşitlikçi toplumlarda bu rekabetin önüne geçmek için birtakım önlemlerin alındığını da hatırlatalım. ABD'de işyerlerinde yapılan hediyeleşmelerde fiyat sınırı konması, çalışanlar arasında gereksiz bir gerginliğe yol açmamayı amaçlıyor; zira bu tip faaliyetlerin amacı harmoni yaratmak, uyumsuzluk değil. *The Office* dizisinin *Christmas Party* bölümünü izleyenler, bu kuralı ihlal edip Ryan'a 400 dolarlık iPod alan Michael Scott'un nasıl bir karmaşaya yol açtığını hatırlayacaktır.

Tüm din ve ahlak sistemlerinin hayır işlerinin anonim yapılmasını övmesinin nedeni, birine bir şey hediye etmenin yarattığı bu tatsız hiyerarşi aslında. "İyilik yap denize at, balık bilmezse Hâlik [Allah] bilir" atasözünü fazla ciddiye alan bazı toplumlarda iş, yardım ve hediyeleri birinin evine gizlice girip yerleştirmeye kadar gelmiş. Bir nevi ters hırsızlık söz konusu olan yani. Ama bu o kadar da garip değil; en azından David Graeber'in de dikkatimizi çektiği gibi, Noel Baba'nın sadece çocukların değil, aynı zamanda hırsızların da koruyucu azizi olduğunu aklımızdan çıkarmazsak eğer.

Hediyeyi Reddetmek

Bazı durumlarda verilecek bir hediyenin başlatacağı döngüyü reddetmek de tercih edilebilir. Gereksiz bir borçlanmanın ileride getireceği sorumluluğu üstlenmek istemediğiniz anlarda aradaki ilişkinin gereksiz samimileşmesini ve yeni bir boyut kazanmasını engellemek isteyebilirsiniz. Tanımadığınız ya da hoşlanmadığınız birinden bir hediye kabul ederkenki isteksizliğinizin nedeni tam da böyle bir karşılıklılıktan ya da hiyerarşik bir bağlılıktan kaçınmak.

Gereksiz bir hediye döngüsünün nasıl kısa sürede can sıkıcı bir hal alabileceğini zor yoldan öğrenenlere bir örnek, onsekizinci yüzyılda Yeni Zelanda'ya giden İngilizler olabilir. Bunlar Maori savaşçılarının üstündeki bir şeyi beğenince yerliler hemen zorla bunu kendilerine hediye ediyor ve makul bir süre geçtikten sonra da gelip paltolarını ya da silahlarını överek jeste aynı şekilde karşılık vermelerini bekliyorlardı. Basit bir kolye ya da mücevher karşılığında değerli silah ve paltolarını vermek istemeyen İngilizler, kısa sürede Maorilerin herhangi bir eşyasına en ufak bir iltifat etmemeyi ya da eğer oldu da bu hataya düştülerse yanlarından ayrılmadan onlara mutlaka bir hediye verip durumu eşitlemeyi öğreneceklerdi. Aslında Maoriler, İngilizlere özel bir muamele yapmıyor burada. Hediye değiş tokuşunun hâkim olduğu toplumlarda, birinin eşyasını övmek esasen onu istemek anlamına geliyor. Karşı tarafın da zaten eğer pinti olarak adlandırılıp sosyal sonuçlarına katlanmak istemiyorsa bu nazik ve örtülü isteği kabul etmekten başka şansı yok. Kısacası burada İngilizlerin sandığı gibi art niyetli bir çıkar ilişkisi olmayabilir.

Hediye yoluyla yükümlülük yaratarak güçlü ve zengin kişilerden yarar sağlamak üzerine dayalı bir stratejiyi daha açık bir şekilde gösteren başka bir örneğe geçelim o zaman. Antropolog Peter Just'ın Endonezya'da karşılaştığı bir olay, hediye alma konusundaki çekincenin matematiğini tüm çıplaklığıyla gözler önüne seriyor. Peter ve karısı saha araştırması yapmak için kaldıkları köyden şehre indiklerinde Hacı Cafer Emin adlı eşraftan birinin yanında kalırlar. Bir gün artık kendilerini yeterince yerleşmiş hissetmiş olacaklar ki Hacı Cafer'i ve eşini evlerine yemeğe davet ederler. Hacı da bu nazik daveti kırmaz ve eşini alıp çiftin kaldığı köye gelir. Hacı gibi siyasi bağlantıları olan önemli birinin bu mütevazı köye gelmesi antropologlarımızın komşuları arasında büyük heyecan yaratmıştır. Türk filmlerinde lüks araba peşinde koşan varoş çocuklarınınkine benzer bir tablo olsa gerek Hacı'nın karşılaştığı. Hemen misafirperverlik edebiyatı başlamıştır tabii, köylüler Hacı'ya bir ziyafet çekmek istemektedir. Hacı nazikçe oturup köylülerle konuşsa da hiçbir şey yemeyecektir. Peter ve eşi olaya o gün bir mana verememişler, misafirlerine neden böyle yaptıklarını soramamışlardır. Yıllar sonra Hacı'nın kendisini sonradan külfet altına sokacak bir samimiyetten, gereksiz bir karşılıklılık ilişkisinden kaçınmaya çalıştığı sonucuna varmışlardır.

Batılı bir antropoloğun yıllar içinde çözdüğünü biraz kurnaz bir Türk iki dakikada kavrayacaktır aslında. Yemekten sonra yapılan hesabı kim ödeyecek kavgalarına alışıksa hele. Bu kısım genelde sıkıcı bir piyes* şeklini alsa da ısmarlamanın bir hükmetme biçimi olduğunun fark edildiği anlarda bu reddin samimi bir haykırış halini aldığını görebilirsiniz. Böyle anlarda ısmarlama karşıda negatif bir etki de bırakacaktır ama karşıdaki ne yaptığının farkındaysa amaç da aslında budur.

En azından bazı modern kadınların hesaplarının ödenmesinden hoşlanmaması erkeklere karşı her alanda gittikçe yükselen bir ses tonuyla verdikleri eşitlik mücadelesinin bir parçası sayılabilir. Kadının yemeğini ısmarlayan erkek, ilişkinin hâkimi olduğunu da deklare ediyordur bir yanıyla; mali sorumluluklardan azade kadın, korunması kollanması gereken bir obje olduğu bu ilişkide artık eş partner değildir.

Hediye reddetmek özellikle siyaset arenasında çok daha önemli sonuçlar doğurabilir. 1999 depremini hatırlayanlar, en

* Fr. *pièce*: parça'dan.

zor günlerde dönemin Sağlık Bakanı Osman Durmuş'un Ermenistan, Yunanistan ve Romanya'nın yollamayı teklif ettiği sağlık ekipleri ve kan ünitelerini nasıl geri çevirdiğini ve on binlerce insanın hayatını kaybettiği bir felaketin hemen ardından Amerikan hastane gemisine ihtiyaç olmadığını belirttiğini hatırlayacaklardır. Gene şu anki reisicumhurumuzun miting meydanlarında zamanında kapısında yattığımız IMF'ye borç verir konuma gelmekle övünmesi, halkın gözünde de "alıcı" konumun negatif, "verici" konumun ise pozitif algılandığına delil olarak kabul edilebilir. Bu iki örneğe yeniçerilerin "kazan" kaldırmasını da ekleyebiliriz ancak detaylar için bir iki sayfa beklemeniz gerekecek.

"Evime Geldin, Yemeğimi Yedin!" Misafirperverlik ve Yemek

Kitabın bu kısmının nüvesini yıllar önce Amerika'da izlediğim bir *reality show*'daki ilginç bir söz oluşturuyor. Amerika'nın ortasında Güney Dakota ile Wyoming arasında bir yerde ne nereden geldiğini ne de nereye gideceğini bilen yirmi bir yaşındaki bir gencin yol kenarındaki dandik bir motel odasında can sıkıntısını geçirmek için açtığı TV'deki bu programda, kadınlar kendilerini aldattıklarından şüphelendikleri kocalarını takip ettiriyorlar. Ve tabii her bölümde de korkuları doğru çıkıyor ama konumuz bu değil. Genelde katilin tanıdık biri olması gibi, bu bölümde de kahramanımız karısında bulamadığı şefkati, karısının arkadaşlarından birinde aramış. Büyük an gelip "Baskın basanındır" dendiğinde, iki arkadaşın yüzleşmesi de kaçınılmaz oluyor. Saç saça baş başa bir kavga bekleyenler avuçlarını yalayacaklar ne yazık ki, ortada sadece bir ağız dalaşı var. Ancak aldatılan kadının arkadaşına defalarca tekrar ettiği laf oldukça şayan-ı dikkat:* "Sen benim evime geldin, yemeğimi yedin, buna rağmen nasıl kocamla yatarsın?"

* Far. *şayan*: değer, uygun, layık.

Gururu kırılmış ve hem kocası hem de yakın arkadaşı tarafından aldatılmış bir kadının bu feryadının altında çok şey gizli. Kocasının hangi sözleşmeyi ihlal ettiği belli, evliliğin ve sevgililiğin gereği olan sadakati gösterememiş. Sık karşılaşılan bir durum, çok enteresan değil. Ancak kocasıyla birlikte olan kadın hangi sözleşmeyi ihlal etti? Eski bir tarım toplumunda olsaydık kendisini zina ile suçlayabilirdik, günümüz İran'ında olsak taşlayabilirdik hatta. Ama modern Amerikan toplumunda bunun pek bir manası yok. "Yuva yıkmak" bir başka suçlama olabilir; toplumun temel direği ailenin altını oyan bir hareketin her kültürde ve zamanda kötü karşılanabileceğini tahmin edebiliriz. Ancak kocasının kendisini aldattığı bu kadın sıradan biri değil, çok yakın bir arkadaş; yani suçu daha büyük. İşte birinin evine girmek ve yemeğini yemek tam da bu arkadaşlığın sembolik bir ifadesi olarak karşımıza çıkıyor. Aldatılan kadının evinde ağırladığı birinden sadakat beklemesi misafirliğin de bir kontrat halini alabileceğini gösteriyor. "Besle kargayı oysun gözünü" atasözünün de temeli bu. Kargayı besliyorsak bir zahmet de gözümüzü oymasın, çok şey istemiyoruz.

İki grup arasında ilişkilerin bozulmasının etkisinin kendisini gösterdiği ilk yerlerden biri beraber yeme-içme alışkanlığı. Örneğin Güney Sudanlı Nuerlerde aralarında kan davası olan gruplar birbirlerinin kullandığı bardak ya da kâseyi kullanmayı bile reddediyorlar. Sürekli birbirlerine misafir giden bir toplum oldukları düşünülürse bunun yarattığı problemler daha rahat anlaşılır. Kişi evine kimi çağıracağını dikkatli seçmeli, zira hangi aileyi tercih ederse diğer aile bir daha oraya girmeyecek. Kısacası aynı kap kacağı kullanmama yönündeki bu ısrar, köyü herkesin açıkça taraf aldığı ritüelistik bir hizipleşmeye götürüyor.

Beraber yemek yediğimiz insanlarla aramızda bir bağ oluşması normal. Evlilik gibi nedenlerle iki aile ya da ortaklık yüzünden iki insan arasında kurulan bağların da bir yemek ya da ziyafetle kutlanması aslında biraz da bundan. İttifak kâğıtta kalmasın, güven ağları daha rahat kurulabilsin diye. Yemek tabularının dinî gruplar arasında güvensizlik yaratması da bu sembolik etkiden kaynaklanıyor olsa gerek. Yahudilerin sürekli ayrıksı kalması ve diğer dinî grupların hedefi olmasının birçok nedeni var kuşkusuz ancak bunlardan birinin yemek tabularına sıkı sıkıya bağlı kalmaları olduğunu söyleyebiliriz. İlk başta belki biraz spekülatif gelebilir ancak en azından Evliya Çelebi bizimle aynı görüşte. Bu neşeli Osmanlı *factotum*'unun "mutaassıb melunlar" diye adlandırdığı Yahudiler, öldürseniz bile Müslümanların kestiği eti yemiyor ve asla başkalarından yiyecek ve içecek kabul etmiyorlar. Daha da fazlası, diğerleriyle kaynaşmıyorlar. Sofranıza otursalar bile bu, samimi bir ilişkiye yol açmıyor. Evliyamız bunların tek düşündüğünün Müslümanları öldürmek olduğunu söyleyerek muhabbetine devam ederken [bkz. Birinci Bölüm] biz de konumuza geri dönelim. Buradaki mantık gayet açık: Yemek bir ritüel olarak güven bağlarının kurulmasında kilit bir rol oynadığından beraber yemek yemeyen grupların birbiriyle kaynaşması neredeyse imkânsız.

Çek Bir Ziyafet!

İlk toplumlardan beri insanlar sürekli birbirlerine ziyafet çekiyor. Yiyeceğin verilen ilk hediye olmasının nedeni aslında evrimsel. Büyük hayvanları tek başına avlamanın mümkün olmaması ilk avcı toplayıcıların grup halinde yardımlaşmasını zorunlu kılmıştı. Beraber avlanmak, yiyeceği paylaşmak da demekti. Üstüne üstlük çabuk elde edilen et tek bir avcının ihtiyacından daha fazla olduğu için bunu ava katılmayanlarla da paylaşmak ilerisi için bir nevi sigorta işlemi görüyordu. Bugün yüzü gülen avcının yarın ellerini boş bulmayacağının garantisi yoktu ve hepsini yiyemeyeceği için zaten bozulacak eti paylaşması kendisine bir şey kaybettirmiyordu.

Bu karşılıklı paylaşmadan bir güç ilişkisi doğuran ise daha iyi avcıların daha rahat çiftleşme olasılıkları bulmasıydı. Paraguaylı avcı toplayıcı Acheler üzerine gözlemler yapan Kristen Hawkes'in ortaya attığı "hava atma hipotezi"ne (İng. *showoff hypothesis*) göre, toplayıcılık yapan kadınlar kendilerine ziyafet çeken erkeklere iltimas geçiyorlardı; çatışmalarda onları destekliyor, varsa çocuklarına bakıyor ve bazen de direkt onları karnında taşıyorlardı. Bu da başarılı avcının genlerini bir sonraki nesle daha rahat aktarması demekti. Erkeklerin sürekli kadınları etkilemek için birbirleriyle yarıştıkları düşünüldüğünde, eli açıklığın hemcinsler arasında nasıl bir hiyerarşi yarattığı daha rahat anlaşılır.

Demek ki daha ilk baştan beri birine yemek vermek onun üzerinde bir güç kurmak, onu himaye etmek anlamına geliyordu. Avcı toplayıcılarda geçerli olan bu basit hiyerarşi, yerleşik hayata geçilmesi ve ilk şehirler ve devletlerin ortaya çıkması ile daha kompleks haller alacaktı tabii. Komşusuna et veren muzaffer avcı yerini tebaasını yiyeceğe boğan hükümdarlara bırakmıştı.

Hakikaten de arkeologların bulguları ilk yerleşimlerden beri birilerine ziyafet çekmenin politik bir tarafı olduğunu gösteriyor bize. Knossos'un labirentlerinden mitoloji sevdalılarının beklentilerinin aksine Minotorların değil, yağ çömleklerinin ve buğday kaplarının çıkması boşuna değil yani. Kalhu Sarayı'nın inşası bittiğinde Asur Kralı II. Aşurnasirpal'ın on günlük bir ziyafet verip on bin kişiyi tıka basa doyurduğunu biliyoruz. Ziyafet ki ne ziyafet, şölen ki ne şölen: 1.000 öküz, 14.000 koyun, 1.000 kuzu, yüzlerce geyik, 20.000 güvercin, 10.000 balık, 10.000 yumurta ve 10.000 çöl faresi. Sonuncusunun tadından emin olamasak da yirmi dokuz yüzyıl öncesi için oldukça leziz bir menü gibi duruyor.

Bu ve benzeri emperyal ziyafetleri hemen her toplumda görmek mümkün. Halkını bir güzel doyurup ona alicenaplığını göstermek ve kalpleri fethetmek hükümdarlar için ucuz ve etkili bir yöntem. Toplumun yönetici tabakalarında aşağı inildikçe masalar küçülüp harcanan paralar azalacaktır ancak mantık aynı. Ortaçağ Avrupa'sında vasalların lordlarına bağlılık yemini ettiği törenlerin cömert sofralarla desteklendiğini söylersek

Resim 17. Antik Yunan'ın mitik yaratığı Minotor.
Knossos labirentinde insan yiyip beslenen bu yarı insan yarı boğa yaratığın enteresan hikâyesini araştırmayı size bırakıyoruz.

filmlerden aşina olduğunuz bir zamandan örnek vermeyi tercih etmiş oluruz. İslam kültüründe aşevlerinin hayırseverliğin önemli bir parçası olduğunu da unutmayalım. Osmanlı imaretlerinin birçoğunda fakir fukaraya yemek dağıtılması, altta kalanların sadakatinin hayır hasenat çerçevesinde ödüllendirilmesinden başka bir şey değil. Halktan aldıkları vergilerle zevk ü sefa içinde yaşayan zenginlerin rantın bir kısmını dağıtarak gönüllerini rahatlatması ve halka "Bak seni de düşünüyorum" demesi bir bakıma.

Padişahın elit askerleri yeniçerilerin ulufelerinin dağıtıldığı ya da daha modern bir tabirle maaşlarının verildiği gün ziyafet verilmesi de sultana bağlılıklarının artırılmasını amaçlıyor kesinlikle. Topkapı Sarayı'nın ikinci avlusunda toplanan yeniçerilerin bir anda pilav dolu tabakların üstüne üşüşmesi bu sadakatin ne kadar çıplak bir şekilde empoze edildiğinin göstergesi [bkz. Renkli Resim 5]. Aynı yeniçerilerin maaşlarını eksik aldığında padişahları tahttan indirmekte tereddüt etmedikleri düşünüldüğünde pek de gereksiz bir uygulama değil belki de. Padişahın parasını ve ekmeğini yiyorsan bunu hatırlamanda fayda var. Değil mi ama?

Yeniçerilerin isyan etmesinin "kazan kaldırmak" şeklinde adlandırılması da yemek ile sadakat arasındaki ilişkinin başka bir yansıması. Bu elit olduğu kadar da başına buyruk askerler herhangi bir nedenden dolayı padişaha kafa tutmaya karar verdiklerinde o dönem kışlalarının bulunduğu Et Meydanı'nda içi yemek dolu kazanları ters çevirip devirirlerdi. Böylece padişahın verdiği "aş"ı reddederek artık kendisine sadakat borçlu olmadıklarını sembolik bir şekilde herkese bildirmiş olurlardı. Gerisi az çok bildik bir hikâye ama gene de özetleyelim: Diğer kapıkulu askerlerinin de katılmasıyla meydanda âdeta bir asker panayırı kurulduktan sonra Saray ile görüşmelere başlanır ve yeniçerilerin istekleri iletilirdi. Birkaç vezirin kellesinin mi, yoksa padişahın tahtının mı gideceği, kazan kaldırılan meydandaki yeniçeriler ile Topkapı Sarayı'ndaki devlet erkânının arasındaki bu görüşmelere ve şehirdeki esnaf ve halkın tavrıyla da oluşan iki taraf arasındaki güç dengesine bağlıydı ama bu kısmın detayları bizi ilgilendirmiyor. Önemli olan yeniçerilerin padişahla ilgili sözleşmelerini yemek üzerinden sembolize etmeleri, göz oyan karga durumuna düşmemek için kendilerine verilen yemeği reddetmeleri.

"Su küçüğün söz büyüğün" lafı da aslında otoriteye itaat karşılığında beslenmenin beklendiğini göstermiyor mu bize? Büyüğün sözünün söz olabilmesi için küçüklerinin sorumluluğunu alması, onları koruması ve göz kulak olması gerek. Tıpkı Ortaçağ şövalyeleri ile efendisi lordlar arasında olduğu gibi bir itaat-korunma/fayda alışverişi kısaca. Bu alışverişte birçok şey

basit büyü ve ritüellerinden daha fazlasına ihtiyacınız var kısacası. Karşımıza organize din çıkıyor yani ama çıkmakla kalsın ki konu gene dağılmasın.

İşte modernite öncesi toplumlar bu üç sistemin bir arada görüldüğü ve kesinlikle kâr amacı gütmeyen ekonomi dışı bir sisteme dayanıyordu. Gördüğünüz gibi, Karl Marx ve Adam Smith gibi düşünürlerin aksine Polanyi ekonomiyi merkeze koymayı reddediyor; ona göre aslolan toplumsal saikler. Sürekli kârı ve çıkarını maksimize etmeyi düşünen bir *homo œconomicus*'tan söz etmek mümkün değil yani. Modernite öncesi insan, mal ve mülkü toplumsal statülerini destekleyen bir şey olarak görüyordu; üretim ve dağıtımın esas amacı ekonomik bir elde ediş değil, toplumsal bir faydalanmaydı. İnsanın birey olarak değil, bir cemaatin ferdi olarak yaşadığı bu evrende, zenginlik kendi içinde bir amaç değil, toplum içindeki yeri sağlamlaştıran bir araçtı. Sabri Ülgener gibi düşünürlerin "ağalık ve efendilik bilinci" adını verip Osmanlı'nın kapitalistleşmesine mâni olarak gördüğü bir mantalitenden bahsediyoruz kısaca; Ülgener'in olumsuz addettiği bu zihniyeti sosyalist eğilimlere sahip Polanyi'nin olumlu bulduğunu eklemeyi ihmal etmeden.

Homo œconomicus: Tamamen rasyonel saiklerle hareket eden ve kendi çıkarı peşinde koşan insan.

Bu sistemlerde ticaret yok sanılmasın, sadece ikincil bir öneme sahip oldukları ve başka türlü elde edilemeyen metalara mâlik olmak için devreye sokulduğu unutulmasın. Çin'in ipeklileri, Brezilya ve Yemen'in kahveleri ya da Afganistan'ın mavi taşı lapis lazuli gibi. Bu ticaretin toplumsal yapı üzerinde pek bir etkisi yoktu; istifade (İng. *use*) prensibi kâr prensibinden daha önde geldiğinden piyasalar toplumları değil, toplumlar piyasaları belirliyordu. Ta ki burjuvanın yükselişi ve liberal ekonomi teorisi, oyunun kurallarını değiştirene kadar…

Para ve piyasa ekonomisi ilk zaferini onsekizinci yüzyıl sonunda elde edecek ve İngiltere'den tüm dünyaya yayılacaktı. Merkantilist politikalarla önemli bir sermaye birikimini gerçekleştirmiş burjuva sınıfı Sanayi Devrimi ile tam anlamıyla şaha kalkacak ve devletin ekonomiden elini çekmesi gerektiğini savunan liberal ekonomistlerin de etkisiyle piyasanın topluma yön verdiği yeni bir düzen ortaya çıkacaktı. Bu, tüm tarihin reddedilmesi demekti; ilk kez parasal ilişkiler birincil derecede belirleyici bir önem kazanmıştı.

Modern devletin de desteğiyle sosyal yapıyı komple değiştirecek ve bir zihinsel transformasyonu da beraberinde getirecek bu yeni düzeni mümkün kılan, daha önce gelenek tarafından yönlendirilen fiyat, toprak dağılımı ve işgücünün artık tamamen piyasa faktörlerine göre belirlenmeye başlaması, kısacası metalaşmasıydı (İng. *commodification*). Karl Marx'ın "emeğin yabancılaşması" (Alm. *Entfremdete Arbeit*) kavramının da çıkış noktasını oluşturan ve arz-talep dengelerinin insafına kalmış bir işgücü piyasasının ortaya çıkmasının nasıl bir sömürü düzeni yarattığını merak edenler ondokuzuncu yüzyılın sanayileşmiş toplumlarının proleter sınıflarına bir göz atabilirler. Zira konuyu dağıtmamak için burada fazla detaya giremiyoruz; bizim için önemli olan Gareth Stedman Jones gibilerin kökenini 1860 gibi daha ileri tarihlerde aradığı bu büyük dönüşümün hediye verme kültürüne nasıl etki ettiği.

Doğum Günü Hediyelerinden Düğün Altınlarına: Homo Œconomicus Neden Hâlâ Hediye Almakla Uğraşır?

Peki, modern insan hayatını ekonomik saiklerle yönetiyorsa neden hâlâ başkasına bir şey ısmarlıyor? Sürekli kendi çıkarını düşünen bir varlık neden ekonomik olarak getirisi olmayan bir şeye para harcar? İşte bu sorunun cevabında tarihin ana prensiplerinden biriyle karşılaşıyoruz: Terakkiye ve gelişmeye ne kadar inanırsak inanalım, yeninin eskiyi hiçbir zaman tam anlamıyla yerinden edemediği gerçeği. Bunu icatlarda da görebiliriz; matbu kitap çıktıktan sonra bile elyazması kitaplar Avrupa'da onlarca yıl, Osmanlılar da dâhil diğer toplumlarda yüzlerce yıl sirkülasyonda kalabildi. Gene görsel bir araç olan televizyonun ve hatta bilgisayarın icadı işitsel bir araç olan radyonun rafa kaldırılmasına yol açmadı, alanını daralttı sadece.

Tam da böyle bir mantıkla sanayileşmiş toplumların yarar prensibi yerine kâr prensibini öne koymaları ve ekonomik saiklerin toplumsal yapıları yönlendirmesi, insanın yüzde yüz bir ekonomik varlığa dönüştüğü anlamına gelmiyor. Polanyi'nin bahsettiği üç sistemden modern piyasa sistemine evrilen düz ve lineer bir gelişmeden söz etmiyoruz yani; Claude Macherel'in de altını çizdiği gibi, günümüzün kapitalist toplumlarında bile sosyal hayatın birçok alanı hediyeleşme tarafından yönetiliyor. Natalie Zemon Davis'e göre; kendine ait bir davranış repertuvarı, kuralları, dili ve jestleri olan ayrı bir alan olarak varlığını sürdürüyor.

Doğum günü hediyelerini ele alalım mesela. Aslında birine hediye almanın iki taraf için de bir ekonomik mantığı yok; zira verilen hediye genelde alan kişinin gerçekten ihtiyacı olan bir şey olmuyor. Sizin doğum gününüz geldiğinde ve aynı kişi size hediye aldığında da benzer bir problem var. Şöyle düşünün; sevdiğiniz bir arkadaşınıza 250 liralık bir kravat aldığınızda bu aslında o kişinin pek istemediği bir şeyse eğer, 50-100 liralık bir fayda sağlamış oluyorsunuz. O da size karşılığında gene 250 liralık bir broş almış olsun ve bu sizin 100-150 lira vereceğiniz bir meta olsun. İki kişi 500 lira harcayıp 150-250 liralık bir fayda elde etmiş olacaklar ki hediye kartı diye bir şeyin icadına yol açan aslında bu israf. Eğer amaç hediye almaksa parasını önceden yatırıp hediyeyi doğum günü çocuğunun seçmesine izin vermek daha mantıklı çünkü. Ve işte homo œconomicus olma yolunda bir adım daha!

Düğünlerde altın almada karşılıklılık ilkesinin hâlâ yürürlükte olduğunu görmek mümkün. Sistemin özünde bir toplumsal dayanışma var, ekonomik saikler değil. Hayata yeni atılan ve dolayısıyla paraya ihtiyacı olan çiftlere bir yardım niteliği taşıyor bu çeyrek altınlar. Ve tabii ki veren tarafından iadesi de bekleniyor; altınların içine isim yazılması ve daha sonra bu isimlerin aileler tarafından not alınması, yukarıda bahsettiğimiz karşılıklılık ilkesinin modern ekonomide bile hâlâ yürürlükte olduğunun göstergesi. Tabii bu altın değiş tokuşunda daha az çocuğu olan ve daha az düğün yapanlar dezavantajlı durumda ama zaten bunların masrafı da az olacağından pek hayıflandıklarını sanmıyoruz. Bir de eskiye nazaran düğün yapmak çok pahalılaştığından en azından birçok durumda altınlardan gelen gelir çoğunlukla düğün masraflarını karşılamaya gidiyor. Yani gene ekonomik değil, toplumsal bir saik var karşımızda: Düğün, evlilik vasıtasıyla iki aile arasında yapılan ittifakın topluma duyurulması; altın da burada kendilerine ziyafet çekilen misafirlerin borçlu kalmamak için verdikleri bir hediye. Bir kez daha bir döngüyle baş başa kalıyoruz. Düğünü yapan aile, misafirlere ziyafet verir ve misafirler de altta kalmamak için altın alır. Bu döngünün birinci ayağı. İkinci ayak, bir gün misafirlerden biri kendi düğün yapınca ortaya çıkacak. Biz sizin düğününüze geldiğimize göre, siz de bizimkine gelmelisiniz. Geldiğiniz anda da tekrar birinci ayağa dönüyoruz: Biz size ziyafet çekeceğiz, siz de altta kalmamak için içine isminizi yazdığınız bir altın vereceksiniz. Böylece hem yeni bir ailenin kurulmasını kutlamış ve duyurmuş olacağız hem de kimsenin itibar kaybetmediği ve süreklilik arz eden bir hediyeleşme döngüsünü devam ettirmiş.

Pırlanta Neden Bir Kadının En İyi Dostudur?

Hediyeleşmenin herhangi bir ekonomik mantığının olmadığının en güzel kanıtı belki de sevgililerimize aldığımız pırlantalar. Aşk gibi soyut bir şeyin sadece para gibi somut bir şeyle karşılanması mantıksız olurdu; bu aşkın sembolik bir jestle ifade edilmesi daha uygun. Burada ilginç olan açgözlü kapitalizmin bu sembolik dili reklamcıların yardımıyla manipüle ederek işlevi olmayan bir taşı yüksek fiyatlara insanlara satmayı başarmış olması. Üstüne üstlük yatırım olarak da bir değeri yok, çünkü aldığınız pırlantayı ertesi gün satmak isterseniz değerinin azımsanamayacak bir kısmını kaybettiğini göreceksiniz.

İnsanlar getirdiği sosyal prestij için eskiden beri parıltılı taşlara sahip olmak istiyor ve bunun için yüksek meblağları gözden çıkarmakta tereddüt etmiyorlar; bir kez daha Polanyi'nin piyasa yerine toplum bazlı modeline dönüyoruz. Herhangi bir sarayı gezdiğinizde bu taşlardan bol bol görebilirsiniz ancak pırlantanın hikâyesi biraz daha farklı. Zira diğer değerli taşları tamamen ekarte etmiş durumda. Olay parlaklıksa yakut, zümrüt ve safir gibi benzer taşlar da var; pürüzsüzlükse laboratuvarda yapay pırlanta yapmak mümkün, hem de daha mükemmel bir ürün elde ederek. Peki, her harcamasını titizlikle hesaplayan modern insanlar neden hâlâ pırlantada ısrar ediyor?

Pırlantanın istisnai başarısının kökenini yirminci yüzyılın başlarında, dünyadaki pırlanta pazarının büyük bir kısmını elinde tutan De Beers şirketinin akıl dolu stratejisinde aramak gerek. İngiliz şirket, ilk önce rakiplerini satın alacak ve tekelleştiği anda da arzı kısıtlayacak. Yani piyasadaki pırlanta sayısını kontrol ederek bolluk nedeniyle fiyatların düşmesini engelleyecek. Arz kontrol altına alındığına göre, geriye talebi manipüle etmek kalıyordu ki işte burada da reklamcılar devreye girecek.

Ondokuzuncu yüzyılda ve yirminci yüzyılın başında elmas sadece yatırım amacıyla alınmaktaydı. 1929 Buhranı ile büyük bir krize giren elmas piyasasında zor günler geçiren De Beers, insanların elmaslarını satmasını ve dolayısıyla tekel yoluyla elde ettiği kontrolü bozmasını engellemek amacıyla N. W. Ayer ile anlaşacaktı. Reklam tarihinin en zekice kampanyalarından birini yürütüp pırlantayı aşk ile özdeşleştiren Ayer, De Beers'i ihya etmeyi ve romantizmi sıkıcı bir tekdüzeliğe mahkûm etmeyi başaracaktı.

Evlilik teklifi bir anda pırlantaya büyülü bir fonksiyon addeden bir ritüele dönüşmüştü. Kampanyanın kilit cümlesi de onlarca yıl boyunca tekrarlanan bir slogana: *A diamond is forever*. Öyle ya; aşk ebedî olduğuna göre, pırlanta da hiç satılmamalı ve sonsuza dek elde tutulmalıydı. Her âşığa bir pırlanta, hem de De Beers'in kontrolündeki bir sendika tarafından belirlenen fiyatlarla. Ne tuzak ama! Geriye bir tek periyodik cetveli andıran kategorizasyonlarla alıcıları etkilemek kalıyor. Pırlantaların sertifikası bile var düşünün, alıp saklıyorsunuz bir de. Öyle ya ne kadar çok klasman ve rakam varsa, ne kadar çok detay ve resmiyet içeriyorsa o kadar değerli bir ürün almışsınız demektir. Hem de bir sertifika ile onaylanmış. Kim tarafından derseniz orasını pek karıştırmayın, önemli olan afili ve şık olması. Mekanizmayı şimdiye kadar çözemediyseniz burada bırakabilirsiniz, bu kitabın okuyucusu değilsiniz: Su yerine H_2O satıyoruz demek gibi bir şey biraz ama, ne yapalım insanlar etkileniyor [bkz. Renkli Resim 10].

İnsanlık tarihi bir manipülasyon ve kandırmaca kroniği, eğer ekonomi tabanlı dar bir rasyonalite temelinde incelerseniz vasat bir aptallığın hikâyesi. Ama biz bu kadar acımasız olmayalım ve insanların keyfini daha fazla kaçırmadan Orko'yu bir kez daha sahneye çağıralım: Pırlantayı sevgililer için ideal bir hediye yapan tam da ekonomik bir mantığının olmaması aslında. Öyle ya, böyle yararsız bir şey için, hem de benzerleri çok daha ucuzken fahiş fiyatlara boyun eğiyorsa erkeğiniz sizi gerçekten seviyor demektir değil mi? Beyler de çok söylenmesin, aşk fedakârlık üzerine kuruluysa mitoloji kahramanları gibi gidip canavarlarla savaşmaktansa cüzdanı hafifletmek daha kârlı olsa gerek.

Olayın bir başka boyutu da aynı potlaçtaki gibi israf etmenin getirdiği prestij. De Beers reklamlarının tavsiye ettiği gibi iki aylık maaşını değerini hemen kaybedecek bir taşa yatırarak heba eden damat adayımız, tıpkı bakır kıran kabile şefleri gibi etrafına ziyan edebildiğini ilan etmiş oluyor. Bu deklarasyon ve getirdiği itibarı hemen her türlü savurganlık ve lüks tüketim için söylemek mümkün. Haydi ışıltılı taşların insanı baştan çıkarmasını bir yere kadar anlayabiliriz; nihayetinde bunların içsel bir değeri de yok değil. Peki, 2.500 liraya satılan basit beyaz tişörtlere ne demeli?

Alman Usulünün Akdeniz Ülkelerindeki Hezimeti

Görüldüğü gibi, modern ekonominin hesapçı bireyi hâlâ eskilerden gelen bir hediye ve ısmarlama ekonomisinin kurallarına riayet etmek zorunda. Kimse tamamen robotlaşmamış yani. Ancak gene de bireyselciliğin artmasının sonucu olarak bazı kuralların esnetildiğini ve beraber yeme-içmenin bile bir ekonomik girişim gibi matematiksel bir hesapla sonuçlanabileceğini unutmayalım. Bu hesap inceleştikçe rahatsız edici olmaya başlayacak. Anne-babalarımız gibi masadaki hesabı ödemek için yarışmıyorsak en azından eşit bölmek daha yakışık alır değil mi? Yoksa herkesin kendi içtiğini tek tek hesaplamak için adisyonun başına üşüşmesini mi tercih edersiniz? Belki daha adil ama pek şık değil. Zira beraber yiyip içtiklerimiz ne kadar bireyci ve hesapçı olursa onlarla kurduğumuz dostluk ve güven bağı da o kadar sarsılıyor aslında. Yeme-içme hiçbir zaman sadece yeme-içme değildir çünkü, bağlar yaratan bir toplu ritüeldir aynı zamanda.

Yemek ve içmek dedik ama içmenin daha da özel bir yeri var bireyler arasında bağ kurmak açısından. Bazıları bunu zehirli içecek motifinin bir tezahürü olarak görüyor, beraber içerek birbirimize güven aşılıyoruz. Sebebi ne olursa olsun içki; kardeşliğin, yoldaşlığın ve arkadaşlığın sembolü. Yemenin kişisel, içmenin ise sosyal bir faaliyet olduğunun altını çizen Lévi-Strauss'un, tek başına yemek yiyen insanların aynı masada oturmak zorunda kaldıkları 1940'ların ucuz Fransız lokantalarında şarap ikramına atfettiği role dikkat çekmek isteriz. Daha önce hiç görmediğiniz biriyle burun burna yemek yemenin ya da üstteki cümleyi baz alırsak kişisel bir faaliyeti sosyal bir şekilde gerçekleştirmek zorunda kalmanın verdiği rahatsızlığı düşünün. Mahrem ile kamusal arasında iki arada bir derede kalınan benzer durumlarda, mesela bir trende ya da okyanus aşan gemilerde aynı kabinin paylaşıldığı anlarda az çok ne yapılacağı belli. Ancak restoranda baş başa kalanların birlikteliği ne bu kadar uzun ne de bu kadar mecburi olduğundan kurallar tam oturmamış. İşte bu rahatsız edici birlikteliğin anahtarı olarak karşımıza birbirine içki ısmarlamak çıkıyor bir kez daha. Birbirini tanımak, ısınmak, alışmak için karşıdakine şarap ısmarlamak ve daha sonra onun ısmarladığı şarabı kabul etmekten daha mükemmel bir yol yok çünkü. Hem alkolün getirdiği sıcaklık hem de hediye döngüsünün yarattığı samimiyet ve sürekli bir ilişki bu kısa süreli rahatsızlığı ortadan kaldırmakta birebir.

Wolfgang Schivelbusch da Batı'da sanayileşmenin ısmarlama âdetlerini ortadan kaldıramadığı yerlerden birinin barlar olduğunun altını çiziyor. Sanayi Devrimi'nden sonra Batı'da birbirine içki ısmarlama âdeti bir "cömertlik turnuvası"na dönüşüyor Alman tarihçinin deyimiyle. Burada söz konusu olan sadece bir arkadaşlık kurma ya da samimiyeti tahkim etme girişimi değil; ısmarlanan içkiyi reddetmek ve sıra kendisine geldiğinde ısmarlamamak tıpkı Kula halkasında ya da potlaçta olduğu gibi büyük bir itibar kaybı demek. Ve gene kimin koyduğu belli olmayan kuralların detaylarını belirlediği bir ritüel çıkıyor karşımıza. Mesela dört kişilik bir grupta başlayan bir ısmarlama döngüsü ancak dört kadeh içildikten sonra tamamlanabiliyor; bu sırada üyelerden biri barın başka bir yerine gitse bile kendisine içkisi ısmarlanıyor. "Sıra kimde?" sorusunun akıllardan sürekli geçirildiği içkili ortamların aslında kimin ne büyüklükte bir altın getirdiğinin itinayla not alındığı düğünlerden pek bir farkı yok özetle. Aslında cömertlik gibi görünüyor ama ortada grup üyelerinin birbirini sürekli test ettiği ince hesaplara dayalı bir oyun var. Kurallarına göre oynamayanların itibar kaybettiği ve hatta içkinin çok tüketildiği durumlarda kendilerini gereksiz bir kavganın içinde bulduğu; yârenliğin, sarhoşluğun ve rekabetin birbirine karıştığı bir garip ortam!

Schivelbusch'a göre, insanların binlerce yıldır gelen bu arkaik yoldaşlığı devam ettirdiği ana yerler proleter mekânları olan bar ve meyhaneler; söz konusu olan çay ve kahve tüketilen yerler olduğunda buradaki burjuvalar arasında benzer bir cömertlik yarışı göremiyoruz. Demek ki onlar sanayileşmenin getirdiği samimiyetsizliği ve bireyciliği daha kolay benimsemiş. Zaten buralarda ya insanlar tek başına bir masada oturup gazete okuyorlar ya da beraber bir şey yapacaklarsa bu, satranç ve bilardo gibi dikkat isteyen bir oyun oynamak oluyor. Yani bar ortamının insanlar arasındaki sınırları kaldıran keşmekeşliğinden uzağız. Zaten her iki içecek de kapitalizmle beraber yaygınlaştığı için bunların eskiden gelen âdetleri de yok, ne kadeh kaldırma ya da tokuşturma var ne de birinin sağlığına içme.

Schivelbusch'un bu genellemesi ondokuzuncu yüzyıl için doğru olsa gerek ancak günümüzde durum biraz farklı sanki. Ülkemizde arkadaşların ve hatta yeni tanışanların birbirine kahve ısmarlamasının vaka-yı adiyeden olduğunu biliyoruz, demek ki bu ayrım o kadar net değil. Müslüman bir ülkede alkol tüketiminin az olmasının bir istisna yarattığı düşünülebilir ancak Napoli'nin işçi sınıfı arasında yaygın olan "askıda kahve" (İt. *caffè sospeso*) bize bu argümanın pek de doğru olmadığını gösteriyor.

Son olarak, bireysel ödemenin sanayileşme ile ilişkisini en güzel tarif eden şey toplumumuzun ona verdiği isim: Alman usulü. Bu hesapçı ve de çıkarcı bireyselliğin ismini Almancılar mı koydu, yoksa yeni bir ekonomik mantaliteyi kabul ettirmek isteyen bir azınlık olayı Alman verimliliğinin prestiji ile mi aklamak istiyor bilemiyoruz (Samsun ya da Tayvan usulü dense pek de özendirici olmazdı zira). Tek bildiğimiz eski

> *Caffè sospeso* (İt.): Başına güzel bir şey gelen kişinin bir yerine iki kahve parası ödeyip sıradaki müşteriye tanımadığı halde kahve ısmarlaması.

dünyanın nostaljik âdetleriyle yeni ekonominin soğuk gerçeklerinin birbiriyle uzun bir süre daha güreşeceği.

BEN NE KADAR HAKSIZLIK yaratırsa yaratsın, ısmarlama kültüründen yanayım. Zira insanın tamamen rasyonel saiklerle hareket eden bir robota dönüşmeye başlamasını bütün marazların başı olarak görüyorum. İstediğimiz kadar sayılarla yaşayalım, istediğimiz kadar ince hesaplar yapalım, istediğimiz kadar doğanın kurallarını formüle döküp dünyayı ve evreni ölçüp biçelim, nihayetinde makine değiliz. Kapitalizm sessizce, ütopya metinleri oldukça gürültülü bir şekilde mükemmel bir toplum kurmak adına büyük planlar yapıyor ve hepimizden doğamızı kontrol etmemizi istiyor olabilir. Norbert Elias'ın kökenini beş yüzyıl önceye dayandırdığı bu "Medenileşme Süreci" bir yere kadar kaçınılmaz, kabul. Ancak sınırı da bir yerde çizmek gerekiyor. Ismarlamak aynı zamanda paylaşmak demek ve aşırı hesapçı bir rasyonalitenin bu hissi bizden almasına, hepimizi grotesk "Kendineveren"lere dönüştürmesine direnmeliyiz. Goriller gibi birbirimizin bitlerini ayıklamayışımız, hormonlarımızın ve içgüdülerimizin tamamen göz ardı edilebileceği anlamına gelmiyor. Tarım toplumlarının dinlerine tapuladığımız birtakım ruhsal ihtiyaçların insan doğasında olduğunu ve bireylerin mutluluğu ve toplumların uyumu için bazı illüzyonların şekli değiştirilip hafif sulandırılsa da korunması gerektiğini unutmayalım.

Tamam, insanların her an sırra kadem basabildiği ve tanıdıklar üzerinde arkadaş ve akrabalar yoluyla baskı kurmanın zorlaştığı bir ortamda, hele hele kolay para kazanmanın ve kaybetmenin rahatlıkla ahlaksızlık üretebildiği şu günlerde herkese bankada kefil olmak iyi bir fikir olmayabilir ancak ufak hediyeler ve şık jestlerden kaçınmaya da gerek yok. Daniel Kahneman'ın da belirttiği gibi, para bizi mutlu eden birçok şeyden sadece biri ve hediyeleşmenin yaratacağı güven ve yakınlaşma kelimesi kelimesine "paha biçilemez."

Post Scriptum: Kendineveren (*Die Selbstschenkerin*)

"Geri aldığı armağanlarla yaşar bu kadın. Bir armağanı asla unutmaz. Hepsini bilir, her birinin nerede olduğunu hep anımsar. Kendineveren, armağan bulmak için bütün alanları tarar ve her zaman gerekli, uygun bahaneleri bulur. Âşinası olmadığı evlere girmekten hoşlanır, burada da kendisinden gelmiş bir armağan bulmayı umut etmektedir. Kadının armağanları geri alabilmesi için solmuş çiçekler bile yeniden açar.

Nasıl olmuş da bu kadar çok armağan vermiştir ve nasıl olmuştur da bunları daha önce geri alamamıştır? Her şeyi unutan bu kadın, armağanları asla unutmaz; tek sorunu, yenip bitirilmiş armağanlar konusudur. Kadın ortaya çıkıp da her şeyin tüketilmiş olduğunu görünce müthiş üzülür. Böyle durumlarda oturur kalır. Düşüncelidir, şaşkındır, bu geldiği yerde mutlaka bir şeylerin bulunması gerektiği düşüncesiyle hafızasını yoklar. Çaktırmadan göz ucuyla sağa sola bakınır, nazik bir kadındır çünkü, yalnızca bir şey gizlenmiş olabilir mi diye düşünmektedir. Özellikle mutfaklara girmeye bayılır. Çöp kutularına bir göz atar, işte yüreği hopladı, işte burada, portakallarının kabuklarını keşfetti. Ah keşke daha sonra getirmiş olsaydı portakalları ya da almak için daha önce gelmiş olsaydı...

'Çaydanlığım' der ve alır. 'Eşarbım! Çiçeklerim! Bluzum!' Eğer armağanı almış olan bluzu giyiyorsa kadın giysiyi denemek istediğini söyler, izin ister, döne döne ve de uzun uzun aynaya bakarak kendisini hayran hayran seyretmeyi de ihmal etmeksizin bluz sırtında, çıkar gider.

Peki alıcıların, verdiği armağanları kendi ayaklarıyla geri getirmelerini beklemez mi? Hayır, onları kendi elleriyle almayı yeğler. Peki, önüne geleni alır mı? Hayır, yalnızca kendi armağanları onu ilgilendirir. Onlara mim koyar, ister. Bunlar, ona aittir. Ama neden verir öyleyse? Geri almak için. Geri alsın diye vermiştir onları."

Elias Canetti
Kulakmisafiri: Elli Karakter
(*Der Ohrenzeuge: Fünfzig Charaktere*)
Çev. Şemsa Yeğin

VI

NEDEN BÜYÜ VE FALA İNANIRIZ?

"Now the moon is almost hidden, the stars are beginning to hide
The fortune telling lady has even taken all her things inside
All except for Cain and Abel and the hunchback of Notre Dame
Everybody is making love or else expecting rain
And the Good Samaritan, he's dressing, he's getting ready for the show
He's going to the carnival tonight on Desolation Row."
Bob Dylan, *Desolation Row* (1965)

"Yeterince gelişmiş bir teknoloji büyüden ayırt edilemez."

"Büyü henüz anlayamadığımız bilimden başka bir şey değildir."
Arthur C. Clarke, *Profiles of the Future* (1962)*

"Her şeyde büyü olduğuna eminim; sadece onu anlayacak ve bizim için bir şeyler yapmasını sağlayacak sezgiye henüz sahip değiliz."
Frances Hodgson Burnett, *The Secret Garden* (1911)**

Tarih boyunca insanların büyü ve falla hep haşır neşir oldukların biliyoruz ve buna pek de şaşırmıyoruz. Nihayetinde eskilerin evren ve doğa kanunları hakkında bildikleri oldukça kısıtlıydı ve bu şartlar altında doğaüstü güçlerden medet ummaları normal bir şeydi. Ancak teknolojinin her an hayatımızı kolaylaştırdığı, bilimin her geçen gün rüştünü ispatladığı ve hatta kendisine

* *"Any sufficiently advanced technology is indistinguishable from magic."*
"Magic's just science that we don't understand yet."

** *"I am sure there is Magic in everything, only we have not sense enough to get hold of it and make it do things for us."*

tapınan müminlere sahip olduğu (bilimperest diye bir laf olduğunu unutmayalım) bir ortamda insanların hâlâ metafizik güçlerle aralarına mesafe koyamadıklarını görmek şaşırtıcı. En modern insanlar bile astroloji haritalarından, alternatif tıptan, enerji yollamalardan ve Reiki ve Çigong gibi bilimsel dayanağı olmayan şeylerden başını bir türlü kaldıramıyor. Değeri kendinden menkul bu modern "batıl inançlar" yeni yeni adlarla, türlü türlü kılıklarda sürekli karşımıza çıkıyor.

Çocuklarının doğduğu ayı burçlarına göre ayarlayan çiftler, evlerini Feng Shui'ye göre dizayn edenler, kurban kanı alnına değince kazadan beladan korunacağına inananlar... Aşk ve iş hayatlarını gezegenlerin düzenli hareketlerinden çıkarılan "galaktik" uyarılara göre belirleyenler, Euroları kahve ve tarot fallarına saçanlar ve hatta "tılsım"lı kitapları "Çok Satanlar" listesine taşıyanlar... Birçoğu kendilerini modern olarak tanımlayan eğitimli insanlar. Ve sürekli kişisel gelişim kitapları okuyorlar, konuşmalar dinliyorlar, atölyelere katılıyorlar.

Peki, tüm bu modernlik, iyi eğitim, kendini geliştirme sloganlarına rağmen niçin günümüz insanı hâlâ tarım toplumunun düştüğü tuzaklara düşüyor? Neden bir taraftan teknolojinin tüm imkânlarından istifade ederken öteki taraftan bu teknolojinin temelindeki bilimin metotlarına sırt çeviriyor? Ya da haydi ikiyüzlülük yapmayalım, çeviriyoruz? Son iki yüzyılda hayatımızı değiştiren bilimsel gelişmeler neden insanoğlunu metafiziğe bel bağlamaktan vazgeçiremedi? Akılcılık çağında bu safsatalar neden hâlâ ayakta? Büyü ve fal bireylerin ve toplumların hangi ihtiyaçlarını karşılıyor? Nasıl oluyor da çıkmasa da inanıyor, inanmasak da falsız kalmıyoruz? Yoksa fala inanmak fıtratımızda mı var? Fal "ilkel" insanların batıl inancı mı, yoksa çağrışım yöntemiyle daha verimli düşünmeyi mümkün kılan bir teknik mi? Bu ve diğer birçok sorunun cevabı her zamanki gibi aşağıdaki sayfalarda! Ama önce gelin bu iş nereden çıkmış ona bakalım.

Bitmeyen Tutku: Kuşlardan Yıldızlara, İç Organlardan Kemiklere

İnsanların büyüye inanmak konusunda ezelden gelen ısrarı, yarınların da pek farklı bir tablo getirmeyeceğini gösteriyor bize. Büyü ve fal, toplumların hemen her seviyesinde küstahça bir gülümsemeyle arz-ı endam ediyor. Tarih kitapları genelde elitlere yazıldığı için ilk önce haklarında daha çok bilgi sahibi olduğumuz yönetici sınıflara bir göz atalım.

Krallar, sultanlar ve imparatorların hemen hepsinin aldıkları en önemli kararlarda göklerin fikrini sormadan ve negatif ya da pozitif bir "işaret" aramadan yapamadıklarını görüyoruz. Popüler kültürde karşımıza sık çıkan bir medeniyetten örnek vermek gerekirse Romalıların kuşları gözlemlediğini biliyoruz; Remus ve Romulus bile biricik şehirlerini kuracakları yeri gördükleri akbabaların sayılarına göre seçmemiş miydi? Kuşları gözlemlemeyi dinlerinin bir parçası haline getiren bu emperyal halk olayı sistematize etmeyi de ihmal etmemişti. Bu sistemde iki ana kategori bulunmaktaydı. Bunlardan birincisi direkt kuşların gözlemlenmesiydi.* Karga, baykuş, kuzgun ve keklik gibi kuşlar ötüşleriyle mesaj verirken yırtıcı kartal ve akbabalar uçuş şekillerinin yer ve zamana göre yorumlanmasıyla gelecekten haber getirmekteydiler. Diğer metot ise tavukların yemlerini yiyip yemediklerine bakmaktı. Bu, özellikle askerî harekâtlarda kullanılan bir yöntem olduğu için seferlere tavuk götürülürdü.

Eski çağlardan beri yıldızların konum ve hareketlerinin bir işaret sistemi oluşturduğuna ve bu sistemin yorumlanmasının gelecekle ilgili ipuçları vereceğine inanılmıştır. Roma Tanrılarının isimlerinin gezegenlerle aynı olması boşuna değil kısaca. Yıldızlara danışmak sadece çok tanrılı dinlere özgü bir şey de değil ayrıca. Tek bir Tanrı'ya inananlar bile gözlerini göklerden alamamışa benziyor. Cennet'i arıyor olabilirler.

* Lat. *ex avibus, avis*: kuş.

Özellikle Abbasilerden itibaren İslam toplumlarında astrolojinin önemli bir yer tuttuğunu, hatta Müslümanların yıldız tutkusunun zaman zaman astrolojiye yasak getiren Romalılara göre çok daha ateşli olduğunu fark ediyoruz. Ancak bu pek de sürpriz sayılmaz; zira İslam astrolojinin doğum yeri Mezopotamya'da yükselirken Romalılar uzak diyarlardaki taklitçilerden öteye gidemeyecek. Hakikaten İslam dünyasında tüm önemli siyasi ve askerî kararlar yıldızlara danışılarak alınırdı. Osmanlılar da dâhil hemen tüm saraylarda ilm-i nücum, yani yıldız bilimi ile uğraşan müneccimler* bulunduğunu duymuşsunuzdur. Bunların görevleri arasında sultanın tüm faaliyetlerini uğurlu bir zamana ya da o zamanın deyimiyle "*eşref-i saat*"e, yani en şerefli saate denk getirmek ve önemli anların saatini yorumlayıp geleceği tahmin etmek de vardı. Hıristiyanlığın temelinde de astroloji önemli bir yer tutmakta. Yıldızlardan Hz. İsa'nın doğduğunu anlayan üç (bir başka yoruma göre on iki) müneccimin (Lat. *magus*) nasıl doğudaki topraklardan kalkıp Kudüs'e geldiğini anlatan İncil'deki meşhur hikâyeyi bir de biz hatırlatalım [bkz. Renkli Resim 9].

Astrolojinin tahtını ilk sarsan Avrupalılar. Kilise'nin muhalefeti ilk başta Katolik dünyasının astrolojiden yüz çevirmesine yol açmıştı. Arapçadan çevrilen metinler sayesinde ancak oniki ve onüçüncü yüzyıllardan itibaren yaygınlaşmaya başlayan astroloji, onaltıncı yüzyıldan itibaren astronomide** ortaya çıkan gelişmelerin de etkisiyle bu geç gelmiş popülaritesini yitirecekti. Her ne kadar Avrupa saraylarında müneccimler görmek mümkün olsa da bunlar hiçbir zaman Doğu'daki prestijlerine kavuşamayacaktı. Batı'nın son iki yüzyılda her alanda dünyanın geri kalanına fark atmasını bu rasyonaliteye bağlamak acelecilik olur muydu? Belki ama insanı baştan çıkaran bir kolaycılık bu.

---

* Ar. *necm*, yani yıldız'dan, n-c-m: mü*neccim*.

** Gerçek bir bilim olan astronomi ile sözde bilim astrolojiyi birbirinden ayırmayı unutmayalım. Antik Yunanlar bile aralarındaki kesinlik farkını çözmüş olacaklar ki biri için nomostan (νόμος: yasa) kelime türetirken diğerinde logia (λογία: çalışma, inceleme) ile yetinmişler.

Resim 18. Çinlilerin kemik falı.

Tarihte astrolojiyi ilk sistematize eden Babillerden bu yana birçok medeniyette yıldızların nasıl yorumlanması gerektiğini konu alan sofistike eserlerin kaleme alındığını da es geçmeyelim. En önemlilerinden biri olan meşhur Batlamyus'un eseri daha sonraları hem İslam hem de Hıristiyan astrolojisini derinden etkileyecek. Ancak detaya girip okuyucuyu yabancı kitap isimleriyle sersemletmeden, El-Harezmi gibi çağının önde gelen âlimlerinin de bu alanda eser verdiğini belirtelim ki yıldızların yorumlanmasına nasıl bir önem atfedildiği daha rahat anlaşılsın.

Geleceği gösterdiğine inanılan sadece yıldızlar ve kuşlar değildi elbette; insanoğlu üstünde herhangi bir sembol, çizgi ya da işaret olan her şeyi "okuma"ya meraklı gözüküyor (Okunacak şey kitap olmasın da ne olursa olsun!). Hayvanların karaciğer, akciğer ve bağırsaklarını inceleyerek fal bakanların olduğunu biliyoruz. Çinlilerin ise MÖ ikinci binyılın sonlarından itibaren kemikleri tercih ettiğini görüyoruz. "Kemikle nasıl fal bakılır yahu?" diye sorduğunuzu duyar gibiyiz; bakalım ne menem bir şeymiş: İlk olarak; hasat, hava durumu, seferlerin akıbeti ve önemli kişilerin geleceğiyle ilgili bir soru belirleyin. Sonra ineklerin kürek kemiği ve kaplumbağa kabuklarına sert bir cisimle kazıyın. Şimdi sıra çatlayana kadar kemiği ısıtmaya geldi. Ve son aşama: Oturup çatlakları incelemek ve hükmü gene kemiğin üstüne kazımak. Bu kazınanların Çinlilerden bize kalan en eski yazı külliyatını oluşturduğunu da ekleyelim.

Tüm toplumlarda gördüğümüz başka bir âdet de doğa olaylarının yukarıdan gelen bir mesaj şeklinde algılanması. Meteor yağmurları, hermafrodit* doğumları ya da deprem gibi doğal felaketler kötüye işaret olarak kabul edilir ve kızdığı düşünülen Tanrılar çeşitli dinî ritüeller ve kurbanlarla yatıştırılmaya çalışılırdı. Karşısında çaresiz kaldığı doğaya insanın böyle rüşvetler vermekle kaybedeceği ne olabilirdi ki? Hâlâ yağmur duasına çıkılan bir ülkede bu noktanın altını fazla çizmeye gerek yoktur herhalde. *Better safe than sorry* ya da daha Frenkçesiyle *mieux vaut prévenir que guérir*...

Bir başka metot da Batılıların *belomantia* dedikleri okla fal bakmaktı. Cahiliye Dönemi Arapları arasında da yaygın olan bu yöntemin iyi belgelenmiş bir örneğini Osmanlı denizcileri arasında görmek mümkün. Sefere çıkan korsanlar bir Hıristiyan gemisine rastladığında saldırıp saldırmayacaklarına karar vermek için bu yola başvururlardı. Önce köleler ambara kapatılır; ardından da geminin reisi, hocası ve diğer subaylar kaptan köşkünde buluşurlardı. Bir masanın etrafındaki iki kişinin eline biri Müslümanları, bir diğeri ise Hıristiyanları temsil eden ve hocanın dua okuyarak üstüne bazı ayet-i kerimeler yazdığı iki ok verilirdi. Ardından Kuran-ı Kerim ve dualar eşliğinde iki okun kendilerini tutan kişileri hareket ettirmek suretiyle gerçekleştirdikleri bir mücadele başlardı. Eğer bu mücadeleden Müslümanların oku galip çıkarsa bu, iyiye işaretti. Tersi durumdaysa

* Yunan Tanrıları Hermes ve Afrodit kelimelerinin birleşiminden oluşan bu kelime, hem erkek hem de dişi üreme organlarına sahip olanlar için kullanılmaktadır.

korsanlarımız bunu uğursuzluk olarak algılamakta ve "Mağlup oluruz" korkusuyla karşılaştıkları Hıristiyan gemilere saldırmadan yollarına devam etmeyi tercih etmekteydi.

Yere düşüş örüntüleri izlenen tek obje ok değildi kuşkusuz; her toplum kendine göre bir alet seçmişti. Misyoner etnografımız Henri-Alexandre Junod bize Güney Mozambik ve Güney Afrika'da yaşayan Tsonga kabilesinde havaya kemik fırlatarak fal bakıldığını yüzyıl önce söylemişti zaten. Çeşitli hayvan kemikleri farklı cinsiyet, yaş ve toplumsal statüdeki kişileri temsil ediyor bu falda. Erkek keçinin astragalus kemikleri beş ayrı yaş grubunu temsil ederken dişi keçininkiler kadınların değişik üreme evrelerine denk geliyor. Koyun kemikleri ise kabile reisi ve ailesinin yanı sıra düşmanları sembolize ediyor, reisin refikasının payına ise antilop kemiği düşmüş. Anlata anlata bitiremeyeceğimiz kadar çok detay var: Bazı kemikler çeşitli meslek gruplarına denk gelirken diğerleri zenginlik, talih, ölüm, atalar ve şiddet içeren şeylerin karşılığı olarak alınıyor.

Basit aletlerin kutsallık kazanması için belirli bir ritüele tâbi tutulması şart tabii ki. Ortodoks Kilisesi'nin ikonalarının nasıl titiz bir süreç sonucu imal edildiğini hiç duymadıysanız da Arapça yazılarla eşyaların nasıl kutsandığını çevrenizden görmüşsünüzdür. Güney Sudan'ın Azandelerinin de Iwa levhalarını benzer bir şekilde kutsadığını biliyoruz. İvedilikle cevaplandırılması gereken sorular için kullanılan bu basit tahta levha, köklerin kaynatılmasından oluşan bir ilaçla ovuluyor; ardından bir dua ile kutsandıktan sonra gömülüyor ve toprağın altında iki gün bekletiliyor. İşte ancak ondan sonra, o da belirli tabular eşliğinde kullanılıyor. Gene bir başka Azande muskası olan *dakpa* da benzer bir süreçten sonra metafizik dünyanın bir aygıtı haline geliyor. Ağaçtan koparılan iki dal termitlerin üstüne konuyor ve ertesi gün hangisinin yendiğine bakılıyor. Termitlerin teveccühüne göre de hangi dalın kullanılacağı seçiliyor.

Poseidon'un Gazabı

Tutkularımıza yenilip gene korsanlarımıza dönelim, zira belirsizliğin en çok olduğu yerlerden biri hiç şüphesiz deniz. Ani bir fırtına durumunda gemilerin batması, açıklara sürüklenmesi ve hatta kaybolması değil tek sorun. Savaş gemilerinin az, ticaret gemilerinin bol olduğu bir yöne yelken açmak tamamen talihe bel bağlamak demek çoğu zaman. "Fırtına" kelimesi bile Şans Tanrıçası Tyche'nin Latince isminden (*Fortuna*) gelmekte değil mi? Doğru tercihin hayat memat meselesi olduğu böyle durumlarda gene yıldızların öne çıkmasına kimse şaşırmamalı. Mesela korsanlarımız 25 Şubat'tan sonra yedi gün boyunca ışıldayan bir yıldızın belirmesinden ya önce ya sonra büyük bir fırtına olacağına inanmaktaydı. Bu inanışa göre, belirtilen zaman zarfında denizin altında bronz bir gemi seyretmekte ve gördüğü diğer gemilerin kaybolmasına ve içindekilerin tamamen ölmesine yol açmaktaydı. Denizciler için bu felaketten kurtulmanın tek yolu ise o kendilerini fark etmeden bronz gemiyi görmeyi başarmaktı.

Başları sıkışan Müslüman denizciler Kuran-ı Kerim'e de başvururdu. Mesela onyedinci yüzyılın ikinci yarısında Trablus korsanları, en az beş yıl bekletilmiş incir ağacından yapılan bir parmak uzunluğundaki tahta parçasının altı yüzünün her birine geminin değişik yelkenlerinin baş harfini yazarlardı. Fırtına ya da düşman saldırısı durumunda reis ve geminin hocası kaptan köşkünde bu tahta parçasını zar niyetine atardı. Sonra da hoca Kuran-ı Kerim'den bir ayet okur ve bu ayetteki harflerin dizilişine göre az ya da çok sayıda yelken açarak yola devam edilirdi. Bütün bunlardan önce reis abdest almayı ihmal etmezdi. Son olarak, ritüel esnasında gemide hastalar dâhil herkesin ayakta olması ve kimsenin yatmaması gerektiğine inanılırdı. Ayrıca abdest bozacak herhangi bir şey yapılmaz ve hatta güverteye bile dokunulmazdı.

Bu yöntemin en azından bir kez başarısızlığa uğradığını biliyoruz. 1626 yılında kendisine yaklaşan Hıristiyan filosunu gördüğünde Hasan Kalfa adlı Osmanlı reisi, kimseye göstermeden hemen fal kitabından bir sayfa açmış ve buradaki şekillerden yapması gerekeni öğrenmeye çalışmıştır: Kaçmalı mı, yoksa kalıp savaşmalı mıdır? Daha sonra muhtemelen Kuran-ı Kerim olan ancak bize bu olayı anlatan Kapusen keşişlerinin ne olduğunu anlayamadığı bir kitabın üstüne koyduğu iki ok veya kılıçla baktığı fal kendisine büyük bir mücadele olacağını ama hem kendisinin hem de gemisinin kurtulacağını söylemiştir. Sonuç tam bir hüsran olacak ve kaptanımız batıl inancının bedelini denizin dibini boylayarak ödeyecektir.

Son olarak, korsanların kuma şekiller çizip bunları yorumladıklarını da biliyoruz. Aslında bu yöntem Cahiliye Dönemi'nden beri, yani İslam öncesinde de yaygın bir şekilde kullanılmaktaydı. Zamanla kumun yerini kâğıt ve tahta alacaktı ama fal Arapça "kumlu arazi" anlamına gelen remil kelimesiyle adlandırılmaya devam etmişti.* Endülüs vasıtasıyla Avrupa'ya geçip *geomantia* adını alacak bu falın basit versiyonunda remilci kum üstüne birtakım çizgiler çizer, sonra da bunları silerken yanında bulunan bir çocuk bazı dualar okurdu. En sona tek çizgi kalması iyi, çift çizgi kalması ise kötüye işaretti. Zamanla oniki burç ve dört vetedle (aruzda üç harflik nâzım) özdeşleştirilerek icat edilen onaltı şekil maddi âlemdeki varlık kategorilerinden birine tahsis edilecek ve bu şekillerden her birine olumlu, olumsuz ve mumtezıc** üç ayrı kategori atanacaktı. Bu haneler tek sayıdan oluşuyorsa nokta, çift sayıdan oluşuyorsa çizgiyle gösterilip alt alta dizildiğinde meydana gelen şekil, belirli cetvellere göre okunarak bir definenin tespitinden hastanın akıbetine, doğacak bir çocuğun cinsiyetinden ticari bir teşebbüsün sonucuna birçok soruya cevap aranırdı.

Tarot ve Kahve Falı

Günümüzde artık bu sonuncular kadar sofistike yöntemler kullanılmıyor. Astrolojinin yanı sıra popülerliğini koruyan iki ayrı

* Ar. *ilmü'r-remil* ya da *ilmü'l-hutut*. Tür. remil atmak veya remil dökmek.

** Ar. "mezc"den, m-z-c: mü*m*tezi*c*, karışık.

yöntemden kart okuma (İng. *cartomancy*) özellikle Avrupa'da yaygın bir şey. Ondördüncü yüzyılda ortaya çıkan ve özellikle son üç yüzyılda yaygınlaşan bu fal bakma biçiminin en bilineni, sizin de tahmin edeceğiniz gibi, tarot falı. Onbeşinci yüzyılda oyun oynamak için icat edilen bu kartlar [bkz. Renkli Resim 4], onsekizinci yüzyılın sonundan itibaren fal bakmak için de kullanılacak. Her ne kadar tarotçular bu kartların kökeninin Eski Mısır, Yahudi kabalası, Hint Tantrası ya da Çinlilerin fal kitabı *I Ching*'e kadar uzandığını belirtip yaptıkları işe bir mistisizm ve derinlik katmak isteseler de elimizde bu kartların onsekizinci yüzyıl Avrupa'sından başka bir yerde fal bakma amacıyla kullanıldığına dair herhangi bir delil yok.

Kahve falının geçmişi de öyle pek eskilere gitmiyor. Zaten Etiyopya'ya özgü olan bu bitki de tarih sahnesine oldukça geç çıkacak; onaltıncı yüzyılın başında önce Hicaz'da belirecek ve yüzyılın ortasında İstanbul'da arz-ı endam edecek, Venedik ve Viyana üzerinden Batı'yı esas fethi ise bir sonraki yüzyılda mümkün olacak. Ancak gelecekten haber verdiği farz edilen tek içeceğin kahve olmadığını da unutmayalım. Çay yapraklarındaki çizgiler, şarap kadehinin dibinde kalanlar ve hatta sıcak çikolata, meyve suyu ve bira gibi diğer içeceklerin artıkları da benzer amaçlar için kullanılırdı.

İnsanoğlu eline geçirdiği her eşya ile fal bakmayı becerdiği ve geleceği görmek için bir sürü değişik metot bulduğu için bu kısmı sonsuza kadar uzatabiliriz. Ancak amacımız ilkel kabilelerden modern toplumlara insanlık tarihinin tüm tecrübelerini kategorize etmek olmamalı. O yüzden direkt konuya girsek daha iyi olacak. Gelin bakalım bu fal denen meret neden her çağda, her coğrafyada, her kültürde karşımıza çeşitli formatlarda çıkıp duruyor?

"İnananları Durduramıyoruz"

Zeynep Mehveş Gürkan'ın *Olmaz Öyle Saçma Tarih* programının cadılara ayrılan onaltıncı bölümünde zapt edemediği bu serzenişine katılmamak imkânsız. Amacımız insanları yedi yaşındaki bir çocuğun fark ettiği bir şeyi anlayamamakla suçlamak ve yüksek yüksek tepelerden yargılar dağıtmak değil ancak büyü ve falın bugün bile süren popülaritesine şaşırmadan da edemiyoruz. Geçmişte insanların büyüye inanmasını anladık; zaten modern bir perspektiften bakınca saçma sapan birçok şey yaptıkları hissine kapılmak olası. Ancak bilimdeki bunca gelişmeye rağmen insanlar neden hâlâ doğaüstü güçlere inanmaktan vazgeçmiyorlar? Sürekli kendini geliştirmekten, yarını yakalamaktan söz eden bizler neden geçmişte takılı kaldık böyle?

Olmaz Öyle Saçma Tarih 16, "Cadılar ve Cazular."

Her ne kadar Frazer, Levy Bruhl, Mauss ve Taylor gibi antropologlar ve Bühler ve Piaget gibi psikologların başını çektiği birçok bilim adamı ve düşünür, modernite ile büyünün alanının daraldığını ve bugün ancak çocuklara ve toplumun sayıları sınırlı eğitimsiz bir kesimine hitap ettiğini söyleseler de dikkatli bir inceleme durumun pek de öyle olmadığını gösteriyor. Baruch Spinoza'nın gözleri yaşlı kısaca! Sadece "fal"ın bitmek bilmeyen popülaritesinden bahsetmiyoruz; her ne kadar dört bir yanımızın kahve fincanı ve astroloji haritalarıyla sarıldığının farkında olsak da. Kocakarı ilaçları, alternatif tıp yöntemleri, dinî ritüeller ve dualar vasıtasıyla üfürükçülerin çaresiz kitleleri sömürmesi o kadar sıradan bir olgu haline geldi ki bu yolla halktan para sızdıran din adamlarının foyasını meydana çıkarmak için Hindistan'da bir "Bilim ve Rasyonelciler Cemiyeti" bile kurulmuş. Gelecek endişesiyle düşülen tuzakları bir yere kadar anlayabiliriz ancak insanoğlunun en seküler bağlamlarda bile objelere ve kişilere metafizik güçler atfetmesi bize mevzunun panikten kaynaklı bir ihtiyaçtan çok daha derin olduğunu gösteriyor. 2008'de bir açık artırmada Scarlett Johansson'un sümüklü mendiline 5.300 dolar verilmesini popüler kültürün garip bir yansıması olarak anlamlandırabiliriz ancak kaçınız içinde cinayet işlenmiş bir evi kiralamak ister?

Gene birçoğumuz söylediğimiz şeyler ve sahnelediğimiz ufak ritüellerle olayları etkileyebileceğimize inanabiliyoruz. Dinde dua ve çeşitli ibadet formlarıyla karşımıza çıkan bu inanış, seküler alanda bile en banal şekillerde kendini gösteriyor. Maç izlerken yaptığımız "totemler", kötü bir şey olmasın diye tahtaya vurmamız (ki bu, Akdeniz'in birçok yerinde görülen bir âdettir), zarı öperek atmamız ve hatta obsesif-kompulsif hastaların takıntıları... Hepsi şu âciz ama mağrur insanoğlunun kaderin kendisini savurup atmasına umarsızca direnmesinin işaretleri değil mi?

Listeyi uzatabiliriz ancak elimizde bu bölük pörçük örneklerden çok daha fazlası var. Psikologların deneyleri, en rasyonel bireylerin ve en ateşli büyü karşıtlarının bile gizliden gizliye metafizik güçlere inandıklarını gösteriyor. Kısacası "büyüye inanmak" ve "büyüyle düşünmek" arasında bir ayrım yapmak şart. Bu çelişkili ikiliği Sigmund Freud'un birincil ve ikincil düşünme süreçleri arasındaki farklılıkla açıklamak mümkün. Freud'a göre, insanların bazı düşünceleri direkt "id"den kaynaklanmakta ve hazzı temel almaktadır. Toplumsal faktörleri dikkate almayan ve bilinçaltımızda oluşan bu süreçler, en rasyonelimizin bile doğaüstü güçlere inancını pekiştirirken hesapçı "ego"muzun ortaya koyduğu ikincil düşünme süreçleri ise kamusal alanda bizi büyüyü reddetmeye itiyor. Yeni deney ve araştırma teknikleriyle mücehhez* modern çalışmalar, etrafının istek ve beklentilerinin farkında olup tutumlarını ona göre belirleyen "bilinç"le, en sansürsüz isteklerimizi içeren "bilinçaltı" arasındaki ikilemi "Sistem 1-2" veya "Tip 1-2" bilgi işleme gibi alternatif kavramlarla anlamlandırmaya çalışıyor. Ama aslında pek de bir fark yok, temeldeki ayrım aynı. Başkalarına ve kendimize yalan söyleyebiliriz ancak hareketlerimiz incelendiğinde hepimiz içimizdeki "id"e ya da hayvana teslim oluyoruz. Yani büyüye ve fala bir şekilde inanıyoruz.

Bilinçaltının nasıl sinsice çalıştığını gösteren birkaç deneyden bahsedelim ki söylemek istediğimiz daha rahat anlaşılsın.

* Ar. "cihaz"dan, c-h-z: mü*cehh*ez: donanmış.

"Voodoo büyüsü ve benzerlerine inanmıyorum" diyenler, evde sevdikleri bir kişinin veya eşyanın fotoğrafını makasla kesmeyi denesinler; yapılan bir deneye göre avuç içlerinin terlediğini görecekler. İngiltere'de Eugene Subbotsky tarafından yapılan başka bir deneyde, büyüye inanmadıklarını söyleyen üniversite öğrencilerine üç gece boyunca istedikleri rüyayı görebilmelerine yarayan bir tılsım veriliyor. Sözde tılsımı alan öğrencilerin kötü rüya gördüğü gözlemleniyor; peki, tılsımları olduğu halde neden kötü rüya gördüler? Rüyaların birçok fonksiyonundan birinin de tehdit edici olayları prova etmek olduğunu eklersek daha rahat anlaşılır herhalde. Tılsımın öğrencilerin psikolojileri üzerinde her halükârda bir etkisi olması, büyüye inanmaktan kendilerini alamadıklarının işareti kısacası.

Aynı psikoloğun yaptığı bir başka deneyde, İngiliz öğrencilere geleceği etkileyebilecek bir cadıyla karşılaştıklarında ne yapacakları soruluyor. Ancak burada dört ayrı durum var. Önerilen tılsımlardan biri "iyi" (para ve mutluluk), diğeri ise "kötü" (kötü güçlere esaret) ve bunlar birinci durumda soruya muhatap olanın "kendi"-sinin geleceğine yön verecekken ikinci durumda hayalî bir üçüncü şahsı etkiliyor. Ve her dört olasılık için de soruluyor: "Tılsımı kabul eder misiniz?" Eğer büyüye inanmayan biriyseniz tılsımın "iyi" ve "kötü" olduğuna ya da "size" veyahut "başkasına" önerilmesine bakmadan direkt aynı cevabı vermeniz beklenir. Ancak durum hiç de öyle değil. Katılımcılar söz konusu kendileri olduğunda "iyi" ve "kötü" tılsımlar karşısında değişik tepkiler gösteriyorlar. İster kendilerini ister üçüncü kişileri etkilesin, iyi tılsımı kabul edenlerin oranı değişmiyor ancak deneklere kendi geleceklerini kötü tılsımın insafına terk edip etmeyecekleri sorulduğunda tamamı bu soruya negatif cevap veriyor. Ne olur ne olmaz! Büyüye inanmadıklarını söyleyebilir ve başkalarının geleceğini bu açıklama uğruna tehlikeye atabilirler. Ancak iş kişinin kendisine gelince teori ne derse desin insan en mantıksız korkularına yenik düşebiliyor. "Pişman olacağına tedbir al" prensibini işletiyor kısaca.

İnsanların dedikleriyle yaptıklarının farklı olması da aslında sanıldığı kadar acayip değil. Toplumsal normlara uyma endişesinin dayattığı ikiyüzlü şekilcilik bu basit gerçeğin açıkça ifade edilmesini zorlaştırsa da elimizdeki çalışmalar lafla eylem arasındaki tezadın hayatın hemen her alanında karşımıza çıktığını gösteriyor. Allan W. Wicker bize insanların toplumsal alanda kendilerinden bekleneni söylediklerini, ancak bireysel faaliyetlerini yöneten şeyin ekonomik çıkarları olduğunu göstereli yarım asırdan fazla geçti. Daniel Batson ve Elizabeth Thompson'ın bulguları da yüksek perdeden konuşmayı âdet haline getirmiş ahlakçı insanların büyük çoğunluğunun işlerine geldiğinde kendi standartlarını bir kenara bıraktığını ispatladı. Hem de birçok psikoloğun iddia ettiğinin aksine bu "ahlaki ikiyüzlülük"ün yukarıdan gelen emirlerle ya da ahlak kurallarının tam olarak öğrenilmemesiyle açıklanamayacağının altını çizerek yaptılar bunu. Çoğu insanın esas derdi "ahlaklı olmak" değil, "ahlaklı gözükmek" kısacası. Ancak şimdi konuyu dağıtmamak için fazla uzatmadan bir sonraki bölümümüze geçelim.

Bir Tuhaf Antrakt: Haşlanmış Patatesler

"Ruhani mevcudiyet"le en az haşır neşir olan insanların bile id'lerine nasıl hâkim olamadıklarını gelin kişisel bir örnekte inceleyelim. Sene 2010. Özel hayatının ve kariyerinin zor günlerinde bunalan yirmi yedi yaşındaki bir Bengü Üçüncü, antropolojik gözlem yapmak için gittiği Gülbağ'daki kuaförde kafasını rahatlatmaya çalışıyor. Daha iyisini hak ettiğini düşündüğü, hayatındaki eksiklikleri nasıl tamamlayacağını, "talihsizlik" çukurundan nasıl çıkacağını bilemediği günler. Sistemin dişlileri arasında sıkıştığının farkına varmanın getirdiği hayal kırıklığı. Kendinden önceki nesilden ve diğer akranlarından farklı olduğunu düşünen herkesin bir ara yaşadığı, biraz da küçük düşürücü bir aydınlanma, gerçekle buruk bir yüzleşme.

Türkiye'de belki binlercesine rastlanabilecek tanıdık bir yer aslında kuaförümüz. Sağda solda folyo ve bigudiler, kısıtlı ve kitsch bir playlist, kesif bir saç boyası kokusu, fön makinesiyle düet yapan tiz sesler... Nadine Labaki'nin *Caramel*'indeki *Si [B] elle* adlı epilasyon dükkânını aratmayan sıcak bir ortam. Laf lafı açarken kuaföre gelen asık suratlı bir teyzeye fal bakması için âdeta yalvarıldığını fark ediyor hemşiremiz. Önünde sahnelenen bu tuhaf tiyatroyu meraklı ve de alaycı gözlerle bir müddet izliyor. Ve nihayet sıra kendisine geliyor. Kendini rasyonel gören her insanın itibarını kurtarmak için göstereceği sembolik bir direnişten sonra yelkenleri suya indirmesi gecikmiyor. "Biraz gerçek dünyadan kopmak üstümdeki ağırlığı hafifletir belki" diye düşünüyor ya da onuruna yediremediğinden yıllar sonra durumu bize böyle açıklıyor. Bilemiyoruz.

İşini bir Şaman edası ve Prusya memuru ciddiyetiyle yapan falcımız, karşısındaki kızın kemikli suratından süzülen alaycı şüpheciliği fark ettiğinden mi bilinmez, hemen tam saha prese başlıyor. Ağzını buruşturarak eliyle fincanı itiyor: "Ayyyy." Karşıdakinin ilgisini çekmenin ve "Ne oldu?" cevabını almanın mutluluğu içinde soruyor: "Çok kötü, sen çok yaşlı mı baktın?" Türk aile yapısı düşünüldüğünde fazla iddialı bir tahmin değil aslında. İlk atışta hedefi vurmanın gururuyla devam ediyor: "Sen çok iyi bir insansın ama sana musallat olmuşlar. Kendini hemen okut, yoksa işlerin rast gitmez."

Musallat mı olmuşlar, kim? Okutmak mı; niye, kime? Kahramanımız bu soruları sormasına soruyor ama bir yandan da hayatında yolunda gitmeyen şeyleri başka bir yere ihale edebilmenin rahatlığı var. İnanmaya değilse de en azından birilerine anlatmaya değer. Belki biraz muhabbet çıkar da konuşarak rahatlar. Halasını mı arasa? Telefonun tuşlarına basmasıyla irrasyonalitenin zincirlerinden boşanması bir oluyor. Bundan sonrası; ne fala ne büyücüye ne de dine inanan rasyonel ve de modern insanların birbirlerini kışkırtıp genç, eğitimli, analitik zekâsı ile pek de az böbürlenmeyen bir kadına balkonda haşlanmış patates yedirtmesinin hikâyesi.

Hikâyenin kahramanları arasında dinî itikada sahip tek kişi olan hala, duydukları karşısında hafif panikliyor ve hemen ilk önlem paketini açıklıyor: "Ben sana okurum." Eğlenceli bir muhabbet için açılan telefondan beklediğini alamayan Üçüncü'nün canı ertesi gün aldığı telefonla daha da sıkılıyor: "Kızım rüyamda cinler üstümde tepindi, 'Okuma, okuma!' diye canımı çıkardılar." Endişe yoğunlaşıyor, id yerinde duramıyor. Ancak Bengü hâlâ sakin, olay burada kalsaydı sakin kalmayı da başarabilirdi belki. Ancak halasının annesini, annesinin de kız kardeşi Gizem'i araması bir zincirleme reaksiyon yaratıyor âdeta.

İkinci Sahne. Ailenin kadınları kendilerini bir anda Eskişehir'de, Gizem'in evinde buluyor. Zaten canı sıkılan Bengü için hava hoş. Biraz ailesini görür, bir önceki kuşağın gariplikleri gözlemler; İstanbul'a dönünce yüzünde müstehzi bir gülümseme, arkadaşlarına anlatır. Ama ok yaydan çıktı ya da Rubicon'u geçen Sezar'ın deyimiyle zar[lar] atıldı.* Bir anda yaşlı bir teyze beliriyor evde. İşin arkasında tüm aile var muhtemelen ama onu eve getiren Gizem. Teyze tek başına da gelmemiş, bohçası bir *Baldur's Gate* karakterininki gibi: Tülbent,** kurşun, kap kacak ve daha da ilginci patates ve plastik su şişeleri. Ürün portföyünü geniş tutmakta yarar var.

İlk başta bildik hikâye: Kafanın üstüne tülbent geriliyor ve kızgın kurşun gezdiriliyor. Muhtemelen Bengü Üçüncü'nün tepkisizliğinden yıldığından kadının "Oyyyy aman!" diye inlediğini görüyoruz. İd'e seslenecek ya. Kabile büyücüsü transa geçmiş sanki. E, doğaüstü varlıklarla temasa geçmek öyle kolay iş değil. Sevdiklerinin olaya motive olmasının verdiği utançla karışık şaşkınlığı üzerinden atamayan kahramanımız, bir etnografın işinin ne kadar zor olduğunu anlıyor o zaman. Yargılamaması,

* Lat. *alea iacta est.*

** Fars. *dul*: kova, *besten*: bağlamak; türban bu kelimenin bozulmuş halidir.

hepsinden zoru da alay etmemesi lazım. Ama özne kendisi olunca bunu nasıl başaracak?

Falcı teyzemiz eline haşlanmış patatesle plastik su şişesini tutuşturduğunda Bengü Üçüncü'nün kafasındaki soru belki de buydu. Kendisi gibi ufak tefek Margaret Mead'in Samoalılar arasında yalnızlıkla nasıl baş ettiğini düşünüyor da olabilir. Balkona kilitlendiğinde ne hissettiğini kelimelere dökmek daha da zor. Eskişehir'in soğuğunda elinizde kemirilmiş sarı bir sebzeyle Porsuk Çayı'na baktığınızı hayal edin. İçeride insanlar sohbet ediyor, sizinse cinlerinizi kovmanız gerekiyor. İdeal meditasyon şartları değil ama olsun. Camı tıklıyorsunuz ama muhabbet koyu. Daha çok bir *Curb Your Enthusiasm* bölümünü andıran bu grotesk ayinimiz bir süre sonra tamamına eriyor. Cinler gitti inşallah. Kahramanımıza göstermeden falcının ücreti ödeniyor. Herkes memnun, mesut. *Mediocrité* gene *partout*, mağrur bakışlarla mütekebbir protagonistimizi süzüyor. Perde.

Kameramız Alman mühendislik harikası bir BMW'nin içini gösteriyor. Konforlu koltuklar, haşlanmış patates kokan insanlar. Gizem falcıyı eve bırakmalı. Aldığı sonuçtan mutlu kurnaz fırsatçımız son dakika golü kovalamayı ihmal etmeyecek. Kendinden menkul bir meşruiyetle eyitiyor: "Kardeşinde nazar var. Ölenlerin yarısı nazardan gidiyor. Siz onu bir hocaya okutun." Tek bir rauntta kurtulabileceğini mi sandınız? Çarkın dönmesi için doğaüstünün sahte peygamberlerinin aralarında paslaşması gerek. Zaten boğazına kadar bâtıla gark olmuş insanlar; hazır angaje olmuşlarken sömürebildiğimiz kadar sömürelim. Freedman ve Fraser'ın "kapıya ayak koyma" dedikleri ve pazarlamacıların çok kullandığı bir teknik. 2000'lerin başı, Tahire Erman, *Introduction to Sociology* 101.

Birkaç gün sonra bir uzman bulunuyor. Ama fevri kızımız artık istiap haddini doldurduğundan hocamız eline tutuşturulan bir vesikalıkla idare etmek zorunda. Sistem kadim olabilir ama teknolojinin imkânlarından yararlanmak lazım. Eskiden muhtemelen saç teli ya da tırnakla idare ediyorlardı. *The Sopranos*'un

Napoli'de geçen bölümünü izlemişsinizdir, eski bir Akdeniz âdetidir büyü yapılmasın diye tırnak toplamak. Odaklanalım.

Artık önden falcıdan bir işaret mi aldı, yoksa Gizem'in konuşmalarından mı anladı bilinmez, hocamız ortamdaki şüphenin farkında. Kendisine yapılan fason muamelesi onurunu kırmış olsa gerek. Bu yeni yetmeler de iki okul okudukları için her şeyi bildiklerini sanıyor, dedelerinin ninelerinin çözümlerine burun kıvırıyorlar. Hem Tahire Erman da kim? Hocamız gizli silahını çıkarıyor: "Kızımız çok iyi bir insan ama Allah'a inanmıyor. Ona dua etmemin bir faydası olmaz." Üyelik yoksa havuzu kullanamıyorsunuz kısacası.

Bir de dikkatinizi çekeriz, iyi ile kötü gene aynı cümlede dengelenmiş; amaç bağcıyı dövmek değil, üzümü yemek zira. Reddin nazikliği sürekli aynı retorik taktiklerle karşılaştığımız gerçeğini unutturmasın. İlk olarak olumlu bir şey söyleyerek kapıya ayağımızı koyuyoruz. Karşımızdaki çok iyi bir insan. Herkes kendisini ve sevdiklerini iyi sandığı için karşıda rezonansı olan bir cümle. Geleceği de iyi olacak aslında ama işte bir engel var. Ve hemen iltifatımızı taleple dengeliyoruz: İnanmıyor, oysa kurtulması için fala ya da ikinci örnekte olduğu gibi duaya inanması şart. Ama kendi duasına değil yanlış anlaşılmasın, hocanınkine.

Yukarıdaki hikâyede ilk göze çarpan bir kar topu etkisi. Muhabbet etmek için halasını arayan bir kız, sıradan günlük konuşmalarını yapan iki kız kardeş, aralarında dertleşip basit bir iki cümleyi neredeyse uluslararası bir probleme dönüştürmeyi başaran aile büyükleri.

Anahtar kelime ise "inanmak." Rasyonel birey defalarca akıl şemsiyesinin gölgesinden çıkmaya davet ediliyor. İlk başta kabul etmese bile belki de çocukluğunda gözlemlediği benzer durumlardan feyz alarak birileriyle konuşma ihtiyacı hissediyor. Ölümcül hatayı da burada yapıyor aslında. Kendisini o gölgeden çeke çeke çıkaracaklarını bilmiyor. Bir kez kuşku seli mantık barajını yıkınca gerisi geliyor zaten. Fal kelimesi telefonda ilk zikredildiğinde o tülbent çoktan kafaya gerilmişti bile.

Reaksiyonu tetikleyen ana duygu dayanışma aslında. Ayrı düşmüş aile bireyleri probleme gerçek bir çözüm bulamama karşısındaki çaresizlik hissini yenmeye çalışıyorlar muhtemelen. Uzaklarda yalnız bıraktıkları, dinamiklerini anlamadıkları bir dünyada tek başına mücadele etmeye çalışan kızlarına sahip çıkma gayretindeler. Ve bunu en iyi bildikleri yöntemle yapıyorlar: Anneannelerinden gördükleri gibi. Ortada biyolojik bir durum var biraz da. En inanmayanın bile zihnindeki rasyonaliteyi rafa kaldırdığı, sistem 1'in bayrağı sistem 2'ye devrettiği bir durum. Hisler alarm veriyor, zira kendimizi tehdit altında hissettiğimizde kontrolü içgüdülerimiz alıyor.

Dikkat çekici başka bir nokta da hoca devreye girene kadar hikâyede hiç erkeğe rastlamamamız. Ailenin kadınları arasında bir dayanışma söz konusu, tamam ama benzer bir durum erkekler arasında da gerçekleşebilir miydi? Deborah Tannen'ın erkeklerin rekabet etmek ve üstünlük kurmak için konuştukları, kadınların diyaloglarının ise yardımlaşmayı ve çevrelerindeki insanlarla bağ kurmayı hedeflediği argümanı doğru ise eğer, zor görünüyor. Ama gene de o kadar emin olmayalım. En azından erkeklerin büyüye inanmadıklarını söylememiz mümkün görünmüyor, özellikle kitabın yazarının totemleriyle Fenerbahçe'nin 2000-2001 şampiyonluğunda önemli pay sahibi olduğunda ısrar ettiği düşünülürse.

Yukarıdaki satırları okurken yüzünüzde acı bir tebessüm oluştu belki. Ama haydi itiraf edelim, *falcı hiçbirimizin arayıp bulmak istemediği ama hepimizin denk gelmeyi arzuladığı biridir aslında.* Benzer şeyler sizin ya da en azından sevdiğiniz birilerinin de başından geçmiştir muhtemelen. Belki biraz daha şık, modern bir biçimde ama mekanizma aynı.

Manipüle ettiği açgözlülük de. Hepimiz kolayca kazanmak istiyoruz, bunun için de her türlü hileyi yapmaya hazırız. Özellikle bize maliyeti yoksa. Sınavdan önce yenen okunmuş pirincin bedeli anneannemizin nefesinden başka bir şey değil. Falcının parasının kurbandan gizli verilmesinin arkasında belki de böyle bir mantık var. Fala inanmaktan değil, buna para vermekten korkuluyor. Zira hâlâ gerilerde bir yerde bunun mantıksız olduğu biliniyor. Ücrete tâbi olması utanılacak bir şey. Bedava olduğu sürece zararsız bir egzersiz. Hayvani içgüdülerimizi şımartabiliriz ama onlara yatırım yapmamalıyız. Çünkü yatırım hesap kitap işi, rasyonalitenin alanı. Sekse para vermenin utanç verici kabul edilmesi de benzer bir mantıktan kaynaklanıyor olabilir. Olmayadabilir. Ama zaten Türkçede böyle bir kelime de yok.

Hiç Çökmeyen Bir Sistem

Gördüğünüz gibi, insanoğlu görünmez güçlere inanmak için tüm imkânları seferber etmiş durumda. İstediğini alamayıp dua etmeyi bırakan kimseyi görmüyorsak bunu dinin tüm evrenin işleyişini, yaratılışı, hayatı ve sonrasını çok daha kapsamlı bir şekilde ele alan bir inanç sistemi olmasına bağlayabiliriz. Tek bir başarısızlıkla tüm bir sistemin ıskartaya çıkarılmasını beklemek, insanoğlunun konformizmini hafife almak olur. Ancak arkasında herhangi kompleks bir felsefe olmayan büyü ve fal tek fonksiyonunu yerine getiremediğinde de durum pek değişmiyor. Ortada aksi yöndeki deliller ne kadar çok olursa olsun, sarsılmayan bir güven var. Gördüğünüz gibi sistem hiçbir şekilde çökmüyor. Peki, nasıl?

İlk olarak, birçok büyünün amacı aslında zaten gerçekleşecek hadiselerin zaman ve koşullarını manipüle etmek. Beklenen sonuç üzerinde kesin bir uzlaşmanın olmaması ya da böyle bir uzlaşmanın olması durumunda insanın kendi kendini kandırabilme gücü, büyünün gerçekleşmediği olgusunun kolayca unutulmasını sağlıyor; ne de olsa eskilerin de dediği gibi "Hafıza-yı beşer nisyan ile maluldür"*, yani insanoğlunun hafızası unutma

* Ar. "ille[t]"den, ayın-l-l: ma'*lul*, yani hasta.

hastalığına yakalanmıştır. Kültürel antropolojinin kurucularından Edward B. Tylor'ın da değindiği gibi, yağmur duasına çıkanlar emellerine eninde sonunda ulaşacaklar; zira bu dua yağışsız dönemin sona ermesine doğru yapılır. Yani aslında amaç yağmurun getirilmesi değil, göklere yakararak bir şeylerin ters gitmesinin önlenmesidir.

Gene Godfrey Lienhardt'ın incelediği Güney Sudanlı Dinka kabilesi sıtmayı tedavi etmek için her sene düzenlediği ritüeli hastalığın sona ereceği aya denk getirmeyi ihmal etmeyecek. Hedef katastrofik bir durumu engellemek olduğuna göre, dileğin tam istenen zamanda gerçekleşmemesini hoş görmek kolay. Zaten denemekten bir zarar gelmediği ve denememenin bedeli çok ağır olacağı için sorgulamak isteyenlerin bile yapacağı fazla bir şey yok. Biraz İslam'daki tevekkül anlayışı gibi. Kadere inanmak ve Allah'ın takdirine razı olmak her Müslüman'ın görevi ancak önce tedbirini almak koşuluyla. Tedbir de tevekküle dâhildir. Hz. Muhammed'in karşısına çıkan bedeviye tevekkül etmeden önce devesini bağlamayı salık verdiği hikâyeyi unutmayın!

Ayrıca alternatiflerin olduğu durumlarda da tüm ümitlerini büyüye bağladıkları yoktur Dinkaların. Sıtma ayini bittikten sonra ivedilikle doktorların kapısını çalmayı ihmal etmeyeceklerdir; ayini yöneten ilk gelenler arasındadır. Yağmur duasını inceleyen Seligman çiftine göre; bu ritüelin amacı doğayı etki altına almak, ona hükmetmek değildir zaten. Doğal ritmini sembolik bir ayinle ona tekrardan vermektir biraz da.

Ayrıca Leh antropolog Bronisław Malinowski'nin de gözlemlediği gibi, insan beyni pozitif vakaları negatif vakalara göre daha çok hatırlama eğilimindedir. Bir başka deyişle tesadüfen de olsa işe yarayan bir büyü kulaktan kulağa anlatılacak ancak başarısız olan örnekler hemencecik unutulacaktır. Sürekli tesadüflerle karşılaştığımız hissinin altında da bu pozitifi önceleme tandansının bulunduğu açık. Psikolog ve ekonomistlerin "doğrulama yanlılığı" (İng. *confirmation bias*) dedikleri de benzer bir şey aklında: Beynimiz ön kabullerini onaylayan delilleri koruyup aksi yöndekileri ekarte ederek kesinliğin emin sularında yelken açmaya çok meraklı; zira kanaatlerimizi değiştirmek çok fazla RAM yiyor!

Başarısız olmasını engelleyen bir başka faktör de büyüye hep titizlikle belirlenmiş ritüel ve tabuların eşlik etmesi. Büyü ve falın "saf" bir ortamda icra edilmesi zorunluluğu, esas amacın evrendeki düzeni sekteye uğratan bir olumsuzluğu giderme olmasıyla alakalı. Mary Douglas'ın saflığı (İng. *purity*) düzen (İng. *order*) ve tamlık (İng. *wholeness*) ile eşlediğini biliyoruz. Kutsallık hem Latincede hem de Semitik dillerde "birbirinden ayırmak" fiilinden türetilmişti ve dinî yasaklar saf ile saf olmayanı sert bir kategorizasyona tâbi tutarak evrenin belirli bir düzen içinde algılanmasını amaçlamaktaydı. Tüm dinlerin ortak özelliğinin kutsal (Fr. *sacré*) ile kutsal olmayanı (Fr. *profane*) ayırmak olduğunu söyleyen Durkheim'dan etkilenmişe benzeyen antropoloğumuza göre, saf olmayan şeyler düzen ve hiyerarşiyi zedeledikleri ve karmaşa (İng. *confusion*) yarattıkları için "kirli"ydiler; sağlıksız ya da zararlı oldukları için değil. Büyü, fal, ayin, savaş gibi bağlamlarda onlardan kaçınmak gerekiyordu ki düzen hissi ayakta kalsın.

Büyü ve fal esnasında sırasıyla takip edilmesi gereken bir dizi eylem ve öncesinde ve sonrasında kaçınılması şart olan şeyler (seks, alkol ve napâk davranışlar vs.), büyünün işe yaramaması durumunda suçun başka bir yere atılabilmesi imkânını doğurmakta; zira âdemin yanılması göklerin ve tanrıların hayal kırıklığına uğratmasından daha rahat kabul edilebilir. Kaldı ki büyünün gerçekleşmesi büyücünün performansına da bağlı; başarısızlık durumunda insanlar büyüye değil, büyücüye kabahat bulmayı tercih ediyor. Tabii büyüye karşı büyüyle karşılık vermek de mümkün; bu da gerçekleşmeyen bir büyünün paradigmayı sorgulatmayı bırakın, bilakis onu güçlendirmesi anlamına gelecek. Büyü tutmadı, çünkü başka bir yerde daha kuvvetli bir büyücü var!

Azandelerin Zehir Falı

Uzun cümleler ve keskin argümanlarla tartakladığım okuyucuyu biraz da egzotik bilgilerle okşamak için spesifik bir örnek versem iyi olur: Azande kabilesinin sıklıkla başvurduğu zehir falına (İng. *poison oracle*, yerel dilde *benge*) göz atmaya ne dersiniz? Siz kendi kendinize bir Akdeniz tarihçisinin kafayı neden Afrika yerlileriyle bozduğunu soradurun, ben detaylara geçeyim.

Orta Afrikalı kabilemizin önemli mevzular söz konusu olunca başvurduğu zehir falında önce kümes hayvanlarına değişen dozlarda zehir verilir, ardından da ölüp ölmediklerine bakılarak sorulan soruya negatif ya da pozitif bir cevap aranırdı. Eğer ilk soruya cevap olarak hayvan ölürse ikinci ayakta bu sefer ilk seansın sonuçlarının doğru olup olmadığı sorulurdu. Falın çıkması için bu kez hayvanın yaşaması şarttı. İlk soruda ölüm gerçekleşmezse bu sefer ikincisinde hayvan nalları dikmeliydi. Kısacası ancak falın birinci ve ikinci ayaklarının birbirinin tersi sonuçlar vermesi durumunda kesin bir karara varılabilmekteydi. Eğer Azandelerin fal esnasında hile yapmadığı konusunda ısrarcı olan Evans-Pritchard'a inanırsak, bu durumun gerçekleşme olasılığı ancak %50 olmalı. Yani falın bırakın gerçeği ifşa etmeyi, tutarlı bir sonuç doğurması bile yazı ya da tura gelme olasılığı kadar.

Tahmin edebileceğiniz gibi sıklıkla karşılaştıkları bu tutarsızlık Azandeleri pek rahatsız etmişe benzememekte. Afrika'nın birçok yerinde karşımıza çıkan zehir falının tahtını sarsmayı geçtik, bu çelişkiler yerlilerimizin inancını daha da pekiştirecek; fal çıkmadıysa bu başka güçlerin devreye girmesinden kaynaklanmakta zira. Evans-Pritchard, Azandelerin suç attığı faktörleri bizim için sıralamış Allah'tan: Yanlış ya da bayat zehir kullanılması, büyü sırasında uyulması gereken tabulardan birinin ihlali, cadılık ya da büyücülük (karşı büyü), hayaletlerin ya da zehrin edinildiği ormanın öfkesi (diğer metafizik güçlerin araya girmesi) ve büyünün icrası sırasında yapılan hatalar.

Bu sonuncusunun ne demek olduğunu anlatabilmek için bir not düşmeliyiz: Dilimizde daha iyi bir kelime olmadığı için Azandelerin "ilkel" bir kabile olduğunu düşünebilirsiniz. Ancak Franz Boas'tan bu yana antropologların yerlilerin kültür ve toplumsal düzenlerini ileri-geri şeklinde hiyerarşik bir şekilde ifade etmekten çekindiklerini hatırlatıp kullanılan bu falın hiç de öyle basit bir işlem olmadığını belirtelim. Kaç doz zehir verilecek? Sorular hangi sırayla sorulacak ve herhangi bir yanlış anlamaya ya da muğlaklığa meydan vermeden nasıl ifade edilecek? Fal esnasında kümes hayvanı ne kadar süreyle ayak parmağının altında, ne kadar süre elde tutulacak? Zehir etkisini göstersin diye ne zaman sallanacak, ne zaman yere fırlatılacak? Bunlar hep fala bakan kişinin inisiyatifine bırakılmış; hayvanın ölmesi durumunda zehrin onu nasıl etkilediğini gözlemlemek de gene onun görevi. Kısacası bu karmaşık falda insan faktörü belirleyici ve yanlış gidebilecek ve sorgulanabilecek çok şey var. Hikmetinden sual olunamayacak ise tek bir şey: Büyünün kendisi. Doğaüstü güçlere inanç öyle yıkılmaz bir paradigma ki Orta Afrikalı yerlilerimiz suçu insana atamadığı yerde "ormanın öfkesi" gibi diğer doğaüstü güçleri günah keçisi yapacak. Falsız ve büyüsüz bir dünya düşünemediklerinden ve belki de düşünmek istemediklerinden test edilemeyen bir sistem yaratmışa benziyorlar.

Büyü ve "cadılık" gibi kavramlar Azandelerin hayata bir anlam yüklemesine yardım ediyor olabilir. Başlarına gelen talihsiz olayları bunlarla açıklayabilirler ancak bu, olayların gerçek fiziksel nedenlerini bilmedikleri anlamına gelmiyor. Mesela bir hububat ambarı çöktüğünde bunu cadılığa yoruyor olabilirler ancak tahtaları termitlerin yediğinin de farkındalar. Bir sebep-sonuç ilişkisi olması bu beklenmedik olayın hâlâ açıklanmaya muhtaç olduğu gerçeğini değiştirmiyor; peki, termitleri ambarların başına musallat eden ne? Cadılar olsa gerek değil mi? Benzer bir durumu bugün de gözlemlemek mümkün. Deprem ve hastalık gibi talihsizliklerin bilim tarafından açıklanabilir fenomenler olduğunun farkında olsak bile kaçımız "Neden ben?" ve "Neden şimdi?" sorularını sormadan durabiliyoruz?

Sebep-sonuç zincirinin ilk halkasını bulma uğraşı insanoğlunun zihnine nakşedilmiş "Her şeyin bir sebebi vardır" anlayışının bir ürünü aslında. Evrimin bir sonucu olan bu anlayış o kadar yaygın ki eskiler bu mantık hatasına bir isim bile bulmuş: *Post hoc ergo propter hoc.** Eğer evreni belirli kurallar çerçevesinde hareket eden bir mekanizma olarak göremezsek yaşayamayız çünkü. İnsanı kadere ve Yaratıcı Güç'e inanmaya iten de gene bu anlayış. Onaltıncı yüzyıl Fransa'sında ateist olmanın mümkün olmadığını söylediğinde Lucien Febvre'in aklındaki de bu olsa gerek. Modern laik bireyin bile hâlâ talih, fal ve büyü gibi şeylere inanmaya devam etmesinden yola çıkarak günümüzün ateizminin bile pratikte "Tanrı" ya da "doğaüstü" kavramlarının kategorik bir reddi olmadığını söyleyebiliriz. Spesifik bir inanç sisteminin ya da başka bir deyişle eski tarım toplumlarının Yaratıcı Güç'le ilgili ortaya attığı fikirlerin inkârından daha fazlası değil aslında.

Bazen insanın algılarının manipüle edilebileceğini de unutmayalım. Birçok büyücünün çeşitli aldatmacalara başvurduğunu biliyoruz; aramızda David Copperfield'ın Özgürlük Heykeli'ni gerçekten ortadan kaldırdığına inananlar yoktur herhalde. Ancak büyücüleri basit dolandırıcılar olarak da görmemek lazım, birçoğu süreci farkında olmadan manipüle ediyor aslında. Günümüzde deneyci-beklenti etkisi (İng. *experimenter-expectancy effect*) denen şeyin bilim adamlarını bile deney sonuçlarını ön kabullerine göre okumaya ittiğini unutmayalım.

1890'lar Almanya'sının aritmetik bilen atı "Akıllı Hans" bu etkinin mükemmel bir örneği. Kendisine sorulan soruları toynaklarını yere vurmak suretiyle yanıtlayan dâhi hayvanımız, sahibi Wilhelm von Osten'in iddiasına göre, kesirli sayılar da dâhil dört işlem yapabiliyor, saati ve günü söyleyebiliyor, notaları ayırt edebiliyordu. Hepsi bu kadar da değil, Almanca bile

* Lat. bundan sonra, demek ki bundan dolayı.

Resim 19. Akıllı Hans burnuyla kartlardaki numaraları gösteriyor.

bilmekteydi. Bir anda anormal bir popülariteye ulaşan ve yıllarca gösteriler yapan dâhi atımızın numarası ise aslında basitti: Sahibinin reaksiyonlarını okumak. Von Osten'in soruyu sorduktan sonra aşağı bakmasından toynaklarını vurması gerektiğini anlıyor, doğru sayıyı vurunca kafasını kaldırmasından da artık durması gerektiğini fark ediyordu. Hayvanın foyasının geç meydana çıkması tam olarak da bu karşı tarafı okuma yeteneğinden geliyordu, zira karşısında sahibi yokken bile cevapları bilmekteydi. Soruyu soranın kendisinin de cevabı bilmesi şartıyla tabii.

Ya Tutarsa?
Korku ve Endişe

Doğaüstü güçlere inanç her şeyden önce insanın evren karşısındaki çaresizliğinin bir sonucu. "Zalimin zulmü varsa mazlumun

Allah'ı var" anlayışında da görüldüğü gibi, insanoğlu baş edemeyeceği problemler karşısında hep "üst" bir makama başvurmak ister; onu hayatın tüm tehlikelerine ve belirsizliklerine karşı ayakta tutan da budur zaten. Modern insan bu kesinlik merakını geri kalmış toplumların bâtıl inançları olarak yaftalamaya teşnedir, hayatında çok daha az belirsizlik olan çağdaşlarının da doğaüstü güçlere inandığı gerçeğini çoğu zaman göz ardı ederek hem de. Oysa büyü mevzuuna ilk değinenlerden olan Malinowski bizi yıllar önce uyarmıştı: "Uzaktan ve yukarıdan, gelişmiş medeniyetimizin emniyetli yüksekliklerinden bakarken büyünün alakasızlığını ve yavanlığını görmek kolaydır. Ancak onun gücü ve kılavuzluğu olmadan ilk insan ne pratik zorlukları yenebilir ne de daha yüksek medeniyet katlarına çıkabilirdi." Tıpkı çocukların hayal kurmaları ve travma geçiren insanların bir savunma mekanizması olarak alternatif bir realite yaratmaları gibi, toplumlar da daha iyi organize olabilmek ve bir sonraki aşamaya geçebilmek için büyü yalanının sahte konforuna sığınmak zorunda.

Hakikaten de yağış, hasat, doğum, savaş, hastalık ve doğal afetler karşısında âciz kalan insanoğlunun imdadına hep büyünün koştuğunu görüyoruz. Yukarıda Osmanlı denizcilerinin başları sıkıştığında nasıl hemen büyüye başvurduklarını anlatmıştık, Malinowski de Trobriand Adaları halkının büyüyü tehlike içermeyen işlerde israf etmediklerinin altını çiziyor. Açık denizlere açılırken karmaşık ritüellere başvuran adalılar, iş lagünde balık tutmaya gelince doğaüstü güçlerden pek bir şey beklemiyorlar kısaca. Diablo'da "mana"yı idareli kullanmak gibi düşünün.

Örneğimizi ilkel kabilelerden verdiysek bunun nedeni Malinowski'ye olan meylimiz ancak modern insanın işlevsiz önlemlerden caydığını sanmayın. Teknolojik gelişmeler ve bilimsel kesinlik, belirsizliği ve dolayısıyla insanoğlunun doğa ve bilinmez karşısındaki çaresizliğini azaltmış olabilir ancak büyünün tahtının sallandığını söylemek de zor. Denize açılmadan önce kesilenle bir açılış sırasında adanan kurbanın birbirinden pek farkı yok aslında. Uğur getiren ya da bizi tehlikelerden koruyan çeşitli eşyaları üzerimizde taşımaktan vazgeçtiğimiz de söylenemez. Modern tıbbın çare bulduğu yerlerde bile karşımıza çıkan alternatif tıp, sıkıştığımızda hiçbir ihtimali göz ardı etmek istemediğimizi açıkça kanıtlıyor. "Alternatif" bir kimya ya da fizik yok; peki, neden tıp var? Çünkü incelediği şey bizzat insan vücudu; ortada hayat memat meselesi varsa seçenek paletini geniş tutmakta yarar var. Bazen en bilimsel ortamlarda bile işlevsiz tedavilere başvurulduğunu görüyorsak bunun nedeni tam da bu kriz zamanlarında psikolojik bir rahatlamaya ihtiyaç duymamız değil mi zaten? Doksanlı yıllardan seslenmek gerekirse: "Bir umuttur yaşatan insanı."

Yakın zamanda bir salgın hastalık tecrübesi yaşadığımız için 1918'de tüm dünyayı kasıp kavuran ve elli-yüz milyon insanı, yani dünya nüfusunun %3-5'ini öldüren İspanyol gribine odaklanalım. Özellikle cephedeki askerleri mahveden bu grip virüsüyle savaşmak için Amerikan ordusunun tuzlu su ile ağız çalkalattığını biliyoruz, tanıdık geliyor mu? Gene birçok yerde insanların bazı sebzelere iyileştirici bir güç atfettiklerini görüyoruz; o dönemde yaşasaydınız etrafta bileklerine salatalık bağlamış ya da her cebine bir patates koymuş insanları görmek garibinize gitmezdi. Oregon'da bir kadın işi abartıp dört yaşındaki kızını boynuna kadar soğanın içine gömmüştü. Olaya daha bilimsel yaklaşma iddiasında olanlar ise ayakkabılarının tabanlarına sülfür süreceklerdi. Saçma önlemler, evet ama aynı zamanda maliyetsizler de! Ve işte karşımızda Nasreddin Hoca'da tecessüm* etmiş gerçek "Anadolu irfanı": "Ya tutarsa?"

Bu manipülasyon ve öngörünün verdiği rahatlık olmadan toplumların var olması imkânsız. Hayatının pamuk ipliğine bağlı olduğunu düşünen insanların saatlerce çalışması, kurallara uyması, başkasının hakkına riayet etmesi, kısacası toplumsal ahengin gereğini yerine getirmek için kendini ölesiye zorlaması

* Ar. "cisim"den, c-s-m: te*c*e*ss*ü*m*. Cisimleşmiş, edilgeni: mü*c*e*ss*e*m*.

pek olası değil. Bugün evden çıkmadan önce başımıza bir iş gelmeyeceği yönünde bir garanti aramıyoruz belki ancak aynısını doğayla ve binbir türlü talihsizlikle mücadele etmek zorunda kalan dedelerimiz için söyleyemeyiz. Her dört çocuktan birinin bir yaşından, diğerinin ise ergenliğe ulaşmadan öldüğü; salgın hastalıkların şehirli nüfusun yarısını Tahtalıköy'e yolladığı; savaşların, korsan saldırılarının ve eşkıyaların sürekli insanların canına ve malına kastettiği; biraz geç yağan yağmurun köylüleri açlığa mahkûm ettiği bir ortamda insanların hayata tutunmak için geleceği bilmek, hatta belki de büyü ve dua ile onu manipüle etmek istemesinden doğal ne olabilir?

Sadece fakirler ve çaresizlerden söz etmiyoruz; sosyal piramidin en tepesindekiler bile talih kuşunun insafına kalmış çoğu kez. Yavuz Sultan Selim'in sözünü bir çıbana geçiremediği için Rabbine biraz vakitsiz yürüdüğünü biliyoruz mesela. Kardeşlerini ortadan kaldırmak ve babasının tahtına geçmek için binbir manevraya başvurmuş, ömrü savaş meydanlarında geçmiş, kritik fetihler yapmış, kısacası ince eleyip sık dokumuş bu cihan imparatorunun tüm planlarının böyle basit bir hastalıktan dolayı suya düşmesi, belirsizliğin insan motivasyonunu nasıl düşüreceğine güzel bir kanıt olacaktır.

Deus ex Machina Peşinde: "Armut Piş Ağzıma Düş"

Yukarıda büyünün sebebinin korku ve endişe olduğundan bahsederken negatif bir duruma işaret ettik. Eski insanlar mucizelere inanıyorlardı. Hz. Musa'nın Kızıldeniz'i ikiye böldüğünden, Hz. İsa'nın ölüleri diriltiğinden, Buda'nın görünmez olup kendi benzerlerini yaratabildiğinden, Zerdüşt'ün felçli hayvanları iyileştirdiğinden, ismini burada sayamayacağımız kadar çok aziz ve ermişin çeşitli kerametler gösterdiğinden pek emindiler. Başlarına gelen binbir fenalığı büyülerle, adaklarla ve muskalarla bertaraf etmeye çalıştılar.

Ancak doğaüstü güçlere olan inancın motivasyonu yavaş yavaş değişiyor. En azından gelişmiş ülkelerin tüketim toplumlarının kapısını Azrail bu kadar sık çalmadığından bizi büyü ve fala iten faktörler artık daha pozitif. Başımıza kötü bir şey gelmemesinden daha fazlasına ihtiyacımız var çünkü. Beraberliğe fit değiliz, hat-trick yapıp farklı galibiyet almak istiyoruz.

İnsanın doğasında kolaycılık belki hep vardı ancak son yüzyılda artan hayat standardımız bizi hazır tüketmeye daha da bir alıştırdı. Artık her şey ayağımıza gelsin istiyoruz. Adı üstünde "tüketim" toplumu, tüketmesi gerek. Bu yüzden de sistem merceği sürekli bireyin üstüne tutuyor. Çok özeliz. İstediğimiz birçok şeyi başarabiliriz. Hiçbir şey bizi durduramaz. Hepimizin iyi bir öğrenim almaya, sevdiği insanla mutlu bir birliktelik yaşamaya, adil bir toplumda refah içinde keyif çatmaya hakkı var.

Dünyanın eskisinden daha mutsuz bir yer olduğunu söylemiyoruz. Ancak bir milyardan fazla kişinin günde 1 dolardan daha az kazandığı şu adaletsiz dünyamızda, herkes hayatı "deneyimlemek" imkânını bulamayabilir. Neoliberal politikalar sayesinde artan gelir eşitsizliği artık gelişmiş bir toplumda bile "sahip olanlar" (İng. *haves*) ve "sahip olmayanlar" (İng. *have-nots*) diye iki sınıf yarattı. Ama sistemin idame edebilmesi için bireylerin her şeyin mümkün, şartların eşit olduğu bir fantezi dünyasında yaşamaya devam etmesi lazım. İzlediğimiz filmlerden okuduğumuz kişisel gelişim kitaplarına, çocuklarımızı yolladığımız okullardan şirketlerin çalışanlarını çıkardığı *retreat*'lere hemen her yerde bizi biricik olduğumuza, yarınların çok güzel geçeceğine inandırmaya çalışıyorlar. Bireyin umudunu ve kibrini manipüle eden bu sürecin yarattığı yeni bir fiil de var: Kendini gerçekleştirmek. Latincesi ya da Osmanlıcası nedir acaba?

Güzel günler ufukta. Tek yapmamız gereken inanmak. Eskiden Tanrı'yaydı; peki, şimdi kime? Kendimize. Eskiden "İnanmazsan duan/adağın kabul olmaz" denirdi, "Şimdi başarının yarısı inanmaktır." Kısacası ayıp olmasın diye sesli dillendirmesek de modern toplumda herkesin Tanrı'sı kendisi aslında. Tam da bu yüzden kilise ve sinagogların mümin bulmak için birbiriyle yarıştığı ABD gibi ülkelerde papaz ve hahamların en azından bir kısmı dini "yapılmaması gereken"leri sıralayan bir ikaz mekanizması gibi değil, insanların "ruhani"liği tecrübe ettiği bir cemiyet gibi lanse ediyorlar. Artık kimse cezalar ve yasaklarla ilgilenmiyor zira. Cemaatle yaşadıkları birlik hissiyle daha çok alakadar kendini çok özel hisseden modern birey. Kırmızı çizgileri olmayan, herkesin kendisine göre yorumlayabildiği bir öğreti lazım ona; herkese aynı reçeteyi veren ve yukarıdan konuşan evrensel bir ahlak sistemi değil. *Custom-made* bir din kısaca. Şüphesiz tüm dinî cemaatler bu kadar esnek değil ancak Hal Niedzviecki bize bu yeni sunum dilini yakalayanların daha çok inanan topladığını söylüyor.

Bu yoğun "özel insanlara güzel günler" propagandasının en önemli yan etkisi bizi kolaycılığa alıştırması. Hepimiz göklerde zembil arıyoruz. Başarılı olmaktan çok başarının bize gelmesini bekler olduk. Öyle ya madem bu kadar özeliz; ağır mesai yaptığımız, borç harç geçindiğimiz, yalnız ve bedbaht yaşadığımız bu günler herhalde ani bir dokunuşla değişecek. Mutlu biten filmler, istisnai başarı öyküleri, cebinde hep 5-10 dolarla New York'a gidip zengin olanların klişe hikâyeleri... Bir anda değişen hayatlar...

Peki, bu *deus ex machina*'nın gelişini bize kim haber verecek? Tabii ki falcılar. Bu açıdan bakıldığında falı bir terapi olarak görmek de mümkün. Sisteme ve dolayısıyla kendimize inancımızı tazeliyor. Geleceğin güzel günlere gebe olduğunu, o çıkışı en sonunda yakalayacağımızı, bize söz verildiği gibi her şeyin güzel olacağını duymak içimizi umutla dolduruyor; amaçsız ve bazen de kimsesiz yaşayan biz mutsuz bireylerin hormonlarını manipüle ediyor. Hiç olumsuz haber vermemeleri falcıların da durumun pekâlâ

Deus ex machina:
Yazarın üretebileceği bir çözüm kalmadığı zaman, hikâyenin düğümünü aniden çözen ve böylece mutlu sonu garanti eden şey. Mesela her şeyin bir rüya olduğunun ortaya çıkması ya da Tanrıların müdahale edip bir anda her şeyi tersine çevirmesi.

farkında olduklarını gösteriyor. Mesela siz hiç "Yarın öleceksin", "Batacaksın", "Boynuzlanıyorsun", "Çocuğunu işçi bulma kurumuna şimdiden yazdır" diyen bir falcıya rastladınız mı? Böyle biri vardıysa da kısa sürede dükkânı kapamak zorunda kalmış olsa gerek ki kendisinden haber alınamadı. Eskinin inanışları güzel günleri bu dünyada değil, daha ötede bir yerlerde, "Tanrı'nın Şehri"nde (Lat. *civitas Dei*) bulacağımızı söylüyordu. Şimdinin insanının bu kadar sabrı yok. Hemen kendi mahallesinde (Lat. *civitas terrana*) sonuç almak istiyor. Falcılar tam da bunu öneriyor. Sonuçta iyi hissettiğimize göre pek de sorun yok gibi.

Fal Düşünmemize Yardım Eden Bir Teknik midir?

Falı bir inanç sistemi değil, bir teknik olarak görenler de var. Kolonyal dönemin pozitivist antropologları bu metodu batıl inanç diye hakir görmekte acele etmiş olabilir bunlara göre. Peki, fal bir teknik ise ne işe yarıyor Allah aşkına? Daha kapsamlı düşünmemize. Ne alaka mı? Buyurun.

Yakın zamanda yapılan bir deney, objelerle bakılan falın bugün bile etkili olabileceğini gösteriyor. Önce ucu açık bir soru seçiliyor; örneğin Afrika'daki AIDS problemi ile nasıl baş edebiliriz? Ardından bir kâğıdın soluna sorulacak soruyla alakalı en az otuz iki tane kavram, sağına da rastgele seçilmiş eşyaları yazdıktan sonra, katılımcılardan bunları bir sepetin içine koyup yere atmaları ve düşüş pozisyonlarına göre objeler arasında bir simetri, çizgi, hiyerarşik bir dizilim ya da herhangi bir manaya gelecek bir örüntü bulmaları isteniyor. Şaşırtıcı olan bu rastgele sürecin sonucunda katılımcıların, objelerinin konfigürasyonunun konuyla alakalı çıkarımlar yapmalarına yardımcı olduğunu düşünmeleri.

Eşyaların rastgele dağıtılması, beyni içine hapsolduğu düşünce örüntüsünden çıkarıp yeni dinamiklerle düşünmeye itiyor. Ortada bir üçkâğıtçılık varsa bu biraz beynin nasıl çalıştığı ile alakalı. Malcolm Gladwell'in popüler kitabı *Blink*'i okuyanlar çoğu zaman kararlarımızı rasyonel ve bilinçli bir şekilde değil de önsezilerimize güvenerek verdiğimizi zaten biliyordur ama bilmeyenler için biraz daha teknik konuşalım. Beynimizin bilinçdışı olarak işleme koyduğu bilgi sayısı saniyede on bir milyon iken bilinçli halimiz bunun yanında maksimum elli ile âdeta bir kaplumbağa gibi kalıyor. İnsanoğlu aynı anda zihninde birbiriyle alakası olmayan yedi objeyi tutabilirken sembolik objeler işin içine girince daha kompleks durumlarla başa çıkabiliyor. İşte falımızın yaptığı tam da bu; beyni bilinçli halden bilinçdışı hale geçirerek daha karmaşık şeyleri kavramasını sağlamak. Bir nevi zincirlerini kırmak yani.

Ama tek yaptığı da bu değil. İnsan beyni aynı anda hem mantıklı hem de yeni bağlantılar kurarak yaratıcı bir şekilde düşünemiyor ne yazık ki. Analiz, yani soyut düşünme kabiliyeti dünyayı parçalara bölerek algılarken birleşimsel düşünme (İng. *associative thinking*) yüzeysel benzerlikler üzerinden objeleri birbiriyle ilişkilendiriyor. İşte objeler üzerinden bakılan falın ateşlediği ve yaratıcı düşünmemizi sağlayan tam da bu sembol, metafor ve benzerlikler kullanılarak yapılan ilişkilendirme! Antropologlara göre farklı bir "bilgiye ulaşma yolu" var karşımızda. Modern toplumun yazı üzerinden tanımladığı bilme metotlarının ana kaidelerine tamamen zıt bir yapıdan bahsediyoruz. Kesin doğru ve yanlışlar yerine birden çok yorum olasılığı... Lineer bir sebep-sonuç ilişkisinden ziyade sürekli değişen ilişkilere dayanan kompleks ve dinamik sistemler... Ve son olarak da yazılı metinlerin zamansızlığı karşısında "okunacak" kemiklerin pozisyonlarının geçiciliği...

Eşyaların sembolize ettiği bilgilerin beynimizi harekete geçirmesiyle çok daha hızlı bir analiz sürecine sürükleniyoruz kısaca. Dünyayı bire bir değil, semboller olarak algıladığımız için bu kontrolsüz akış daha yaratıcı düşünmemizi sağlıyor. Doğrusal değil, yapısal bir nedensellik var karşımızda. Yazıdakinin aksine kesinlik sunmayan ve bu yüzden de bilgiyi daha yaratıcı

Kutunun dışından düşünmek (İng. *to think outside the box*): Oturmuş fikirlere rağbet etmeden, olguları yeni bir bakış açısıyla yorumlamak. Yaratıcı düşünmek.

bir şekilde organize etme imkânı veren bir süreç yaratıyor bu objeleri okuma merakı. Kompleks konularda işleme konacak bilgilerin fazlalığı sistematik düşüncenin yaratıcı fikirler üretebilmesini zorlaştırıyor. Tıpkı matematikçilerin milyonlarca sayıyı toplamak zorunda olduklarında kullandıkları "Monte Carlo Metodu" gibi. İşte böyle anlarda, kıyıda köşede kalmış gizli bilgilere faldaki objelerin yarattığı çağrışımlarla erişebiliyor ve yeni bağlantılar kurup eskilerini sorgulayabiliyoruz. Bu da Frenklerin deyimiyle "kutunun dışından düşünmemiz"i mümkün kılıyor.

James W. Fernandez'e göre, falcıların yaptığı, birincil ve ikincil düşünme süreçleri arasında bir bağ kurmak aslında. Metaforların sağladığı geniş bir hareket alanında istediği gibi kehanetini yapan falcı, iş fal baktırana tavsiye vermek ve yorum yapmak olduğunda çok daha disiplinli ve rasyonel olmak zorunda. Gördüğünüz gibi, "mantıklı-analitik" ve "sezgisel-sentetik" düşünme metotları arasında keskin bir ayrım yok. "Niye böyle bir ayrım olsun ki?" dediğinizi duyar gibi oluyoruz ancak işi kültürel çeşitliliği ön plana çıkarmak olan antropologlarımıza göre, bilimsel metot doğruya ulaşmanın yollarından sadece biri. İnsanoğlunun bilgiye ulaşma yöntemlerini bir bütün olarak ele almak ve modern insanı ve icatlarını hemen piramidin en tepesine koymamak mantıklı. Ancak bir yere kadar; varılan sonuçlar aynı kabul edilmediği sürece.

Bitirmeden önce bu değişik bilgiye ulaşma metotları arasında bir hiyerarşi kurulmadığı zaman nasıl "at izinin it izine karıştığını" gösteren bir örnek vermezsek çatlarız. Hem böylece postmodern göreceliliğinin abartıldığında nasıl saçmalıklara yol açabileceğinden de dem vurmuş oluruz. Mesela bir tarafa milyonlarca yıldır Amerika'da bulunduklarını iddia eden kabile mitlerini koyun, öteki tarafa bunların buraya binlerce yıl önce geldiğini ispatlayan bilimsel verileri. Hangisi doğru? Aşırı bir göreceliliği savunanlara göre, bu iki değişik bilgiye ulaşma metodu aynı meşruiyete sahip. Şüphesiz aklı başında herkes şu ya da bu şekilde toplumsal hafızaya kazınmış mitler yerine modern teknoloji ile silahlanmış ilmî bulguları tercih edecektir. Ama kendilerine bol jargonlu yukarıdan bakan bazı argümanlarla karşı çıkanların olacağını da belirtelim, zira bazı felsefi akımlar bizi gerçeğe yakınlaştırmaktan çok eğlenceli zihin jimnastiklerine yöneltmeye çok meraklı…

Diyelim beş milyon farklı sayıyı toplayacaksınız. Bu uzun işlem yerine içinden rastgele beş bin sayı seçip bunu binle çarparsanız yaklaşık bir sonuç elde edebilirsiniz. İşte Monte Carlo Metodu bu. Ancak dikkat: Sistemin işlemesi için sayıların rastgele seçilmesi şart!

ÖMER F. OYAL'IN *GEMİDE YER YOK* adlı romanında dediği gibi geçmişin geleceği bir bebek gibi kucağında büyütebileceğini sanıyoruz, peki ya mazi âtinin her an kapı önüne koyabileceği bir piçse? Hoş, geçmişin de illa bize çok iyi davrandığı söylenemez ama kimse yarının dünden kötü olacağını düşünmek istemez. Düşünmek durumunda kalmamak için de çeşitli numaralara başvurur. Fal ve büyü bunlardan ikisi, yukarıda uzun uzun anlattık.

Görünen o ki kâh çaresizliğimizi unutturup psikolojik bir rahatlama sağladığı için kâh daha güzel günler inancımızı pekiştirdiği için kâh bilinçdışı düşünmeyi mümkün kılıp bizi daha yaratıcı kıldığı için kâh fıtratımızda olduğu için kâh bunlara inanmak bize pek bir şey kaybettirmeyeceği için gelecekte de fal ve büyüye inanmaktan vazgeçmeyeceğiz. Arı kovanına çomak sokmayı sevsek de amacımız insanların işine karışmak değil. Sadece keşfi konfora feda etmeye ve kendini kandırmaya çok meraklılara mekanizmanın nasıl işlediğini göstermek istedik. İlk başta zararsız bir hobi gibi görünen bu tip metafizik inanışların güçlendikleri zaman nasıl müspet ilimlerin sahasına girdiklerinin ve hiç de hak etmedikleri bir meşruiyet talep ederek insanların kafasını karıştırdıklarının altını çizerek bu bölümü kapatıyoruz. Eğer kendinizi çok kaptırıyorsanız fala inanmayın ve mümkünse falsız kalın!

VII

SONUÇ NİYETİNE: KENDİMİZİ GELİŞTİRMEK İÇİN NEYİ, NASIL OKUMALIYIZ?

"Okumak, kimseyi soymadan
zengin olmanın güzel bir yolu..."*
Arlette Laguiller

Altı bölüm boyunca alışkanlıklarımızın tarihî arka planıyla birlikte antropolojik, sosyolojik ve psikolojik kökenleri üzerinde durdum ve hareketlerimizi yöneten mekanizmaları incelemeye çalıştım. Daldan dala atladığım ve sayısız argüman sunduğum elinizdeki bu kitabı, bölümlerdeki bulguları özetleyen kısa bir sonuç kısmıyla bitirebilirdim; böylesi oldukça da kolay olurdu. Ancak bunun yerine sürekli kendisini nasıl geliştirebileceği sorusunun cevabını arayan okuyuculara bazı tavsiyelerde bulunmaya karar verdim. Bunu da kararlılıktan, kendini keşfetmekten, ufukları genişletmekten dem vuran içi boş bir motivasyon konuşmasından hallice satırlarla yapmaktansa bilgiye ulaşmanın en verimli yolunun ne olduğu üzerine fikirlerimi paylaşarak yapmayı uygun buldum. Öğrenmenin temeli okumak olduğuna göre, bu bölüm de modernitenin yarattığı belirsizlik ve kakofoniden en fazla etkilenen kültürel meta olan kitaplar üzerine.

Fransız Troçkistlerinin önde gelen ismi ve cumhurbaşkanlığı seçimlerinin daimî mağlubu Arlette Laguiller'nin zengin olmaktan ne kastettiğini bilmek zor ancak "bilgi çağı"nda yaşadığımızı iddia

* "*Lecture, une bonne façon de s'enrichir sans voler personne.*"

ettiğimiz ve kitlelerin büyük çoğunluğunun eskiden şanslı bir azınlığın tekelinde olan eğitim olanakları ile donatıldığı bir dönemde kimsenin okumanın ve öğrenmenin önemini sorgulayamayacağını farz etmek kolay. Peki, durum hakikaten böyle mi? Hayır!

Öyleyse sormak elzem oldu: Edinmek istediğimiz bilgiye en randımanlı şekilde nasıl ulaşırız? Günümüzün ürün, haber ve bilgi bombardımanında kendini geliştirmek isteyen birey nasıl bir strateji izlemeli? Formların sürekli değiştiği postmodern çağımızda kitabın alternatifi var mı? İnsanlar bilgiye ulaşımın kolaylaşmasının avantajlarından gerçek anlamda yararlanıyorlar mı, yoksa bilginin çokluğu içinden çıkılmaz bir kakofoniye mi dönüşüyor?

"-Mış Gibi Yapan"larda Bugün: Zihnen Göçememek

Elimizdeki tüm veriler, köyden kente göçün yakın zamanlarda gerçekleştiği ülkemizde, iki yüzyıllık çabaya rağmen okuma oranlarının hâlâ çok düşük olduğunu gösteriyor. Bizce bunun esas nedeni, köyden kente göçün "zihnî" olarak değil, "fiziki" olarak gerçekleşmesi. 1927-1950 arası dörtte bir olan şehirli oranı, 2012 yılında dörtte üçe çıkmış olabilir ancak ne yazık ki halkımız sağlam bir burjuva kültürünü tesis edecek "zihnî göç"ü (beyin göçünden farklı bir kavramdan bahsediyoruz!) hâlâ gerçekleştirememiş görünüyor. Yüz seneden az bir süre içerisinde altı kat artan bir nüfusa plansız ve dolayısıyla çarpık bir kentleşmenin eklenmesi, ortaya "-mış gibi yapan" bir orta sınıf çıkardı. Taşradaki üniversiteler ne kadar üniversiteyse şehir hayatına uyumu *Instagram*'a havalı fotoğraflar atmak, manasız yabancı isimlere sahip pahalı restoranlarda yemek yemek ya da son moda elbiseler giymek sananlar da o kadar burjuva.* Woody Allen'ın *Small Time Crooks*'unda abartılı bir zevksizlikle döşenmiş bir salonun ortasında duran arp misali, havalı ancak emanet duruyoruz çoğumuz metropollerde.

* Eski Frankça *burg*: "şehir"den Fr. *bourgeois*, şehirli.

İlla rakamlarla konuşmak gerekirse onu da yapalım. 2019'da 12 milyonluk Paris'te sadece Louvre Müzesi, 15.5 milyonluk İstanbul'daki tüm müzelerin toplamından daha fazla ziyaretçiye kapılarını açtı (9.6 milyon vs. 7.8 milyon). Öve öve bitiremediğimiz İstanbul Arkeoloji Müzesi'nin ziyaretçi sayısı 427 binde, Ankara'daki Anadolu Medeniyetleri Müzesi'ninki 327 binde kalırken New York'taki Metropolitan Sanat Müzesi'ni ve Londra'daki British Museum'u 6 milyon kişi ziyaret etmiş; bir zamanlar üstünde güneş batmayan imparatorluğun başkentinde on dört müzenin milyon rakamını devirmeyi başardığını da ekleyelim.

Her ne kadar son on beş yılda önemli bir çıkış yakalasa da sinema ve tiyatrodaki bilet satış rakamlarına baktığımızda da içimiz kararmadan duramıyor. TÜİK'in açıkladığı sinema ve tiyatro istatistiklerine göre, 2019 yılında 56.5 milyon kişi sinemaya giderken 67 milyonluk Fransa'da bu rakam 2015-2018 arasında hep 200 milyonun biraz üzerinde seyretmiş. Benzer bir nüfusa sahip olan İngiltere'de ise rakam 2019 yılında 176 milyonda kalmış. Son yirmi yılda hızlı bir düşüş yaşayan 83 milyonluk Almanya'da ise 113 milyon kişi beyaz perdeden film izlemiş. Lafı eveleyip gevelemeden sonuca gidelim: 2 ila 4 kat arasında değişen bir farktan söz ediyoruz.

Gözümüzü tiyatro salonlarına çevirirsek tam bir felaketle karşılaşıyoruz. TÜİK'in 2019 yılı için verdiği 7.9 milyon rakamını, 2017 Fransa'sının 209 milyonuyla karşılaştırdığımızda; bizde her on kişiden birinin tiyatro bileti aldığını, bir Fransız'ın ise yılda ortalama üç kere tiyatroya gittiğini görüyoruz. Yani neredeyse otuz katlık bir fark! Ancak Fransa bir istisna, gelin Birleşik Krallık'a bakalım: 34 milyon, yani iki kişiden biri. Derin bir nefes alabiliriz, fark beş kata düştü!

En kariyerli beyaz yakalılarda bile Avrupalı muadillerinden duyamayacağınız sığlıkta argümanlar duyabiliyorsanız işte tam bu "zihnî göç" eksikliğini suçlamalısınız. Örneğin Türkiye'nin en prestijli hastanelerinden birinde bir psikiyatr, danışanı olan bir arkadaşımıza "Bence insan sadece hava atmak için kitap okur" diyebildi. Koca koca akademisyenlerin cehaleti övdüğü örnekler ortadayken kendisine çok da kızmamalıyız belki. Elimizdeki tek örnek bu olsaydı belki gülüp geçerdik de ne yazık ki dahası da var. Gene bir sosyal medya paylaşımından NASA'da çalışan bir Türk astronotun, tarihin padişahları ve savaşları ezberlemek olduğunu sandığını öğrendik. Meşhur bir ekonomi profesörü *Wonder Woman* adlı filmde Türkiye'nin Birinci Dünya Savaşı'na Almanya'yla ittifak halinde girmiş gibi (!) gösterilmesine içerleyerek Dışişleri Bakanlığı'nın lobi şirketleriyle anlaşması gerektiğini söyleyebildi. Merceği biraz da kendi alanımıza tutmak gerekirse ekol oluşturmuş tarihçilerden birinin en son lisede roman okumakla övündüğünü eklemek zorunda kalırız. Örneklerimiz anekdot bazlı, farkındayız ancak etrafınıza şöyle bir bakarsanız sizin de benzer bir intibaa kapılacağınıza inanıyoruz. İşini iyi yapan ve formel eğitim almış insanlar bile genel kültür söz konusu olduğunda çuvallayabiliyor.

Pespaye bir siyasi kutuplaşmadan sürekli bir karşılıklı suçlama orjisine dönüşen yüzeysel tartışmalara, kurallara uymamaktan her alanda hâkim olan kasabalı kurnazlığına ve akademiden sanata her yerde kendini gösteren taklitçiliğe birçok vasatlık emaresi işte hep bu zihinleri şehirlere adapte edememekten kaynaklanıyor. Ve her ne kadar ülkemiz çok hızlı bir şekilde değişse ve en azından fiziki şartlar iyileşse bile kendimizi geliştirmek bize düşüyor. Zihinlerimizi köyden kente getirip hayatı sadece maddi değil, manevi ve estetik olarak da anlamlandırmayı başaran bireyler olmak için yapmamız gereken ilk şey de okumak. Dahası doğru şeyleri okumak. Onu da nasıl yapacakmışız gelin birlikte bakalım.

Oksimoronik Kişisel Gelişim Kitapları ve Okumanın Mimarisi

Pek fazla okumamamızdan daha da önemli bir sıkıntı, okuyanlarımızın kafasında bir metot ve strateji olmaması. Elinin altında her türlü imkân olan ve yediğinden giydiğine, izlediğinden gezdiğine her şeye kafa yoran insanların kitapçıların raf dizaynına ve itibarı kendinden menkul kişi ve kurumların yönlendirmesine teslim olmasına üzülmemek ve biraz da şaşkınlıkla karışık küstah bir hiddete kapılmamak inanın çok zor. Peki, niçin kendimize özel bir okuma mimarisi geliştirmeliyiz?

Her bireyin karakteri, ilgileri ve beklentilerinin tıpkı parmak izi gibi kendisine özgü olduğuna kimse itiraz etmeyecektir herhalde. Doğamız gereği farklı özellikler ve yatkınlıklarla doğuyoruz ve ardından çevresel faktörlerin de devreye girmesiyle birbirinden farklı bireylere dönüşüyoruz; bilgisayar oyunu müptelalarının aklına bir sürü değişik özelliğine 1'den 20'ye değerler verilen *Championship Manager* futbolcularının geldiğine bahse girebiliriz. Ancak enteresan bir şekilde insanların her birinin ne kadar özel olduğunun sürekli vurgulandığı bir çağda; modern bireyin hayattan, sanattan, siyasetten hep aynı şeyleri anladığını ve "özel görünmek" telaşının ironik bir şekilde birbirinin kopyası sıradan bireyler yarattığını görüyoruz. Tereddüdü olanlar sosyal medyada paylaşılan fikir ve zevkleri inceleyebilirler, buna üşenenlere ise kanıt olarak kitlelerin uyduruk kişisel gelişim kitaplarına teslim olmasını sunuyoruz. Hakikaten ayrı coğrafyalarda, ayrı kültürlerin içinde doğmuş ve farklı karakter ve tecrübelere sahip milyonlarca kişinin birkaç yüz sayfaya sıkıştırılmış üstünkörü tavsiyelerle kendilerini yetiştirebileceklerine inanmak çok saçma değil mi?

Bu kitaplar oksimoronik aslında; adı üstünde, nasıl yüz binlerce kişiye aynı "kişisel" gelişim tavsiyeleri dayatılabilir? Burada hedef, tedaviden çok terapi; laik kişilerin de ruhani kılavuzlara, yani şeyhlere ihtiyacı var demek ki. Zaten bir önceki bölümde ateistlerin bile büyüye inandığından bahsettiğimiz için buna pek şaşırmıyoruz. Ancak moralinizi bozmadan da edemeyeceğiz. Beynimiz de ruhumuz kadar önemli ve konfor alanımızdan uzaklaşmadan, yani azıcık canımızı sıkmadan kendimizi geliştirmemiz ve hayatımıza yeni bir yön vermemiz mümkün değil. James Hetfield'ın da bas bas bağırdığı gibi "Acı Ama Gerçek." Psikiyatristlerin ve diyetisyenlerin hastalarından ilk seansta istedikleri şey kendilerinden bahsetmeleri, çünkü ancak bu şekilde onlara has bir tedaviyi formüle edebilirler. Daha kaliteli bir yaşam sürmek isteyen birey de aynı şekilde kendisini hiç tanımayan kişilerin katalog tavsiyelerinden vazgeçmek ve imkân, ihtiyaç ve hedeflerine uyarlanmış bir kendini geliştirme stratejisi kurmak zorunda.

Bu strateji doğru kurulmadığı takdirde alınacak taktik başarıların bir anlam ifade etmeyeceği ve akan suyu tersine döndüremeyeceği de su götürmez bir gerçek. Dâhi komutanlar ve savaş tanrılarının kıyakları size muharebeyi kazandırabilir ancak tüm askerî tarihçilerin de onaylayacağı gibi, savaşları kazananlar hedeflerini iyi belirleyen ve lojistik hesapları titizlikle yapanlardır.

Ve her stratejinin başlangıç noktası done toplama ve analiz yapma safhası. İşte okuma da tam burada arz-ı endam ediyor. Bu stratejinin sağlıklı bir şekilde tanımlanabilmesi için herkesin hedeflerine ve özelliklerine göre kendisine mahsus bir okuma mimarisi geliştirmesi şart. Nasıl mimarlar arazinin yapısı, müşterinin istekleri, teknolojik olanaklar ve dönemin estetik kaygılarını bir potada eritip aynı malzemelerle özgün binalar yapmayı başarıyorlarsa kendini geliştirmek isteyen bireyin de hedefleri ve yeteneklerini elindeki imkânlarla doğru bir matrikste buluşturup iyi çalışılmış bir strateji geliştirmesi şart. Bu tip zor kararların kolay formülleri yok ancak kimse kişisel gelişim kitabı yazarlarını giyotine yollamadığına göre, bu konudaki tecrübelerimi paylaşmaktan çekinmeme

Sad But True,
Metallica (1992).

Resim 20. Fransa'daki kamuya açık son giyotin cezası; Versailles, 17 Haziran 1939. Bu meşum alete 1977'de boynunu uzatacak son mahkûm Hamuda Cendubi olacak fakat izleyicisi olmayan bu idamın görüntüsü bulunmamakta. Bu kana susamış Tunusludan sonra giyotin cezasına çarptırılanlar olacaksa da 1981 yılında idam cezasının kaldırılmasıyla paçayı kurtaracaklar.

de gerek yok. Sanırım ve hatta umarım. Yanılıyorsam bile giyotinin 1977'den sonra kullanılmamasına güveniyorum. O zaman "Teşekkürler Mitterand" deyip bir de lafı uzatmaktan hüküm giymemek için hemen konuya gireyim.

Ne Okumayalım?

Kısacası önemli olan çok kitap okumak değil; kendi seviye, ilgi ve yeteneklerimize uygun kitapları okuyup entelektüel gelişimimizi doğru yönlendirmek. Kimi okuyucu kolaylık yapıp kendisini zorlamayan "sabun köpüğü" kitaplarda takılı kalırken entelektüel gözükme endişesi olan diğerleri bağlamını bilmedikleri ve altından kalkamayacakları karmaşıklıktaki metinlerin altında eziliyorlar. Edirne'nin ötesinde söylendiği zaman insanı yerin dibine sokacak komiklikteki savların karşımıza çıkıp durması da biraz bu yüzden. Yakın zamanda Batı medeniyeti ile ilgili yapılan ipe sapa gelmez yorumların en azından bir kısmının bir sürü referansın havalarda uçuştuğu cümleler kurmaya alışmış entelektüel figürlerden gelmesi boşuna değil kısaca. Kitap başına düşen algı oranında büyük bir seyreklik söz konusu, tam uymuyor belki ama eskilerin deyimiyle bir nevi "ilmin aklı geçme" durumu!

İlk olarak, okuyacağımız kitabı nasıl seçeceğimiz üzerine birkaç kelam edelim. Burada "iyi" kitapla "kötü" kitap arasında bir ayrım yapmak gibi bir iddiam da yok, böyle bir ayrımı yapmaya salahiyetim de. Ancak bu önemli değil; zira sorun en kompleks eseri değil, kendi amaç ve seviyemize en uygun olanını bulmak.

Gözümüze takılan bazı anormalliklerle başlayıp neyin yapılmaması gerektiğini belirtelim önce. Çok satan listesinde gördüğümüz bazı kitapların oldukça eski olması, okuyucunun yayınevlerinin tercüme politikasının insafına kaldığının güzel bir kanıtı. Jules Payot'nun 1895 yılında yazılmış *İrade Terbiyesi* kitabının son birkaç yıl içinde on bir ayrı yayınevi tarafından basılması ve hatta bir de Fransızcasının yayımlanması, modası geçmiş eserlerin modern sloganlarla nasıl piyasaya sürüldüğünü gösteriyor. Telifleri düştü diye mi acaba? Bilemiyoruz; şimdilik bu baskılardan birinin yüz binlerce satmasının, pedagoji alanında yüz yirmi beş sene içerisinde sanki hiçbir gelişme olmadığı intibaı uyandırdığını belirtmekle yetinelim. Eliniz değmişken Locke'un *Eğitim Üzerine Bazı Düşünceler* ve Rousseau'nun *Émile*'ine de bakın bari. Hakikaten çocuklarımızı 1895 Fransa'sında yazılmış bir esere göre mi yetiştirmek istiyoruz? III. Cumhuriyet'in kafa yapısını bilenler ya da Truffaut'nun *Les quatre cents coups*'sunu* (400 Darbe) izleyenlerin hemen "Tabii ki hayır!" dediğini duyar

* Fransızcada *faire les quatre cents coup* "ahlaka ve geleneklere aykırı yaşamak" anlamına gelmektedir. Hem İngilizce hem de Türkçe tercümede bu anlam kaybolmuştur. Hazır el atmışken ifadenin kökeninin de XIII. Louis'nin kuşattığı bir Protestan şehrini korkutmak için dört yüz topu bir anda ateşlemesinden geldiğini belirtelim.

Resim 21. Genç Antoine'ın asi kişiliği nedeniyle yaşadığı sıkıntıları anlatan bu başyapıtta, Truffaut Fransız okul sisteminin pedagojik ilkelliğinin altını çiziyor ve ataerkilliğin bir gencin potansiyelini heba etmesini konu alıyor. Haşarı Antoine'ımız büyüyecek ve dört ayrı filmde daha karşımıza çıkacak.

gibiyiz. Kaldı ki enteresan bir şekilde Payot'nun diğer eserlerinden sadece biri Türkçeye çevrilmiş ve *İrade Terbiyesi II* adıyla başlığı da manipüle edilen bu kitap ilkinin yakaladığı popülerliğin yanından bile geçememiş. Bu başlık manipülasyonu da kitap okuyucusunun nasıl aptal yerine konduğunun bir göstergesi aslında. Benzer bir şekilde Selis Kitaplar da *Émile*'in ardına *Bir Çocuk Büyüyor* şeklinde bir ekleme yapmış. Acı bir şekilde bu taktik işe yaramış görünüyor; zira iki yüz elli yıllık bu kitap tam on bir baskı yapmış.

Yüz yıl önce yazılmış bir edebiyat eserini okumakta bir sakınca yok ama pedagojinin daha emekleme çağında kaleme alınmış bir kitabın çok satan olmasını anlamak biraz zor, özellikle konu üzerine yazılan modern eserlerin mütevazı satış rakamları düşünüldüğünde. Okuyucunun açık bir manipülasyona kurban gittiği ortada. Ülkemizde okuyucuların genelde temel eserlerden kafalarını kaldıramadıklarını görüyoruz. Tarih, sosyoloji, antropoloji, psikoloji ve felsefe gibi alanların dev isimlerinin eserleri kütüphane raflarını domine ediyor fakat bunların bazılarını okuyucuların ne kadar anlayabileceği meçhul. Ünlü Fransız düşünür Louis Althusser'in *Kapitali Okumak* (Fr. *Lire le Capital*) diye bir kitap yazmasından da bu temel metinlerin herkese göre olmadığı sonucu çıkarılabilir. Aralarında Weber ve Foucault (episteme'den bahsettiği eserler hariç) gibi görece anlaşılır yazanlar olabilir ancak bir Bourdieu, Jung, Braudel, Geertz ya da en kötüsü Derrida gibi yazarların orijinal eserlerini araziye hâkim olmadan anlamanın zorluğu tartışmaya açık bir konu değil.

Temel metinlerin okuyucuyu en çok zorlayacağı alan şüphesiz felsefe. Kant'tan Wittgenstein'a, Husserl'den Heidegger'e, Hegel'den Farabi'ye, Lacan'dan Nietzsche'ye birçok düşünürün metinleri bazen uzmanları bile birbirlerine düşürebiliyor. Bu metinler çevirilerinden okunduğunda anlamanın daha güç olduğunu da gözden kaçırmayalım. Bunların ne kadar anlaşılmaz olabileceğine bir örnek olarak, en enigmatik düşünürlerden Jacques Derrida'nın eserleri gösterilebilir. Fransız filozofun ifadeleri o kadar karmaşık ki düşüncelerinin hakikaten bir manası olup olmadığı sorusu akademi dünyasını ikiye bölmüş durumda. 1992 yılında Cambridge Üniversitesi kendisine fahri doktora vermek istediğinde Felsefe Bölümü ortalığı ayağa kaldıracak ve diğer Batı ülkelerinden on sekiz filozofun da kendilerine katılmasıyla üniversite yönetimine bir mektup yazacaktı. Üniversitelerine ateş püsküren İngiliz meslektaşları, Derrida'nın fikirlerinin ilmî standartların gerektirdiği "netlik ve ciddiyet"e sahip olmadığından ve önermelerinin tutarsız ya da yanlış olduğundan yakınmaktaydılar. Öyle ya, muteber bir filozof olmak için "mantık, hakikat ve ilmin değerlerine yapılan yarı anlaşılır saldırılar"dan daha fazlasına ihtiyaç yok muydu? Sonunda yapılan oylamayı kaybedecek (336'ya 204) olsalar da eserlerin muğlak dili bu kadar büyük bir gürültü çıkarılmasını meşru kılmıştı.

Bu temel metin okuma ısrarının sonuçlarına gelelim şimdi de. İlk olarak, sosyal bilimlerin dev isimlerinin şaheserlerinin uzunluğu ve zorluğu, piyasa şartlarına göre hareket eden yayınevlerinin okuyucuyu aynı yazarların daha az önemli ancak daha kısa ve anlaşılır eserlerine yönlendirmesi sonucunu doğuruyor. Örneğin yüzlerce sayfası, binlerce dipnotu, teknik terimleri, özel isimleri, yabancı kelimeleri ve birçoklarının kötü bulduğu tercümesiyle onaltıncı yüzyıl Akdeniz'i üzerine uzmanlaşmayanların okumakta büyük güçlük çekeceği *II. Felipe Döneminde Akdeniz ve Akdeniz Dünyası* ya da kapitalizmin kökenlerini araştırdığı üç ciltlik *Maddi Uygarlık* gibi kitapların yerine, Braudel'in *Akdeniz: Tarih, Mekân, İnsanlar ve Miras* ve *Bellek ve Akdeniz* gibi daha az bilinen eserlerinin ön plana çıktığını görüyoruz. Gene Lévi-Strauss'un konferans konuşmalarından oluşan *Modern Dünyanın Sorunları Karşısında Antropoloji* kitabı da buna benzer bir işlev görüyor aslında.

Bir konu hakkında bilgi sahibi olmak için olayın kaynağına inme merakının kendisini gösterdiği bir başka yer de kaynak dili öğrenme merakı. Özellikle son iki yılda sayısız "Roma tarihi okumak için Latince, Yunan medeniyetini öğrenmek için Antik Yunanca öğreniyorum" gibi cümleler içeren mailler alıyorum, hem de İngilizceyi tam anlamıyla öğrenemediğini itiraf eden öğrencilerden. İngilizce eğitim veren Türk eğitim kurumlarında ve yurtdışındaki okullarda eğitim almış, birden fazla Batı dilinde yazı yazmış biri olarak, dil öğrenmenin insanı geliştirdiğini yadsıyacak değilim ancak temel eserlerin büyük çoğunluğunun edisyon kritiğinin yapıldığı bir çağda, enerjimizi ilk sarf edeceğimiz yer, öğrenmesi oldukça zor olan bu antik diller midir hakikaten? Roma tarihi üzerine en çok okunan eserin hâlâ Edward Gibbon'ın 1776 tarihli kitabı olduğu bir ülkede, bu eksiği kapatmak için yıllarca isim tasrif etmek (İng. *decline*) şart mı? Pek emin değilim.

Ünlü düşünür ve bilim insanlarının isminden yola çıkılarak oluşturulacak bir okuma listesinin en acayip yan etkilerinden biri de şüphesiz Umberto Eco'nun *Tez Nasıl Yazılır?* adlı eserinin ellerden bir türlü düşmeyişi. Yanlış anlamayın, Eco'nun önemli bir bilim adamı olduğunu inkâra kalkışmıyorum ancak insan sormadan da edemiyor: Günümüz teknolojisinin getirdiği imkânlar ve sosyal bilimlerin sorunsallarının ve üniversite yapısının son kırk yılda geçirdiği değişiklikler düşünüldüğünde, 1977 yılında, daktiloların ve kartoteklerin çağında basılan bu kitabın aradığımız şey olduğuna emin miyiz?

Bir şey öğrenmek için olayın kaynağına inmek aslında uzmanların işi ve okuyucunun ilk kaynağa gitmesi biraz kimya laboratuvarında çay yapmaya benziyor. Amaç öğrenmekten çok havalı gözükme telaşı gibi sanki; varılacak yerden çok taşıtın kendisi ön plana çıkıyor. Gereksizliği bir yana, böyle bir efor her okuyucunun altından kalkabileceği bir şey de değil. Bu iyi planlanmamış meraka bir de kafalarda herhangi bir problematik olmaması ve bunun sonucunda belirli bir hedefe odaklanmış bir okuma stratejisinin geliştirilmemesi de eklenince ortaya varoluşçuluktan estetiğe, semiyotikten arkeolojiye, hermenötikten psikanalize hemen her alanda okuma yapmış ancak sindiremediği fikirleri hayata geçirmeye ve daha ileri götürmeye kâdir olmayan bir okuyucu çıkıyor. Erasmus Üniversitesi'nden İlker Birbil'in yakın zamanda bir sosyal medya platformunda da dikkat çektiği gibi, kendisini yabancı muadillerden daha fazla bilgiyle donatan öğrencilerimizin birçoğu öğrendiği teorik bilgileri tatbik etmekte büyük sıkıntı çekiyor. Türk entelektüellerinin birbirleri arasındaki tartışmaların hemen jargona boğulması ya da karşılıklı suçlamalarla dolu ad hominem festivallerine dönüşmesi bize bu problemin sadece öğrenci ve amatör okuyucu seviyesinde olmadığını da gösteriyor ancak bu belki de biraz sübjektif yorumu fazla genellemeden bırakalım ve yaş iken eğilme ihtimali olanlara dönelim.

Literatürün Kapısını Çalmak

O zaman soralım: Temel eserleri okumaya başlamadan önce ne yapmalıyız? Bir iki ufak tavsiye vermeye çalışalım. İlk adım olarak, giriş seviyesinde tanıtıcı eserlerle başlamayı salık veriyoruz. Özellikle Batı'da kaliteli akademik yayıncılar tarafından basılmış ve sorular, özetler, örnek metinler, kavram açıklamaları gibi temel pedagojik araçlarla geliştirilmiş ders kitapları; okuyucuyu herhangi bir bilim alanındaki metodolojik araçlar, işlenen konular ve yapılan tartışmalarla tanıştırmak için birebir kaynaklar. Yurtdışındaki ders kitabı piyasasının genişliği nedeniyle bu başvuru kitapları sürekli yeni baskılarla güncelleniyor da aynı zamanda. Kısacası alandaki en yeni bulguları en basit dille anlatan eserler bunlar. Eğer ders kitaplarının içinde ayrı kutularda verilen metinlerin ötesine geçmek istenirse *Reader* dediğimiz ikinci bir ders kitabı formatı da mevcut. Bunlar; temel metinleri (bazen eski, bazen modern araştırmalar, bazen birincil kaynaklar) kısmen ya da tamamen aktararak ve genellikle soru, açıklama ve tanımlarla destekleyerek okuyucuyu ileride karşılaşacağı daha çetrefilli sayfalara hazırlama amacını güdüyor. İlla karmaşık metin okumak isteyenler için ideal bir başlangıç noktası.

Birkaç sosyal bilim dalında literatüre hâkim olan okuyucunun yabancısı olduğu yeni bir alana kolay yollu giriş yapması için hazırlanmış kısa giriş kitapları da mevcut. Herhangi bir pedagojik fren denge sistemi olmadan konuya olabildiğince dikinden giren bu metinlerin başlangıç seviyesindeki okuyucunun pek bir işine yaramayacağı ortada ancak sosyal bilimlerin temel kavram ve tartışmalarından haberdar olan ileri seviyedeki okuyucular için biçilmiş kaftan. Mesela *Oxford University Press* tarafından hazırlanan *Kısa Bir Giriş* (İng. *A Very Short Introduction*) serisini oluşturan altı yüz kitap arasında yok yok. Postmodernizm, İbrahimî dinler, Sigmund Freud, biyoloji felsefesi, hanedanlık, fakirlik ve sanal zekâ gibi birbirinden alakasız pek çok konu, dünyanın önde gelen akademik isimlerinin kaleme aldığı yüz-yüz elli sayfalık metinlerde incelenmiş. Gene düşünürler söz konusu olduğunda Routledge'ın *Key Sociologist* serisi Weber, Baudrillard, Bauman, Simmel ve Durkheim gibi bilim adamlarının karmaşık fikirlerini hakkını vererek açıklıyor. Bu serilerin listesi uzatılabilir; şimdilik Edmund Leach gibi görev tanımını aşmakta tereddüt etmeyenlerin fikirlerini özetleyecekleri meslektaşlarına (bu örnekte Lévi-Strauss) sert eleştiriler yöneltmekten çekinmediklerine de değinelim. Yani Wikipedia maddesinden hallice bir durum değil söz konusu olan.

Bu tip giriş kitaplarının bir güzel yanı da önemli düşünürlerin onlarca yıl önce öne sürdüğü fikirlerin meslektaşları tarafından nasıl karşılandığını ve zaman içinde nasıl bir değişime uğradığını görme şansınızın olması. Hangi teori ya da akımdan bahsediyor olursak olalım, kimileri çeşitli reddiyeler yazarken kimileri düzeltmeler ve eklemeler yaparak bazen başına *neo-* ya da *post-* sıfatını da getirdiğimiz yeni akımlar oluşturmakta gecikmeyecek. Akademik dergilerdeki bu yayınların takibini mümkün kılan bu giriş kitaplarının sürekli yeni edisyonlarla güncellendiğini belirtelim ki literatürdeki yeniliklerden haberdar olmanın ekonomik bir yönü olarak ne kadar etkili oldukları daha rahat anlaşılsın.

Bir teorinin ya da fikir akımının hangi argümanlara ve teorilere cevap olarak ortaya çıktığına ve bunların sebep olduğu tartışmaların detaylarına hâkim olmak, kısacası diyalektik bir şekilde zıt fikirlerin nasıl yeni filizler verdiğini anlamak, kendi orijinal fikirlerini geliştirmek isteyenler için ideal bir antrenman aslında. Ancak entelektüelimiz bu antrenmana Sergen Yalçın ruhuyla yaklaşıyor biraz. Orijinal metin okumalarının tercih edilmesine, örgün bir araştırma kütüphane sisteminin hâlâ olmaması ve elektronik imkânlardan etkili bir biçimde yararlanmaya başlanılamamasının da eklenmesi, Türkiye'de birçok fikir akımının hâlâ en "Ortodoks" haliyle değerlendirilmesi sonucunu doğurdu zira.

Durun hemen korkmayın, o kadar da karışık bir kavram değil diyalektik. Bir tez ile antitezin birbirleriyle çarpışıp ortaya bir sentez çıkarması şeklinde özetleyebiliriz.

En azından İngilizce bilen okuyucular için daha da basitleştirilmiş giriş kitapları da mevcut. Mesela Icon Books yayınları tarafından doksanlı yıllarda basılan ve eğlenceli çizimlerle Descartes'tan Walter Benjamin'e, medya çalışmalarından siyaset felsefesine, modernizmden genetiğe birçok temel kişi, kavram ve konuyu en basit haliyle anlatmaya çalışan *Introducing* serisi hiç de azımsanamayacak bir katkı sunarak çıkıyorlar karşımıza. Çizim içerdiğini duyar duymaz burun kıvırıp bunların "çerez" olduğunu hükmedenlere bir daha düşünmelerini ve entelektüel gelişmenin kibir kabul etmeyeceğini hatırlatalım.

Bunlardan daha sofistike bir şekilde karşımıza çıkan ve Eric Hobsbawm, Ernst Gombrich, David Abulafia, Marshall Hodgson, William McNeill, Emmanuel Le Roy Ladurie, Bertrand Russell, David M. Buss, Robin Dunbar gibi dünya çapında uzmanların yazdığı genel çerçeve kitapları da yazarlarının üslubuna göre değişen zorluklarda eserler olarak karşımıza çıkabiliyor. Çoğu zaman kaleme alanların bakış açısını da yansıtan ve belirli bir ekolün etkisinde kalabilen bu eserlerin alamet-i farikaları basitlikleri değil. Bunları değerli kılan şey, az çok eşit uzunlukta yazılmış ve fikirle olgunun dengeli bir şekilde harmanlandığı bölümlerle belirli bir sistem içerisinde bir dönemin ya da temanın etraflı bir panoramasını vermeleri. Kendi konularının dışına çıkınca sudan çıkmış balığa dönen uzmanların her geçen gün arttığı dünyamızda bu hiç de hafife alınmaması gereken bir katkı!

İnalcık'ın Xerox'la İmtihanı: "Son Model" Bilgiye Nasıl Ulaşalım?

Daha spesifik bir araştırma yapacakların işi daha zor tabii, çünkü kârlı olmadığı için her konu için bir giriş kitabı yok. Bu durumda da özellikle yabancı dil bilenlerin başvuracağı birkaç taktik önerebiliriz. İlk olarak, Batı üniversitelerinde bu konularla ilgili verilen derslerin izleklerindeki okumalara bakılabilir. Bunlar kamuya açık olduğu için basit bir Google araması yeterli olacaktır. Akademik dergilerdeki *literature review* dediğimiz genel değerlendirme makalelerine başvurmak da önerdiğimiz başka bir yöntem.

Literatürdeki son gelişmeleri izlemenin bir başka yolu da yakın bir tarihte kaliteli bir akademik dergide basılmış makalelerin giriş kısımlarına bakmak. Buradaki "akademik" lafı gözünüzü korkutmasın; özellikle İngilizce neşriyatta bu kısımların olabildiğince anlaşılır ve özet bir şekilde kaleme alınmasının bir âdet olduğunu unutmayalım.

Son yıllarda artan teknolojik imkânlar dünyanın en iyi akademik kurumlarında çalışan uzmanların yıllar süren çalışmalarının sonuçlarını paylaştığı makaleleri herkesin ulaşımına açtı. Bu, bilgi üretilen merkezlerin uzağındaki Türkiye gibi yerlerde yaşayanlar için büyük bir nimet aslında. Milyonlarca makale içeren JSTOR veri tabanlarına Türkiye'deki birçok üniversite abone artık. Her ne kadar aboneliklerin kapsamı bazen yetersiz kalsa da bundan yirmi sene önce Bilkent Üniversitesi'nde öğrenciyken diğer okullardaki arkadaşlarına defalarca şifresini vermiş bir öğrenci olarak bu ulaşılabilirliğin öneminin altını bir kez daha çizeyim. Ancak bu veri tabanlarına erişimi olmayanlar için *science hub* gibi korsan yazılımlar da mevcut; elinizdeki kitabın yazarının korsanlık üzerine koca bir kitap yazdığı düşünüldüğünde bu cümleyi kurmasına çok şaşıran olmayacaktır herhalde. O zaman bir adım daha atalım ve *library genesis* gibi içinde 2.4 milyon kitap ve 80 milyon makalenin pdf'sini barındıran bir külliyatın da yıllardır okuyucuların hizmetinde olduğunu ekleyelim ki kütüphane eksikliğinden dem vururken amacımızın sadece moral bozmak olduğu sanılmasın.

Değerli hocam Halil İnalcık'ın 1970'li yıllarda Chicago Üniversitesi'nde sürekli fotokopi çektiği için meslektaşlarının şikâyetlerinin hedefi olduğunu hatırlatırsam, bu kadar geniş bir külliyata tek tıkla ulaşmanın nasıl bir fırsat olduğunu bir nebze daha iyi ifade etmiş olurum herhalde. Gene master çalışmaları için ilk kez Venedik'e gittiğimde, zamanımın çoğunu arşivlerin olduğu *Campo dei Frari*'de değil, akademik dergilerin bulunduğu *Biblioteca Nazionale Marciana*'da geçirmek durumunda kalmıştım. Ancak hemen her akademisyenin başına gelen bu tip hikâyelerin en ilginci iki genç Osmanlı tarihçisinin doksanların ortasında yaşadıkları olsa gerek. İngiltere'de yaptıkları kısa bir araştırma gezisinden bavullar dolusu makaleyle dönen ve hatta bu uğurda Türk Hava Yolları yer hizmetleri çalışanlarıyla uzun kavgalara girişen iki genç doktora öğrencisinin birkaç ay sonra o sırada yeni yeni yaygınlaşmakta olan JSTOR'la tanıştıklarında yüzlerinin aldığı hali okuyucunun takdirine bırakıyorum.

Yeni kitapların tek tük, o da ancak yıllar sonra geldiği bir Türkiye'de dünyadaki gelişmeleri takip etmenin ne kadar zor olduğunu bilmeyen Batı akademisyenlerinden, uzun yıllar binbir yöntemle kitap ve makale peşinde koşan Doğulu meslektaşlarını anlamasını beklemiyoruz tabii! Ancak bugün bile ortalama bir Türk akademisyeninin hard diskinde alakalı alakasız on binlerce makale ve kitabın bulunması, biraz da bu geçmişten gelen tedirginliğin sonucu. Braudel'in köylülerin aza kanaat getirmesini açıklarken kullandığı "Yokluk, tasarrufu öğretir" argümanına benzedi biraz belki ama ne yapalım, gerçek bu!

İnceleme kitapları söz konusu olduğunda ise akademik dergide yayımlananları başta olmak üzere çeşitli mecralarda çıkan değerlendirmeler (İng. *book review*, Fr. *compte-rendu*), bize hem kitabın içeriği hem de eksikleri ve artıları hususunda bir fikir verme potansiyeline sahip. Gene *Goodreads* gibi internet platformlarını bizdeki Ekşi Sözlük ya da Kitapyurdu gibi yerler sanmayın. Çoğunluğu oldukça kaliteli olan buradaki yorumlar, okuyucuya hem kitaptan gelen bilgileri koşulsuz kabul etmemeyi öğretecek hem de benzer konuları değişik açılardan ele alan eserlerle tanışma fırsatı verecektir.

Gene bir çizgisi olan yayınevlerinin bastığı kitapların en azından belirli bir seviyenin altına düşmeyeceğini varsayabiliriz.

Yurtdışındaki akademik pazarın genişliği ve bilim adamlarının kadro almalarının burada yaptıkları yayınlara bağlı olması, az çok şeffaf bir şekilde işleyen ama tabii ki hatadan âri olmayan bir hakemlik sürecinin devreye girmesi sonucunu doğuruyor. Bu, her yayınevinin her alanda aynı standardı tutturması demek değil ama bize en azından bir kerteriz noktası veriyor. Türkiye'de de bu tip yayınevlerinden mülhem Koç, Boğaziçi ve Bilgi gibi üniversite yayınevleri varsa da bunları ne yazık ki kitapçı raflarında görmeniz biraz zor. Gene Can, Metis, Alfa, Ayrıntı, Yapı Kredi, İletişim, İş Bankası gibi köklü yayınevlerinin de belirli bir çizgisi ve standardı olduğunu belirtelim ve adını anmayı ihmal ettiğimiz yayınevlerinden özür dileyerek yolumuza devam edelim.

Gene özellikle "dünyanın sırrını çözen", "şifreleri kıran" ve "oyunları bozan" kitapların Türkiye'de gördüğü aşırı ilgi göz önüne alındığında okuyucuya genelde kompleks fenomenlerin tek bir nedeni olmadığını ve dünyadaki hiçbir sırrın sadece Türkiye'den çözülemeyeceğini hatırlatmak yeterli olmayabilir. Zira kolay olanın cazibesine kapılanları bu hülyadan uyandırmak öyle bir iki cümlelik bir iş değil. Ancak kazara bu sayfalara savrulmuş komplo teorisi sevdalısı varsa kendilerine naçizane, dünyadaki birtakım güçlerin foyasını çıkaran kitaplarınkiyle, ciddi olduklarına kanaat getirdikleri bir inceleme eserinin kaynakçasını karşılaştırmayı salık veriyoruz. Salık vermek ne kelime, yalvarıyoruz: Lütfen, akla değil kalbe hitap eden ve yüzyılların oluşturduğu ön kabullerin üzerinde patinaj yapan liyakatsiz muhterislerin manipülasyonlarına gelmeyin!

Lafı fazla uzatmaya gerek yok, Orko'nun sahneye çıkma vakti geldi: Eğer dediğimizi yapar ve nasıl vasat bir kumpasın içinde olduğunuzu anlarsanız kusura bakmayın, biraz keyfiniz kaçacak. Ama entelektüalitenin getirisi kaliteli bir yaşamsa götürüsü de netliklerin ve basit cevapların sağladığı konfor. Ön lobdan tasarruf politikasından vazgeçmenin zor olduğunu biliyoruz; o yüzden bu kısmı Syd Barrett'i anıp inat edenlere son bir kez *Wish You Were Here*'ın sözleriyle seslenerek kapatalım: Hakikaten "savaştaki figüran rolünü kafesteki başrole değişmek" ve "değişimi soğuk konforla takas etmek" istediğinize emin misiniz?*

Nasıl Okuyalım?

Kitabımızın birçok yerinde kendisini geliştirmek isteyen kişinin bir stratejisi olmasının şart olduğunu belirttik. Dolayısıyla herkese hitap eden bir kitap listesi vermenin zorluğu ortada. Aslında bu bölüm tam da böyle bir listenin olmaması gerektiğini anlatmaya çalışıyor. Üzülerek bir kez daha armudun pişip ağzınıza düşmesine mâni oluyoruz.

Eğer vasatın tasallutundan kurtulmak istiyorsak başkalarının bizim için seçtiği kitapları okumaktan daha fazlasını yapmak durumundayız. Sorun sadece aynı kitapları başkalarının da okuması değil. Sürekli farklı olmanın prim yaptığına dikkat çekilen bir dünyada kendini gösterme kibrinden çok azımızın vazgeçebildiği de doğru, herkesin aynı şeyleri merak edip aynı şeyleri öğrendiği bir entelektüel ortamın oldukça boğucu olacağı da.

Ancak esas sıkıntı bunun optimal bir öğrenme yolu olmaması. Giriş Bölümü'nde de belirttiğimiz gibi alışverişten tatile, giyimden yemeğe hemen her tasarrufumuzda** bir hesap yaparken konu merakımız olunca onun ekonomisi için hiçbir şey yapmıyoruz. İnsanın düşünen bir varlık olduğu göz önüne alındığında acınası bir durum!

"Dostlar alışverişte görsün" tarzı bir gösterişçiliğin pençesine düşmek istemeyen ve entelektüel gelişimlerini yönetmeye karar verenler; seviye, amaç, zaman ve yeteneklerini belirli bir optimumda buluşturmak zorunda. İlk olarak, herkesin her kitabı anlayamayacağını kabul etmek gerek; yeni bir alana merak

* *Did they get you to trade / Your heroes for ghosts? / Hot ashes for trees? / Hot air for a cool breeze? / Cold comfort for change? / Did you exchange / A walk-on part in the war / For a lead role in a cage?*

** Ar. "sarf"dan, s-r-f: ta*sarruf.*

salanların, bilmedikleri kavramlarla dolu ve haberdar olmadıkları tartışmalara taraf olan çetrefilli metinlerle boğuşmadan önce konuyu daha iyi özetleyen eserlere yönelmelerinde yarar var. Yukarıda giriş kitaplarının öneminden zaten bahsetmiştik.

Sorun sadece anlayamamak da değil, bazen şu soruyu da sormak gerekiyor: "Hakikaten bu kadar derine inmeli miyim?" Sosyal medya takipçilerinden ve öğrencilerden gelen mesajların bir kısmından bu sualin pek sorulmadığı izlenimine kapılmadan edemiyoruz. Örneğin Bizans tarihi hakkında genel bir fikir elde etmek isteyen birinin, kaynakların problemleri ile ilgili okuma yapması gereksiz. Gene bir sosyoloğun ya da ekonomistin araştırmasının istatiksel arka planını anlattığı sayfaları atlarsak herhalde büyük bir problem olmayacaktır.

Sormamız gereken bir başka soru da edinmek istediğimiz bilgi için ne kadar zamanımızın olduğu. Eskiden iyi bir okuyucu olmak, aynı zamanda sahaflarda kitap kovalamak demekti; bugünse artık her türlü kaynağa az bir para ve çabayla ulaşmak mümkün. Artık önemli olan bu bolluk içinde aradığımıza çabuk bir şekilde ulaşabilmek, samanlıktaki iğneyi bulabilmek. Bu da detayların içinde kaybolmamak demek.

Kitapçıların kafeye dönüştüğü bir çağda, kitap alma da cazip bir sosyal aktiviteye dönüştü ancak öğrenmek için kitabın tek seçenek olmadığını aklımızdan çıkarmayalım. Spesifik bir şey araştıranlar için ansiklopedi maddeleri ideal bir başlangıç noktası olabilir mesela. Aklınıza hemen *Wikipedia* ya da bundan daha güvenilir olan *Britannica* ya da *Larousse* gelmesin; Roma tarihinden siyaset felsefesine, istihbarattan dine, askeriyeden bilime, terörizmden coğrafyaya, sinemadan İstanbul'a, Yahudilikten İslam'a geniş bir skalaya yayılan daha spesifik olanlar da mevcut. Gene kafasında net bir soru olanlar bu konuda yazılmış makale olup olmadığına bakmalılar; başlığından anlaşılamadığı durumlarda, bunların başındaki "öz"den, makalede sorulan sorular ve verilen cevaplar rahatça anlaşılabilir.

Resim 22. 1751 ve 1772 arasında yirmi sekiz cilt olarak basılan ve modern ansiklopedilerin babası sayılabilecek *Encyclopédie, ou dictionnaire raisonné des sciences, des arts et des métiers*'nin ilk sayfasından sembolizm dolu bir gravür. Ortada kafasına ışık vuran kadın "gerçek"i temsil ederken sağ tarafındaki iki kadın (mantık ve felsefe) üzerindeki örtüyü kaldırıyor. Eserdeki diğer karakterlerin hangi bilimi sembolize ettiklerini ellerindeki aletlerden çıkarmak mümkün.

Vakit, kapasite, seviye ve amaç arasında denge kurmak kadar önemli bir başka nokta da okuduklarımızı bir bağlama oturtmak. Ezberci bir eğitim sisteminin ürünü olarak, birçoğumuz bilgiyi "keşfedilecek" sonsuz bir şey gibi değil de "edinilecek" sonlu bir meta gibi görüyoruz. İnsanın kendini göstermesini sağlayan şık bir aksesuar, dikkat çekmesine yarayan "janti"* bir elbise, baştan çıkarıcı hoş bir koku gibi. Sosyal medyada ya da arkadaş gruplarında bu malumatfuruş eğilimleri amatör hevesler olarak geçiştirmek belki kolay ancak ülkemizin birçok entelektüel figürünün de aforizma ve jargon festivalinden kafasını kaldıramadığını görüyoruz.

Oysa düzgün bir üniversite eğitimi alan herkesin bildiği gibi, sosyal bilimlerin kökünde bağlama oturtma vardır. Skolastik üniversiteye alternatif bir öğrenme metodu olarak ondördüncü yüzyılda ortaya çıkan hümanizma işte tam da böyle bir çabanın ürünüydü. Popüler dilde kullanıldığı gibi, "insan sevmek" anlamına gelmeyen bu kültürel akım belirli bir müfredatı ve antik metinleri layıkıyla tercüme edip *gerçek bağlamı içinde* okumayı öneriyordu. Yani gene "bağnazlık" demek olmayan skolastisizmdeki gibi, düşünürlerin önermelerini alt alta yazıp birbirleriyle karşılaştırmak yerine, özenle çevrilmiş ve notlandırılmış metinlerin genel ruhunu anlamak gerektiğini savunuyordu. Bugün aforizmadan geçilmeyen sosyal medyayı skolastik olarak adlandırmak pek yanıltıcı olmaz sanırız; kimin, ne zaman, nerede ve ne niyetle söylediği belli olmayan lafları eğip bükmek milli bir spor oldu âdeta.

Bu yöntem eksikliği, okumaya ve tartışmaya dayalı olmayan ve sınava yönelik bir eğitim sisteminin ürünü aslında. Kendinize sorun: İlk kez kaç yaşında kendi görüşlerinizi yansıtan dört beş sayfalık bir deneme yazdınız? Ortaokul ve lisedeki derslerinizde tartışma grupları oluşturuyor muydunuz ("Sanat için sanat mı?" gibi beylik sloganları ele alan klişe münazaralardan bahsetmiyoruz)? Hanginiz kendi seçtiği bir konunun üzerine gidip gerçek

* Fr. *gentil*: zarif, kibar.

bir araştırma yaptı da yazdı dönem ödevini? Bu sorulara vereceğiniz yanıtlar ülkemizde insanların neden dahi anlamındaki –de'ler için geliştirdikleri hassasiyeti mantıksal safsatalardan esirgediklerini de gözler önüne serecektir.

Şüphesiz her sanat eseri bağlamı dışında da değerlidir; bir bilimsel incelemeye tatbik edilen sert standart burada önemini yitirecektir. Ama gene de bağlamı bilmenin faydası da yok değil. Mesela Ortaçağ'ın önemli tartışmalarından biri olan nominalizmi bilmeden *Gülün Adı*'ndaki motifleri tam olarak kavramak zordur. William of Baskerville'in soyadı Sherlock Holmes'a, kör kütüphaneci Burgos'un adı Jorge Luis Borges'e bir referanssa *opus magnum*'umuzun ismi de nominalizmin babası Ockhamlı William'a işaret etmekte değil midir? Kitabın enigmatik son cümlesi de evrensellerin isimlerden ibaret olduğunun altını kalın bir kalemle çizmekte, yani nominalizmin sınırlarını zorlamaktadır: "Adıyla var bir zamanlar gül olan, salt adlar kalır elimizde."* Verilen mesaj açıktır. Gülün özü ve varlığı isme indirgenmişse bunun nedeni elimizde sadece isimlerin ve illüzyonların bulunmasıdır; yani gerçeklik ve kesinlik yoktur. Zaten önceki sayfalarda Adso da "Tanrı gürültülü bir hiçtir"** dememiş midir?

Sayısız örnek bulunabilir ancak biz favori romanlarımızla devam edelim. Latin Amerika'nın ve daha spesifik olarak Kolombiya'nın tarihini bilmiyorsanız Gabriel García Márquez'in *Yüzyıllık Yalnızlık*'ı biraz daha az zevk verecektir hiç şüphesiz. Başlığının İncil'deki Beelzebub'ın birebir tercümesi olduğunu bilmemek *Sineklerin Tanrısı*'nın okuyucuları için çok büyük bir kayıp olmayabilir ancak din, medeniyet, siyaset, toplum ve insan doğası üzerine felsefi tartışmaları bilmeyenlerin kitaptaki ütopya motiflerinin büyük bir kısmını kaçırması olası değil midir? Son olarak, yıllar önce Ankara'da tanıştığım, *Yüzüklerin Efendisi*'ni kırk kere izlemekle ve defalarca okumakla övünen birinin

* Lat. *Stat rosa pristina nomine, nomina nuda tenemus.*

** Alm. *Gott ist ein lautes Nichts.*

kitabın Birinci Dünya Savaşı sırasında basıldığını sanmasına ve dolayısıyla esere yapılan "faşizm güzellemesi" eleştirilerinden bihaber olmasına da şaşakaldığımı ekleyeyim. Her ne kadar bu eleştirilerin birçok Yahudi meslektaşına kol kanat geren Carl Jung'a bilimsel teorileri üzerinden anti-semitizm yaftası yapıştıran insafsız ve anakronik eleştirileri andırdığını düşünsem de!

Özellikle alegorik eserlerde bağlamın daha büyük önem teşkil ettiğini görüyoruz. Muhtemelen Coen kardeşleri de *Neredesin Be Birader*'in başına Homeros'un *Odysseia*'sından esinlenildiği uyarısını koymak zorunda bırakan bu tip bir endişe olsa gerek. Daha detaylı bir örnek vermek gerekirse Michael Haneke'nin *Beyaz Bant*'ının (Alm. *Das Weiße Band*) çok takdir toplamasına rağmen pek anlaşıldığını sanmıyorum; filmle ilgili değerlendirmeler de sinematografi ve ritimle ilgili süslü lafların ötesine gidemiyor çünkü. Ufak odaları, alçak tavanları ve tutsaklık hissi veren koridor ve pencerelerine zoom bile yapmayan statik bir kamera ve sürekli bir sessizlik eklenince ortaya çıkan baskıcı atmosfer, kaç izleyiciye tutsakların gerçekten kim olduğu sorusunu sordurmuştur? Gene Birinci Dünya Savaşı'nın başlamasıyla biten filmin geçtiği hayalî "Eichwald" köyünün Nazi liderlerinden Adolf Eichmann'ın ismini hatırlatması pek kimsenin dikkatini çekmemişe benzemektedir. Nihayetinde film siyah beyazdır ve Haneke gibi bir usta tarafından çekilmiştir, herhalde bir bildiği vardır! Dış dünyayla bağlantısı kopmuş bu köyde karakterlerin meslekleriyle adlandırılması ne anlama gelmektedir peki? Zalimlik, işkence ve şiddetin ahlak yapısıyla çelişmeyi bırakın; onun bir parçası olduğunun altını çizen filmdeki "kamp" motifinin Yahudi Soykırımı'yla sınırlı kalmayıp zamandan ve mekândan bağımsız bir şekilde modern yaşamın geneli çerçevesinde okunması gerektiğini iddia eden Max Silverman gibiler de var. Medeniyet ile barbarlığın iyilikle kötülüğün birbirine zıt olduğu illüzyonu; modernitenin bu kritiğinde usta yönetmen; Adorno, Arendt, Bauman gibi isimlerin kalemle yapmaya

Resim 23. Haneke'nin 2009'da *Palme d'or* alan şaheserinin bu ikonik sahnesinde, otorite ve hiyerarşinin eziciliğinin altı çiziliyor.

çalıştığını vizörle başarmışa benziyor. Film "Kamera açıları çok güzel", "Sinematografisi harika" ya da "Görsel bir şölen" tarzı yuvarlak övgülerden fazlasını hak ediyor yani.

Bu ara bölümü kapatmadan önce "icra etmek" kavramı üzerinde de durmak istiyorum. Belirli bir konuda uzmanlaşanların kültürel ögeleri pasif tüketicilerden daha iyi değerlendirebileceğini de teslim etmem şart. Herkes müzik ve sinema üzerine yorum yapabilir ancak teknik bilgisi sağlam olan icracıların bizim göremediğimiz noktaları fark ettiğine hiç şüphe yok. Gene antropoloji, psikoloji ve tarih gibi alanlarda yazılan eserleri herkes okuyabilir ancak dönemin kaynaklarının kısıtlamalarını bilen bir tarihçi, yerel kabilelerle uzun yıllar temas kuran bir etnograf ya da birçok hastayla haşır neşir olmuş bir psikiyatrist, bu eserlerin oluşma aşamalarını ve yazarların yapmak zorunda kaldıkları stratejik tercihleri daha iyi anlayacaktır. Üretici ile pasif tüketici arasındaki bu farkı, yönetmenlerle eleştirmenler arasındaki tansiyondan da görmek mümkündür. Bilimsel kitapların değerlendirmelerini kendisi eser vermiş insanlara yazdırmanın mantığı da budur. Bilimsel ya da sanatsal, her eserin ortaya çıkışı bir seri stratejik tercihin ürünüdür zira. Kısacası hayatında bir gün idman yapmamış *Championship Manager* oyuncularının Rıdvan Dilmen'i "Daha Kennedy Bakırcıoğlu'nu bilmiyor" diye eleştirmesinin de bir mantığı yoktur aslında.

Tam da bu yüzden bazı eserlerin uzmanlar için yazıldığını ve amatör okuyucunun bunlara adapte olmakta zorlanabileceğini unutmayalım. Bu, bazı eserlerin kısıtlı bir gruba hitap ettiği ya da bunları okumaya sadece uzmanların "layık olduğu" gibi elitist ve üstten bakan bir yoruma götürmemeli tabii ki bizi. Ancak hayatın grilerle dolu olduğunu ve bir okuyucu olarak yazarın kime hitap etmek istediğinin de önemli olduğunu unutmayalım. Hep okur seçecek değil ya!

Okumasak da Dinlesek Olur mu?

Teknolojinin her gün önümüze yeni araçlar koyduğu bir çağdayız. Hayatımızı ne kadar kolaylaştırdıkları ayrı bir tartışma konusu aslında ama konumuz bu değil. İcatların en azından bireylere hitap edenlerinin bir salgın gibi yayıldığı bir dönemde, yüzyıllardan beri gelen pratikler hızla değişiyor; bizim için önemli olan bu. İnsanların yemesi, içmesi, sevişmesi, ebeveynlik yapması, hemen her şey bu yeni araçların kullanıma sokulmasından etkileniyor. Bazen Bob Dylan'ın *Ballad of a Thin Man*'indeki Mr. Jones gibi "bir şeyler oluyor ama onun ne olduğunu bilmiyor"uz belki ama gene de bazen söylene söylene de olsa şaşkınlığımızın üstesinden gelip yeniye adapte olmaya çalışıyoruz.

Ballad of a Thin Man, Bob Dylan (1965).

Kitap okumanın da bundan nasibini alması doğal. Okuma yönteminin de kitabın formuyla birlikte değişikliğe uğradığını görüyoruz tarihte. Elyazması döneminde kitap sayısı kısıtlı olduğundan insanlar yoğun bir okuma yaparlardı (İng. *intensive reading*), yani aynı eserleri defalarca okur ve ezberlerlerdi. Mesela İslam medeniyetinin altın çağındaki İbn Sina ve Farabi gibi filozofların hayatı bir şehirden bir şehre dolaşıp buradaki kütüphanelerde daha önce okumadıkları kitapları bulup hatmetmekle geçmişti. Matbaanın bulunmasıyla ise yaygın okumaya (İng. *extensive reading*) geçildi. Kitapların ucuzlaması, okuyucunun hem imkânını hem de sorumluluğunu artırmıştı. Bir üçüncü aşama olarak, kitapların dijitalleşmesi ve dünyanın globalleşmesi belki de matbaa kadar köklü bir değişim yarattı. Bu değişimin sonucunu üretimde görmek de mümkün. Artık kimse ciltler dolusu romanlar yazmıyor. Gene ondokuzuncu yüzyıldaki gibi gazetelerde tefrika edilmediğinden romanların bölümleri artık o kadar sansasyonel bir şekilde bitmek zorunda değil.

Her geçen gün görselleşen bir dünyada roman formunun geçireceği değişiklikleri merakla izleyeceğimizi belirtip bilimsel eserlerin teknolojik gelişmelere nasıl adapte olduğundan da bahsedelim. İlmî yayınların yağlı bir pazar haline geldiği Anglo-Sakson dünyada tüm akademik kitapların belirli bir düzende yazılması şart artık. Yüz bin kelimeyi geçmeyen, az çok eşit uzunluktaki bölümlerden oluşan bu kitapların formatı, rahatça göz gezdirmeyi kolaylaştırmak için ayarlanıyor.

Birçok Türk öğrencinin başına gelmiştir ancak gene de anlatmadan duramayacağım. Georgetown'daki ilk dönemimde her derste her hafta bir kitap okutulmasına çok şaşırmıştım. Asistanlık görevleri, ödevler, kaynak taraması ve sınav okumaları ile altından kalkması güç bir yük oluşturuyordu bu. Ta ki kimsenin aslında bazen çok spesifik konular üzerine eğilen bu kitapları baştan sona okumadığını, derste tartışmak üzere problematik ve argümanlarını anlayacak biçimde göz gezdirmenin yeterli olduğunu fark edene kadar. Hakikaten de iyi yazılmış bir monografın giriş ve sonuç kısımlarının yanı sıra, aradaki bölümlerin başında ve sonunda argümanların özetlendiği yerleri okumak yeterli olabilir. Eğer direkt araştırma konunuzla alakalı değilse bu tip bir okuma birçok değişik alanda literatürde ne olup bittiğini anlamanıza, sahaya kuşbakışı bir bakış atmanıza imkân sağlayacaktır. Başka bir deyişle bir Akdeniz tarihçisinin Patagonya'daki yerlilerin hükümet tarafından hangi zorlamalara maruz bırakıldığını ya da Amerika'daki bizonların neslinin nasıl tükendiğini tüm ayrıntılarıyla bilmesi gerekmeyebilir. Gene İç Asya steplerindeki boyların birbirleriyle ve Çin'le giriştiği sayısız mücadele, Trent Konsili'nde ilahiyatçılar arasında geçen tartışmalar, Mançuların askerî ve siyasi gücünün temeli "sancak sistemi" ya da Büyük Petro'nun maketlerle yaptırdığı savaş oyunları üzerine her detaya hâkim olmasına da gerek yoktur. Ana argümanı anlaması işini görecektir.

Kütüphanelerdeki sessizlik saplantısına aşina modern okuyucuya şaşırtıcı gelecek belki ama eski çağlarda insanlar genelde sesli okurdu ve öğrenme, duymakla ilgili bir şeydi. Sessiz okumak o kadar nadir rastlanan bir şeydi ki Aziz Augustinus, Aziz Ambrosius'un böyle kitap okumasını kabalık olarak addetmişti. Antik Yunan'dan Ortaçağ Avrupa'sına, dönemin kütüphaneleri Sirkeci Garı gibi bir yer olsa gerek! Ancak kelimelerin arasına boşluk konması ve okuyucuyu yönlendirecek noktalama işaretlerinin çıkmasının da etkisiyle, onyedi ve onsekizinci yüzyıllarda sessiz okuma ve "gözle öğrenme" galip gelecekti de bugünün çıt çıkmayan okuma alanları oluşacaktı. Görselliğin norm olduğu günümüzden bakınca başka türlüsü de düşünülemezdi zaten değil mi? Cevaplamadan iyi düşünün, zira popülariteleri her gün artan sesli kitaplar oyunun kurallarını bir anda değiştirebilir. Ama zaten David Edgerton gibi tarihçiler de eski teknolojilerin (mesela elektrikli araba ve prezervatif) hep geri dönme ihtimalleri olduğuna dikkat çekmiyor mu? Sesli kitapların geleceği üzerine yorum yapmak için henüz erken ve zaten bu bizim işimiz de değil. Şu sorulara cevap vermek için aynı şeyi söyleyemeyeceğiz ama: Sesli kitap okumalı mıyız? Yazılı bir metnin hakkını kulağımızla verebilir miyiz?

Eğer söz konusu olan gözle tüketilmek için, yani klasik okuyucu hedeflenerek yazılmış bir kitapsa kesinlikle hayır. Her şeyi kolay yoldan tüketme merakınızdan hemen vazgeçmeniz gerekiyor. Zira bir eser kaleme alınırken belirli bir *medium* ve kitle düşünerek yaratılır ve bir yazıyı görmek ile duymak arasında büyük bir fark vardır. Yazıdaki yoğunluğun sözde yakalanamayacağını en rahat röportaj tape'lerinden anlayabiliriz. En iyi bildiğiniz ve hatta üzerine sayfalarca yazdığınız bir konu hakkında kurduğunuz cümlelerin basitliği, aslında karşınızdakinin dinleyerek anlayabileceklerinin kısıtlı olduğunu bilmenizdendir. Göz için yazılmış bir metnin kulak ile tüketilmesi, kaçınılmaz olarak üslubun, yoğunluğun ve dolayısıyla bırakılmak istenen etkinin kaybolması anlamına gelecektir. Gözünüzü kapatarak bir film izlediğinizi düşünün. Filmde ses ögesi de bulunduğuna göre, filmi bir başka duyu organınızla tüketmiş oluyorsunuz aslında; sesli kitapla aynı mantık yani. Aramızda daha da ileri gidip ekran yalayan çıkmaz diye umuyoruz.

Sesli kitabın başka bir işle meşgul olurken okumayı mümkün kıldığı argümanının da iler tutar bir tarafı yok ne yazık ki. Ne zamandan beri entelektüel faaliyetler ev işlerinin altlığı oldu? Sosyal medyada ya da ekran başında ömür tüketen bir toplumun kitaba ayıracak günde birkaç saati yok mu hakikaten? İnsanların bir ya da iki sigara paketine denk gelen kitap fiyatlarını fazla bulmasına da şaşmamak gerek demek ki. Ancak artık birilerinin kral çıplak demesi ve huzur kaçırması gerek. Sürekli suyumuza giden neoliberal tüketim kültürü, insanları aptallaştırmaktan ve tembelleştirmekten başka bir şey yapmıyor. Bir şeyler öğrenmek isteyenlerden bir zahmet dizlerini kırıp kendilerini biraz zorlamalarını istemek, özel okullara on binlerce lira akıtılan bir ülkede çok da ileri gitmek olmasa gerek. Eğitimin evde başladığını hatırlatırsak hele…

Ancak aynı şeyleri sesli kitap formatında yazılan metinler için söylememiz mümkün değil. Yazarların kendilerini bu yeni formata uyarlamak zorunda kalıp kalmayacaklarını bilemiyoruz ancak zamanla kulağa uygun metinler geliştirmenin de bir yolu bulunacaktır elbet. Bunun sonucunda ortaya çıkan şey bugünkü metinlerden çok farklı olacaktır ancak bugünküler bile yüzyıl öncekilerden en azından bir yere kadar ayrılmakta değil midir zaten? Değişimin önüne set çekmenin imkânsızlığı günümüzün sloganları arasındadır ancak her yeninin iyi olmadığını ve hep tutunamadığını aklımızdan çıkarmayalım gene de.

Kitap Okumak
"Abartılmış Bir Balon" mudur?

Sesli kitabın akıbetini bize zaman gösterecek; şimdi teknolojinin içinde büyümüş yeni neslin son sıralarda dillerine doladıkları çok tehlikeli bir argümanı ele alalım: Kitap okumak demode bir şey ya da modern bir deyimle "abartılmış bir balon" mudur? Hayır, hatta böyle bir kelime olmasa da icat edeceğiz, *haphayır*! Kendini geliştirme çağında olan biri için bundan daha aptalca bir önerme olamaz. Cevap vermeye layık bir soru değil gibi görünebilir ilk başta ancak geleneksel referans mekanizmalarının çöktüğü bir çağda insanların en ahmakça şeylere bile nasıl kandıklarını komplo teorilerinin yaygınlığından biliyoruz zaten.

Bundan on yıl önce çok az bilinen bir format olan podcasti kullanarak dört dilde 450 bölümlük bir projeyi (*Ottoman History Podcast*) hayata geçiren iki kişiden biri olduğum ve gerek FluTV'de gerek Omnibus'ta en karmaşık bilimsel tartışmaları basitleştirerek yüz binlerce kişiye ulaştırdığım düşünüldüğünde, teknolojinin öğretici fonksiyonunu reddetmeye çalışmadığımı teslim edersiniz herhalde. Amacım tozlu kitap raflarına, ellerde dağılan arşiv belgelerine, "Tensiplerinize arz olunur" diye biten arzıhallere (arzuhal değil!), İstiklal Caddesi'nde grantuvalet dolaşılan günlere övgüler sıralayıp "Ah şu eski bayramlar!" nostaljisi yapmak da değil. Henüz o kadar yaşlanmadığıma inanıyor ve artık kamuya mâl olmuş bir lafımla savunmamı tamamlıyorum: "*Biri bir işi romantize ediyorsa onu kesin kötü yapıyordur.*"

Teknoloji ile aramızın iyi olması, radyo ya da videonun kitabın yerini tutamayacağını itiraf etmekten alıkoymuyor beni. Birilerinin tüketip bitirmeye çok düşkün tembel ve de dikkatsiz neoliberal kitlelere gerçekleri söylemesi lazım. Üzgünüm bogomiller ama tüm programlarımda da belirttiğim gibi, bu formatlar bir konu hakkında ilgi uyandırmaya ve fikir vermeye yarayabilir ancak asla itinayla yazılmış bir metnin yerini tutamaz.

Haritalar, resimler, görsel parçalar, sanat eserleri ve ses kayıtları gibi kitapta verilemeyecek sıklıkta ve detayda aktarılabilen görsel formatların da kendine göre avantajları var tabii. Bir Simon Schama'nın *Sanatın Gücü*, BBC One'nın *Yeryüzü*, Ken Burns'ün *İç Savaş* ya da *İçki Yasağı* gibi belgesellerinin görsel zenginliğini kitapta yakalamak zor. Aynı şekilde, savaş ve sanat tarihi üzerine yayın yapan *Great Art Explained*, *Epic History*, *Kings and Generals* gibi kanallarda da durum aynı. Ancak iş karmaşık bir fikri derinlemesine aktarmaya gelince yazılı metin hâlâ alternatifsiz olarak karşımıza çıkıyor.

Kapatmadan son bir tavsiye ancak biraz sübjektif: Mümkünse çeviri kitap okumaktan kaçının! İnsanın ne kadar iyi bilirse bilsin yabancı dili ana dili kadar iyi anlayamayacağı doğru olabilir ancak aynı şekilde gene ne kadar iyi olursa olsun bir tercüman da metni başka bir dile tam anlamıyla yansıtamaz. Kaldı ki çok iyi örneklere sahip olsak da Türkiye'de kitap piyasasının dar olması, kalitenin tutturulamaması anlamına geliyor. Ayrıca Batı dilleriyle Türkçe arasındaki sentaks farkı da tercümede hata yapmayı kolaylaştıran bir faktör. Son olarak, bir insan kitap okumayacaksa neden yabancı dil öğrenir ki? Beş dilde ders anlatmış, makale yazmış ve daha da fazlasıyla arşiv ve kütüphanelerde araştırma yapmış biri olarak, yabancı dilin en güzel okuyarak geliştirildiğini söyleme cüretini kendimde bulursam umuyorum haddimi aşmakla suçlanmam.

Ve Lörido:
Okumak Herkesin İşine Yarar mı?

Bir tarafta tüketim toplumunun yarattığı tembel ve talepkâr insan kendini zorlayan metinlerden şikâyet ederken diğer taraftan kitaplarla cebelleşmeyi göze alan daha hırslı bir okuyucu kitlesi bir türlü okumayı statü objesi olarak görmekten vazgeçmiyor. Elinizdeki metnin yapısını düşündüğümüzde bu ilk gruptakilerin bu sayfalara kadar gelmediklerini tahmin edebiliriz.

İkinci gruptakilere ise kendimizi tekrarlamak pahasına da olsa ufak bir hatırlatma yapmak istiyoruz. Bilgiyi edinilip tüketilecek bir şey gibi gördüğünüz sürece yapabileceğiniz tek şey ezberledikleriniz ile caka satmak. Günlük hayatımızda "cahil" kelimesinin artık "bilgisiz"den ziyade "görgüsüz" ya da bir başka deyişle gerekli "kültürel sermaye"ye sahip olmayan biri anlamına gelmesinden de bunu görmek mümkün. Bir müddet önce attığım bir tweet bu anlam kaymasını açıkça doğruluyor. Yılda on kitaptan az okuyanın cahil kabul edilmesini önerdiğimde birçok takipçim bu rakamı oldukça az bulmuştu. On kitap neydi ki? Hem aslında hangi kitapları okuduğumuz daha önemli değil miydi? Keyifle yüksek yüksek kürsülerden yargı dağıtılırken bir anda dümeni kırıp aile bireylerinden bu rakamın altında kalanları cahil kabul edip etmeyeceklerini sorduğumuzda ise yelkenler suya inecek ve ayak sürümeler başlayacaktı. Bu çelişkili tepkiyi kısmen halkımızın başkalarına standartlar dayatıp kendisini eleştiriden azade kılma alışkanlığıyla açıklayabiliriz. "Bu nereden çıktı?" diyenlere uzun bir mücadeleden sonra tıkış tıkış bir metrobüse binmeyi başarır başarmaz şoföre "Kaptan kapıyı kapat, yer kalmadı!" diyen kaç kişiye rastladıklarını bir düşünmelerini ve ahlakçılığın bazen ahlaki kusurlarla doğru orantılı olabileceğini unutmamalarını öneriyoruz. Ancak kısmen de kültürün modern yaşam stili ile özdeşleştirilmesi söz konusu bizce burada. Öyle ya, kitap okumuyor olabilirler ancak yaşam tarzları göz önüne alındığında onları cahil diye adlandırmak biraz fazla olmuyor mu? Cehalet sadece okumakla ilgili değil yani, sosyo-ekonomik bir statüye işaret eden bir şey aynı zamanda. Alın size küstah bir yanılgı daha!

Hemen her kalburüstü entelektüelin altını çizeceği bir gerçek, bilginin sonlu bir şey olmadığı; kitabın sayfasını açar açmaz çıktığınız uçsuz bucaksız bir deryadaki bu keşfin daha işin başlangıcı olduğunu unutmayın. Kristof Kolomb'dan yüzlerce yıl sonra bile okyanusları didik didik tarayan kâşifler misali, amacımız okudukça daha çok bilmek değil, ne kadar bilmediğimizi fark etmek olmalı. Her ne kadar Gail Fine ve C. W. Taylor gibi uzmanlar Sokrates'e ithaf edilemeyeceğini ispatladılarsa da, "Bildiğim tek şey hiçbir şey bilmediğimdir" gene de yol gösterici ve değerli bir cümle. Karşısında kibre kapılmamamız gereken Tanrı'dan sonraki ikinci şey belki de kitap.

Okuyarak kazanacaklarınız sayfalardaki kelimelerden çok daha fazlası. "Aristo-tedbir" bir şekilde "Bütün, parçaların toplamından fazladır"* demek istemiyoruz sadece. Zor metinleri okumak; derinliğine düşünebilme, karmaşık kavramları anlayabilme, bir fikri belirli bir bağlam içinde değerlendirebilme, farklı olayları karşılaştırabilme, bir argümanın artılarını ve eksilerini tartabilme ve bundan da önemlisi yaratıcı fikirler üretebilmeyi öğretecek bizlere. Tüm bunlar özel yaşamdan iş hayatına kadar işimize yarayan ve popüler kültürün sürekli slogan haline getirdiği özellikler değil mi aslında? Çocuklarımızı pahalı okullara sırf bu yüzden yollamıyor muyuz?

İnternetin yaygınlaşması ve alım gücümüzün artması sonucunda elimizdeki imkânlar yirmi yıl önce hayal edemeyeceğimiz ölçüde arttı. On beş sene önce aylar sürecek araştırmaların bugün internet sayesinde birkaç günde yapılabileceğini düşündüğünde tüm tarihçilerin yüzünden sinirli bir tebessüm eksik olmuyorsa

* Bu çok sık alıntılanan sözün Aristo'nun metinlerinde geçmediğini de belirtmeden duramayacağız. "Muallim-i evvel"in buna en yakın ifadesi *Metafizik*'te (8.6) geçen şu cümle: "Birden fazla parçası olan ve tam bir toplam değil de parçalarından farklı bir çeşit bütün olan her şeyde bir neden vardır."

bu boşuna değil. Gene bundan yirmi sene önce sadece bir iki üniversite kütüphanesinden edinilebilen yabancı kaynaklar, günler sonra okuyabildiğimiz yabancı gazeteler ve bulmak için sahaf sahaf dolaştığımız eski kitaplar artık bir tık uzağımızda.

Yediğimiz önümüzde yemediğimiz arkamızda kısaca, e daha ne bekliyoruz? Artık entelektüalite hiçbir sınıfın ya da imtiyazlı grubun tekelinde değil. Eğer uzun vadeli bir strateji ile yaklaşırsa en geride kalanlarımızın bile hayata "sosyal sermaye"si sayesinde önde başlayan elitleri ve seçkin kurumlarda iyi bir eğitim alan bir azınlığı yakalaması ve hatta geçmesi mümkün. Aynısı kütüphane ve üniversitelerinin yetersizliği bariz olan ülkemizin geneli için de geçerli; Batılı kurumların altyapı avantajı her şeyin tüketicinin hizmetine sunulduğu bir çağda her geçen gün azalmakta. İbrahim Tatlıses gibi Urfa'da olmayan Oxford'ların arkasına sığınmanın zamanı çoktan geçti.

İşte sadece alt ve üst sınıflar değil, gelişmiş ve gelişmekte olan toplumlar arasındaki farkların da minimize olduğu böyle bir çağda, insanların kültürel tüketimlerinin üzerine eğilmemesi karşısında sabık bir reisicumhurun naif ifadesiyle "İnsan hakikaten hayret ediyor." Hayatı sadece para kazanmak zannedenler, bu parayı kazandıklarında ne yapacaklarını da bilemeyecekler aslında. "Haydi oradan!" der dediğinizi duyuyoruz; Milli Piyango'dan büyük ikramiye kazananların hayat hikâyelerini okursanız, zihnen hazır olmadığımız bir zenginliğin nasıl sabun gibi elinizden kayıp gidebileceğini görürsünüz. Maslow Piramidi'nin beşinci katına hesap cüzdanıyla çıkmaya çalışmak ancak geri kalmış tarım toplumlarına yakışan bir şey. Unutmayalım, *para olmadığı zaman anlamlı, olduğu zaman ise anlamsız bir nesne*; ekonomistlerin "Azalan Verim Kanunu" (İng. *Law of Diminishing Returns*) dediği bu olsa gerek. Viktoryen İngiltere'yi konu alan klasiklerdeki zenginlerle ülkemizin üst sınıflarını karşılaştırın, daha ne kadar yol gitmemiz gerektiğini anlarsınız!

Ama Çetin Altan'ın deyimiyle "Enseyi karartmayalım" gene de. Bu kitapta amacımız moral bozmak değil, yol göstermek zira. Doğru yönlendirildiğinde yeni nesillerin her yerdeki bu sakil ve pespaye vasatlığı yenebileceğine tüm kalbimizle inanmasak bu sayfaları kaleme almazdık zaten. Anlatmak istediğimiz özetle şu: Her şeyi bir proje olarak gören modern insan biraz da kendini "projelendirir" ve kültürel gelişimine yatırım yapıp kitap okumaya stratejik yaklaşırsa bunun faydasını görecektir. Hele hele ülkemizde bunu yapanların çok az olduğunu hesaba kattığımızda büyük bir avantaj yakalayacaktır. Pesimist filozof Arthur Schopenhauer'ın acılarla dolu hayatlarına mana katmak isteyenlere sanat ve felsefeye sığınmayı salık vermesi gibi soyut hedeflere yönelik bir tavsiye değil verdiğimiz; pratik ve kendini hemen gösterecek yararlardan bahsediyoruz. Kendi imkân, yetenek ve ihtiyaçlarına göre modifiye edilen bir okuma stratejisinin bireyin daha sağlıklı tercihler yapmasına imkân vereceği iddiasındayız. Ait olmak için çırpındığımız burjuva kültürüne layık bir şekilde "kendimizi gerçekleştirip" daha kaliteli bir yaşam sürmek ve ezbere yaşamaktan kaçınıp çağın gereklerine uymak istiyorsak okumayı sadece "lüks" bir faaliyet değil, gelişimimiz için "elzem" olan bir şey gibi görmek zorundayız. Arayı kapatmak ve sınıf atlamak ancak kültürel gelişimin havyar değil, ekmek olduğunu anladığımız ve bunun için bir strateji gütmek külfetine katlandığımız zaman mümkün olacak.

Gene de hedeflerimi abartıp sahte peygamberlik rolüne soyunmamaya çalıştım. Amacımın belki biraz daha mütevazı olduğunu kabul ediyorum. Herkes kitaplardan bahsetmeye, okuma listeleri düzmeye ve okuyucuyu yönlendirmeye bayılıyor. Ancak okumanın matematiğinden pek bahseden yok. Bu; aydınlarımızın kendilerinin de bu konuya kafa yormamasından mı, yoksa zor geliştirilmiş taktiklere "Yengeç Burger" (İng. *Krabby Patty*) tarifi muamelesi yapmalarından mı bilinmez. Ancak sorularımızın ve elimizdeki imkânların çok hızlı değiştiği bir çağda birilerinin okuyucunun elinden tutması şart. Şüphesiz kolaycı ve yüzeysel taktikler yolda kazanılan tecrübelerin yerini tutamaz; gene de statü ve prestij için değil, haz alıp kendini geliştirebilmesi, yani hakiki ve samimi bir merakı doğru yönlendirebilmesi için okuyucularımıza bazı tavsiyeler verme cüretini göstermeden edemedim. Okumayı özendiren bir eğitim sistemi, özgür bir entelektüel ortam ve aileden gelen yüklü bir "sosyal sermaye"nin olmadığı bir ülkede okuyucunun ensesinde boza pişirmek değil asla amacım. Gençler arasında kitap okumanın abartılmış bir balon olduğu gibi abuk sabuk fikirlerin yayıldığı distopik bir çağda belki de ilk başta "Okuyun da ne okursanız okuyun" demek gerek. Ancak birilerinin de artık nicelikten kafasını kaldırıp niteliğe odaklanması gerekmiyor mu? Cevabınız ne olursa olsun, lütfen beni "başöğretmenlik"le suçlamayın. Bir deneme yaptım. Umarım faydası dokunmuştur.

KAYNAKÇA

Almanca

Bachofen, Johann Jakob. *Das Naturrecht und das geschichtliche Recht in ihren Gegensätzen.* Basel, 1841.

Bourdieu, Pierre. "Ökonomisches Kapital, kulturelles Kapital, soziales Kapital." *Soziale Ungleichheiten* (Soziale Welt, Sonderheft 2), yay. haz. Reinhard Kreckel. Göttingen: Otto Schwartz & Co., 1983, 183-98.

Elias, Norbert. *Über den Prozeß der Zivilisation. Soziogenetische und psychogenetische Untersuchungen. Erster Band. Wandlungen des Verhaltens in den weltlichen Oberschichten des Abendlandes* and *Zweiter Band. Wandlungen der Gesellschaft. Entwurf einer Theorie der Zivilisation.* Basel: Verlag Haus zum Falken, 1939.

Engels, Friedrich. *Die Lage der arbeitenden Klasse in England.* Hamburg: Gröls Verlag, 2019.

Freud, Sigmund. *Das Unbewusste.* Leipzig: H. Heller, 1915.

Freud, Sigmund. *Die Traumdeutung.* Leipzig & Wien: Franz Deuticke, 1900.

Habermars, Jürgen. *Strukturwandel der Öffentlichkeit. Untersuchungen zu einer Kategorie der bürgerlichen Gesellschaft.* Berlin: Luchterhand, 1962.

Rothkegel, Martin. "Iacobus Palaeologus und die Reformation. Antireformatorische Polemik in der verlorenen Schrift "Pro Serveto contra Calvinum." *Radikale Reformation. Die Unitarier in Siebenbürgen*, yay. haz. Ulrich A. Wien vd. Köln & Wien: Böhlau Verlag, 2013, 91-134.

Schilling, Heinz. *Konfessionskonflikt und Staatsbildung. Eine Fallstudie über das Verhältnis von religiösem und sozialem Wandel in der Frühneuzeit am Beispiel der Grafschaft Lippe.* Gütersloh: Mohn, 1991.

Schivelbusch, Wolfgang. *Das Paradies, der Geschmack und die Vernunft: Eine Geschichte der Genussmittel.* München & Wien: Carl Hanser Verlag, 1980.

Schivelbusch, Wolfgang. *Geschichte der Eisenbahnreise: Zur Industrialisierung von Raum und Zeit im 19. Jahrhundert.* München & Wien: Hanser, 1977.

Schmidt, Heinrich Richard. *Konfessionalisierung im 16. Jahrhundert.* München: Oldenbourg Wissenschaftsverlag, 1992.

Weber, Max. *Die protestantische Ethik und der Geist des Kapitalismus.* Beijing & Washington: Intercultural Press, tarihsiz.

Zeeden, Ernst Walter. *Konfessionsbildung. Studien zur Reformation, Gegenreformation und katholischen Reform.* Stuttgart: Klett-Cotta, 1985.

Fransızca

Althusser, Louis. *Lire "Le Capital".* Paris: François Maspero, 1965.

Amin, Samir. *L'Eurocentrisme: critique d'une idéologie.* Paris: Anthropos, 1988.

Ariès, Philippe. *L'enfant et la vie familiale sous l'Ancien régime.* Paris: Librairie Plon, 1960.

Ariès, Philippe. *L'homme devant la mort.* Paris: Éditions du Seuil, 1977.

Aymard, Maurice. *Venise, Raguse et le commerce du blé pendant la seconde moitié du XVIe siècle.* Paris: EHESS, 1966.

Balzac, Honoré de. *Le Père Goriot.* Paris: Edmond Werdet, 1835.

Bennassar, Bartolomé. *L'inquisition espagnole.* Paris: Hachette Littératures, 1979.

Bloch, Marc. *Apologie pour l'histoire ou métier d'historien.* Paris: Armand Colin, 1940.

Bourdieu, Pierre. *Sociologie de l'Algérie.* Paris: Presses universitaires de France, 1958.

Bourdieu, Pierre. *Ce que parler veut dire: L'économie des échanges linguistiques.* Paris: Fayard, 1982.

Bourdieu, Pierre. *La Distinction: critique sociale du jugement.* Paris: Les éditions de Minuit, 1979.

Bourdieu, Pierre. *Langage et pouvoir symbolique.* Paris: Seuil, 2001.

Bourdieu, Pierre. *Sur l'État: Cours au Collège de France (1989-1992).* Paris: Seuil, 2012.

Boureau, Alain. *La papesse Jeanne.* Paris: Flammarion, 1993.

Braudel, Fernand. "Les Espagnols et l'Afrique du Nord de 1492 à 1577." *Autour de la Méditerranée: Les écrits de Fernand Braudel,* yay. haz. Roselyne de Ayale ve Paule Braudel. Paris: Éditions de Fallois, 1996, 31-89.

Braudel, Fernand. *Civilisation matérielle, économie et capitalisme, XVe-XVIIIe siècle.* Paris: Armand Colin, 1979, 3 cilt.

Braudel, Fernand. *La Méditerranée et le monde méditerranéen à l'époque de Philippe II.* Paris: Armand Colin, 1966, 2. baskı.

Calafat, Guillaume. *Une mer jalousée: contribution à l'histoire de la souveraineté. Méditerranée, XVIIe siècle.* Paris: Seuil, 2019.

Chartier, Roger vd. (yay. haz.). *L'éducation en France du 16e au 18e siècle.* Paris: Société d'édition d'enseignement supérieur, 1976.

Chartier, Roger. *Les origines culturelles de la Révolution française.* Paris: Seuil, 1990.

Christophe Picard. *La mer des califes: une histoire de la Méditerranée musulmane.* Paris: Éditions de Seuil, 2015.

Dakhlia, Jocelyne & Bernard Vincent (yay. haz.). *Les Musulmans dans l'histoire de l'Europe, tome 1. Une intégration invisible.* Paris: Albin Michel, 2011.

Dakhlia, Jocelyne & Wolfgang Kaiser (yay. haz.). *Les Musulmans dans l'histoire de l'Europe, tome 2. Passages et contacts en Méditerranée.* Paris: Albin Michel, 2013.

Dakhlia, Jocelyne. *Lingua Franca: histoire d'une langue métisse en Méditerranée.* Arles: Actes Sud, 2008.

Delumeau, Jean. *La péché et la peur: La culpabilisation en Occident (XIIIe - XVIIIe siècles).* Paris: Fayard, 1994.

Delumeau, Jean. *La peur en Occident.* Paris: Fayard, 1978.

Descartes, René. *Discours de la Méthode Pour bien conduire sa raison, et chercher la vérité dans les sciences.* Leyde: Ian Maire, 1637.

Durkheim, Émile. *De la division du travail social: étude sur l'organisation des sociétés supérieures.* Paris: Félix Alcan, 1893.

Durkheim, Émile. *Le suicide: étude de sociologie.* Paris: Félix Alcan, 1897.

Durkheim, Émile. *Les formes élémentaires de la vie religieuse.* Paris: Presse universitaire de France, 5e édition, 2003.

Febvre, Lucien. *Combats pour l'histoire.* Paris: Colin 1965.

Febvre, Lucien. *Le problème de l'incroyance au 16e siècle: La religion de Rabelais.* Paris: Albin Michel, 1937.

Foucault, Michel. *Folie et Déraison: histoire de la folie à l'âge classique*. Paris: Librairie Plon, 1961.

Foucault, Michel. *Histoire de la sexualité*. Paris: Éditions Gallimard, 1976-84, 3 cilt.

Foucault, Michel. *L'archéologie du savoir*. Paris: Gallimard, 1969.

Foucault, Michel. *Les mots et les choses: une archéologie des sciences humaines*. Paris: Gallimard, 1966.

Foucault, Michel. *Naissance de la clinique*. Paris: Presses Universitaires de France, 1963.

Foucault, Michel. *Surveiller et punir: naissance de la prison*. Paris: Gallimard, 1975.

Furet, François. *La Révolution française*. Paris: Gallimard, 2010.

Grousset, Rene. *L'empire des steppes: Attila, Gengis-khan, Tamerlan*. Paris: Éditions Payot, 1939.

Hugon, Alain. *Au service de roi catholique "honorable ambassadeurs" et "divins espions": représentation diplomatique et service secret dans les relations hispano-françaises de 1598 à 1635*. Madrid: Casa de Velázquez, 2004.

Köprülü, Fuad. *Les origines de l'empire ottoman*. Paris: E. de Boccard, 1935.

Ladurie, Emmanuel Le Roy. *Le Carnaval de Romans: de la chandeleur au mercredi des cendres, 1579-1580*. Paris: Gallimard, 1986.

Ladurie, Emmanuel Le Roy. *Les paysans de Languedoc*. Paris: SEVPEN, 1966.

Ladurie, Emmanuel Le Roy. *Montaillou: village occitan de 1294 à 1324*. Paris: Gallimard, 1975.

Lamarck, Jean-Baptiste. *Philosophie zoologique ou exposition des considérations relatives à l'histoire naturelle des animaux*. Paris: Muséum d'Histoire Naturelle, 1809, 2 cilt.

Lamarck, Jean-Baptiste. *Philosophie zoologique*. Paris, 1809.

Le Goff, Jacques. *La naissance de Purgatoire*. Paris: Gallimard, 1981.

Le Goff, Jacques. *Pour un autre Moyen Age: temps, travail et culture en Occident. Paris:* Gallimard, 1977.

Lefebvre, Georges. *La Révolution Française I*. Paris: Presses universitaires de France, 1951.

Lefebvre, Georges. *La Révolution Française II*. Paris: Presses universitaires de France, 1957.

Lévi-Strauss, Claude. *Anthropologie structurale.* Paris: Plon, 1958.

Lévi-Strauss, Claude. *L'anthropologie face aux problèmes du monde modern.* Paris, Seuil: 2011.

Lévi-Strauss, Claude. *Les structures élémentaires de la parenté.* Paris: Les Éditions G. Crès et Cie., 1949.

Lévi-Strauss, Claude. *Tristes Tropiques.* Paris: Plon, 1955.

Macherel, Claude. "Don et réciprocité en Europe." *Archives Européennes de Sociologie* 24/1 (1983): 151-166.

Maffesoli, Michel. *Le temps des tribus: Le déclin de l'individualisme dans les sociétés postmodernes.* Paris: La Table Ronde, 2000.

Marx, Karl. *Misère de la philosophie. réponse à la philosophie de la misère de M. Proudhon.* Paris & Bruxelles, 1847.

Mauss, Marcel, "Essai sur le don: forme et raison de l'échange dans les sociétés archaïques." *L'année sociologique, nouvelle série* 1 (1923-1924): 30-186.

Pernoud, Régine & Marie-Véronique Clin. *Jeanne d'Arc.* Paris: Hachette, 1986.

Pernoud, Régine. *Réhabilitation de Jeanne d'Arc: reconquête de la France.* Monaco: Editions du Rocher, 1995.

Pirenne, Henri. *Mahomet et Charlemagne.* Paris: F. Alcan; Bruxelles: Nouvelle société d'éditions, 1937.

Proudhon, Pierre-Joseph. *Système des contradictions économiques ou Philosophie de la misère.* Paris: Guillaumin et Cie., 1846, 2 cilt.

Rousseau, Jean-Jacques. *Discours sur l'origine et les fondemens de l'inégalité parmi les hommes.* Amsterdam: Michel Rey, 1755.

Rousseau, Jean-Jacques. *Discours sur les sciences et les arts.* Genève: Barillot & Fils, 1750.

Rousseau, Jean-Jacques. *Du contrat social; ou, principes du droit politique.* Amsterdam: Michel Rey, 1762.

Rousseau, Jean-Jacques. *Émile ou de l'Éducation.* La Haye: Jean Néaulme, 1762.

Sardella, Pierre. *Nouvelles et spéculations à Venise: au début du XVIe siècle.* Paris: Librairie Armand Colin, 1948.

Saussure, Ferdinand. *Cours de linguistique générale*, yay. haz. Charles Bally & Alert Sechehaye. Lausanne & Paris: Librairie Payot, 1916.

Sokal, Alan D. & Jean Bricmont. *Impostures intellectuelles.* Paris: O. Jacob, 1997.

Todeschini, Giacomo. *Au pays des sans-nom: gens de mauvaise vie, personnes suspectes ou ordinaires du Moyen Âge à l'époque moderne,* çev. Nathalie Gailius. Lagrasse: Verdier, 2015.

Voltaire [M. de V.], *Candide, ou l'Optimisme; traduit de l'allemand de Mr. Le Docteur Ralph.* 1759.

İngilizce

Abrahams, Roger D. "A Performance-Centred Approach to Gossip." *Man, New Series* 5/2 (June 1970): 290-301.

Abu-Lughod, Janet L. *Before European Hegemony: The World System, A.D. 1250-1350.* New York: Oxford University Press, 1989.

Acemoğlu, Daron & James A. Robinson. *The Narrow Corridor: States, Societies, and the Fate of Liberty.* New York: Penguin, 2019.

Acemoğlu, Daron & James A. Robinson. *Why Nations Fail: The Origins of Power, Prosperity, and Poverty*. New York: Crown Press, 2012.

Ainsworth, Mary D. Salter. "Object Relations, Dependency, and Attachment: A Theoretical Review of the Infant-Mother Relationship." *Child Development* 40 (1968): 969-1025.

Ainsworth, Mary D. Salter. *Infancy in Uganda: Infant Care and the Growth of Love.* Baltimore: Johns Hopkins University Press, 1963.

Ainsworth, Mary. D. Salter vd. *Patterns of Attachment: A Psychological Study of the Strange Situation.* Hillsdale: Erlbaum, 1978.

Alcock, John. *Animal Behavior: An Evolutionary Approach.* Sunderland: Sinauer, 2013, 10. baskı.

Allen, Stewart Lee. *In the Devil's Garden: A Sinful History of Forbidden Fruits.* New York: Ballantine Books, 2002.

Alvesson, Mats & André Spicer. *The Stupidity Paradox: The Power and Pitfalls of Functional Stupidity at Work.* London: Profile Books, 2016.

Anderson, Benedict. *Imagined Communities: Reflections on the Origin and Spread of Nationalism*. London & New York: Verso, 1991.

Anderson, Deborah J, Melissa Binder & Kate Krause. "The Motherhood Wage Penalty Revisited: Experience, Heterogeneity, Work Effort, and Work-Schedule Flexibility." *Industrial and Labor Relations Review* 56/2 (January 2003): 273-294.

Anderson, Perry. *Lineages of the Absolutist State,* London: NLB, 1974.

Arens, W. *The Man-Eating Myth: Anthropology and Anthropophagy*. New York: Oxford University Press, 1979.

Ariely, Dan. *Predictably Irrational: The Hidden Forces that Shape Our Decisions.* New York: Harper Collins, 2008.

Aristotle. *The Metaphysics, Book I-IX*, çev. Hugh Tredennick. London: William Heinemann, 1933.

Armesto, Felipe Fernández. *Near A Thousand Tables: A History of Food.* New York: The Free Press, 2002.

Aron, Raymond, *Peace and War: A Theory of International Relations*, çev. Richard Howard & Annette Baker Fox, Garden City, New York: Doubleday, 1966.

Ashley, Richard K. "The Poverty of Neorealism." *Neorealism and Its Critics*, yay. haz. Robert O. Keohane. New York: Columbia University Press, 1986, 255-300.

Axelrod, Robert & William D. Hamilton. "The Evolution of Cooperation." *Science* 211 (1981): 1390-1396.

Axelrod, Robert. *The Evolution of Cooperation.* New York: Basic Books, 1984.

Babcock, Linda & Sara Laschever. *Women Don't Ask*. Princeton: Princeton University Press, 2003.

Babcock, Linda, vd. "Gender Differences in the Propensity to Initiate Negotiations." *Social Psychology and Economics*, yay. haz. D. D. Crèmer vd. Mahwah: Lawrence Erlbaum, 2006: 239-259.

Babcock, Linda, vd. "Nice Girls Don't Ask." *Harvard Business Review* 81 (2003): 14-15.

Bahn, Paul. *Archaeology: A Very Short Introduction.* Oxford: Oxford University Press, 2012.

Bailey, Frederick George (yay. haz.). *Gifts and Poison. The Politics of Reputation.* New York: Schocken Books, 1971.

Bailey, M. D. *Magic and Superstition in Europe: A Concise History from Antiquity to the Present.* Lanham: Rowman & Littlefield, 2007.

Baker, Mark C. *The Atoms of Language: The Mind's Hidden Rules of Grammar*. New York: Basic Books, 2001.

Barfield, Thomas J. *The Perilous Frontier: Nomadic Empires and China, 221 BC to AD 1757.* Cambridge and Oxford: Blackwell, 1989.

Barnard, Alan. *History and Theory in Anthropology.* Cambridge: Cambridge University Press, 2004.

Barnett, H. G. "The Nature of the Potlatch." *American Anthropologist* 40/3 (1938): 349-358.

Bateson, Mary Catherine. *With a Daughter's Eye: A Memoir of Margaret Mead and Gregory Bateson.* New York: Morrow & Co., 1984.

Batson, Daniel C. & Elizabeth R. Thompson. "Why Don't Moral People Act Morally? Motivational Considerations." *Current Directions in Psychological Science* 10/2 (2001): 54-57.

Batson, Daniel C. vd. "Moral Hypocrisy: Addressing Some Alternatives." *Journal of Personality and Social Psychology* 83/2 (2002): 330-339.

Batson, Daniel D. vd. "Moral Hypocrisy: Appearing Moral to Oneself without Being So." *Journal of Personality and Social Psychology* 77/3 (1999): 525-537.

Beard, Mary. *SPQR: A History of Ancient Rome.* London: Profile Books, 2015.

Becker, Gary. *Human Capital.* Chicago: Chicago University Press, 1964.

Becker, Gary. *The Economic Approach to Human Behaviour.* Chicago: Chicago University Press, 1976.

Becker, Gary. *The Economics of Discrimination.* Chicago & London: The University of Chicago Press, 1971, 2. baskı.

Beckert, Sven. *Empire of Cotton: A New History of Global Capitalism.* London: Penguin, 2015.

Beckwith, Christopher I. *The Empires of the Silk Road: A History of Central Eurasia from the Bronze Age to the Present.* Princeton & Oxford: Princeton University Press, 2009.

Behr, Hartmut & Amelia Heath. "Misreading in IR Theory and Ideology Critique: Morgenthau, Waltz, and Neo-Realism." *Review of International Studies* 35/2 (2009): 327-349.

Beitz, Charles. *Political Theory and International Relations.* Princeton: Princeton University Press, 1997.

Benedict, Ruth. *Patterns of Culture.* Boston: Houghton Mifflin, 1934.

Bercé, Yves Marie. *Revolt and Revolution in Early Modern Europe: An Essay on the History of Political Violence*, çev. Joseph Bergin. New York: St. Martin's Press, 1987.

Bergmann, Barbara R. "The Effect on White Incomes of Discrimination in Employment." *Journal of Political Economy* 79/2 (1971): 294-313.

Bernstein, Basil. *Class, Codes and Control, Vol. 1: Theoretical Studies towards a Sociology of Language*. London: Routledge & Kegan Paul, 1971.

Besnier, Niko. *Gossip and the Everyday Production of Politics.* Honolulu: University of Hawai Press, 2009.

Bisaha, Nancy. *Creating East and West: Renaissance Humanists and Ottoman Turks*. Philadelphia: University of Pennsylvania Press, 2004.

Bjorklund, David F. & Anthony D. Pellegrini. *The Origins of Human Nature: Evolutionary Developmental Psychology.* Washington D.C.: American Psychological Association, 2002.

Bloom, Allan. *The Closing of the American Mind.* New York: Touchstone, 1987.

Blumstein, Philip & Pepper Schwarz *American Couples: Money, Work, Sex.* New York: William Morrow, 1983.

Boas, Franz. *The Mind of the Primitive Man.* New York: Macmillan Co., 1910.

Bollet, Alfred Jay. *Plagues & Poxes: The Impact of Human History on Epidemic Diseases.* New York: Demos, 2004, 2. baskı.

de Botton, Alain. *Status Anxiety.* London: Hamish Hamilton, 2004.

Boulding, Elise. "Women and the Agricultural Revolution." *The Underside of History: A View of Women Through Time.* Boulder: Westview Press, 1976.

Bourdieu, Pierre. "The Berber House or the World Reversed." *Social Science Information* 9 (1970): 151-170.

Bowlby, John. "Grief and Mourning in Infancy and Early Childhood." *The Psychoanalytic Study of the Child* VX (1960): 3-39.

Bowlby, John. "Separation Anxiety." *International Journal of Psycho-Analysis* XLI (1959): 1-25.

Bowlby, John. "The Nature of the Child's Tie to His Mother." *International Journal of Psycho-Analysis* XXXIX (1958): 1-23.

Bowlby, John. *Attachment and Loss, Vol. I: Attachment.* New York: Basic Books, 1969.

Bowlby, John. *Attachment and Loss, Vol. II: Separation.* New York: Basic Books, 1973.

Bowlby, John. *Attachment and Loss, Vol. III: Loss, Sadness and Depression.* New York: Basic Books, 1980.

Bowlby, John. *Child Care and the Growth of Love.* Harmondsworth: Penguin.

Bowles, Hannah Riley vd. "Social incentives for gender differences in the propensity to initiate negotiations: Sometimes it does hurt to ask." *Organizational Behavior and Human Decision Processes* 103/1 (2007): 84-103.

Bowles, Samuel & Herbert Gintis. *Schooling in Capitalist America: Educational Reform and Contradictions of Economic Life.* New York: Basic Books, 1976.

Breland, K. & M. Breland, "The Misbehavior of Organisms." *American Psychologist* 16/11 (1961): 681-684.

Bretherton, Inge. "The Origins of Attachment Theory: John Bowlby and Mary Ainsworth." *Developmental Psychology* 28/5 (1992): 759-775.

Bridenthal, Renate vd. (yay. haz.). *Becoming Visible: Women in European History*, 2. baskı. Boston: Houghton Mifflin Company, 1987.

Bridges, Sara K. & Sharon G. Horne. "Sexual Satisfaction and Desire Discrepancy in Same Sex Women's Relationships." *Journal of Sex & Marital Therapy* 33/1 (2007): 41-53.

Brison, Karen J. *Just Talk: Gossip, Meetings, and Power in a Papua New Guinea Village.* Berkeley: University California Press, 1992.

Brotton, Jerry. *Renaissance Bazaar: From the Silk Road to Michelangelo.* Oxford: Oxford University Press, 2010.

Brown, Chris, *Understanding International Relations.* New York: Palgrave, 2001.

Bryant, W. Keith. "A Comparison of the Household Work of Married Females: The Mid-1920s and the Late 1960s." *Family and Consumer Sciences Research Journal* 24/4 (June 1996): 358-384.

Buckler, Georgina. *Anna Comnena: A Study*. London: Oxford University Press, 1929.

Budig, Michelle J. & Paula England. "The Wage Penalty for Motherhood" *American Sociological Review* 66/2 (April 2001): 204-225.

Bull, Hedley. "International Theory: The Case for Traditional Approach." *World Politics* 18/3 (1962): 361-377.

Bull, Hedley. *The Anarchical Society: A Study of Order in World Politics.* Oxford: Clarendon Press, 1977.

Bulliet, Richard W. *The Camel and the Wheel.* New York: Columbia University Press, 1975.

Burch, Rebecca L. & Gordon Gallup. "Perceptions of Paternal Resemblance Predict Family Violence." *Evolution and Human Behavior* 21/6 (2000): 429-435.

Burling, Robbins. *The Talking Ape: How Language Evolved.* Oxford & New York: Oxford University Press, 2005.

Buss, David M. & Lisa A. Dedden. "Derogation of Competitors." *Journal of Social and Personal Relationships* 7/3 (1990): 395-422.

Buss, David M. "Sex Differences in Human Mate Preferences: Evolutionary Hypothesis Testing in 37 Cultures." *Behavioral and Brain Sciences* 12 (1989): 1-49.

Buss, David M. "Sex Differences in Human Mate Selection Criteria: An Evolutionary Perspective." *Sociobiology and Psychology: Ideas, Issues, Applications.* Hillsdale: Erlbaum, 1987: 335-352.

Buss, David M. "Strategies of Human Mating." *American Scientist* 82 (1994): 238-249.

Buss, David M. *Evolutionary Psychology: The New Science of the Mind.* Boston: Pearson, 2004, 2. baskı.

Buss, David M. *The Dangerous Passion: Why Jealousy Is as Necessary as Love and Sex.* New York: The Free Press, 2000.

Buss, David M. *The Evolution of Desire: Strategies of Human Mating.* New York: Basic Books, 1994.

Buss, David M. *The Murderer Next Door: Why the Mind is Designed to Kill.* New York: The Penguin Press, 2005.

Butler, E. M. *Ritual Magic.* Cambridge: Cambridge University Press, 1949.

Cameron, Averil. *The Byzantines.* Malden: Blackwell, 2006.

Captain Charles Johnson. *A General History of the Robberies and Murders of the Most Notorious Pyrates.* London, 1724.

Cardia, Emanuela. "Household Technology: Was it the Engine of Liberation?" *2008 Meeting Papers* 826. Society of Economic Dynamics.

Carnevale, Anthony P., Jeff Strohl & Michelle Melton. *What's It Worth: The Economic Value of College Majors.* Washington, DC: Georgetown University Center on Education and the Workforce, 2011.

Cavalcanti, Tiago V. De V. & José Tavares. "Assessing the 'Engines of Liberation': Home Appliances and Female Labor Force Participation." *Review of Economics and Statistics* 90/1 (2008): 81-88.

Cavalli-Sforza, Luigi Luca. *Genes, Peoples, and Languages.* Berkeley, Los Angeles & London: University of California Press, 2000.

Chagnon, Napoleon. *Yanomamö: The Fierce People.* New York: Holt, Rinehard & Wilson, 1983, 3. baskı.

Chang, Ha-Joon. *23 Things They Don't Tell You About Capitalism.* London: Penguin Books, 2011.

Ching, Francis D. K. vd. *A Global History of Architecture.* New Jersey: John Wiley & Sons, Inc., 2007.

Chomsky, Noam. *Syntactic Structures.* Berlin & New York: de Gruyter, 2002, 2. baskı.

Choudhury, Mita. *The Wanton Jesuit and the Wayward Saint. A Tale of Sex, Religion and Politics in 18th-Century France*. University Park: Penn State University Press, 2015.

Chris, Gregory. *Gifts and Commodities.* London: Academic Press, 1982.

Cipolla, Carlo M. *Before the Industrial Revolution: European Society and Economy, 1000-1700.* London: Routledge, 1997.

Cipolla, Carlo M. *Guns and Sails in the Early Phase of European Expansion 1400-1700.* London: Collins Sons & Co., 1965.

Cipolla, Carlo M. *Money, Prices and Civilization in the Mediterranean World: Fifth to Seventeenth Century*. Princeton: Princeton University Press, 1956.

Cline, Eric H. *1177 B.C.: The Year Civilization Collapsed.* Princeton & Oxford: Princeton University Press, 2014.

Clutton-Brock, T. H. *The Evolution of Parental Care*. Princeton: Princeton University Press, 1991.

Codere, Helen. *Fighting with Property: A Study of Kwakiutl Potlaching and Warfare, 1792-1930.* Seattle: University of Washington Press, 1972.

Coen-Pirani, Daniele, vd. "The Effect of Household Appliances on Female Labor Force Participation: Evidence from Micro Data." *2008 Meeting Papers* 541. Society of Economic Dynamics.

Collins, James B. *State in Early Modern France*. Cambridge: Cambridge University Press, 1995.

Collins, James B. *The Ancien Régime and the French Revolution.* Singapore: Wadsworth & Thomson Learning, 2002.

Colson, Elizabeth. *The Makah Indians: A Study of an Indian Tribe in Modern American Society*. Manchester: Manchester University Press, 1953.

Connell, R. W. *Gender and Power: Society, the Person and Sexual Politics.* Cambridge: Polity, 1987.

Connell, R. W. *Masculinities.* Cambridge: Polity, 2005.

Connell, R. W. *The Men and the Boys.* Berkeley & Los Angeles: Allen & Unwin, 2001.

Connell, R. W. *Which Way Is Up? Essays on Class, Sex and Culture*. Sydney: George Allen & Unwin, 1983.

Cordingly, David. *Under the Black Flag: The Romance and the Reality of Life among the Pirates.* San Diego: A Harvest Book, 1995.

Coren, Stanley & Diane F. Halpern, "Left-Handedness: A Marker for Decreased Survival Fitness." *Psychological Bulletin* 109/1 (1991): 90-106.

Correll, Shelley J. vd. "Getting a Job: Is There a Motherhood Penalty." *American Journal of Sociology* 112/5 (March 2007): 1297-1339.

Cox, Bruce A. "What is Hopi Gossip About? Information Management and Hopi Factions." *Man, New Series* 5/1 (March 1970): 88-98.

Cozette, Muriel. "Reclaiming the Critical Dimension of Realism: Hans J. Morgenthau and the Ethics of Scholarship." *Review of International Studies* 34/1 (2008): 5-27.

Crick, Francis. *The Astonishing Hypothesis: The Scientific Search for the Soul.* New York: Simon & Schuster, 1995.

Crittenden, Ann. *The Price of Motherhood: Why the Most Important Job in the World is Still the Least Valued.* New York: Picador, 2010.

Crittenden, Patricia M. "The Effect of Mandatory Protective Daycare on Mutual Attachment in Maltreating Mother-infant Dyads." *Child Abuse and Neglect* 7 (1983): 297-300.

Crosby, Alfred W. *The Measure of Reality: Quantification and Western Society, 1250-1600.* Cambridge: Cambridge University Press, 1997.

Crosby, Alfred. *The Columbian Exchange: Biological and Cultural Consequences of 1492.* Westport: Greenwood Publishing Company, 1972.

Croucamp, André. "Traditional African Divination Systems as Information Technology." *Mind Burst Workshop.*

Daly, Martin & Margo I. Wilson. "Child Abuse and Other Risks of not Living with Both Parents." *Ethology and Sociobiology* 6 (1988): 197-210.

Daly, Martin & Margo I. Wilson. "Evolutionary Social Psychology and Family Homicide." *Science* 242 (1988): 519-524.

Daly, Martin & Margo I. Wilson. "Some Differential Attributes of Lethal Assaults on Small Children by Stepfathers versus Genetic Fathers." *Ethology and Sociobiology* 15 (1994): 207-217.

Daly, Martin & Margo I. Wilson. "Whom are Newborn Babies Said to Resemble?" *Ethology and Sociobiology* 3 (1982): 69-78.

Daly, Martin & Margo I. Wilson. *Homicide.* Hawthorne, Aldine, 1988.

Daly, Mary & Jane Caputi. *Websters' First New Intergalactic Wickedary of the English Language, Conjured in Cahoots.* Boston: Beacon Press, 1987.

Daly, Mary. *Beyond God the Father: Toward a Philosophy of Women's Liberation.* Boston: Beacon Press, 1973.

Daly, Mary. *Pure Lust: Elemental Feminist Philosophy.* Boston: Beacon Press, 1984.

Dankoff, Robert. *An Ottoman Mentality: The World of Evliya Çelebi.* Leiden & Boston: Brill, 2004.

Dankoff, Robert. *The Intimate Life of an Ottoman Statesman Melek Ahmed Pasha (1588-1662) as Portrayed in Evliya Çelebi's Book of Travels (Seyahat-Name).* New York: State University of New York Press, 1991.

Darling, Linda. "Contested Territory: Ottoman Holy War in Comparative Context." *Studia Islamica* 91 (2000): 133-163.

Darnton, Robert. *Mesmerism and the End of the Enlightenment in France.* Cambridge: Harvard University Press, 1968.

Darnton, Robert. *The Business of Enlightenment: A Publishing History of the* Encyclopédie, *1775-1800.* Cambridge: The Belknap Press, 1979.

Darnton, Robert. *The Forbidden Best-Sellers of Pre-Revolutionary France.* New York & London: W. W. Norton & Co., 1995.

Darnton, Robert. *The Great Cat Massacre and Other Episodes in French Cultural History.* New York: Basic Books, 1999.

Darnton, Robert. *The Literary Underground of the Old Regime.* Cambridge & London: Harvard University Press, 1982.

Darwin, Charles. *On the Origin of Species by Means of Natural Selection or the Preservation of Favoured Races in the Struggle for Life.* London: John Murray, 1859.

Davidoff, Leonore. "The Family in Britain." *The Cambridge Social History of Britain 1750-1950, vol. 2: People and Their Environment*, yay. haz. F. M. L. Thompson. Cambridge: Cambridge University Press, 1990: 71-130.

Davis, Adam C. vd. "Gossip as an Intrasexual Competition Strategy: Sex Differences in Gossip Frequency, Content, and Attitudes." *Evolutionary Psychological Science*, 4/2 (2018): 1-13.

Davis, Adam C. vd. "Sex Differences, Initiating Gossip." *Encyclopedia of Evolutionary Psychological Science*, yay. haz. Shackelford, K. vd. Springer International Publishing, 2021, 1-8.

Davis, David Brion. *Inhuman Bondage: The Rise and Fall of Slavery in the New World.* Oxford & New York: Oxford University Press, 2006.

Davis, Natalie Zemon (yay. haz). *Society and Culture in Early Modern France: Eight Essays by Natalie Zemon Davis*. Stanford: Stanford University Press, 1975.

Davis, Natalie Zemon. *The Gift in Sixteenth-Century France.* Madison: The University of Wisconsin Press, 2000.

Dawkins, *The Selfish Gene.* Oxford: Oxford University Press, 1976.

Denemark, Robert A. vd. *World System History: The Social Science of Long-term Change.* London & New York: Routledge, 2000.

Dennet, Daniel C. *Darwin's Dangerous Idea.* New York: Simon & Schuster, 1995.

Dennis, Norman & George Erdos, *Families without Fatherhood.* London: Institute for the Study of Civil Society, 2000, 3. baskı.

DeVries, Kelly. *Joan of Arc: A Military Leader.* Gloucestershire, England: The History Press, 2014.

Dikici, A. Ezgi. "The Making of Ottoman Court Eunuchs: Origins, Recruitment Paths, Family Ties, and 'Domestic Production'." *Archivum Ottomanicum* 30 (2013): 105-136.

Donnelly, Jack. *Realism and International Relations.* Cambridge: Cambridge University Press, 2008.

Douglas, Mary & Baron Isherwood. *The World of Goods: Towards and Anthropology of Consumption*. London: Lane, 1978.

Douglas, Mary. *Purity and Danger: An Analysis of Concepts of Pollution and Taboo.* London: Routledge & Kegan Paul, 1966.

Duindam, Jeroen, Tülay Artan & Metin Kunt (yay. haz). *Royal Courts in Dynastic States and Empires: A Global Perspective.* Leiden: Brill Academic Publishers, 2011.

Duindam, Jeroen. *Dynasties: A Global History of Power, 1300-1800.* Cambridge: Cambridge University Press, 2016.

Dunbar, Robin. *Grooming, Gossip, and the Evolution of Language.* London: Faber & Faber, 1996.

Dunbar, Robin. *How Many Friends Does One Person Need? Dunbar's Number and Other Evolutionary Quirks.* Cambridge: Harvard University Press, 2010.

Duncombe, Laura Sook. *Pirate Women: The Princesses, Prostitutes, and Privateers Who Ruled the Seven Seas.* Chicago: Chicago Review Press, 2017.

Dursteler, Eric R. *Renegade Women: Gender, Identity, and Boundaries in the Early Modern Mediterranean.* Baltimore: The Johns Hopkins University Press, 2011.

Eads, Valerie. "Sichelgaita of Salerno: Amazon or Trophy Wife?" *Journal of Medieval Military History* 3 (2005): 72-87.

Eagleton, Terry. *Humour.* New Haven: Yale University Press, 2019.

Eckert, Penelope. "Cooperative Competition in Adolescent 'Girl Talk'." *Discourse Processes* 13/1 (1990): 91-122.

Edgerton, David. *The Shock of the Old: Technology and Global History since 1900.* London: Profile Books, 2006.

Ekman, Paul. "Afterword: Universality of Emotional Expression? A Personal History of the Dispute." *The Expression of the Emotions in Mans and Animals: Definitive Edition*, Charles Darwin. New York: Oxford University Press, 1998, 363-393.

Eller, Cynthia. *Gentlemen and Amazons: The Myth of Matriarchal Prehistory, 1861-1900.* Berkeley: University of California Press, 2011.

Eller, Cynthia. *The Myth of Matriarchal Prehistory: Why an Invented Past will not Give Women a Future.* Boston: Beacon Press, 2000.

Engels, Friedrich. *The Origin of the Family, Private Property and the State.* Chicago: Charles H. Kerr & Co. 1902.

English, Bonnie. *A Cultural History of Fashion in the 20th and 21st Centuries: From Sidewalk to Catwalk.* London: Bloomsbury, 2013, 2. baskı.

Equiano, Olaudah. *The Interesting Narrative of the Life of Olaudah Equiano, Or Gustavus Vassa, The African.* London, 1789.

Erickson, Paul A. & Liam D. Murphy. *A History of Anthropological Theory.* Toronto: University of Toronto Press, 2000, 4. baskı.

Erikson, Kai. *Wayward Puritans.* New York: Wiley, 1966.

Estés, Clarissa Pinkola, *Women who Run with the Wolves: Contacting the Power of Wild the Women.* New York: Ballantine Books, 1992.

Evans-Pritchard, E. E. *The Nuer: A Description of the Modes of Livelihood and Political Institutions of a Nilotic People.* Oxford: Clarendon Press, 1940.

Evans-Pritchard, E. E. *Witchcraft, Oracles, and Magic among the Azande*, yay. haz. Eva Gillies. Oxford: Clarendon Press, 1976.

Fagan, Jeffrey & Sandra Wexler. "Family Origins of Violent Delinquents," *Criminology* 25/3 (1987): 643-69.

Falk, Armin & Johannes Hermle, "Relationship of Gender Differences in Preferences to Economic Development and Gender Equality." *Science* 362 (2018).

Ferguson, Niall. *The Ascent of Money: A Financial History of the World.* London: Allen Lane, 2008.

Fernandes, James W. "Afterword." *African Divination Systems: Ways of Knowing*, yay. haz. Philip M. Peek. Bloomington: Indiana University Press, 1991, 213-221.

Feyerabend, Paul. *Science in a Free Society.* London: NLB, 1978.

Fine, Gail. "Does Socrates Claim to Know that He Knows Nothing?" *Oxford Studies in Ancient Philosophy* 35 (2008): 49-88.

Fisher, Helen. *The First Sex: The Natural Talents of Women and How they are Changing the World.* New York: Ballantine Books, 2000.

Fodor, Pál. "Ahmedi's Dasitan as a Source of Early Ottoman History." *Acta Orientalia Academiae Scientarum Hungaricae* 38 (1984): 41-54.

Foltz, Richard C. *The Religions of the Silk Road: Overland Trade and Cultural Exchange from Antiquity to the Fifteenth Century.* New York: St. Martin's Press, 1999.

Fortes, Meyer & E. E. Evans-Pritchard (yay. haz). *African Political Systems.* London: Oxford University Press, 1940.

Fortes, Meyer. *Marriage in Tribal Societies.* Cambridge: Cambridge University Press, 1962.

Frailoi, Deborah A. *Joan of Arc: The Early Debate.* Woodbridge: The Boydell Press, 2002.

Frank, Andre Gunder. *ReOrient: Global Economy in the Asian Age.* Berkeley: University of California Press, 1998.

Frank, Robert H. *The Economic Naturalist: Why Economics Explains Almost Everything.* London: Virgin Books, 2007.

Frazer, James. *The Golden Bough.* New York & London: Macmillan & Co., 1890.

Freedman, J. L. & S. C. Fraser. "Compliance without Pressure: The Foot-in-the-Door Technique." *Journal of Personality and Social Psychology* 4/2 (1966): 195-202.

Freedman, Jonathan & Scott C. Fraser. "Compliance without Pressure: The Foot-in-the-Door Technique." *Journal of Personality and Social Psychology* 4/2 (1966): 195-202.

Freeman, Charles. *Egypt, Greece, and Rome Civilizations of the Ancient Mediterranean.* Oxford: Oxford University Press, 2014, 3. baskı.

Freeman, Derek. *Margaret Mead and Samoa: The Making and Unmaking of an Anthropological Myth*. Cambridge: Harvard University Press, 1983.

Freeman, Philip. *Iulius Caesar.* New York: Simon & Schuster, 2008.

Freud, Anna. *The Ego and the Mechanisms of Defense*. New York: International Universities Press, 1946.

Freud, Sigmund. *The Interpretation of Dreams*. New York: The Macmillan Company, 1913.

Freud, Sigmund. *Totem and Taboo: Resemblances between the Psychic Lives of Savages and Neurotics*. New York: Moffat, Yard and Company, 1918.

Frey, Bruno S. *Economics of Happiness.* Cham: Springer, 2018.

Fryer, Roland G. & Steven E. Levitt. "Understanding the Black-Whire Test Score Gap in the First Two Years of School." *The Review of Economics and Statistics* 86/2 (May 2004): 447-64.

Fukuyama, Francis. *The End of History and the Last Man*. New York: Perennial, 2002.

Galston, William A. "Realism in Political Theory." *European Journal of Political Theory* 9/4 (2010): 385-411.

Garfield, Simon. *On the Map: Why the World Looks the Way it Does.* London: Profile Books, 2013.

Gay, Peter. *The Weimar Culture: The Outsider as Insider.* New York: Harper & Row, 1968.

Geary, David C. "Evolution and Proximate Expression of Human Paternal Investment. *Psychological Bulletin* 126 (2000): 55-77.

Geertz, Clifford. *Available Light: Anthropological Reflections on Philosophical Topics.* Princeton & Oxford: Princeton University Press, 2000.

Geertz, Clifford. *The Interpretation of Cultures: Selected Essays*. New York: Basic Books, 1973.

Gennep, Arnold van. *The Rites of Passage,* çev. Monika B. Vizedom & Gabrielle L. Caffee. Chicago: The University of Chicago Press, 1960.

Geuss, Raymond. *Philosophy and Real Politics.* Princeton: Princeton University Press, 2008.

Giddens, Anthony vd. *Essentials of Sociology.* New York & London: W. W. Norton & Co., 2017.

Gilbert, Felix & David Clay Large. *The End of the European Era, 1890 to the Present.* New York & London: W. W. Norton & Co., 1991.

Gilbert, Felix. *Machiavelli and Guicciardini: Politics and History in Sixteenth-Century Florence.* Princeton: Princeton University Press, 1965.

Gladwell, Malcom. *Blink: The Power of Thinking without Thinking.* New York: Back Bay Books, 2005.

Gladwell, Malcolm. *David & Goliath: Underdogs, Misfits, and the Art of Battling Giants.* London: Penguin Books, 2013.

Gladwell, Malcom. *Outliers: The Story of Success.* London: Penguin Books, 2008.

Glete, Jan. *War and the State in Early Modern Europe: Spain, the Dutch Republic and Sweden as Fiscal-Military States, 1500-1660.* London & New York: Routledge, 2002.

Gluckman, Max. *Politics, Law and Ritual in Tribal Society.* Oxford: Basil Blackwell, 1965.

Gluckmann, Max "Psychological, Sociological and Anthropological Explanations of Witchcraft and Gossip: A Clarification." *Man, New Series*, 3/1 (Mart 1968): 20-34.

Gluckmann, Max. "Gossip and Scandal." *Current Anthropology* 4/3 (June 1963): 307-316.

Goffman, Erving. *The Presentation of Self in Everyday Life.* Edinburg: University of Edinburgh Social Sciences Research Centre, 1959.

Golden, Peter. *An Introduction to the History of the Turkic Peoples.* Wiesbaden: Otto Harrassowitz, 1992.

Goldstone, Jack. "Gender, Work, and Culture: Why the Industrial Revolution Came Early to England but Late to China." *Sociological Perspectives* 39 (1996): 1-21.

Goldsworthy, Adrian. *Augustus: First Emperor of Rome.* New Haven: Yale University Press, 2014.

Gombrich, E. H. *The Story of Art.* New Jersey: Prentice-Hall, Inc., 1984.

Goodwin, Marjorie H. *He-Said-She-Said: Talk as a Social Organization among Black Children.* Bloomington: Indiana University Press, 1990.

Goodwin, Marjorie Harness. *The Hidden Life of Girls: Games of Stance, Status, and Exclusion.* Oxford: Blackwell Publishing, 2006.

Goody, Jack. *The Theft of History.* Cambridge: Cambridge University Press, 2006.

Gordon, Andrew. *A Modern History of Japan: From Tokugawa to the Present.* Oxford: Oxford University Press, 2003.

Gorski, Philip S. *The Disciplinary Revolution: Calvinism and the Rise of the State in Early Modern Europe.* Chicago: The University of Chicago Press, 2003.

Gosch, Stephen S. & Peter N. Stearns. *Premodern Travel in World History.* New York & London: Routledge, 2008.

Gosse, Philip. *The History of Piracy.* London: Longmans, 1932.

Gottfredson Linda. "Dissecting Practical Intelligence Theory: Its Claims and its Evidence." *Intelligence* 31/4 (2003): 343-397.

Goulemot, Jean Marie. *Forbidden Texts: Erotic Literature and Its Readers in Eighteenth-Century France.* Oxford: Polity Press, 1994.

Graeber, David. *Bullshit Jobs.* New York: Simon & Schuster, 2018.

Graeber, David. *Debt: The First 5000 Years.* New York: Melville House, 2011.

Graf, Erlend H. "Just What *Did* Archimedes Say About Buoyancy?" *The Physics Teacher* 42 (2004): 296-299.

Greenwood, Susan. *Magic, Witchcraft and the Otherworld: An Anthropology.* Oxford & New York: Berg, 2000.

Greenwood, Susan. *The Anthropology of Magic.* Oxford & New York: Berg, 2009.

Greenwood, Susan. *The Nature of Magic.* Oxford & New York: Berg, 2005.

Gribbin, John. *Science: A History, 1543-2001.* London: Penguin, 2009.

Gross, Mart R. & Richard Shine. "Parental Care and Mode of Fertilization in Ectothermic Vertebrates." *Evolution* 35 (1981): 775-793.

Grybaite, Virginija. "Analysis of Theoretical Approaches to Gender Pay Gap." *Journal of Business Economics and Management,* 7:2 (2006): 85-91.

Guliaev, V. I. "Amazons in the Scythia: New Finds at the Middle Don, Southern Russia." *World Archaeology* 35/1 (2003): 112-125.

Gürkan, Emrah Safa. "Espionage in the 16th century Mediterranean: Secret Diplomacy, Mediterranean Go-Betweens and the Ottoman-Habsburg Rivalry." Yayımlanmamış Doktora Tezi, Georgetown University, 2012.

Gürkan, Emrah Safa. "His Bailo's *Kapudan*: Conversion, Tangled Loyalties and Hasan *Veneziano* between Istanbul and Venice (1588-1591)." *Journal of Ottoman Studies* 48 (2016): 277-319.

Gürkan, Emrah Safa. "Mediating Boundaries: Mediterranean Go-Betweens and Cross-Confessional Diplomacy in Constantinople, 1560-1600." *Journal of Early Modern History* 19 (2015): 107-128.

Gürkan, Emrah Safa. "The Centre and the Frontier: Ottoman Cooperation with the North African Corsairs in the Sixteenth Century." *Turkish Historical Review* 1/2 (2010): 125-163.

Hajnal, John. "European Marriage Pattern in Historical Perspective" *Population in History*, yay. haz. D.V. Glass & D. E. C. Eversley. London: Arnold, 1965: 101-143.

Hale, J. R. (yay. haz.). *Renaissance Venice*. Totowa: Rowman & Littlefield, 1973.

Harford, Tim. *The Logic of Life*. London: Abacus, 2009.

Harford, Tim. *The Undercover Economist: Exposing Why the Rich Are Rich, The Poor Are Poor-And Why You Can Never Buy a Decent Used Car.* Oxford: Oxford University Press, 2006.

Harari, Yuval Noah. *Homo Deus: A Brief History of Tomorrow.* London: Vintage, 2017.

Hathaway, Jane. *Beshir Agha: Chief Eunuch of the Ottoman Imperial Harem.* Oxford: Oneworld, 2005.

Hattox, Ralph S. *Coffee and Coffeehouses: The Origins of a Social Beverage in the Medieval Near East*. Seattle: University of Washington Press, 1985.

Hauser, Marc D. & Noam Chomsky & W. Tecumseh Fitch. "The Faculty of Language: What Is It, Who Has It, and How Did It Evolve?" *Science* 298/5598 (2002): 1569-1579.

Haviland, John B. *Gossip, Reputation and Knowledge in Zinacantan.* Chicago: University of Chicago Press, 1977.

Hawkes, Kristen. "Showing off: Tests of an Hypothesis about Men's Foraging Goals." *Ethology and Sociobiology* 12/1 (January 1991): 29-54.

Hawkins, Steven vd. *Hidden Tribes: A Study of America's Polarized Landscape.* New York: More in Common, 2018.

Hayes Catherine. *The Ape in Our House*. New York: Harper, 1951.

Hayes, K. J. & C. H. Nissen. "Higher Mental Functions of a Home-Raised Chimpanzee." *Behaviour of Non-Human Primates* 4 (1971): 50-115.

Hayes, Keith J. & C. Hayes. "Imitation in a Home-Raised Chimpanzee." *Journal of Comparative and Physiological Psychology* 45 (1952): 450-459.

Headrick, Daniel R. *Technology: A World History.* Oxford & New York: Oxford University Press, 2009.

Hebdige, Dick. *Subculture: The Meaning of Style*. London: Methuen, 1979.

Hembold, Lois Rita & Ann Schofield. "Women's Labor History, 1790-1945." *Reviews in American History* 17/4 (December 1989): 501-518.

Heredotus, *Books III and IV*, çev. A. D. Godley. London: William Heinemann, Loebb Classical Library, 1928.

Hernstein, Richard. "IQ." *Atlantic Monhtly* (September 1971): 43-64.

Herodotus. *The History of Herodotus*. New York: D. Appleton & Co., 1866.

Heywood, Colin. "'Boundless Dreams of the Levant': Paul Wittek, the George-*Kreis*, and the Writing of Ottoman History." *The Journal of the Royal Asiatic Society of Great Britain and Ireland* 2/1 (1989): 32-50.

Heywood, Colin. "Wittek and the Austrian Tradition." *The Journal of the Royal Asiatic Society of Great Britain and Ireland* 1/1 (1988): 7-25.

Hill, Kim & A. Magdalena Hurtado. *Ache Life History: The Ecology and Demography of a Foraging People*. New York: Aldine De Gruyter, 1996.

Hindle, Steve. "The Shaming of Margaret Knowsley: Gossip, Gender and the Experience of Authority in Early Modern England." *Continuity and Change* 9/3 (December 1994): 391-419.

Hobbes, Thomas. *Leviathan or the Matter, Forme and Power of a Commonwealth Ecclesiasticall and Civil*. London: Andrew Crooke, 1651.

Hobsbawm, Eric. *Nations and Nationalism since 1780: Programme, Myth, Reality*. Cambridge: Cambridge University Press, 1992, 2. baskı.

Hobsbawm, Eric. *Fractured Times: Culture and Society in the Twentieth Century*. London: Abacus, 2014.

Hobsbawm, Eric. *The Age of Revolutions, 1789-1848*. New York: Vintage, 1996.

Hobsbawm, Eric. *The Age of Capital: 1848-1875*. New York: Vintage, 1996.

Hobsbawm, Eric. *The Age of Empire, 1875-1914*. New York: Vintage, 1996.

Hobsbawm, Eric. *The Age of Extremes: The Short Twentieth Century, 1914-1991*. London: Abacus, 1995.

Hobsbawm, Eric. *Uncommon People: Resistance, Rebellion and Jazz*. New York: The New Press, 1998.

Hodgson, Marshall G. S. *Rethinking World History: Essays on Europe, Islam and World History*, yay. haz. Edmund Burke III. Cambridge: Cambridge University Press, 1993.

Hodgson, Marshall G. S. *The Venture of Islam: Conscience and History in a World Civilization*. Chicago & London: The University of Chicago Press, 1974, 3 cilt.

Holmes, Jeremy. *John Bowlby & Attachment Theory*. London: Routledge, 1993.

Hrdy, Sarah Blaffer. "Infanticide as a Primate Reproductive Strategy." *American Scientist* 65 (1977): 40-49.

Huizinga, Johann. *Homo Ludens: A Study of the Play Element in Culture,* çev. R. F. C. Hull. London: Routledge & Kegan Paul, 1944.

Huizinga, Johann. *The Waning of the Middle Ages: A Study of the Forms of Life, Thought and Art in France and the Netherlands in the XIVth and XVth Centuries,* çev. Frederick Jan Hopman. London: Edward Arnold & Co., 1927.

Hume, David. "Of the Standard of Taste." *Four Dissertations*. London: A. Millar, 1757: 203-240.

Hume, David. *A Treatise of Human Nature: Being an Attempt to Introduce the Experimental Method of Reasoning into Moral Subjects*. London: John Noon, 1739-40, 3 cilt.

Humphrey, Caroline. "Barter and Economic Disintegration." *Man* 20 (1985): 48-72.

Humphrey, Caroline. "Fair Dealing, Just Rewards: The Ethics of Barter in North-East Nepal." *Barter, Exchange, and Value: An Anthropological Approach*, yay. haz. Caroline Humphrey and Stephen Hugh-Jones. Cambridge: Cambridge University Press, 1994, 107-141.

Hunt, Morton. *The New Know-Nothings: The Political Foes of the Scientific Study of Human Nature*. New Brunswick: Transaction Publishers, 1999.

Huntington, Samuel. *The Clash of Civilizations and the Remaking of World Order*. New York: Simon & Schuster, 1996.

Hyde, Lewis. *The Gift: Imagination and the Erotic Life of Property*. New York: Vintage Books, 1983.

Illich, Ivan. *Deschooling Society*. New York: Harper & Row, 1972.

Imber, Colin. "Paul Wittek's 'De la défaite d'Ankara à la prise de Constantinople'." *Journal of Ottoman Studies* 5 (1986): 65-81.

Imber, Colin. "The Legend of Osman Gazi." *The Ottoman Emirate (1300-1389): A Symposium Held in Rethymnon, 11-13 January 1991*, yay. haz. Elizabeth Zachariadou. Rethymnon: Crete University Press, 1993, 67-76.

Imber, Colin. "The Ottoman Dynastic Myth." *Turcica* 19 (1987): 7-27.

İnalcık, Halil. "The Question of the Emergence of the Ottoman State." *International Journal of Turkish Studies* 2 (1980): 71-79.

Isaacs, Susan. *Intellectual Growth in Young Children*. London: George Routledge, 1930.

Isaacs, Susan. *Social Development in Young Children*. London: Routledge & Kegan Paul, 1933.

Jackson, Guida M. *Women Who Ruled: A Biographical Encyclopedia*. Santa Barbara: ABC-CLIO, 1980.

James, William. *The Principles of Psychology.* New York: Henry Holt & Company, 1890.

Jennings, R. C. "Some Thoughts on the Gazi Thesis." *Wiener Zeitschrift für die Kunde des Morgenlandes* 76 (1986): 151-61.

Jones, Gareth Stedman, *Outcast London: A Study in the Relationship between Classes in Victorian Society.* Oxford: Clarendon Press, 1973.

Jones, Gareth Stedman. *Languages of Class: Studies in English Working Class History, 1832-1982*. Cambridge: Cambridge University Press, 1983.

Jung, C. G. *The Collected Works of C. G. Jung, vol. 9, part I: The Archetypes and the Collective Unconscious*, yay. haz. & çev. Gerhard Adler & R. F. C. Hull. London: Routledge & Kegan Paul, 1959.

Junod, Henri-Alexandre. *The Life of a South African Tribe.* London: Macmillan & Co., 1913, 2 cilt.

Just, Peter. *Dou Donggo Justice: Conflict and Morality in an Indonesian Society*. Lanham: Rowman& Littlefield Publishers, 2001.

Kafadar, Cemal. "A Death in Venice (1575): Anatolian Muslim Merchants Trading in the Serenissima." *Journal of Turkish Studies* 10 (1986): 191-218.

Kafadar, Cemal. *Between Two Worlds: The Construction of the Ottoman State.* Berkeley: University of California Press, 1995.

Kahneman, Daniel. *Thinking Fast and Slow.* New York: Farrar, Straus & Giroux, 2011.

Káldy-Nagy, G. "The Holy War (*jihâd*) in the First Centuries of the Ottoman Empire." *Harvard Ukrainian Studies* 3/4 (1979-80): 467-73.

Kamen, Henry. *The Spanish Inquisition*. London: The Folio Society, 1998.

Kantorowicz, Ernst H. *The King's Two Bodies: A Study in Medieval Political Theology.* Princeton: Princeton University Press, 1959.

Karamustafa, Ahmet T. *God's Unruly Friends: Dervish Groups in the Islamic Later Middle Period, 1200-1550.* Salt Lake City: University of Utah Press, 1994.

Kennan, George F. *Realities of American Foreign Policy.* Princeton: Princeton University Press, 1951.

Kennedy, John G. "Psychological and Social Explanations of Witchcraft." *Man, New Series* 2/2 (June 1967): 216-225.

Keohane, Robert O. & Joseph Nye. *Power and Independence: World Politics in Transition*. Boston: Houghton Mifflin, 1977.

Kessler-Harris, Alice. *Women Have Always Worked: A Concise History.* Urbana, Chicago & Springfield: University of Illinois Press, 2018, 2. baskı.

Keynes, John Maynard. *The General Theory of Employment, Interest and Money*. London: Macmillan, 1936.

Klein, Naomi. *No Logo: Taking Aim at the Brand Bullies.* London: Flamingo, 2000.

Korn, Daniel & Mark Radice & Charlie Hawes. *Cannibal: The History of the People Eaters*. London: Channel 4 Books, 2002.

Kramer, Ann. *Women Wartime Spies*. Barsnley: Pen & Sword Books, 2011.

Krige, Eileen Jensen. "Woman-Marriage, with Special Reference to the Lovedu. Its Significance for the Definition of Marriage." *Journal of the International African Institute* 44/1(January 1974): 11-37.

Kroeber, Alfred Louis. *Cultural and Natural Areas of Native North America.* Berkeley: University of California Press, 1939.

Kropotkin, Peter. *Mutual Aid: A Factor of Evolution.* New York: McClure Phillips & Co., 1902.

Kuhrt, Amélie. *The Ancient Middle East: c. 3000-330 BC.* London & New York: Routledge, 1997, 2 cilt.

Kuran, Timur. *The Long Divergence: How Islamic Law Held Back the Middle East.* Princeton & Oxford: Princeton University Press, 2011.

Labov, William. *Language in the Inner City: Studies in the Black English Vernacular.* Philadelphia: University of Philadelphia Press, 1972.

Lagerspetz, Mikko. "'The Grievance Studies Affair' Project: Reconstructing and Assessing the Experimental Design." *Science, Technology, & Human Values* 46/2 (2021): 402-424.

Lalumière, Martin vd. "A Test of the Mate Deprivation Hypothesis of Sexual Coercion." *Ethology and Sociobiology* 17/5 (September 1996): 299-318.

Landsburg, Steven E. *The Armchair Economist: Economics & Everyday Life.* New York: Free Press, 2012.

Lane, Frederic C. *Venice: A Maritime Republic.* Baltimore: Johns Hopkins University Press, 1973.

Lareau, Annette. *Unequal Childhoods*. Berkeley: University of California Press, 2003.

Le Roy Ladurie, Emmanuel. *Times of Feast, Times of Famine: A History of Climate since the Year 1000*. Garden City: Doubleday, 1971.

Leach, Edmund. *Lévi-Strauss*. Hammersmith: Fontana Press, 1996.

Leach, Edmund. *Political Systems of Highland Burma: A Study of Kachin Social Structure*. Cambridge: Harvard University Press, 1954.

Lebergott, Stanley. *The American Economy: Income, Wealth, and Want*. Princeton: Princeton University Press, 1976.

Lee, Wayne E. *Waging War: Conflict, Culture, and Innovation in World History*. Oxford: Oxford University Press, 2010.

Levitt, Steven D. & Stephen J. Dubner. *Freakonomics: A Rogue Economist Explores the Hidden Side of Everything*. New York: William Morrow, 2005.

Lewis, Bernard. *The Muslim Discovery of Europe*. New York & London: W. W. Norton & Company, 2001.

Lewis, Hyde. *The Gift: Imagination and the Erotic Life of Property*. New York: Random House, 1983.

Lienhardt, Godfrey. *Divinity and Experience: The Religion of Dinka*. Oxford: Oxford University Press, 1961.

Lindemann, Mary. *Medicine and Society in Early Modern Europe*. Cambridge: Cambridge University Press, 1999.

Lindner, Rudi Paul. *Nomads and the Ottomans in Medieval Anatolia*. Bloomington: Indiana University Press, 1983.

Locke, John. *Some Thoughts Concerning Education*. London: A. J. Churchill, 1693.

Locke, John. *Two Treatises of Government*. London: Awnsham Churchill, 1690.

Lockman, Zachary. *Contending Visions of the Middle East: The History and Politics of Orientalism*. Cambridge: Cambridge University Press, 2010, 2. baskı.

Lomas, Kathryn. *The Rise of Rome: From the Iron Age to the Punic Wars, 1000 BC-264 BC*. London: Profile Books, 2018.

Lorber, Judith. *Paradoxes of Gender*. New Haven: Yale University Press, 1994.

Lowie, Robert. *The Origin of the State*. New York: Harcourt, Brace & Co., 1922, 5. baskı.

Lowry, Heath. *The Nature of the Early Ottoman State*. Albany: State University of New York Press, 2003.

Lubbock, John. *Origin of Civilization and the Primitive Condition of Man.* London: Longmans, Green & Co., 1870.

Luo, Jing & Kazuhisa Niki. "Function of Hippocampus in 'Insight' of Problem Solving." *Hippocampus* 13/3 (2003): 316-23.

Luo, Liqun vd. "Sex-Biased Parental Investment among Contemporary Chinese Peasants: Testing the Trivers-Willard Hypothesis." *Frontiers in Psychology* 7:1215 (2016).

Lutz, Catherine. *Unnatural Emotions.* Chicago: Chicago University Press, 1988.

Magee, Joe C., & Pamela K. Smith. "The Social Distance Theory of Power." *Personality and Social Psychology Review* 17/2 (2013): 158-186.

Malinowski, Bronislaw. *Argonauts of the Western Pacific: An Account of Native Enterprise and Adventure in the Archipelagoes of Melanesian New Guinea*. London : G. Routledge & Sons, 1922.

Malinowski, Bronislaw. *Magic, Science and Religion and Other Essays.* Boston: Beacon Press, 1948.

Malinowski, Bronislaw. *Sex and Repression in Savage Society.* London: Kegan Paul & Co., 1927.

Mango, Cyril. *Byzantium: The Empire of the New Rome.* London: Phoenix, 1980.

Martin, John & Dennis Romano (yay. haz.) *Venice Reconsidered: The History and Civilization of an Italian City-State, 1297-1797.* Baltimore: Johns Hopkins University Press, 2000.

Martinescu, Elena. "Why We Gossip: A Functional Perspective on the Self-Relevance of Gossips for Senders, Receivers and Targets." Yayımlanmamış Doktora Tezi, University of Groeningen, 2017.

Maslow, Abraham H. "A Theory of Human Motivation." *Psychological Review* 50/4 (1943): 370-396.

Max Weber. *From Max Weber: Essays in Sociology.* New York: Oxford University Press, 1946, 2. baskı.

McClellan III, James E. & Harold Dorn. *Science and Technology in World History: An Introduction.* Baltimore: The Johns Hopkins University Press, 2006, 2. baskı.

McCord, Joan. "Family Relationships, Juvenile Delinquency and Adult Criminality," *Criminology* 29/3 (1991): 397-417.

McNeill, J. R. *Something New Under the Sun: An Environmental History of the Twentieth-Century World.* New York & London: W. W. Norton & Company, 2000.

McNeill, William H. *Plagues and Peoples.* Garden City: Anchor Books, Doubleday, 1976.

McNeill, William H. *The Human Condition: An Ecological and Historical View.* Princeton: Princeton University Press, 1980.

McNeill, William H. *The Pursuit of Power: Technology, Armed Force, and Society since A.D. 1000.* Chicago: The University of Chicago Press, 1982.

McNeill, William H. *The Rise of the West: A History of the Human Community.* Chicago: University of Chicago Press, 1963.

Mead, Margaret. *Coming of Age in Samoa: A Psychological Study of Primitive Youth for Western Civilization.* New York: William Morrow & Co., 1928.

Mead, Margaret. *Sex and Temperament in Three Primitive Societies.* New York: W. Morrow & Company, 1935.

Mearsheimer, John J. *The Tragedy of Great Power Politics,* New York: Norton, 2001.

Meinhold, Roman. *Fashion Myths: A Cultural Critique,* çev. John Irons. Bielefeld: Transcript Verlag, 2013.

Miller, Joseph C. "Nzinga of Matamba in a New Perspective." *The Journal of African History* 16/2 (1975): 201-216.

Miller, Michael B. *Shanghai on the Métro: Spies, Intrigues, and the French between Wars.* Berkeley: University of California Press, 1994.

Miller, Michael B. *The Bon Marché: Bourgeois Culture and the Department Store, 1869-1920.* Princeton: Princeton University Press, 1981.

Milton, Friedman. *Capitalism and Freedom.* Chicago: University of Chicago Press, 1962.

Mincer, Jacob & Solomon Polachek. "Family Investment in Human Capital: Earning of Women." *Journal of Political Economy* 82/2 (1974): 96-108.

Miner, Horace. "Body Ritual among the Nacirema." *American Anthropologist* 58/3 (1956): 503-507.

Mintz, Jerome R. *Carnival Song and Society: Gossip, Sexuality and Creativity in Andalusia.* Oxford: Berg, 1997.

Morgan, Lewis Henry. *Ancient Society.* New York: Henry Holt, 1877, 3. baskı.

Morgan, Marcyliena. "Theories and Politics in African American English." *Annual Review of Anthropology* 23 (1995): 325-345.

Morgenthau, Hans J. *Politics among Nations: The Struggle for Power and Peace.* New York: Alfred A. Knopf, 1948.

Morris, Ian. *Why the West Rules-For Now: The Patterns of History, and What They Reveal About the Future.* New York: Farrar, Straus & Giroux, 2010.

Muir, Edward. *Civic Ritual in Renaissance Venice.* Princeton: Princeton University Press, 1981.

Muir, Edward. *Ritual in Early Modern Europe.* Cambridge: Cambridge University Press, 1997.

Mungello, D. E. *The Great Encounter of China and the West, 1500-1800.* Lanham: Rowman & Littlefiled, 2009, 3. baskı.

Nagel, Thomas. *What Does It All Mean? A Very Short Introduction to Philosophy.* New York & Oxford: Oxford University Press, 1987.

Nauert, Jr., Charles G. *Humanism and the Culture of Renaissance Europe.* Cambridge: Cambridge University Press, 1995.

Necipoğlu, Gülru. *Architecture, Ceremonial and Power: The Topkapı Palace in the Fifteenth and Sixteenth Centuries.* Cambridge & London: The MIT Press, 1992.

Necipoğlu, Gülru. *The Age of Sinan: Architectural Culture in the Ottoman Empire.* London: Reaktion Books, 2005.

Neville, Leonora. *Anna Komnene: The Life and a Work of a Medieval Historian.* New York: Oxford University Press, 2016.

Niederler, Muriel & Lise Vesterlund. "Do Women Shy Away from Competition? Do Men Compete Too Much?" *The Quarterly Journal of Economics* 122/3 (August 2007): 1067-1101.

Niedzviecki, Hal. *Hello, I'm Special : How Individuality Became the New Conformity.*Toronto: Penguin, 2004.

Nikiforuk, Andrew. *The Fourth Horseman: A Short History of Epidemics, Plagues and Other Scourges.* London: Phoenix, 1991.

Obeyesekere, Gananath. *Cannibal Talk: The Man-Eating Myth and Human Sacrifice in the South Seas.* Berkeley: University of California Press, 2005.

Obeyesekere, Gananath. *The Apotheosis of Captain Cook.* Princeton: Princeton University Press, 1992.

Offer, Avner. *The Challenge of Affluence: Self-Control and Well-Being in the United States and Britain since 1950*. Oxford: Oxford University Press, 2006.

Ostrogorsky, George. *History of the Byzantine State*. New Brunswick, NJ: Rutgers University Press, 1969.

Outram, Dorinda. *The Enlightenment*. Cambridge: Cambridge University Press, 1995.

Paine, Robert. "What is Gossip about? An Alternative Hypothesis." *Man, New Series*, 2/2 (June, 1967): 278-85.

Parker, Geoffrey. *The Military Revolution: Military Innovation and the Rise of the West, 1500-1800*. Cambridge: Cambridge University Press, 1988.

Parker, Geoffrey. *War, Climate Change and Catastrophe in the Seventeenth Century*. New Haven: Yale University Press, 2013.

Pettegree, Andrew. *The Book in the Renaissance*. New Haven & London: Yale University Press, 2010.

Pettegree, Andrew. *The Invention of News: How the World Came to Know about Itself*. New Haven & London: Yale University Press, 2014.

Phelps, Edmund S. "The Statistical Theory of Racism and Sexism." *American Economic Review* 62 (1972): 659-61.

Phillips, David P. & Daniel G. Smith. "Postponement of Death until Symbolically Meaningful Occasions." *Journal of the American Medical Association* 263 (1990): 1947-1951.

Phillips, David P. vd. "The Birthday: Lifeline or Deadline." *Psychosomatic Medicine* 54 (1992): 532-542.

Pietila, Tuulikki. *Gossip, Markets, and Gender : How Dialogue Constructs Moral Value in Post-socialist Kilimanjaro*. Madison: University of Wisconsin Press, 2007.

Pinker, Steven. *How the Mind Works*. New York: Norton, 1997.

Pinker, Steven. *The Blank Slate: The Modern Denial of Human Nature*. New York: Penguin, 2003.

Platek, Steven M. vd. "Reactions to Children's Faces: Resemblance Affects Males More than Females." *Evolution and Human Behavior* 23 (2002): 159-166.

Pluckrose, Helen & James Lindsay. *Cynical Theories: How Universities Made Everything About Race, Gender, and Identity—and Why This Harms Everybody*. Durham: Pitchstone Publishing, 2020.

Polanyi, Karl. *The Great Transformation.* New York: Farrar & Rinehart, 1944.

Pomeranz, Kenneth. *The Great Divergence: China, Europe, and the Making of the Modern World Economy.* Princeton: Princeton University Press, 2000.

Popper, Karl. *The Open Society and its Enemies.* London: Routledge & Sons, 1945, 2 cilt.

Pritchard, Evans. *Witchcraft, Oracles and Magic Among the Azande.* Oxford: Clarendon Press, 1937.

Procopius. *Secret History.* Ann Arbor: University of Michigan Press. 1961.

Qinglin, Zhang vd. "A Review and Hypothesis about the Cognitive Mechanism of Insight." *Psychology Science* 27 (2004): 1435-1437.

Radcliffe-Brown, A.R. *The Andaman Islanders.* Cambridge: University Press, 1922.

Radcliffe-Brown, A.R. *The Social Organisation of Australian Tribes.* Melbourne: Macmillan, 1931.

Rappaport, Erika. *A Thirst of Empire: How Tea Shaped the Modern World.* Princeton and New York: Princeton University Press, 2017.

Rediker, Marcus. *The Many-Headed Hydra: Sailors, Slaves, Commoners, and the Hidden History of the Revolutionary Atlantic.* Boston: Beacon Press, 2000.

Rediker, Marcus. *Villains of All Nations: Atlantic Pirates in the Golden Age.* London & New York: Verso, 2012.

Ringrose, Kathryn M. *The Perfect Servant: Eunuchs and the Social Construction of Gender in Byzantium.* Chicago & London: The University of Chicago Press, 2003.

Robbins, Megan L. & Alexander Karan. "Who Gossips and How in Everyday Life?" *Social Psychology and Personality Science* 11/2 (2020): 85-95.

Robert J. Sternberg. *Successful Intelligence: How Practical and Creative Intelligence Determine Success in Life.* New York: Plume, 1997.

Rodger, John J. *Family Life & Social Control: A Sociological Perspective.* Hampshire: MacMillan, 1996.

Rothkegel, Martin. "Jacobus Palaeologus in Constantinople, 1554-5 and 1573: Levantine Backgrounds of a Radical Antitrinitarian and his Unsuccessful Reform Project." *Osmanlı İstanbulu IV: IV. Uluslararası Osmanlı İstanbulu Sempozyumu Bildirileri 20-22 Mayıs 2016*, yay. haz. Feridun Mustafa Emecen vd. İstanbul: İstanbul 29 Mayıs Üniversitesi Yayınları, 2017, 977-1004.

Ruggiero, Guido. *Binding Passions: Tales of Magic, Marriage, and Power at the End of the Renaissance.* New York & Oxford: Oxford University Press, 1993.

Ruggiero, Guido. *The Boundaries of Eros: Sex, Crime, and Sexuality in Renaissance Venice.* New York & Oxford: Oxford University Press, 1985.

Sabini, John & Maury Silver. *Moralities of Everyday Life.* Oxford: Oxford University Press, 1982.

Sahlins, Marshall David. *Islands of History.* Chicago & London: University of Chicago Press, 2010.

Sahlins, Marshall. "Captain Cook in Hawaii." *Journal of Polynesian Society* 98/4 (December 1989): 371-423.

Sahlins, Marshall. "The Apotheosis of Captain Cook." *Between Belief and Transgression: Structuralist Essays in Religion, History and Myth*, yay. haz. Michael Izard & Pierre Smith. Chicago: University of Chicago Press, 1982.

Sahlins, Marshall. *How Natives Think: About Captain Cook, for Example.* Chicago: Chicago University Press, 1995.

Sahlins, Marshall. *Stone Age Economics.* London: Tavistock Publications, 1974.

Sahlins, Marshall. *The Use and Abuse of Biology: An Anthropological Critique of Sociobiology.* Ann Harbor: University of Michigan Press, 1976.

Said, Edward. *Orientalism.* New York: Vintage Books, 1978.

Saint Simon. *Selected Writings.* New York: Macmillan, 1952.

Saussure, Ferdinand. *Course in General Linguistics.* Taipei: Bookman Books, 1960.

Schmitt, David & David M. Buss, "Strategic Self-Promotion and Competitor Derogation: Sex and Context Effects on Perceived Effectiveness of Mate Attraction Tactics." *Journal of Personality and Social Psychology* 70 (1996): 1185-1204.

Schmitt, David, Todd Shackelford & David Buss. "Are Men Really More 'Oriented' toward Short-term Mating than Women? A Critical Review of Theory and Research." *Psychology, Evolution & Gender* 3 (2001): 211-239.

Schumpeter, Joseph Alois. *Capitalism, Socialism and Democracy.* New York: Harper & Brothers, 1942.

Scitovsky, Tibor. *Human Desires and Economic Satisfaction: Essays on the Frontiers of Economics.* New York: New York University Press, 1986.

Scitovsky, Tibor. *The Joyless Economy: The Psychology of Human Satisfaction*. Oxford: Oxford University Press, 1976, gözden geçirilmiş baskı, 1992.

Scott, James C. *Against the Grain: A Deep History of the Earliest States*. New Haven & London: Yale University Press, 2017.

Scott, James C. *Domination and the Arts of Resistance: Hidden Transcripts*. New Haven: Yale University Press, 1990.

Scott, James C. *Weapons of the Weak: Everyday Forms of Peasant Resistance*. New Haven: Yale University Press, 1985.

Seligman, C. G. & Brenda Seligman. *Pagan Tribes of the Nilotic Sudan*. London: Routledge & Kegan Paul, 1932.

Sennett, Richard. *The Corrosion of Character: The Personal Consequences of Work in the New Capitalism*. New York & London: W. W. Norton & Company, 1998.

Shakespeare, William. *The Merchant of Venice*. London, 1600.

Shen, W. vd. "New Advances in the Neural Correlates of Insight: A Decade in Review of the Insightful Brain." *Chinese Science Bulletin* 58/13 (2013): 1497-1511.

Shyrock, Andrew. *Deep History: The Architecture of Past and Present*. Berkeley: University of California Press, 2011.

Silverman, Max. "Haneke and the Camps." *Holocaust Intersections: Genocide and Visual Culture at the New Millennium*, yay. haz. Axel Bangert. Oxon & New York: Legenda, 2013, 84-97.

Sivulka, Juliann. *Soap, Sex and Cigarettes: A Cultural History of American Advertising*. Belmont: Wadsworth Publishing, 1998.

Skinner, B. F. *The Behavior of Organisms*. New York: D. Appleton-Century Co., 1938.

Skocpol, Theda. *States and Social Revolutions: A Comparative Analysis of France, Russia, and China*. Cambridge: Cambridge University Press, 1979.

Smith, Adams. *An Inquiry into the Nature and Causes of the Wealth of Nations*. London: W. Strahan & T. Cadell, 1776.

Smith, P. K. "The Ontogeny of Fear in Children." *Fear in Animals and Man*. W. Sluckin, yay. haz. London: Van Nostrand, 1979, 164-168.

Smith, Tiffany Watt. *Schadenfreude: The Joy of Another's Misfortune*. New York: Little, Brown Spark, 2018.

Sokal, Alan & Jean Bricmont. *Fashionable Nonsense: Postmodern Intellectuals' Abuse of Science*. New York: Picador, 1998.

Spacks, Patricia Meyer. *Gossip: A Celebration and Defense of the Art of "Idle Talk"; A Brilliant Exploration of its Role in Literature (Novels, Memoirs, Letters, Journals) as well as in Life.* New York: Alfred A. Knopf, 1985.

Spence, Jonathan D. *The Search for Modern China.* New York & London: W. W. Norton & Company, 2010.

Spencer, Herbert. *Principles of Sociology.* London: Williams & Northgate, 1896, 2. baskı.

de Spinoza, Benedictus. *Ethics*. London & New York: Penguin Books, 1996.

Stanton, Elizabeth Cady. *The Woman's Bible.* New York: European Publishing Co., 1890.

Starr, S. Frederick. *Lost Enlightenment: Central Asia's Golden Age from the Arab Conquest to Tamerlane.* Princeton & Oxford: Princeton University Press, 2013.

Stein, Rebecca L. & Philip Stein. *The Anthropology of Religion, Magic, and Witchcraft.* London & New York: Routledge, 2017, 4. baskı.

Sternberg, Robert J. *Successful Intelligence: How Practical and Creative Intelligence Determine Success in Life.* New York: Plume, 1997.

Sternberg, Robert. *Beyond IQ: A Triarchic Theory of Intelligence*. Cambridge University Press, 1985.

Stevenson, Betsey & Justin Wolfers. "The Paradox of Declining Female Happiness". *American Economic Journal: Economic Policy, American Economic Association* 1/2 (2009): 190-225.

Stoet, Gijsbert & David C. Geary, "The Gender-Equality Paradox in Science, Technology, Engineering, and Mathematics." *Psychological Science* 29/4 (2018): 581-593.

Stopes, Marie. *Married in Love or Love in Marriage.* New York: The Critic & Guide Company, 1918.

Subbotsky, Eugene *Magic and the Mind: Mechanisms, Functions and Development of Magical Thinking and Behavior.* New York: Oxford University Press, 2010.

Subbotsky, Eugene. "Can Magical Intervention Affect Subjective Experiences? Adults' Reactions to Magical Suggestion." *British Journal of Psychology* 100 (2009): 517-537.

Subbotsky, Eugene. "Children's and Adults' Reactions to Magical and Ordinary Suggestion: Are Suggestibility and Magical Thinking Psychologically Close Relatives?" *British Journal of Psychology* 98 (2007): 547-574.

Subbotsky, Eugene. "Magical Thinking in Judgments of Causation: Can Anomalous Phenomena Affect Ontological Causal Beliefs in Children and Adults?" *British Journal of Developmental Psychology* 22 (2004): 123-152.

Subbotsky, Eugene. "The Belief in Magic in the Age of Science." *SAGE Open* (January-March 2014): 1-17.

Subbotsky, Eugene. "The Permanence of Mental Objects: Testing Magical Thinking on Perceived and Imaginary Realities." *Developmental Psychology* 41 (2005): 301-318.

Suddendorf, Thomas & Michael C. Corballis, "Mental Time Travel and the Evolution of the Human Mind." *Genetic Social and General Psychology Monographs* 123/2 (1997): 133-167.

Suddendorf, Thomas & Michael C. Corballis, "The Evolution of Foresight: What is Mental Time Travel, and is It Unique to Humans?" *Behavioral and Brain Sciences* 30/3 (2007): 299-313.

Symons, Donald. *The Evolution of Human Sexuality*. New York: Oxford University Press, 1979.

Talbot, Alice Mary (yay. haz.). *Holy Women of Byzantium: Ten Saints' Lives in English Translation*. Washington DC: Dumbarton Oaks Research Library & Collection, 1996.

Tannen, Deborah. *You Just Don't Understand: Women and Men in Conversation*. London: Virago Press, 1992.

Taylor, C. C. W. *Socrates: A Very Short Introduction*. Oxford & New York: Oxford University Press, 2019.

Taylor, Edward Burnett. *Religion in Primitive Culture*. New York: Harper & Brothers Publishers, 1958.

Tebbutt, Melanie. *Women's Talk? A Social History of "Gossip" in Working Class Neighbourhoods, 1880-1960*. Aldershot: Scholar Press, 1995.

Tekin, Şinasi. "Türk Dünyasında Gaza ve Cihad Kavramları Üzerinde Düşünceler." *Tarih ve Toplum* 109 (1993): 9-18 ve 110 (1993): 73-80.

Tezcan, Baki. *The Second Ottoman Empire: Political and Social Transformation in the Early Modern World*. New York: Cambridge University Press, 2010.

Thaler, Richard H. & Cass R. Sunstein. *Nudge: Improving Decisions about Health, Wealth, and Happiness*. New Haven: Yale University Press, 2008.

Thaler, Richard H. *Misbehaving: The Making of Behavioral Economics*. New York & London: W. W. Norton & Company, 2015.

Thompson, E. P. "Time, Work-Discipline, and Industrial Capitalism." *Past & Present* 38 (December, 1967): 56-9.

Tilly, Charles & Sidney Tarrow: *Contentious Politics.* New York: Oxford University Press, 2015.

Tilly, Charles. *Coercion, Capital, and European States, AD 990-1990.* Cambridge: B. Blackwell, 1990.

Tilly, Charles. *Social Movements, 1768-2004.* Boulder & London: Paradigm Publishers, 2013.

Toffler, Alvin. *Future Shock.* New York: Random House, 1970.

Tooby, John & Leda Cosmides. "Psychological Foundations of Culture." *The Adapted Mind,* yay. haz. Jerome H. Barkow vd. New York: Oxford University Press, 1992: 19-136.

Trivers, Robert L. "Parental Investment and Sexual Selection." *Sexual Selection and the Descent of Man*, 1871-1971, yay. haz. B. Campbell. Chicago: Aldine, 1972: 136-179.

Trivers, Robert L. "Parent-Offspring Conflict." *American Zoologist* 14/1 (1974): 249-264.

Triviers, Robert. *Social Evolution.* Menlo Park: Benjamin & Cummings, 1985.

Turner, Victor. *The Forest of Symbols: Aspects of Ndembu Ritual.* London: Cornell University Press, 1970.

Twitchell, James B. *Twenty Ads That Shook the World: The Century's Most Groundbreaking Advertising and How It Changed Us All.* New York: Three Rivers Press, 2000.

Vanek, Jaroslav. "Keeping Busy: Time Spend in Housework, United States, 1920-1970." Yayımlanmamış Doktora Tezi, University of Michigan, 1974.

Veblen, Thorstein. *The Theory of the Leisure Class.* Oxford: Oxford University Press, 2007.

Veller, Carl vd. "The Trivers-Willard Hypothesis: Sex Ratio or Investment?" *Proceedings of the Royal Society Series B: Biological Sciences* 283 (2016).

von Heiseler, Till Nikolaus. "Language Evolved for Storytelling in a Super-Fast Evolution. *Evolution of Language*, yay. haz. Erica A. Cartmill vd. Hackensack: World Scientific Pub. Co. Inc., 2014, 114-121.

Voorhis, Patricia van vd. "The Impact of Family Structure on Delinquency: a Comparative Assessment of Structural and Functional Factors." *Criminology* 26/2 (1988): 235-6l.

Vryonis, Speros. *The Decline of Medieval Hellenism in Asia Minor and the Process of Islamization from the Eleventh through the Fifteenth Century.* Berkeley, University of California Press, 1971.

Wallerstein, Immanuel. *Historical Capitalism.* London: Verso, 1983.

Wallerstein, Immanuel. *The Modern World-System, I: Capitalist Agriculture and the Origins of the European World-Economy in the Sixteenth Century.* New York & London: Academic Press, 1974.

Wallerstein, Immanuel. *The Modern World-System, II: Mercantilism and the Consolidation of the European World-Economy, 1600-1750.* New York: Academic Press, 1980.

Wallerstein, Immanuel. *The Modern World-System, III: The Second Great Expansion of the Capitalist World-Economy, 1730-1840's.* San Diego: Academic Press, 1989.

Wallerstein, Immanuel. *The Modern World-System, IV: Centrist Liberalism Triumphant, 1789-1914.* Berkeley: University of California Press, 2011.

Waltz, Kenneth. *Men, The State and War: A Theoretical Analysis.* New York: Columbia University Press, 1954.

Waltz, Kenneth. *Theory of International Politics.* Boston, MA: McGraw-Hill, 1979.

Watson, Donald P. & Alice W. Burlingame. *Therapy through Horticulture.* New York: MacMillan, 1960.

Watson, John B. *Behaviorism.* New York: W. W. Norton & Company, Inc., 1924.

Wendt, Alexander "Anarchy is What States Make of It: The Social Construction of Power Politics." *International Organization* 46 (1987): 391-425.

Werner, Ernst. *Die Geburt einer Grossmacht-Die Osmanen (1300-1481): Ein Beitrag zur Genesis des türkischen Feudalismus.* Berlin: Akademie-Verlag, 1966.

White, Leslie. *The Evolution of Culture: The Development of Civilization to the Fall of Rome.* New York: McGraw-Hill, 1939.

Whitrow, G. J. *Time in History: Views of Time from Prehistory to the Present Day.* Oxford & New York: Oxford University Press, 1989.

Whorf, Benjamin Lee. *Language, Thought and Reality.* Cambridge: M.I.T. Press, 1956.

Wicker, Allan W. *An Introduction to Ecological Psychology.* Monterey: Brooks & Cole, 1979.

Wickham, Chris. "Gossip and Resistance among the Medieval Peasantry." *Past & Present* 160 (August 1998): 3-24.

Widman David R. vd. "Punishment of Hypothetical Polygamous Marriages." *Evolutionary Behavioral Sciences* 13/3 (July 2019): 286-294.

Wiesner, Merry E. *Women and Gender in Early Modern Europe*, Cambridge: Cambridge University Press, 2000, 2. baskı.

Williams, George C. *Adaptation and Natural Selection.* Princeton: Princeton University Press, 1966.

Williams, George C. *Natural Selection: Domains, Levels and Selections.* New York: Oxford University Press, 1992.

Willis, Paul. *Learning to Labour: How Working Class Kids Get Working Class Jobs*. Farnborough: Saxon House, 1977.

Wilson, Edward O. *Sociobiology.* Cambridge: The Belknap Press, 1975.

Wilson, Margo & Martin Daly. "Competitiveness, Risk-Taking and Violence: The Young Male Syndrome." *Ethology and Sociobiology* 6 (1985): 59-73.

Wilson, Peter J. "Filcher of Good Names: An Enquiry into Anthropology and Gossip." *Man, New Series*, 9/1 (March 1974): 93-102.

Wolf, Eric R. *Europe and People without History.* Berkeley: University of California Press, 1982.

Woolf, Virginia. *A Room of One's Own*. London: Hogarth Press, 1929.

Wrangham, Richard & Dale Peterson. *Demonic Males: Apes and the Origins of Human Violence*. Boston & New York: Mariner Books, 1996.

Zaretskii, V. K. "The Zone of Proximal Development: What Vygotsky Did Not Have Time to Write." *Journal of Russian & East European Psychology* 47/6 (2009): 70-93.

Ze'evi, Dror. *Producing Desire: Changing Sexual Discourse in the Ottoman Middle East, 1500-1900.* Berkeley: University of California Press, 2006.

Zeldin, Theodore. *An Intimate History of Humanity.* London: Minerva, 1995.

Zeldin, Theodore. *Conversation: How Talk Can Change Your Life.* London: The Harvell Press, 1998.

Zhang, Qinglin, Qiu Jiang, Cao Guikang. "A Review and Hypothesis about the Cognitive Mechanism of Insight." *Psychology Science* 27 (2004): 1435-1437.

İspanyolca

Bacigalupe, Miguel Angel Echevarría. *La Diplomacia Secreta en Flandes, 1598-1643.* Leioa-Vizcaya: Argitarapen Zerbitzua Euskal Herriko Unibertsitatea, 1984.

Castaño, Emilio Sola & José F. de la Peña. *Cervantes y la Berbería: Cervantes, mundo turco-berberisco y servicios secretos en la epoca de Felipe II.* Madrid: Fondo de Cultura Economica, 1995.

Castaño, Emilio Sola. *Los que van y vienen: Información y fronteras en el Mediterráneo clasico del siglo XVI.* Alcalá de Henares: Universidad de Alcalá, 2005.

Castaño, Emilio Sola. *Uchalí: El calabrés tiñoso, o el mito del corsario muladí en la frontera.* Barcelona: Edicions Bellaterra, 2011.

Erauso, Catalina de. *Historia de la Monja Alférez, Catalina de Erauso, escrita por ella misma,* yay. haz. Ángel Esteban. Madrid: Catedra, 2002.

Gürkan, Emrah Safa. "Desinformación y rumores en Estambul en el comienzo de la Guerra de Chipre (1569-1570)." *¿Si fuera cierto? Espías y agentes en la frontera (siglos XVI-XVII),* yay. haz. Gennaro Varriale. Alcalá de Henares: Universidad de Alcala, 2018, 48-61.

Pérez-Reverte, Arturo y Carlota. *El Capitán Alatriste: Las aventuras del Capitán Alatriste.* Madrid: Punto de Lectura, 2006.

İtalyanca

Acciaro, Maria Pitzalis. *In nome della Madre: ipotesi sul matriarcato barbaricino.* Milano: Feltrinelli economica, 1978.

Barbagli, Marzio. *Storia di Caterina: che per ott'anni vestì abiti da uomo.* Bologna: Il Mulino, 2014.

Bono, Salvatore. *I corsari barbareschi.* Torino: ERI-Edizion RAI Radiotelevisione Italiana, 1964.

Cipolla, Carlo M. *Allegro ma non troppo*. Bologna: Il Mulino, 1988.

Cipolla, Carlo M. *Conquistadores, pirati, mercatanti: La saga dell'argento spagnuolo.* Bologna: Il Mulino, 2003.

Cipolla, Carlo M. *Contro un nemico invisibile. Epidemie e strutture sanitarie nell'Italia del Rinascimento*. Bologna: Il Mulino, 1986.

Cipolla, Carlo M. *Le leggi fondamentali della stupidità umana*. Bologna: Il Mulino, 2015.

Cipolla, Carlo M. *Le macchine del tempo. L'orologio e la società (1300-1700).* Bologna: Il Mulino, 2003.

Cipolla, Carlo M. *Miasmi e umori*. Bologna: Il Mulino, 1989.

Eco, Umberto. *Come si fa una tesi di laurea: le materie umanistiche*. Milano: RCS Libri S.p.A, 1977.

Ginzburg, Carlo. *I benandanti: stregoneria e culti agrari tra Cinquecento e Seicento*. Torino: G. Einaudi, 1979.

Ginzburg, Carlo. *Il formaggio e i vermi: il cosmo di un mugnaio del '500*. Torino: Einaudi, 1976.

Gürkan, Emrah Safa. "I baili veneziani e la diplomazia d'informazione fra Venezia e Istanbul." *Θησαυρίσματα* & *Thesaurismata: Bollettino dell'Istituto Ellenico di Studi Bizantini e Postbizantini* 46 (2018): 106-111.

Gürkan, Emrah Safa. "L'idra del sultano: Lo spionaggio ottomano nel cinquecento." *Mediterranea. Richerche storiche* 38 (2016): 447-476.

Infelise, Mario. *I libri proibiti*. Roma & Bari: Gius. Laterza & Figli, 1999.

Infelise, Mario. *Prima dei giornali: Alle origini della pubblica informazione (secoli XVI e XVII* . Roma: Editori Laterza, 2002.

Preto, Paolo. *Venezia e i Turchi*. Firenze: G. C. Sansoni Editore, 1975.

Rothkegel, Martin. "Paleologo, Giacomo." *Dizionario Biografico degli Italiani* 80 (2014).

Scognamiglio, Sonia. *Le istutizioni della moda: dalle strutture corporative all'economia politica. Napolia e Francia (1500-1800)*. Bologna: Il Mulino, 2015.

Katalanca

Bennasar, Onofre Vaquer. *Captius i renegats al segle XVII: Malloquins captius entre musulmans renegats davant la Inquisició de Mallorca*. Mallorca: El Tall, 2014.

Nadal, Gonçal Lopez. *El corsarisme mallorqui a la Mediterrània occidental, 1652-1698: Un Comerç Forçat*. Palma: Conselleria d'educacio i cultura, 1986.

Portekizce

Saraiva, António José. *Inquisição e cristãos novos*. Lisboa: Editorial Estampa, 1994.

Tavim, José Alberto. *Judeus e cristãos-novos de Cochim: história e memória (1500-1662)*. Braga: Edições APPACDM Distrital de Braga, 2003.

Türkçe

------------ *Tanede Saklı Keyif, Kahve*. İstanbul: Yapı Kredi Kültür Sanat Yayıncılık, 2001.

Akyıldız, Ali. *Harem'in Padişahı: Valide Sultan*. İstanbul: Timaş, 2017.

Akyıldız, Ali. *Mümin ve Müsrif Bir Padişah Kızı: Refia Sultan*. İstanbul: Tarih Vakfı Yurt Yayınları, 1998, 3. baskı, 2008.

Argıt, Betül İpşirli. *Rabia Gülnuş Emetullah Sultan (1640-1715)*. İstanbul: Kitap Yayınevi, 2014.

Bardakçı, Murat. *Osmanlıda Seks: Sarayda Gece Dersleri*. İstanbul: Gür Yayınları, 1992.

Batu, Pelin. *Hayatın Seyrini Değiştiren Kadınlar*. İstanbul: İnkilap Kitabevi, 2019.

Canetti, Elias. *Kulakmisafiri: Elli Karakter*, çev. Şemsa Yeğin. İstanbul: Payel, 1994.

Değirmenci, Tülün "Bir Kitabı Kaç Kişi Okur? Osmanlı'da Okurlar ve Okuma Biçimleri Üzerine Bazı Gözlemler." *Tarih ve Toplum: Yeni Yaklaşımlar*, 13 (Güz 2011): 7-43.

Değirmenci, Tülün. *İktidar Oyunları ve Resimli Kitaplar: II. Osman Devrinde Değişen Güç Sembolleri*. İstanbul: Kitap Yayınevi, 2012.

Emecen, Feridun. "Gâzâya Dair: XIV. Yüzyıl Kaynakları Arasında Bir Gezinti." *Prof. Dr. Hakkı Dursun Yıldız Armağanı*. Ankara: Türk Tarih Kurumu Basımevi, 1995, 191-7.

Emecen, Feridun. *Yavuz Sultan Selim*. İstanbul: Kapı Yayınları, 2016.

Erdem, Hakan. *Tarih lenk: Kusursuz Yazarlar, Kâğıttan Metinler* (İstanbul: Doğan Kitap, 2010).

Erünsal, İsmail E. *Ortaçağ İslâm Dünyasında Kitap ve Kütüphâne*. İstanbul: Timaş, 2018.

Erünsal, İsmail E. *Osmanlılarda Kütüphaneler ve Kütüphanecilik: Tarihî Gelişimi ve Organizasyonu*. İstanbul: Timaş, 2015.

Erünsal, İsmail E. *Osmanlı Kültür Tarihinin Bilinmeyenleri*. İstanbul, 2. baskı, Timaş, 2019.

Erünsal, İsmail E. *Osmanlılarda Sahaflık ve Sahaflar*. İstanbul: Timaş, 2013.

Gürkan Emrah Safa. *Sultanın Casusları: 16. Yüzyılda İstihbarat, Sabotaj ve Rüşvet Ağları*. İstanbul: Kronik, 2017.

Gürkan, Emrah Safa. *Sultanın Korsanları: Osmanlı Akdenizi'nde Gazâ, Yağma ve Esaret, 1500-1700*. İstanbul: Kronik, 2018.

Gürkan, Emrah Safa. *Bunu Herkes Bilir: Tarihteki Yanlış Sorulara Doğru Cevaplar.* İstanbul: Kronik, 2020.

Gürsoy Naskali, Emine (yay. haz.). *Kahve: Kırk Yıllık Hatırın Kitabı.* İstanbul: Yapı Kredi Yayınları, 2012.

İnal, İbnülemin Mahmut Kemal. *Osmanlı Devrinde Son Sadrıazamlar.* İstanbul: Maarif Matbaası, 1940.

İnalcık, Halil. "Stefan Duşan'dan Osmanlı İmparatorluğu'na: XV. Asırda Rumeli'de Hıristiyan Sipahiler ve Menşeleri." *Fatih Devri Üzerinde Tetkikler ve Vesikalar.* Ankara: Türk Tarih Kurumu, 2014, 139-188.

Kemal Tahir. *Büyük Mal.* Ankara: Bilgi Yayınevi, 1970.

Kemal Tahir. *Köyün Kamburu.* İstanbul: Düşün Yayınevi, 1959.

Kemal Tahir. *Yediçınar Yaylası.* İstanbul: Düşün Yayınevi, 1958.

Kırkoğlu, R. Hakan. *Sultan ve Müneccimi: 18. Yüzyıl Osmanlı Sarayında İlm-i Nücûm.* İstanbul: Doğan Kitap, 2017.

Köprülü, Fuad. *Bizans Müesseselerinin Osmanlı Müesseselerine Tesiri.* İstanbul: Evkaf Matbaası, 1931.

Kuzucu, Kemalettin & M. Sabri Koz. *Türk Kahvesi.* İstanbul: Yapı Kredi Yayınları, 2015.

Küçükyalçın, Erdal. *Turna'nın Kalbi: Yeniçeri Yoldaşlığı ve Bektaşilik.* İstanbul: Boğaziçi Üniversitesi Yayınları, 2009.

Luckert, Karl W. *Göbeklitepe: Avcılıktan Evcilleştirme, Savaş ve Uygarlığa Dek Taşçağında Kültür ve Din Üzerine Gözlemler,* çev. Leyla Tonguç Basmacı. İstanbul: Alfa, 2019.

Ocak, Ahmet Yaşar. *Zındıklar ve Mülhidler.* İstanbul: Tarih Vakfı Yurt Yayınları, 2014.

Soyer, Can. *Marksizm ve Siyaset: Yöntem, Kuram, Eylem.* İstanbul: Yordam, 2020.

Ülgener, Sabri. *Darlık Buhranları ve İslâm İktisat Siyaseti.* Ankara: Mayaş Yayınları, 1984.

Ülgener, Sabri. *İktisadi Çözülmenin Ahlak ve Zihniyet Dünyası.* İstanbul: Der Yayınları, 1981.

Biyografi Serisi

Dante
-
ALESSANDRO BARBERO

Augustus
-
ADRIAN GOLDSWORTHY

Iulius Caesar
-
PHILIP FREEMAN

Hannibal
-
PATRICK N. HUNT

İş Dünyası Serisi

Dokuz Dünya Devi

-

AMY WEBB

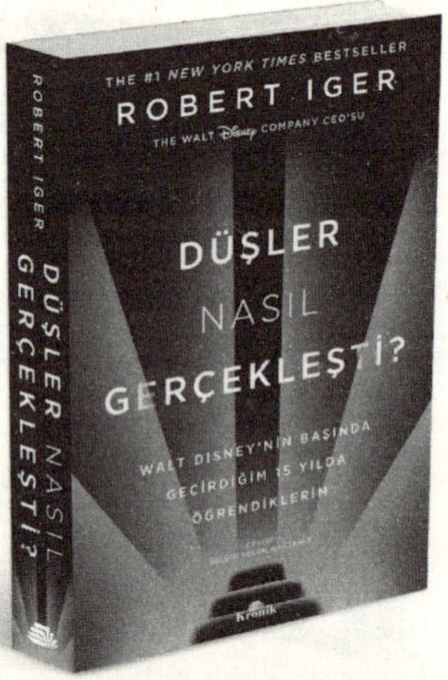

Düşler Nasıl Gerçekleşti?

-

ROBERT IGER

İşi Ustasından Öğrenin

-

FRANK ARNOLD

Robotların Yükselişi

-

MARTIN FORD